수리학

Hydraulics

장대정 • 안경모 • 윤경덕 • 조현경 공저

도서출판
구미서관

머 리 말

수리학의 역사는 고대 이집트, 메소포타미아 그리고 인도에서 관개(Irrigation)를 위한 물의 치수에 대한 필요성에 의해 태동하였다. 수리학(Hydraulics)은 유체역학의 기본적인 원리를 응용하여 물에 대한 역학을 연구하는 학문으로서 수공 구조물의 연구·계획·설계 등에 응용된다. 수리학의 이론과 원리에 기초한 학문으로는 수문학(Hydrology), 하천공학(River engineering), 항만공학(Coastal engineering) 그리고 상하수도공학(Water supply & treatment) 등이 있다.

본서는 수리학을 처음으로 접하는 학생이나 현장 실무자가 용이하게 내용을 이해할 수 있도록 복잡한 수식이나 유도과정을 생략하고 실제적인 문제 해결 및 응용 능력의 향상에 목적을 두고 내용을 정리하였다.

본서는 총 9장으로 구성되어 있다. 1장 서론에서는 유체의 특성, 차원과 단위 그리고 유체의 물리적인 성질을 언급하였다. 2장 정수역학에서는 정수압, 압력 측정과 수중 구조물에 작용하는 전수압, 부력 그리고 상대적 평형에 관한 문제를 기술하였다. 3장 동수역학에서는 흐름을 정의하고 Euler의 운동 방정식과 연속 방정식 그리고 운동량 방정식의 유도 및 그 적용방법에 관하여 정리하였다. 4장 관수로에서는 흐름과 에너지의 관계를 해석하고 마찰 및 형상 손실수두 그리고 관로 시스템에 관한 내용을 수록하였다. 5장 개수로에서는 개수로 흐름의 기하학적 특성과 에너지 방정식, 마찰저항 그리고 등류와 부등류에 대한 다양한 이론을 기초로 실제적인 문제 해결 능력을 향상하기 위한 내용을 주로 언급하였다. 6장 흐름 측정에서는 관수로에서 유속, 압력 그리고 유량을 측정하기 위한 다양한 계측기구의 원리 및 적용방법과 개수로 흐름 측정을 위한 구조물의 원리 및 측정방법을 소개하였다. 7장 지하수에서는 Darcy 법칙, 투수계수 측정법, 우물의 수리해석 및 암거에 관한 내용을 언급하였다. 8장은 수리 모형실험에서 필수적인

Preface

차원해석과 상사법칙을 기술하였다. 그리고 9장에서는 HEC-RAS의 기본적인 이론과 실제적인 자연현상을 해석하기 다양한 예제를 수록하였다.

저자의 짧은 지식과 경험으로 본서를 출간함에 있어 송구스러운 마음을 금할 길 없습니다. 본서의 부족한 부분에 대해서는 향후 지속적으로 보완하는 작업을 진행할 예정입니다. 독자 여러분의 기탄없는 지적과 질책을 겸허히 수용하겠습니다(wagon72@gnu.ac.kr).

마지막으로 본서가 출판되기까지 많은 협조와 배려를 보내주신 구미서관 임해진 사장님과 직원분들의 노고에 감사드립니다.

목 차

Chapter 1. 서 론

1.1 유체(Fluid) 3

1.2 차원(Dimension)과 단위(Unit) 4

1.2.1 차원 4

1.2.2 단위(Unit) 6

1.3 유체의 물리적 성질 7

1.3.1 밀도, 단위중량 그리고 비중 7

1.3.2 점성(Viscosity) 9

1.3.3 표면장력과 모세관 현상 11

1.3.4 압축성 14

연습문제 16

Chapter 2. 정수역학

2.1 정수압(Hydrostatic pressure) 19

2.1.1 한 점에 작용하는 정수압 20

2.1.2 정지유체 내부의 정수압 21

2.1.3 Pascal의 원리 24

2.2 압력의 측정 25

2.3 전수압 28

2.3.1 수평면에 작용하는 전수압 28

2.3.2 연직면에 작용하는 전수압 29

2.3.3 경사면에 작용하는 전수압 33

2.3.4 곡면에 작용하는 전수압 36

2.3.5 원관에 작용하는 전수압 39

2.4 부 력 40

2.4.1 부력(Buoyancy) 40

2.4.2 부체안정 42

Contents

2.5 상대적 평형 45
- 2.5.1 액체의 평형조건 45
- 2.5.2 수평 가속도를 받는 유체 47
- 2.5.3 연직 가속도를 받는 유체 48
- 2.5.4 회전 원통내의 유체 50
- 연습문제 54

Chapter 3. 동수역학

3.1 흐름(Flow)의 정의 61
- 3.1.1 정류와 부정류 61
- 3.1.2 등류와 부등류 62
- 3.1.3 유선과 유적선 62
- 3.1.4 층류와 난류 64

3.2 흐름의 기초방정식 66
- 3.2.1 Euler 운동 방정식(Motion equation) 66
- 3.2.2 Euler 연속 방정식(Continuity equation) 68
- 3.2.3 베르누이(Bernoulli) 방정식 71

3.3 운동량 방정식 76

3.4 에너지 보정계수와 운동량 보정계수 80
- 3.4.1 에너지 보정계수 80
- 3.4.2 운동량 보정계수 82
- 연습문제 83

목 차

Chapter 4. 관수로

4.1 서 론 87

4.2 흐름과 에너지의 관계 88
4.2.1 마찰 손실수두 88
4.2.2 Hazen-poiseuille 법칙 91
4.2.3 평균 유속공식 94

4.3 형상손실 97
4.3.1 단면 급확대에 의한 손실수두 98
4.3.2 단면 급축소에 의한 손실수두 99
4.3.3 만곡에 의한 손실수두 100
4.3.4 밸브에 의한 손실수두 101
4.3.5 오리피스에 의한 손실수두 102

4.4 단일 관수로 103
4.4.1 등단면 관수로 103
4.4.2 부등단면 관수로 105
4.4.3 노즐을 연결한 관수로 106
4.4.4 사이펀 107

4.5 복합 관수로 111
4.5.1 분기형 관수로 111
4.5.2 합류형 관수로 113
4.5.3 병렬 관수로 114

4.6 관 망 116

4.7 유수에 의한 동력 118
4.7.1 수 차 118
4.7.2 펌 프 120
연습문제 122

Contents

Chapter 5. 개수로

5.1 서 론 127
- 5.1.1 개수로 단면의 기하학적 특성 127
- 5.1.2 개수로 흐름 분류 130

5.2 에너지 방정식 131

5.3 마찰저항 132

5.4 유속분포와 평균 유속공식 134
- 5.4.1 유속분포 134
- 5.4.2 평균 유속공식 136

5.5 등류 수심 138
- 5.5.1 통수능 138
- 5.5.2 복단면 수로 138
- 5.5.3 수리학적 유리한 단면 139
- 5.5.4 수리 특성곡선 142

5.6 상류와 사류 143
- 5.6.1 비에너지 143
- 5.6.2 상류와 사류 145
- 5.6.3 한계경사 149
- 5.6.4 도수 152

5.7 개수로의 부등류 156
- 5.7.1 부등류(점변류) 기본 방정식 156
- 5.7.2 부등류 수면곡선 159
- 연습문제 161

목 차

Chapter 6. 흐름 측정

6.1 유속 측정 165
6.1.1 피토관 165
6.1.2 유속계 166

6.2 관수로 흐름 측정 167
6.2.1 작은 오리피스 167
6.2.2 큰 오리피스 170
6.2.3 수중 오리피스 172
6.2.4 배수시간 174
6.2.5 단관과 노즐 177
6.2.6 벤츄리 미터 180

6.3 개수로 흐름 측정 182
6.3.1 직사각형 웨어 182
6.3.2 삼각형 웨어 186
6.3.3 사다리꼴 웨어 188
6.3.4 광정 웨어 188

6.4 수 문 190
연습문제 192

Chapter 7. 지하수

7.1 서 론 197

7.2 지하수 유동의 기본방정식 198
7.2.1 Darcy 법칙 198
7.2.2 투수계수 200

7.3 수리학적 해석 202
7.3.1 심정(깊은 우물) 202
7.3.2 천정(얕은 우물) 203

Contents

7.3.3 굴착정(피압 우물) 204

7.4 집수암거 206

7.4.1 제방 집수암거 206

7.4.2 하상 집수암거 206

7.4.3 불투수층 집수암거 207

연습문제 209

Chapter 8. 차원해석과 상사법칙

8.1 차원해석 213

8.2 Π 정리 214

8.3 무차원 방정식 216

8.4 무차원 변수 217

8.5 상사법칙 218

8.5.1 기하학적 상사 218

8.5.2 운동학적 상사 219

8.5.3 역학적 상사 219

Chapter 9. HEC-RAS

9.1 기본이론 223

9.1.1 지배방정식 223

9.1.2 통수능 산정 224

9.1.3 Manning 합성 조도계수 225

9.1.4 손실수두 225

9.1.5 운동량 방정식 226

9.1.6 HEC-RAS 설치 및 실행 227

목 차

9.1.7 HEC-RAS 수행방법 231

9.2 Example I (단일 하천) 232

9.2.1 Project input 232
9.2.2 Geometry data input 235
9.2.3 Steady flow data input 244
9.2.4 Run 249
9.2.5 Output 252

9.3 Example 2(단면별 홍수량 변화) 256

9.3.1 Project input 256
9.3.2 Geometry data input 257
9.3.3 Steady flow data input 264
9.3.4 Run 271
9.3.5 Output 274

9.4 Example 3(지류가 합류하는 경우) 278

9.4.1 Project input 278
9.4.2 Geometry data input 279
9.4.3 Steady flow data input 292
9.4.4 Run 300
9.4.5 Output 304

9.5 Example 4(교량 해석) 306

9.5.1 Project input 307
9.5.2 Geometry data input 308
9.5.3 Steady flow data input 322
9.5.4 Run 326
9.5.5 Output 330

참고문헌 331

부 록 333

찾아보기 345

01

서 론

1.1 유체
1.2 차원과 단위
1.3 유체의 물리적 성질

서 론

1.1 유체(Fluid)

물질은 고체(Solid), 액체(Liquid) 그리고 기체(Gas)의 상태로 존재하며 대부분의 물질은 이러한 상태 중 어느 하나의 상태로 존재하게 된다. 고체는 일정한 모양과 부피를 가진 물체로서 물체를 구성하는 원자나 분자가 규칙적으로 배열된 물체, 액체는 일정한 부피는 가지고 있으나 일정한 모양이 없어 용기의 모양에 따라 자유로이 유동하고 변형하는 상태의 물질 그리고 기체는 일정한 형태가 없고 유동성이 큰 물질의 기본적인 집합상태로 정의된다. 액체는 응집력(Cohesive force)이 강하여 자체의 체적을 유지하고 중력장에서 자유평면(Free surface)을 유지하는 반면 기체는 응집력이 상대적으로 약하여 일정한 체적을 가지지 못하고 구속벽이 없는 경우 무한히 팽창하게 된다. 그리고 유체(Fluid)란 액체와 기체 상태에 있는 물질들을 총칭해서 정의하는 용어이다.

유체역학(Fluid mechanics)은 움직이거나 정지상태에 있는 유체 및 이들 유체가 상이한 고체나 유체와의 경계에 미치는 영향력 등을 연구하는 학문으로서 역학의 기본법칙인 질량 보존법칙, 에너지 보존법칙, 운동량 보존법칙, 엔트로피 원리 그리고 상태방정식 등을 이용한다. 유체역학은 유체 정역학, 유체 동역학 그리고 유체 운동학으로 구분된다. 고체와 비교하는 경우 유체는 그 자체만으로 고정된 경계를 가지지 못하며 변형에 대하여 강력한 저항력을 나타내지 않고 용이하게 연속적으로 변형하는 성질을 가지고 있다. 따라서 주목할 점은 변형의 속도로서 유체가 유한의 속도로 변형된다면 유체는 변형에 대한 저항력을 나타내는 데 이를 점성(Viscosity)이라 한다.

유체는 점성의 유・무에 따라 점성유체(실제유체)와 비점성유체(이상유체=완전유체)로 구분된다. 점성유체(Viscous fluid)는 유체가 흐르는 경우 유체의 점성으로 인하여 유체 분자 또는 유체 경계면 사이에서 전단응력이 발생하는 유체를 말하며 비점성유체(Non-viscous fluid)는 유체가 흐르는 경우 점성이 존재하지 않으므로 전단응력(Shear stress)이 발생하지 않는 유체를 의미한다.

유체는 압축성의 유・무에 따라 압축성유체(Compressible fluid)와 비압축성유체(Incompressible fluid)로 구분된다. 압축성유체는 일정한 온도에서 압력의 변화에 의해 체적이 쉽게 변화하는 유체로서 기체가 해당되고 비압축성 유체는 압력의 변화에 따른 체적의 변화율이 극히 미소한 유체로서 액체가 해당된다.

수리학(Hydraulics)은 유체역학의 기본적인 원리를 응용하여 물에 대한 역학을 연구하는 학문으로서 수공 구조물의 연구, 계획, 설계 등에 응용된다. 수리학의 이론과 원리에 기초한 학문으로는 수문학(Hydrology), 하천공학(River engineering), 항만공학(Coastal engineering) 그리고 상하수도공학(Water supply & treatment) 등이 있다.

1.2 차원(Dimension)과 단위(Unit)

1.2.1 차원

일반적인 물리량의 역학적인 관계는 이를 정의하는 방법과 법칙에 따라 질량(Mass), 길이(Length), 시간(Time), 온도(Temperature), 가속도(Acceleration) 그리고 에너지(Energy) 등과 어떠한 관계가 있는 가를 나타내는 방정식을 사용한다. 상기에서 언급한 물리량 중에서 독립적인 기본량으로 질량, 길이, 시간을 선정하면 다른 물리량은 기본량을 조합한 지수형 방정식으로 표현이 가능하다. 기본량인 질량을 $[M]$, 길이를 $[L]$ 그리고 시간을 $[T]$로 표현하고 이를 각각 질량, 길이 그리고 시간의 차원(Dimension)이라 한다. 기본량으로 선정된 양을 기본차원 또는 1차량이라 정의하고 그 밖의 물리량을 유도차원 또는 2차량이라 한다. 그리고 물리적인 양을 $[L^x M^y T^z]$의 지수형으로 나타낸 방정식을 차원방정식(Dimension equation)이라 한다.

물리학에서 차원을 표현하는 방법은 $[LMT]$계와 $[LFT]$계가 있다. $[LMT]$계는 질량 $[M]$, 길이 $[L]$ 그리고 시간 $[T]$을 기본 차원량으로 사용하고 $[LFT]$계는 질량 $[M]$을 대신하여 힘 $[F]$를 기본 차원량으로 사용한다.

유체는 Newton의 제2운동법칙을 따르므로 식 (1.1)의 관계가 성립한다.

$$F = ma$$
$$[F] = [M][LT^{-2}] = [LMT^{-2}] \tag{1.1}$$

여기서, m은 질량, a는 가속도이다.

따라서 질량 $[M]$은 식 (1.2)가 된다.

$$[M] = [L^{-1}FT^2] \tag{1.2}$$

식 (1.2)의 관계를 이용하면 $[LMT]$계로 표현된 물리량을 $[LFT]$계로 용이하게 변환할 수 있다.

표 1.1은 기본적인 물리량의 차원과 단위를 나타낸 것이다.

표 1.1 기본적인 물리량의 차원과 단위

물리량		$[LMT]$계	$[LFT]$계	SI 단위계
기하학적 양	길이	L	L	m
	면적	L^2	L^2	m^2
	부피	L^3	L^3	m^3
운동학적 양	시간	T	T	sec
	속도	LT^{-1}	LT^{-1}	m/sec
	가속도	LT^{-2}	LT^{-2}	m/sec^2
	동점성계수	L^2T^{-1}	L^2T^{-1}	m^2/sec
	유량	L^3T^{-1}	L^3T^{-1}	m^3/sec
역학적 양	질량	M	$L^{-1}FT^2$	$kg \cdot sec^2/m$
	힘	LMT^{-2}	F	kg
	밀도	$L^{-3}M$	$L^{-4}FT^2$	$kg \cdot sec^2/m^4$
	단위중량	$L^{-2}MT^{-2}$	$L^{-3}F$	kg/m^3
	점성계수	$L^{-2}MT^{-1}$	$L^{-2}FT$	$kg \cdot sec/m^2$
	표면장력	MT^{-2}	$L^{-1}F$	kg/m
	탄성계수	$L^{-2}MT^{-1}$	$L^{-2}F$	kg/m^2
	압력	$L^{-1}MT^{-2}$	$L^{-2}F$	kg/m^2
	전단력	$L^{-1}MT^{-2}$	$L^{-2}F$	kg/m^2
	위치에너지	L^2MT^{-2}	LF	$kg \cdot m$
	운동에너지	L^2MT^{-2}	LF	$kg \cdot m$
	일	L^2MT^{-2}	LF	$kg \cdot m$
	동력	L^2MT^{-3}	LFT^{-1}	$kg \cdot m/sec$

1.2.2 단위(Unit)

물리량의 크기는 일정한 기준의 크기를 결정하고 그 기준량에 대한 상대적인 크기를 사용하게 되는 데 이를 단위(Unit)라 한다. $[LMT]$계와 같이 질량 $[M]$, 길이 $[L]$ 그리고 시간 $[T]$를 기본량으로 하여 다른 양의 단위를 유도하는 단위계를 절대단위계(Absolute unit system), $[LFT]$계와 같이 힘 $[F]$, 길이 $[L]$ 그리고 시간 $[T]$를 기본량으로 하여 다른 양의 단위를 유도하는 단위계를 중력단위계(Gravitational unit system) 또는 공학단위계(Engineering unit system)라 한다.

(1) 절대단위계

1) SI 단위계

국제 도량형 총회에서는 국제적인 단위의 통일기준으로 SI(International system of Units) 단위계를 제안하였다. 표 1.2는 SI 단위계에서 사용하는 물리량에 대한 명칭과 기호, 표 1.3은 SI 단위계에서 10의 정수배를 표현하는 접두어를 나타낸 것이다.

표 1.2 SI 단위계

구분	물리량	명칭	기호	비고
기본단위	길이	Meter	m	
	질량	Kilogram	kg	
	시간	Second	sec	
조합단위	힘	Newton	N	$1N = 1kg \cdot m/sec^2$
	압력, 응력	Pascal	Pa	$1Pa = 1N/m^2$
	에너지, 일, 열량	Joule	J	$1J = 1N \cdot m$
	일율	Watt	W	$1W = 1J/sec$

표 1.3 SI 단위계의 접두어

배수	SI 접두어	기호	배수	SI 접두어	기호
10^{12}	Tera	T	10^{-1}	Deci	d
10^{9}	Giga	G	10^{-2}	Centi	c
10^{6}	Mega	M	10^{-3}	Milli	m
10^{3}	Kilo	k	10^{-6}	Micro	μ
10^{2}	Hecto	h	10^{-9}	Nano	n
10	Deca	da	10^{-12}	Pico	p

2) *MKS* 단위계 및 *CGS* 단위계

MKS 단위계는 길이(m), 질량(kg) 그리고 시간(sec)을 기본 단위로 하는 단위계이고 *CGS* 단위계는 길이(cm), 질량(g) 그리고 시간(sec)을 기본 단위로 하는 단위계이다.

힘의 단위는 식 (1.3)이 된다.

$$1\text{dyne} = \text{질량}(1\text{g}) \times \text{가속도}(1\text{cm/sec}^2) = 10^{-5}\text{N} \tag{1.3}$$

(2) 중력단위계

중력단위계는 힘의 단위로서 kgf, 길이의 단위로서 m 그리고 시간의 단위로서 sec를 기본 단위로 하는 단위계이다. 중력단위계와 절대단위계의 관계는 중력가속도를 9.81m/sec^{2}이라 하면 식 (1.4)가 된다.

$$1\text{kgf} = 1\text{kg} \times 9.81\text{m/sec}^2 = 9.81\text{N} \tag{1.4}$$

$$1\text{kg} = \frac{1\text{kgf}}{9.81\text{m/sec}^2} = 0.102\text{kgf} \cdot \text{sec}^2/\text{m}$$

$$1\text{N} = \frac{1}{9.81}\text{kgf} = 0.102\text{kgf}$$

$$1\text{dyne} = 10^{-5}\text{N} = 1.02 \times 10^{-6}\text{kgf}$$

1.3 유체의 물리적 성질

1.3.1 밀도, 단위중량 그리고 비중

밀도(Density, ρ)는 비질량(Specific mass)이라고도 하며 단위체적당의 질량으로 식 (1.5)로 정의된다.

$$\rho = \frac{m}{V} \tag{1.5}$$

여기서, m은 질량, V는 체적이다.

단위중량(Specific weight, ω)은 단위체적당의 중량 또는 무게로서 비중량이라고도 하며 식 (1.6)으로 정의된다.

$$\omega = \frac{W}{V} = \frac{mg}{V} = \rho g \tag{1.6}$$

여기서, W는 임의 물체의 중량, g는 중력가속도이다.

비중(Specific gravity, S)은 4℃ 1기압에서 물의 기준 밀도 ρ_0 또는 기준 단위중량 ω_0에 대한 임의 물체의 밀도 ρ 또는 단위중량 ω의 비로서 식 (1.7)로 정의된다.

$$S = \frac{\rho}{\rho_0} = \frac{\omega}{\omega_0} \tag{1.7}$$

표 1.4는 온도의 변화에 다른 물의 밀도 및 단위중량을 나타낸 것이다.

순수한 물인 경우 수온 4℃에서 밀도와 단위중량은 최대가 되며 그 때의 비중은 1이 된다.

표 1.4 온도변화에 따른 물의 밀도 및 단위중량

온도(℃)	−10	0	4	10	15	20	25	30	40
밀도 ($kg \cdot sec^2/m^4$)	101.76	101.96	101.97	101.94	101.88	101.79	101.67	101.53	101.24
단위중량 (kg/m^3)	997.90	999.80	1000	999.70	999.10	998.20	997.00	995.6	992.2

예제 1.1 체적 $V = 4.8m^3$이고 $W = 6.38t$인 액체의 단위중량 ω와 밀도 ρ를 산정하시오.

풀이

1) 단위중량

$$\omega = \frac{W}{V} = \frac{6.38}{4.8} = 1.329 t/m^3 = 1{,}329 kg/m^3$$

2) 밀도

$$\rho = \frac{m}{V} \quad \text{or} \quad \rho = \frac{\omega}{g} \quad (\because \omega = \rho g)$$

$$\rho = \frac{\omega}{g} = \frac{1{,}329}{9.81} = 135.47 kg \cdot sec^2/m^4$$

예제 1.2 $10cm \times 10cm \times 10cm$의 정육면체인 돌의 무게가 $2.5kg$이다. 이 돌의 비중을 산정하시오. 단, $\omega_0 = 1t/m^3$이다.

풀이

1) 돌의 단위중량

$$\omega = \frac{W}{V} = \frac{2{,}500}{10\times10\times10} = 2.5\text{g/cm}^3$$

2) 돌의 비중

$$S = \frac{\omega}{\omega_0} = \frac{2.5}{1.0} = 2.5$$

1.3.2 점성(Viscosity)

유체내부에 속도차가 발생하는 경우 내부 입자사이에는 상대적인 속도차에 저항하여 흐름을 일정하게 유지하려고 하는 조절작용이 발생하게 되는 데 이를 점성 또는 내부마찰력이라 한다. 그림 1.4는 점성의 개념도를 나타낸 것이다.

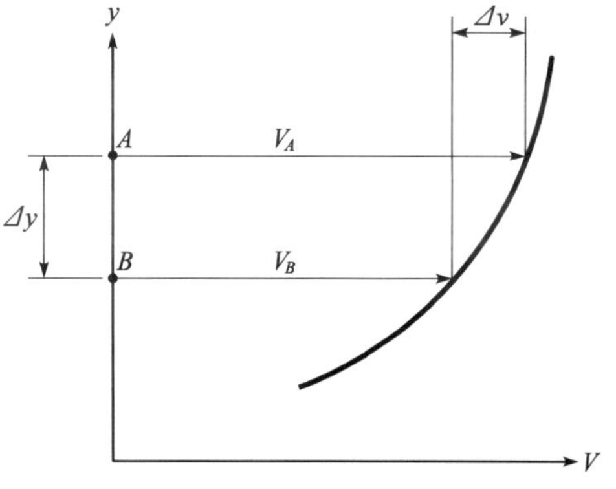

그림 1.1 점성의 개념도

그림 1.1에서 Newton은 전단응력(마찰응력)의 강도 τ는 y방향의 속도 변화율에 비례함을 증명하고 식 (1.8)을 제안하였다.

$$\tau \propto \frac{\Delta v}{\Delta y} \tag{1.8}$$

식 (1.8)의 우변에 비례상수 μ를 도입하면 식 (1.9)가 된다.

$$\tau = -\mu\frac{\Delta v}{\Delta y} \tag{1.9}$$

식 (1.9)에 사용된 비례상수 μ를 점성계수(Coefficient of viscosity)라 하고 음(−)의 부호는 흐름의 반대방향으로 전단응력이 작용함을 의미한다.

동점성계수(Coefficient of kinematic viscosity) ν는 점성계수 μ를 밀도 ρ로 나눈 값으로 식 (1.10)으로 정의된다.

$$\nu = \frac{\mu}{\rho} \tag{1.10}$$

표 1.5는 온도에 따른 점성계수와 동점성계수를 나타낸 것이고 그림 1.2는 이를 도시한 것이다.

표 1.5 온도에 따른 점성계수와 동점성계수

온도(℃)	0	4	10	15	20	30	40
점성계수 (g/cm · sec)	0.01790	0.01576	0.01334	0.01186	0.01067	0.00887	0.00760
동점성계수 (cm^2/sec)	0.01790	0.01576	0.01334	0.01187	0.01069	0.00891	0.00766

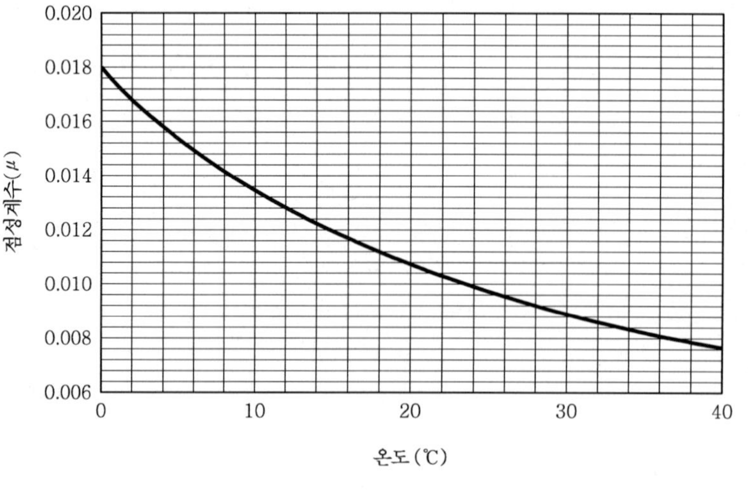

그림 1.2 온도에 따른 점성계수의 변화

예제 1.3 수온 30℃인 경우 물의 밀도 ρ는 0.9956g/cm^3이다. 이때 점성계수 μ가 0.00887g/cm · sec라고 하면 동점성계수 ν를 산정하시오.

풀이

$$\nu = \frac{\mu}{\rho} = \frac{0.00887}{0.9956} = 0.00891\text{cm}^2/\text{sec} = 8.91 \times 10^{-3}\text{cm}^2/\text{sec}$$

1.3.3 표면장력과 모세관 현상

유체에 장력을 가하게 되면 그 내부에는 이에 저항하는 분자 상호간의 인력이 작용하게 되는 데 이 인력에 저항하는 힘을 응집력(Cohesive force)이라 한다. 그리고 액체와 고체 사이의 접촉면에서는 유체와 고체분자사이에 인력이 발생하게 되는 데 이에 저항하는 힘을 부착력(Adhesive force)이라 한다. 표면장력(Surface tension, T)이란 액체의 표면이 최대한 작은 면적을 유지하기 위하여 스스로 수축하려고 작용하는 힘을 의미하며 응집력과 부착력의 합이 된다. 표면장력은 액체와 고체가 접하는 경계면에서 온도가 상승하면 분자 상호간의 응집력이 감소하므로 감소하게 된다.

표 1.6은 온도에 따른 물의 표면장력 변화를 나타낸 것이다.

표 1.6 온도변화에 따른 물의 표면장력

온도(℃)	−5	0	5	10	15	20	25	30
표면장력 (dyne/cm)	71.42	76.64	74.92	74.2	73.49	72.75	71.97	71.18

그림 1.3은 물 입자에 작용하는 외력을 나타낸 것으로 물방울이 원형을 유지하기 위해서는 표면장력에 의한 힘($T\pi d$)과 물방울 내・외부의 압력차에 의한 힘$\left(\frac{\pi d^2}{4} \times p\right)$이 평형을 이루어야 한다. 따라서 물방울 내・외부의 압력차는 식 (1.11)에 의해 결정된다.

$$p = \frac{4T}{d} \tag{1.11}$$

여기서, p는 물방울 내・외부의 압력차, d는 물방울의 직경이다.

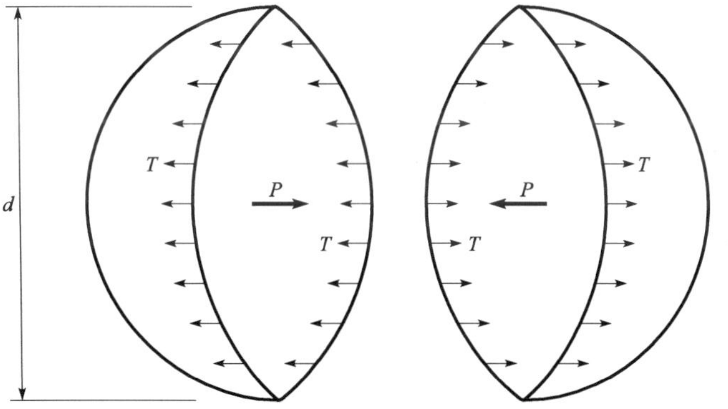

그림 1.3 물방울의 내력

모세관 현상(Capillary phenomenon)이란 수중에 직경 d인 모세관을 연직으로 세우는 경우 물과 관 벽사이의 부착력과 물 분자사이의 응집력에 의해 물이 모세관내로 상승하는 현상을 말한다.

그림 1.4는 모세관을 연직으로 세운 경우로서 모세관 상승고 h는 식 (1.12)에 의해 결정된다.

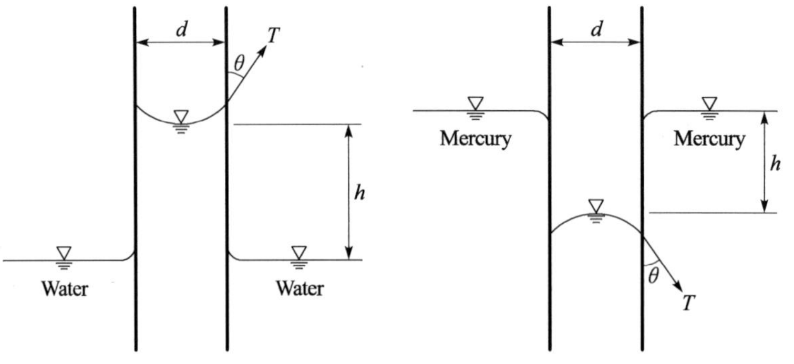

그림 1.4 연직 모세관

$$\omega_0 \times \frac{\pi d^2}{4} \times h = \pi d T \cos\theta$$

$$h = \frac{4 T cos\theta}{\omega_0 d} \tag{1.12}$$

여기서, T는 표면장력, d는 모세관 직경 그리고 θ는 접촉각이다.

그림 1.5는 2개의 연직 평판을 세운 경우로서 모세관 상승고 h는 식 (1.13)에 의해 결정된다.

$$T\cos\theta \times 2b = \omega_0 hbd$$

$$h = \frac{2 T cos\theta}{\omega_0 d} \tag{1.13}$$

여기서, b는 연직 평판의 폭, d는 연직 평판사이의 거리이다.

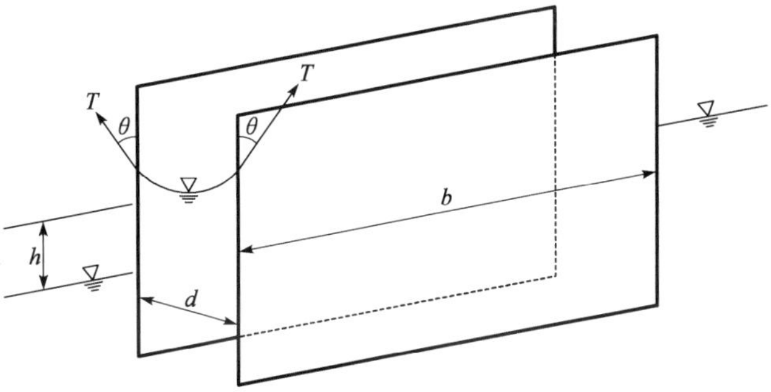

그림 1.5 연직 평판

예제 1.4 직경 $d = 3\text{mm}$ 인 물방울 내·외부의 압력차를 산정하시오. 단, 물방울의 온도는 10℃이고 표면장력 $T = 0.075\text{g/cm}$ 이다.

풀이

표면장력과 물방울 내·외부의 압력차에 의한 힘에 평형방정식을 적용하면

$$\pi \frac{d^2}{4} \times p = \pi d T$$

$$p = \frac{4T}{d} = \frac{4 \times 0.075}{0.3} = 1.0\text{dyne/cm}^2$$

$$= 1.0\text{dyne/cm}^2 \times \frac{1}{981} = 0.001\text{g/cm}^2$$

예제 1.5 정지하고 있는 물 속에 지름 2.5mm 의 유리관을 연직으로 세운 경우 모세관 상승고를 산정하시오. 단, 수온 15℃인 경우 물과 유리의 접촉각은 8°, 표면장력 $T = 0.075\text{g/cm}$, $\omega_0 = 1\text{t/m}^3$이다.

풀이

$$h = \frac{4T\cos\theta}{\omega_0 d} = \frac{4 \times 0.075 \times \cos 8^\circ}{1 \times 0.25} = 1.19\text{cm}$$

예제 1.6 평행한 평판의 간격 $d = 4\text{mm}$, 평판의 폭 $b = 5\text{mm}$ 인 경우 모세관 상승고를 산정하시오. 단, 수온 15℃인 경우 물과 유리의 접촉각은 8°, 표면장력 $T = 0.075\text{g/cm}$, $\omega_0 = 1\text{t/m}^3$이다.

풀이

$$h = \frac{2T\cos\theta}{\omega_0 d} = \frac{2 \times 0.075 \times \cos 8^\circ}{1 \times 0.4} = 0.3714\text{cm}$$

1.3.4 압축성

점성유체(실제유체)는 외부에서 압력을 가하면 압축되어 부피가 감소하고 압력을 제거하면 원래의 상태로 팽창되어 부피가 증가하게 되는 데 이를 압축성(Compressibility) 또는 탄성(Elasticity)이라 한다. 유체의 압축성은 온도, 압력 그리고 공기의 함유량에 따라 변화한다. 그림 1.6은 강체 용기내의 체적변화, 그림 1.7은 압력과 체적 변화율과의 관계를 나타낸 것이다.

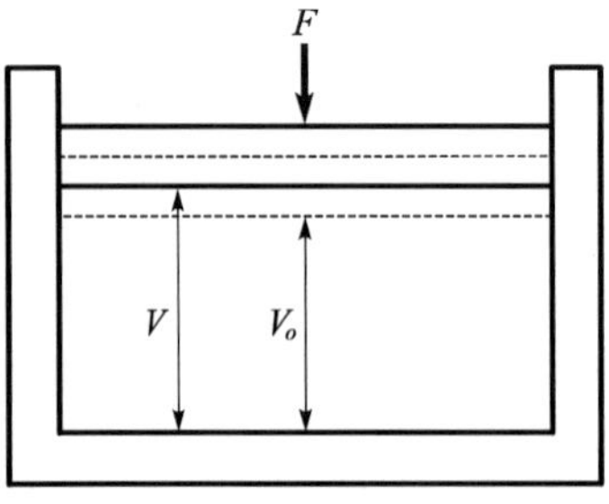

그림 1.6 체적 변화

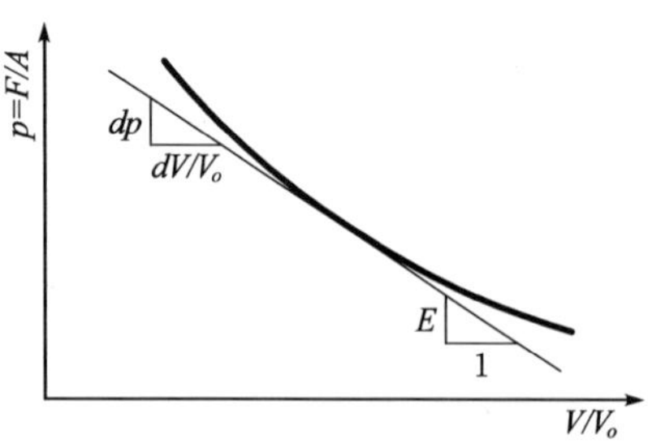

그림 1.7 압력과 체적변화

그림 1.6에서 강체 용기를 완전 밀폐하고 온도를 일정하게 유지하면 압력 p는 식 (1.14)가 되고 압력을 dp로 증가시키면 강체 용기 내의 부피는 $V-dV$만큼 감소하게 된다. 따라서 체적 변화율 e는 식 (1.15)로 정의된다.

$$p=\frac{F}{A} \tag{1.14}$$

$$e=-\frac{V_0-V}{V}=\frac{dV}{V} \tag{1.15}$$

여기서, F는 힘, A는 강체 용기 내의 면적, V는 초기 체적 그리고 V_0는 최종 체적이다.

그림 1.7의 곡선상 임의 점에서의 기울기를 체적 탄성계수(Bulk modulus of elasticity) E라 하고 식 (1.16)으로 정의한다. 그리고 압축계수(Modulus of compressibility) C는 체적 탄성계수의 역수로서 식 (1.17)이 된다.

$$E=\frac{dp}{\frac{dV}{V}} \tag{1.16}$$

$$C=\frac{1}{E}=\frac{1}{dp}\frac{dV}{V} \tag{1.17}$$

표 1.7은 1기압에서 물의 체적 탄성계수와 압축계수를 나타낸 것이다.

표 1.7 물의 체적 탄성계수와 압축계수

온도 (℃)	체적 탄성계수 (E, $\mathrm{kg/m^2}$)	압축계수 (C, $\mathrm{m^2/kg}$)	온도 (℃)	체적 탄성계수 (E, $\mathrm{kg/m^2}$)	압축계수 (C, $\mathrm{m^2/kg}$)
0	2.02×10^4	0.495×10^{-4}	40	2.32×10^4	0.430×10^{-4}
5	2.09×10^4	0.478×10^{-4}	50	2.34×10^4	0.428×10^{-4}
10	2.14×10^4	0.467×10^{-4}	60	2.22×10^4	0.430×10^{-4}
15	2.19×10^4	0.456×10^{-4}	70	2.29×10^4	0.436×10^{-4}
20	2.21×10^4	0.452×10^{-4}	80	2.24×10^4	0.445×10^{-4}
25	2.26×10^4	0.442×10^{-4}	90	2.18×10^4	0.458×10^{-4}
30	2.29×10^4	0.436×10^{-4}	100	2.11×10^4	0.473×10^{-4}

예제 1.7 강체 용기 내에서 $40\mathrm{kg/cm^2}$의 압력을 받고 있는 어떤 액체의 부피가 $4\mathrm{cm^3}$이다. 강체 용기 내의 압력을 초기상태에서 $200\mathrm{kg/cm^2}$을 증가하였더니 액체의 부피가 $3.5\mathrm{cm^3}$로 감소하였다. 이 액체의 압축계수와 체적 탄성계수를 산정하시오.

풀이

1) 체적 탄성계수

$$E=\frac{dp}{\frac{dV}{V}}=\frac{200}{\frac{0.5}{4}}=1{,}600\mathrm{kg/cm^2}$$

2) 압축계수

$$C=\frac{1}{E}=\frac{1}{1{,}600}=0.000625=6.25\times10^{-4}\mathrm{cm^2/kg}$$

예제 1.8 물의 체적을 4%로 감소시키기 위해 필요한 힘을 산정하시오. 단, 체적 탄성계수 $E=2.08\times10^4\mathrm{kg/cm^2}$이다.

풀이

$$C=\frac{1}{E}=\frac{1}{dp}\frac{dV}{V}$$

$$dp=\frac{1}{C}\frac{dV}{V}=E\frac{dV}{V}=0.04\times2.08\times10^4=8.32\times10^2\mathrm{kg/cm^2}$$

연습문제

1. $V=40\text{m}^3$, $W=400\text{t}$인 유체의 단위중량을 산정하시오.

2. 단위중량 ω의 차원을 $[LMT]$계와 $[LFT]$계로 표현하시오.

3. 밀도 ρ의 차원을 $[LMT]$계와 $[LFT]$계로 표현하시오.

4. 밀폐된 용기내의 유체에 $p=1{,}500\text{kg/cm}^2$의 압력을 가하였더니 체적이 5% 감소하였다. 체적 탄성계수와 압축계수를 산정하시오.

5. $V=2.5\text{m}^3$인 기름의 무게가 3.5t이다. 기름의 단위중량, 밀도 그리고 비중을 산정하시오.

6. 지름 0.5cm의 유리관을 물속에 연직으로 세웠을 때 유리관 내의 수면 상승고를 산정하시오. 단, 수온 20℃에서 수면과 유리관의 접촉각은 10°, 표면장력은 0.075g/cm^2이다.

7. 물속에 가는 유리관을 연직으로 세웠더니 유리관 내의 물이 0.50cm 상승하였다. 유리관의 지름을 산정하시오. 단, 수온 10℃에서 수면과 유리관의 접촉각은 10°, 물의 표면장력은 0.080g/cm^2이다.

8. 점성계수 $\mu=2.35\times10^{-5}\text{g/cm}\cdot\text{sec}$인 액체의 단위중량이 1.2g/cm^3이다. 이 액체의 동점성계수를 산정하시오.

02

정수역학

2.1 정수압(Hydrostatic pressure)
2.2 압력의 측정
2.3 전수압
2.4 부 력
2.5 상대적 평형

정 수 역 학

물 입자간에 상대적인 운동이 없다면 전단응력(Shear stress)이 존재하지 않게 되고 단지 직각방향에서 작용하는 압축응력인 압력(Pressure)만이 존재하게 된다. 정수역학(Hydrostatics)이란 물 입자간에 상대적인 운동이 없는 상태 즉, 흐르지 않고 정지상태에 있는 물이 어떤 점 또는 면에 작용하는 힘의 관계를 다루는 역학의 한 분야이다.

유체에 작용하는 힘은 중력, 원심력 그리고 Coriolis 힘 등과 같은 유체가 가진 고유한 질량에 의해 발생하는 질량력(Body force)과 압력, 마찰력 등과 같이 유체 요소의 표면에 작용하는 표면력(Surface force)으로 구분할 수 있다.

2.1 정수압(Hydrostatic pressure)

유체가 유동하는 경우 점성에 의한 마찰력이 존재하지만 유동하지 않는 정지유체의 경우 상대운동이 존재하지 않으므로 마찰력이 작용하지 않게 된다. 따라서 정지유체 내부의 분자사이에는 전단응력이 존재하지 않고 면에 수직으로 작용하는 응력만이 반대방향으로 작용하게 되는 데 이를 압력이라 하고 정지유체 또는 용기의 내측 벽면에 작용하는 압축응력을 정수압(Hydrostatic pressure)이라 한다. 그리고 단위면적당 작용하는 압력을 압력강도(Pressure intensity)라 한다.

정수압의 기본적인 가정은 다음과 같다.

① 임의 한 단면의 양측에는 상대운동이 작용하지 않는다.
② 점성력은 존재하지 않는다.
③ 수압은 면에 직각으로 작용한다.
④ 수압은 수심에 비례한다.
⑤ 동질성 유체가 담긴 임의 점에서의 수압은 항상 일정하다.
⑥ 정수중의 한 점에 작용하는 수압은 방향에 관계없이 일정하다.

정지유체 수중에 위치하고 있는 물체의 평면 A에 힘 F가 균일하게 작용한다면 정수압 p는 식 (2.1)로 정의된다.

$$p = \frac{F}{A} \tag{2.1}$$

물체의 평면 A에 힘 F가 균일하게 작용하지 않을 경우 미소면적 ΔA에 작용하는 힘 ΔF는 식 (2.2)가 된다.

$$p = \lim_{\Delta A \to 0} \frac{\Delta F}{\Delta A} = \frac{dF}{dA} \tag{2.2}$$

2.1.1 한 점에 작용하는 정수압

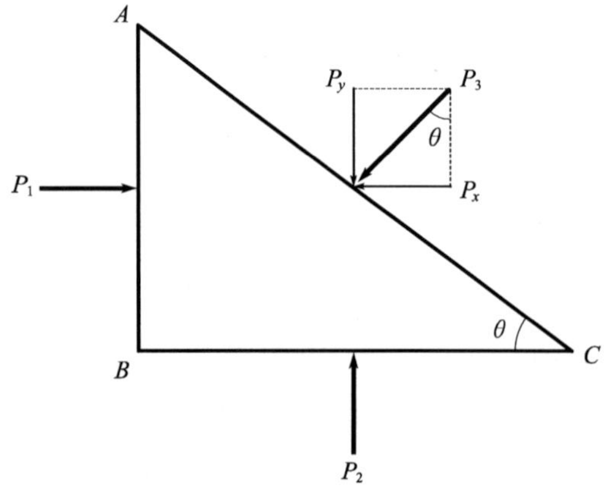

그림 2.1 정지유체에 작용하는 힘

정수중의 한 점에 작용하는 수압은 방향에 관계없이 일정한 강도를 갖게 된다는 가정을 증명하기 위하여 그림 2.1과 같이 정지유체 내부에 미소 삼각형을 가정하고 힘의 평형조건을 x방향에 적용하면 식 (2.3)이 된다.

$$P_1 \times \overline{AB} - P_x \times \overline{AC} = 0$$

$$P_1 \times \overline{AB} - P_3 \sin\theta \times \overline{AC} = 0$$

$$\sin\theta = \frac{\overline{AB}}{\overline{AC}}, \quad \overline{AC} = \frac{\overline{AB}}{\sin\theta}$$

$$P_1 \times \overline{AB} - P_3 \sin\theta \times \frac{\overline{AB}}{\sin\theta} = 0$$

$$P_1 = P_3 \tag{2.3}$$

힘의 평형조건을 y방향에 적용하면 식 (2.4)가 된다.

$$P_2 \times \overline{BC} - P_y \times \overline{AC} = 0$$

$$P_2 \times \overline{BC} - P_3 \cos\theta \times \overline{AC} = 0$$

$$\cos\theta = \frac{\overline{BC}}{\overline{AC}}, \quad \overline{AC} = \frac{\overline{BC}}{\cos\theta}$$

$$P_2 \times \overline{BC} - P_3 \cos\theta \times \frac{\overline{BC}}{\cos\theta} = 0$$

$$P_2 = P_3 \tag{2.4}$$

최종적으로 식 (2.3)과 식 (2.4)의 관계를 이용하면 식 (2.5)와 같이 정수 중의 한 점에 작용하는 수압은 모든 방향에서 동일하다는 가정이 증명된다.

$$P_1 = P_2 = P_3 \tag{2.5}$$

2.1.2 정지유체 내부의 정수압

그림 2.2와 같이 정지유체 내부에 미소 육면체를 가정하고 힘의 평형조건을 적용하면 정지유체 내부에 작용하는 압력이 유도된다.

그림 2.2에 작용하는 외력은 미소 육면체 상단에 작용하는 정수압 p, 하단에 작용하는 정수압 $p + dp = p + \frac{dp}{dz}dz$ 그리고 미소 육면체의 질량 $\omega_0 dxdydz$이다. z방향으로 힘의 평형조건을 적용하면 식 (2.6)이 된다.

$$p \cdot dxdy - \left(p + \frac{dp}{dz}dz\right) \cdot dxdy + \omega_0 \cdot dxdydz = 0 \tag{2.6}$$

식 (2.6)을 간단히 하면 식 (2.7)이 된다.

$$\frac{dp}{dz} = \omega_0$$

$$dp = \omega_0 \cdot dz$$

$$\int_{p_1}^{p_2} dp = \int_{z_1}^{z_2} \omega_0 \, dz$$

$$p_2 - p_1 = \omega_0 \cdot (z_2 - z_1) \tag{2.7}$$

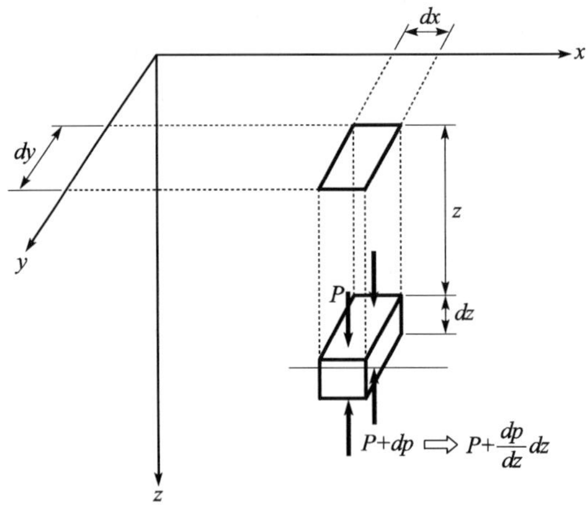

그림 2.2 정지유체 내부의 압력

z_1을 수면, p_1을 대기압(p_0) 그리고 $z = h$라 가정하고 일반화하면 식 (2.8)이 유도된다.

$$p = p_0 + \omega_0 \cdot h \tag{2.8}$$

식 (2.8)에 의한 압력을 절대압력(Absolute pressure)이라 하고 식 (2.9)와 같이 대기압 p_0을 무시한 압력을 계기압력(Gauge pressure)이라 한다.

$$p = \omega_0 \cdot h \tag{2.9}$$

식 (2.9)에서와 같이 정지유체 내부의 압력은 수심에 비례하고 그 변화율은 유체의 단위중량과 같게 된다. 식 (2.9)를 변형하면 식 (2.10)과 같은 압력수두(Pressure head)가 유도된다.

$$h = \frac{p}{\omega_0} \tag{2.10}$$

대기압(Atmospheric pressure)은 대기의 질량이 단위면적에 작용하는 힘으로 정의할 수 있다. 표준 대기압(Standard atmospheric pressure)은 평균해면에서 대기가 지구표면에 작용하는 평균압력으로서 단위면적을 가지는 수은주 760mm가 0℃에서 작용하는 무게로 수리학에서는 이를 1기압이라 한다.

따라서 0℃에서 수은의 비중을 13.6이라 하면 표준 대기압은 식 (2.11)이 된다.

$$\text{표준 대기압} = 13.6 \times 76 = 1{,}033.6\text{g/cm}^2$$

$$= 1,033.6 \times 980.665 = 1.013 \times 10^6 \text{dyne/cm}^2 \tag{2.11}$$

압력의 단위인 Pascal의 정의는 식 (2.12)와 같다.

$$1Pa = 1\text{N/m}^2 = 10\text{dyne/cm}^2 \tag{2.12}$$

$1hPa = 10^2Pa = 10^2\text{N/m}^2 = 10^3\text{dyne/cm}^2$이므로 표준 1기압은 식 (2.13), 공학 1기압은 식 (2.14)가 된다.

$$\text{표준 1기압} = 1,013hPa \tag{2.13}$$

$$\text{공학 1기압} = 13.6 \times 76 = 1,033.6\text{g/cm}^2 \fallingdotseq 10\text{t/m}^2 \tag{2.14}$$

공학 1기압을 수두로 환산하면 식 (2.15)가 된다.

$$h = \frac{p}{\omega_0} = \frac{10}{1} = 10\text{m} \tag{2.15}$$

예제 2.1 해수 중 수심 20m 지점의 압력을 담수에서의 수주로 환산하시오. 단, 해수의 단위중량은 1.03t/m^3, 담수의 단위중량은 1.0t/m^3이다.

풀이

1) 수심 20m 지점의 압력

$$p = \omega h = 1.03 \times 20 = 20.6\text{t/m}^2$$

2) 압력을 담수에서의 수주로 환산

$$h = \frac{p}{\omega_0} = \frac{20.6}{1} = 20.6\text{m}$$

예제 2.2 수중의 두 지점 p_1, p_2에서 압력을 측정하였다. 두 지점간의 거리차를 산정하시오. 단, $p_1 = 1.5\text{t/m}^2$, $p_2 = 2.0\text{t/m}^2$ 그리고 $\omega_0 = 1\text{t/m}^3$이다.

풀이

$$h = \frac{p_1 - p_2}{\omega_0} = \frac{2.0 - 1.5}{1} = 0.5\text{m}$$

예제 2.3 수은주 600mm를 수주로 환산하시오. 단, 수은의 단위중량 $\omega_m = 13.6\text{g/cm}^3$, 물의 단위중량 $\omega_0 = 1\text{g/cm}^3$이다.

풀이

$$p = \omega_m h_m = \omega_0 h_0$$

$$h_0 = \frac{\omega_m}{\omega_0} h_m = \frac{13.6}{1} \times 0.60 = 8.16\text{m}$$

2.1.3 Pascal의 원리

Pascal(1865년)은 밀폐된 용기에 담긴 유체에 가해진 압력은 유체의 모든 부분과 유체를 담은 용기 전체에 균일하게 전달된다는 원리를 발견하였다.

그림 2.3은 Pascal 원리를 나타낸 것으로 왼쪽 피스톤의 단면적을 a_1, 오른쪽 피스톤의 단면적을 a_2, 왼쪽 피스톤에 작용하는 힘을 P_1 그리고 오른쪽 피스톤에 작용하는 힘을 P_2라고 가정하면 식 (2.16)이 된다.

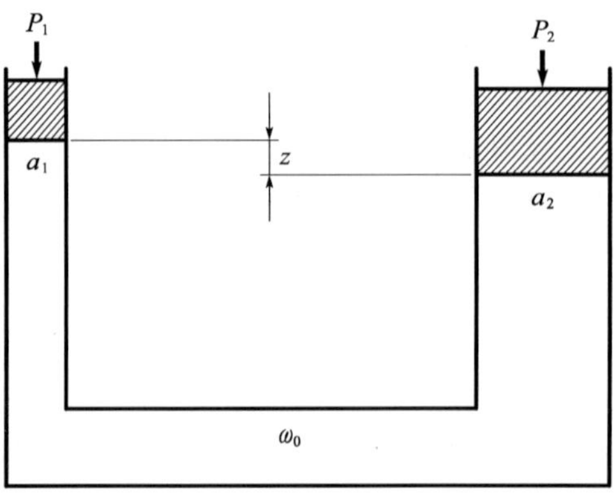

그림 2.3 Pascal 원리

$$\frac{P_1}{a_1} + \omega_0 \cdot z = \frac{P_2}{a_2} \tag{2.16}$$

피스톤에 작용하는 외력이 충분히 크다면 $\omega_0 z$는 외력과 비교하여 생략할 수 있을 정도로 미소한 값이 된다.

따라서 식 (2.16)은 식 (2.17)이 된다.

$$\frac{P_1}{a_1} = \frac{P_2}{a_2} \tag{2.17}$$

그리고 압력의 전달속도 C는 식 (2.18)로 정의된다.

$$C = \sqrt{\frac{E}{\rho}} \tag{2.18}$$

여기서, E는 체적 탄성계수, ρ는 유체 밀도이다.

Pascal 원리는 항공기나 중장비의 수압조절, 수압기계, 기중기 그리고 수압기 등에 중요한 역할을 한다.

예제 2.4 그림 2.3에서 $a_1 = 0.1\text{m}^2$, $a_2 = 0.5\text{m}^2$, $P_2 = 300\text{kg}$, $z = 0.2\text{m}$ 인 경우 P_1을 산정하시오. 단, $\omega_0 = 1{,}000\text{kg/m}^3$이다.

풀이

$$\frac{P_1}{a_1} + \omega_0 \cdot z = \frac{P_2}{a_2}$$

$$\frac{P_1}{0.1} + (1{,}000 \times 0.2) = \frac{300}{0.5}$$

$$P_1 = 40\text{kg}$$

2.2 압력의 측정

밀폐된 용기 내의 압력 또는 관수로 내의 압력을 측정하기 위하여 수압계(Piezometer)와 액주계(Manometer)를 일반적으로 사용한다. 끝단이 개방되어 있는 유리관을 액체가 만재한 용기에 연결하는 경우 상승하게 되는 액체의 높이는 용기 내의 압력과 대기압의 차이를 의미하는 데 이를 측정하는 장치를 수압계라 한다. 액주계는 비중을 알고 있는 액체를 채운 U형 관로로서 관수로와 용기 내의 한 단면 또는 두 단면사이에서의 압력을 측정하는 장치로 정의할 수 있다.

그림 2.4는 연직 수압계, 그림 2.5는 경사 수압계를 나타낸 것이다.

그림 2.4와 그림 2.5의 액체 단위중량을 ω라 하면 A점의 압력 P_A는 식 (2.19), B점의 압력 P_B는 식 (2.20)이 된다.

$$P_A = \omega h \tag{2.19}$$

$$P_B = \omega h = \omega l \sin\theta \tag{2.20}$$

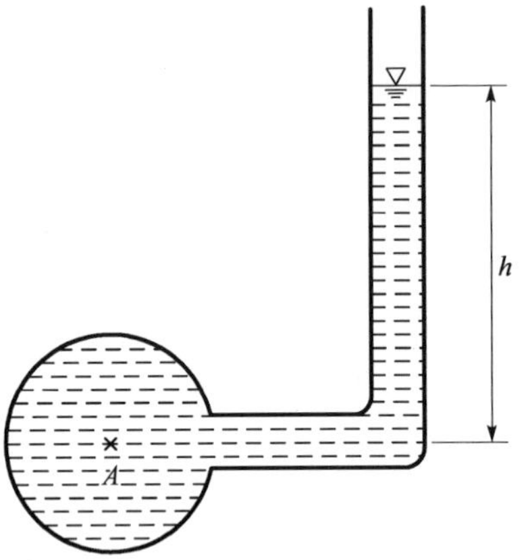

그림 2.4 연직 수압계

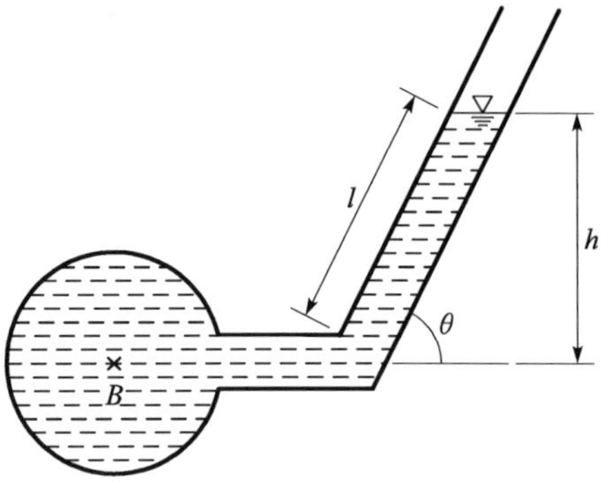

그림 2.5 경사 수압계

그림 2.6은 U형 액주계를 나타낸 것으로 그림 2.6의 (a)와 (b)에서 a-b면은 압력이 동일한 점을 의미하는 등압면이다.

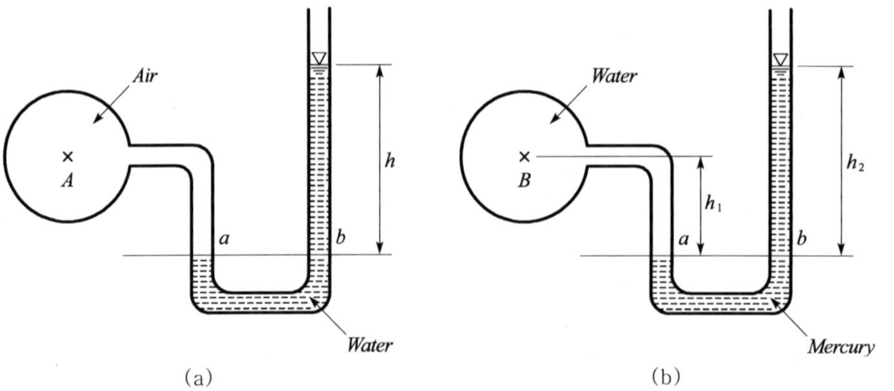

그림 2.6 U형 액주계

그림 2.6의 (a)에서 A점의 압력 P_A는 식 (2.21)이 된다.

$$P_a = P_b$$

$$P_a = P_A$$

$$P_b = \omega_0 \cdot h$$

$$P_A = \omega_0 \cdot h \tag{2.21}$$

그림 2.6의 (b)에서 B점의 압력 P_B는 식 (2.22)가 된다.

$$P_a = P_b$$
$$P_a = P_B + \omega_0 \cdot h_1$$
$$P_b = \omega_m \cdot h_2$$
$$P_B + \omega_0 \cdot h_1 = \omega_m \cdot h_2$$
$$P_B = \omega_m \cdot h_2 - \omega_0 \cdot h_1 \tag{2.22}$$

그림 2.7의 차동 액주계(Differential manometer)는 두 점사이의 압력차가 미소한 경우 압력을 측정하는 액주계이다.

그림 2.7에서 M점과 N점의 압력차는 식 (2.23)이 된다.

$$P_A = P_B = P_C = P_F$$
$$P_A = P_M - \omega_1 \cdot h_1 \quad (= P_C)$$
$$P_D = P_E$$
$$P_D = P_C - \omega_2 \cdot h = P_M - \omega_1 \cdot h_1 - \omega_2 \cdot h$$
$$P_E = P_N - \omega_1 \cdot (h + h_2)$$
$$P_M - P_N = \omega_1 \cdot h_1 + \omega_2 \cdot h - \omega_1 \cdot h - \omega_1 \cdot h_2$$
$$P_M - P_N = h \cdot (\omega_2 - \omega_1) - \omega_1 \cdot (h_2 - h_1) \tag{2.23}$$

식 (2.23)에서 $h_1 = h_2$라고 가정하면 식 (2.24)가 된다.

$$P_M - P_N = h(\omega_2 - \omega_1) \tag{2.24}$$

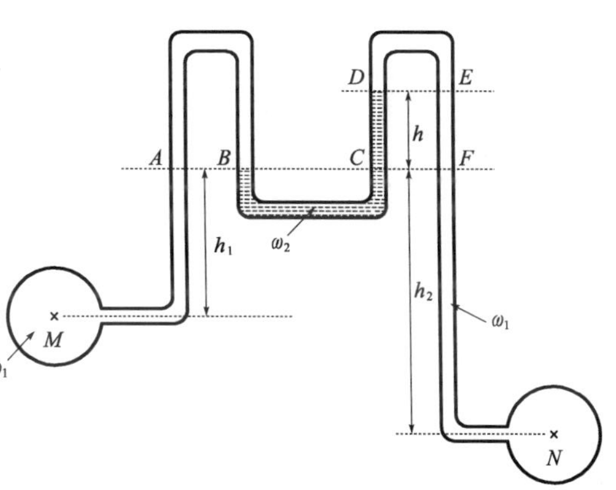

그림 2.7 차동 액주계

예제 2.5 그림 2.8의 차동 액주계에서 A와 B점의 압력차를 산정하시오. 단, 수은(Mercury)의 비중은 13.6, 물의 비중은 1.0이다.

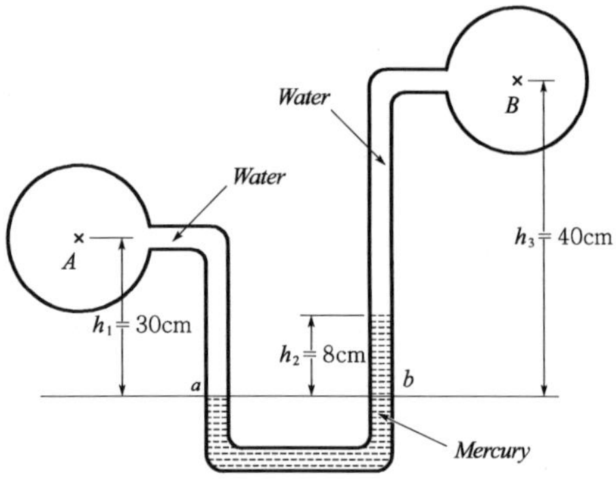

그림 2.8

풀이

$$P_a = P_b$$

$$P_a = P_A + \omega_0 \cdot h_1$$

$$P_b = P_B + \omega_m \cdot h_2 + \omega_0 \cdot (h_3 - h_2)$$

$$\therefore P_A - P_B = \omega_m \cdot h_2 + \omega_0 \cdot (h_3 - h_2) - \omega_0 \cdot h_1$$

$$= (13.6 \times 8) + (1 \times (40 - 8)) - (1 \times 30)$$

$$= 110.8\text{g/cm}^2$$

$$= 0.1108\text{kg/cm}^2$$

2.3 전수압

정수중의 수중에 위치하는 수평면, 연직면, 경사면 그리고 곡면 등에 작용하는 전수압(Total pressure)의 크기, 방향 그리고 작용점의 위치 계산은 댐, 수문, 탱크, 선박 등을 설계하는 경우 매우 중요한 문제이다.

2.3.1 수평면에 작용하는 전수압

그림 2.9와 같이 수면으로부터 h에 위치하는 단면적 A를 가지는 임의 형상의 평면을 가정하자. 이때 전수압 P는 수압 p와 단면적 A를 곱하면 식 (2.25)와 같이 산정된다.

$$P = pA = \omega_0 h A \tag{2.25}$$

식 (2.25)와 같이 수평면에 작용하는 전수압의 크기 P는 단면적 A를 가지는 수심 h에 해당하는 연직수주의 무게와 같게 된다.

작용점의 위치 h_c는 수평면의 도심(Centroid)을 통과하므로 식 (2.26)이 된다.

$$h_c = h \tag{2.26}$$

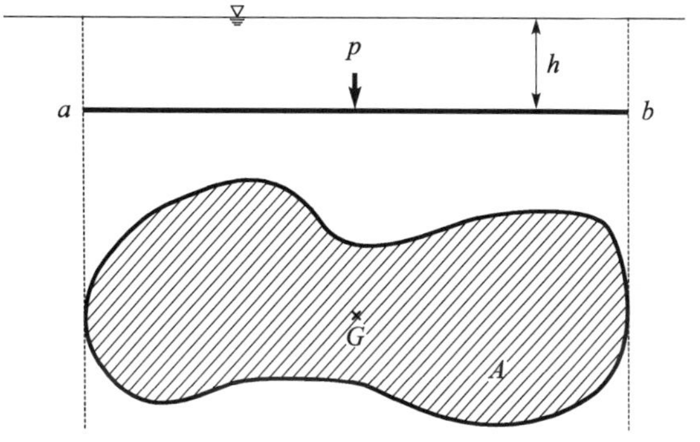

그림 2.9 수평면에 작용하는 전수압

2.3.2 연직면에 작용하는 전수압

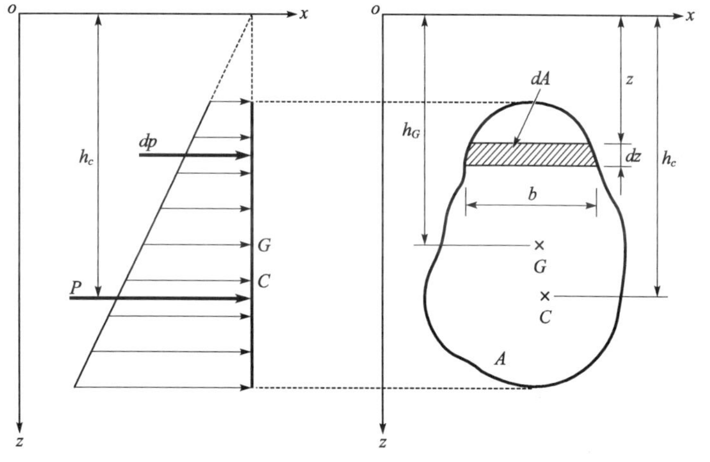

그림 2.10 연직면에 작용하는 전수압

그림 2.10에서와 같이 정수면에서 z의 깊이에 위치하는 미소 단면적을 dA라 하면 미소 단면적에 작용하는 전수압 dP는 식 (2.27)이 된다.

$$dP = dp \cdot dA = \omega_0 \cdot z \cdot dA \tag{2.27}$$

연직면에 작용하는 전수압 P는 식 (2.27)을 전체 수평면 A에 대해 적분하면 식 (2.28)이 된다.

$$P = \omega_0 \int_A z dA = \omega_0 h_G A \tag{2.28}$$

여기서, $\int_A zdA = h_G A$는 단면 1차 모멘트, h_G는 수면에서 연직면의 도심 G까지의 수심이다.

전수압 P의 작용점 C를 압력 중심이라 한다. 점 C까지의 수심 h_c는 수면을 기준으로 모멘트를 취하면 식 (2.29)가 된다.

$$P \cdot h_c = \int_A zdP = \omega_0 \int_A z^2 dA = \omega_0 I \tag{2.29}$$

여기서, $\int_A z^2 dA = I$는 수면에 대한 단면 2차 모멘트이다.

$z - h_G = z'$라 하면 $z = z' + h_G$가 되고 이를 미분하면 $dz = dz'$이 된다. 따라서 연직면과 수면에 대한 단면 2차 모멘트를 구하면 식 (2.30)이 된다.

$$\begin{aligned} I &= \int_A z^2 dA = \int_A (z' + h_g)^2 dA = \int_A (z'^2 + 2z' h_G + h_G^2) dA \\ &= \int_A z'^2 dA + 2h_G \int_A z'^{dA} + h_G^2 \int_A dA \end{aligned} \tag{2.30}$$

식 (2.30)의 우변 제1항은 평면의 도심 G를 지나고 수면에 평행한 축에 대한 단면 2차 모멘트 I_0, 제2항은 평면의 도심을 지나는 축에 대한 단면 1차 모멘트로서 0 그리고 제3항은 $h_G^2 A$가 된다. 따라서 식 (2.30)은 식 (2.31)이 된다.

$$I = I_0 + h_G^2 A \tag{2.29}$$

식 (2.31)에 식 (2.28)과 식 (2.29)를 대입하고 간단히 하면 작용점의 위치 h_c는 식 (2.32)가 된다.

$$h_c = h_G + \frac{I_0}{h_G \cdot A} \tag{2.32}$$

표 2.1은 다양한 평면형상에 대한 A, h_G 그리고 I_0를 나타낸 것이다.

표 2.1 평면형상에 따른 A, h_G 그리고 I_0

평면형상	A	h_G	I_0
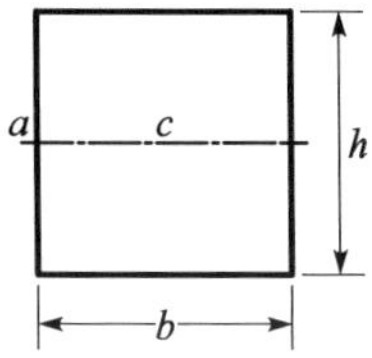	bh	$\frac{h}{2}$	$\frac{bh^3}{12}$
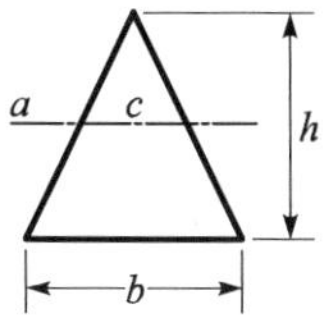	$\frac{bh}{2}$	$\frac{h}{3}$	$\frac{bh^3}{36}$
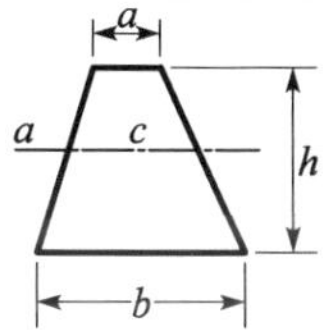	$\frac{h}{2}(a+b)$	$\frac{h}{3}\frac{(2a+b)}{(a+b)}$	$\frac{h^3}{36}\frac{a^2+4ab+b^2}{a+b}$
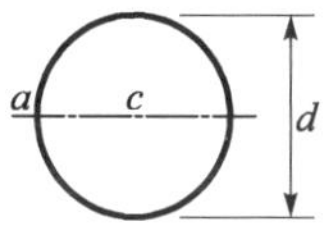	$\frac{\pi}{4}d^2$	$\frac{d}{2}$	$\frac{\pi d^4}{64}$
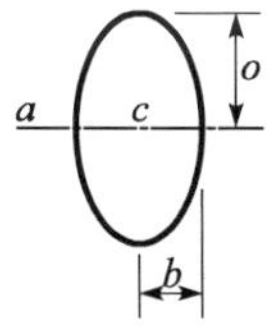	πob	o	$\frac{\pi bo^3}{4}$
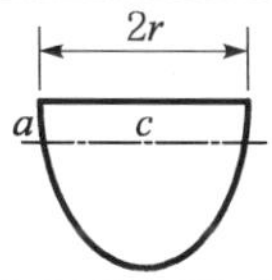	$\frac{\pi r^2}{b}$	$0.5756r$	$0.1098r^4$

예제 2.6 지름 20cm이고 높이가 30cm인 원통에 물을 가득채운 경우 원통의 바닥에 작용하는 전수압을 산정하시오. 단, $\omega_0 = 1\text{t/m}^3$이다.

풀이

$$P = \omega_0 hA = 1 \times 0.3 \times \frac{\pi \times 0.2^2}{4} = 0.00942t = 9.42\text{kg}$$

예제 2.7 그림 2.11과 같은 연직면에 작용하는 전수압과 작용점의 위치를 산정하시오. 단, $\omega_0 = 1\text{t/m}^3$이다.

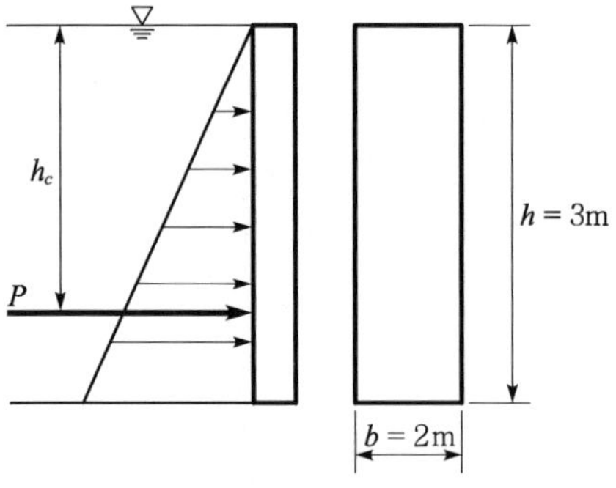

그림 2.11

풀이

$$P = \omega_0 h_G A = 1 \times \frac{3}{2} \times (2 \times 3) = 9.0\text{t}$$

$$h_c = h_G + \frac{I_0}{h_G A} = h_G + \frac{\frac{bh^3}{12}}{h_G A} = \frac{3}{2} + \frac{\frac{2 \times 3^3}{12}}{\frac{3}{2} \times (2 \times 3)} = 2.0\text{m}$$

예제 2.8 그림 2.12와 같은 수문 OB에 작용하는 전수압 P_1과 P_2, 전수압의 합력 P, O점에 대한 모멘트 그리고 합력의 위치를 산정하시오. 단, 수문의 폭은 단위길이이고 $\omega_0 = 1\text{t/m}^3$이다.

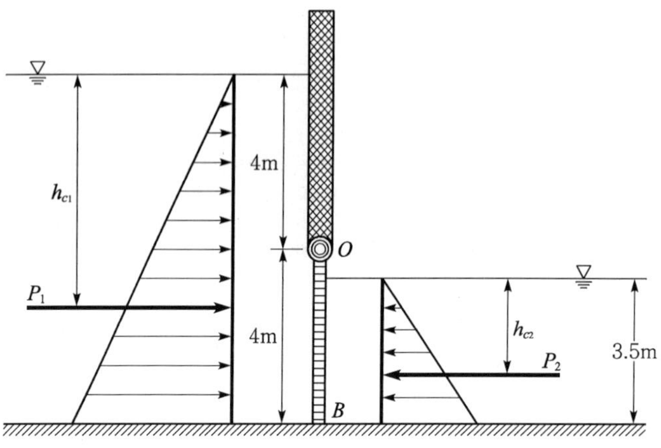

그림 2.12

풀이

1) 좌측 수문에 작용하는 전수압 P_1, 작용점 위치 h_{c1}

$$h_{G1} = 4 + \frac{4}{2} = 6.0\text{m}$$

$$P_1 = \omega_0 h_{G1} A_1 = 1 \times 6.0 \times (1 \times 4) = 24\text{t}$$

$$h_{c1} = h_{G1} + \frac{I_0}{h_{G1} A_1} = 6.0 + \frac{\frac{1 \times 4^3}{12}}{6.0 \times (1 \times 4)} = 6.22\text{m}$$

2) 우측 수문에 작용하는 전수압 P_2, 작용점 위치 h_{c2}

$$h_{G2} = \frac{3.5}{2} = 1.75\text{m}$$

$$P_2 = \omega_0 h_{G2} A_2 = 1 \times 1.75 \times (1 \times 3.5) = 6.125\text{t}$$

$$h_{c2} = h_{G2} + \frac{I_0}{h_{G2} A_2} = 1.75 + \frac{\frac{1 \times 3.5^3}{12}}{1.75 \times (1 \times 3.5)} = 2.33\text{m}$$

3) 전수압의 합력 P

$$P = P_1 - P_2 = 24.0 - 6.125 = 17.875t$$

4) O점에 대한 모멘트 M

$$M = (24 \times (6.22 - 4)) - (6.125 \times (0.5 + 2.33)) = 35.946\text{t} \cdot \text{m}$$

5) 합력의 위치 x

$$17.875 \times x = 35.946$$

$$x = 2.011\text{m}$$

2.3.3 경사면에 작용하는 전수압

그림 2.13은 수면과 θ의 경사를 가지는 경사면에 작용하는 전수압을 나타낸 것이다.

그림 2.13에서 $z = S\sin\theta$이므로 수심 z에 위치하는 미소 단면적 dA에 작용하는 전수압 dP는 식 (2.33)이 된다.

$$dP = \omega_0\, z\, dA = \omega_0\, S \sin\theta\, dA \tag{2.33}$$

따라서 경사면 전체에 작용하는 전수압 P는 식 (2.34)가 된다.

$$P = \omega_0 \int_A z\, dA = \omega_0 \sin\theta \int_A S\, dA = \omega_0\, S_G \sin\theta\, A \tag{2.34}$$

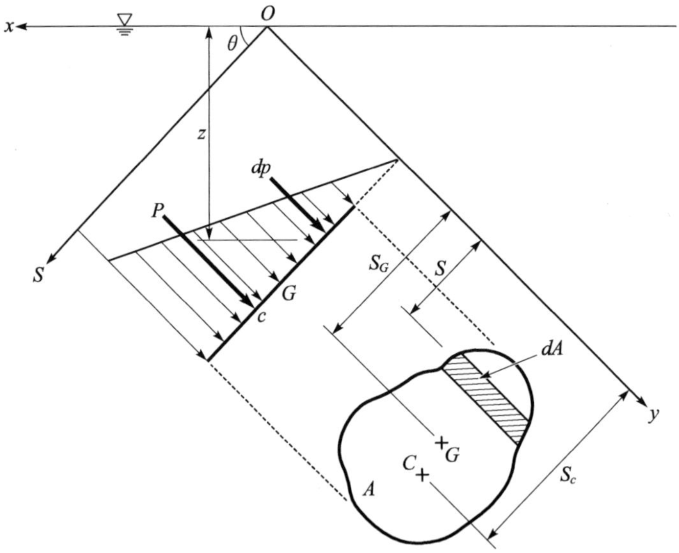

그림 2.13 경사면에 작용하는 전수압

여기서, S_G는 y축에서 경사면의 도심까지 거리이고 $h_G = S_G \sin\theta$의 관계가 있으므로 식 (2.34)는 식 (2.35)가 된다.

$$P = \omega_0 \, h_G \, A \tag{2.35}$$

경사면에 전수압 P가 작용하는 위치를 S_c라 하고 y축에 대하여 모멘트를 취하면 식 (2.36)이 된다.

$$\begin{aligned} P\,S_c &= \int_A S\,dP = \omega_0 \int_A S \sin\theta \, dA \, S = \omega_0 \sin\theta \int_A S^2 \, dA \\ &= \omega_0 \sin\theta (I_0 + S_G^2 \, A) \end{aligned} \tag{2.36}$$

식 (2.36)에서 S_c는 식 (2.37)이 된다.

$$S_c = \frac{\omega_0 \sin\theta \,(I_0 + S_G^2 \, A)}{P} = \frac{\omega_0 \sin\theta \,(I_0 + S_G^2 \, A)}{\omega_0 \sin\theta \, S_G \, A} = S_G + \frac{I_0}{S_G A} \tag{2.37}$$

그리고 h_c와 S_c는 식 (2.38)의 관계가 성립한다.

$$h_c = S_c \sin\theta \tag{2.38}$$

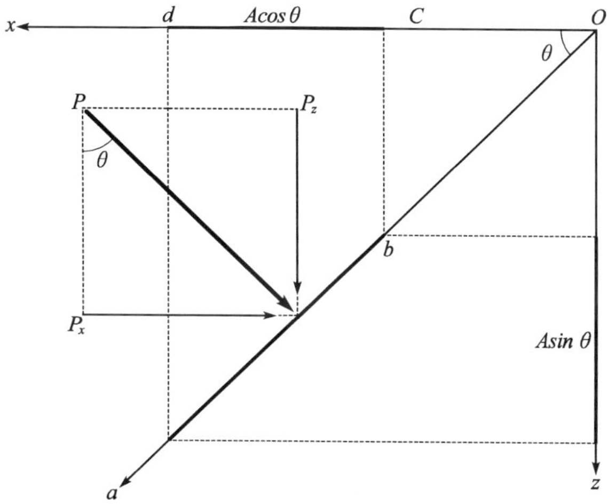

그림 2.14 전수압의 분력

그림 2.14와 같이 경사면 ab에 작용하는 전수압은 수평분력과 연직분력으로 구분하여 산정할 수 있다. 경사면에 작용하는 수평분력 P_x는 식 (2.39), 연직분력 P_z는 식 (2.40)이 된다.

$$P_x = P\sin\theta = \omega_0\, h_G\, A\, \sin\theta \tag{2.39}$$

$$P_y = P\cos\theta = \omega_0\, h_G\, A\, \cos\theta \tag{2.40}$$

식 (2.39)에서 $A\sin\theta$는 경사면을 z축에 투영한 면적이다. 따라서 투영면에 대한 도심까지 깊이는 경사면에서 도심까지 수심과 동일하므로 수평분력 P_x는 z축의 투영면에 작용하는 전수압과 같음을 알 수 있다.

식 (2.40)에서 $A\cos\theta$는 경사면을 x축에 투영한 면적이다. 따라서 투영면에 대한 도심까지 깊이는 경사면에서 도심까지 수심과 동일하므로 연직분력 P_y는 x축의 투영면에 작용하는 전수압과 같음을 알 수 있다.

예제 2.9 그림 2.15의 경사면에 작용하는 전수압과 작용점의 위치를 산정하시오. 단, $\omega_0 = 1\text{t/m}^3$이다.

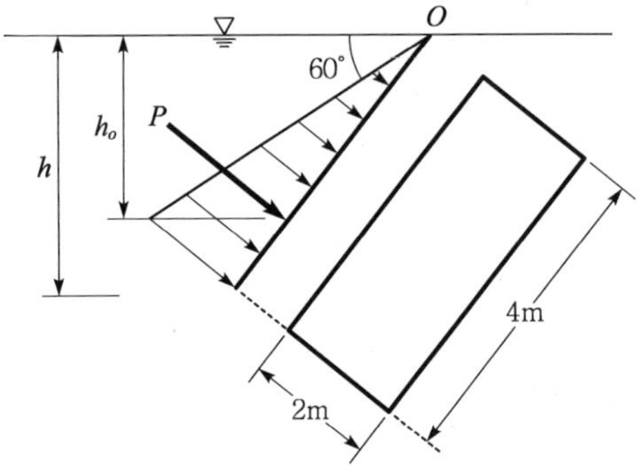

그림 2.15

풀이

$$S_G = \frac{4}{2} = 2.0\text{m}$$

$$P = \omega_0 S_G \sin\theta\, A$$

$$= 1 \times 2 \times \sin 60^\circ \times (2 \times 4) = 13.86\text{t}$$

$$S_c = S_G + \frac{I_0}{S_G A} = 2 + \frac{\frac{2 \times 4^3}{12}}{2 \times (2 \times 4)} = 2.67\text{m}$$

$$h_c = S_c \sin\theta = 2.67 \times \sin 60^\circ = 2.31\text{m}$$

2.3.4 곡면에 작용하는 전수압

수중의 곡면에 작용하는 전수압은 곡면과 그 곡면의 연직 및 수평방향의 투영면에 포함된 수체에 작용하는 힘의 평형방정식을 이용하여 산정할 수 있다. 그림 2.16은 곡면에 작용하는 전수압과 압력분포도를 나타낸 것이다.

그림 2.16에서 곡면 AB에 작용하는 수압은 수심에 비례하고 면에 직각으로 작용한다. 곡면 AB에 작용하는 전수압의 수평분력을 P_H, 수평분력의 반력을 F_H, 연직분력을 P_V 그리고 연직분력의 반력을 F_V로 가정하고 수중 물체 ABC에 작용하는 압력분포에 대하여 수평과 연직방향에 대한 힘의 평형조건을 적용하면 수평 및 연직방향의 전수압이 산정된다.

식 (2.41)은 전수압의 수평분력 P_H, 식 (2.42)는 전수압의 연직분력 P_V를 산정하는 식이다.

$$F_H = F_{BC} = P_H \tag{2.41}$$

$$F_V = F_{AC} + W_{ABC} = P_V \tag{2.42}$$

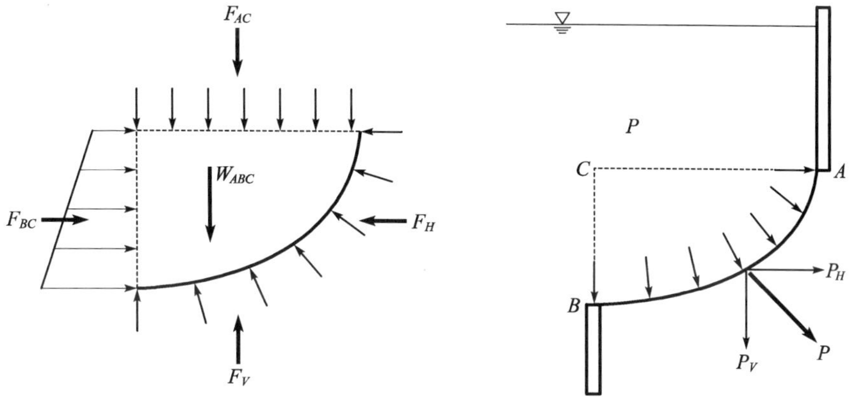

그림 2.16 곡면에 작용하는 전수압

곡면에 작용하는 전수압의 수평분력은 곡면 AB의 연직 투영면 BC에 작용하는 전수압과 같고 그 작용점은 연직면의 작용점과 동일하다. 그리고 곡면에 작용하는 전수압의 연직분력은 곡면 AB를 밑면으로 하는 물기둥의 무게와 같고 그 작용점은 물기둥의 무게 중심이 된다.

예제 2.10 그림 2.17과 같은 Tainter gate의 폭이 $5\mathrm{m}$인 경우 AC에 작용하는 전수압과 작용점의 위치를 산정하시오. 단, $\omega_0 = 1\mathrm{t/m^3}$이다.

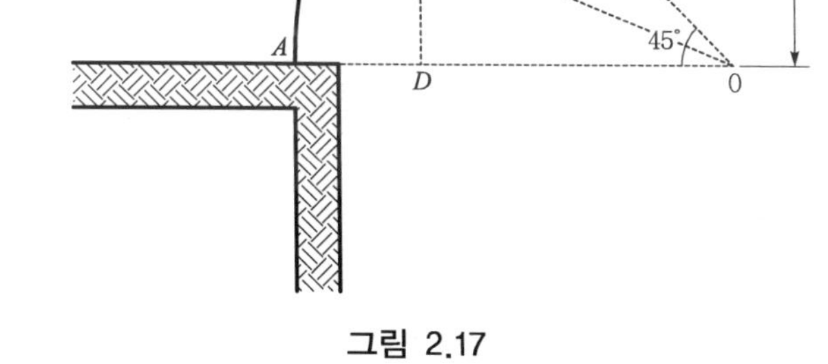

그림 2.17

풀이

1) 수평분력과 작용점

$\overline{AB} = r\sin\theta = 5\times\sin45^\circ = 3.54\text{m}$

$h_G = \dfrac{3.54}{2} = 1.77\text{m}$

$P_x = \omega_0 h_G A = 1\times1.77\times(5\times3.54) = 31.33\text{t}$

$h_c = h_G + \dfrac{I}{h_G A} = 1.77 + \dfrac{\dfrac{5\times3.54^3}{12}}{1.77\times(5\times3.54)} = 2.36\text{m}$ or $h_C = \dfrac{2}{3}\overline{AB} = \dfrac{2}{3}\times3.54 = 2.36\text{m}$

2) 연직분력과 작용점

$P_y =$ 단면적$(ABCO + OCD - OAC)\times b\times\omega_0$

$= \left((1.46\times3.54) + (\dfrac{1}{2}\times3.54\times3.54) - (\pi\times5^2\times\dfrac{45^\circ}{360^\circ})\right)\times5\times1$

$= 8.11\text{t}$

$\sum M_0 = 0$에서 $P_x(h-h_c) - P_y(r-x_c) = 0$

$x_c = r - \dfrac{P_x(h-h_c)}{P_y} = 5 - \dfrac{31.33\times(3.54-2.36)}{8.11} = 0.44\text{m}$

3) 합력

$P = \sqrt{P_x^2+P_y^2} = \sqrt{31.33^2+8.11^2} = 32.36\text{t}$

예제 2.11 그림 2.18의 수문에 작용하는 전수압과 작용점의 위치를 산정하시오. 단 수문의 길이는 3m이고 $\omega_0 = 1\text{t/m}^3$이다.

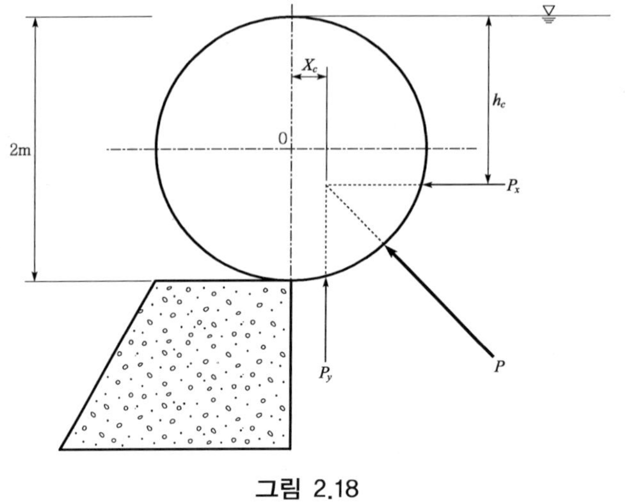

그림 2.18

풀이

1) 수평분력과 작용점

$$h_G = \frac{2.0}{2} = 1.0\text{m}$$

$$P_x = \omega_0 h_G A = 1 \times 1.0 \times (3 \times 2) = 6.0\text{t}$$

$$h_c = h_G + \frac{I}{h_G A} = 1.0 + \frac{\frac{3 \times 2^3}{12}}{1.0 \times (3 \times 2)} = 1.33\text{m}$$

2) 연직분력과 작용점

$$P_y = \text{반원의 면적} \times b \times \omega_0$$

$$= \left(\frac{1}{2} \times \frac{\pi \times 2^2}{4}\right) \times 3 \times 1 = 4.71\text{t}$$

$\sum M_0 = 0$에서

$$P_x(h_c - 1) - P_y x_c = 0$$

$$x_c = r + \frac{P_x(h_c - 1)}{P_y} = \frac{6 \times (1.33 - 1)}{4.71} = 0.42\text{m}$$

3) 합력

$$P = \sqrt{P_x^2 + P_y^2} = \sqrt{6^2 + 4.71^2} = 7.63\text{t}$$

2.3.5 원관에 작용하는 전수압

그림 2.19와 같은 관수로 내부에 압력이 발생하는 경우 관벽에는 인장응력이 작용하게 된다.

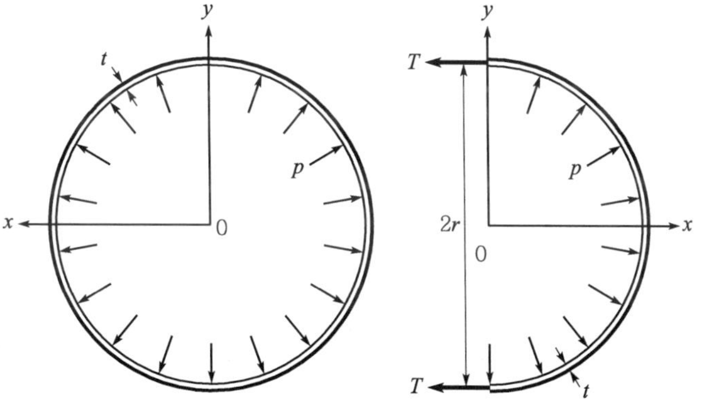

그림 2.19 원관에 작용하는 전수압

그림 2.19의 반원관에 작용하는 x방향의 전수압은 식 (2.43)이 되고 전수압의 저항력인 인장응력은 식 (2.44)가 된다.

$$P_x = 2rp \tag{2.43}$$

$$F = 2T \tag{2.44}$$

반원관에 작용하는 x방향의 전수압과 인장응력은 같아야 하므로 식 (2.43)과 식 (2.44)를 이용하면 주장력 공식(Hoop tension)인 식 (2.45)가 유도된다.

$$t = \frac{r \cdot p}{\sigma_{at}} = \frac{d \cdot p}{2\sigma_{at}} \; (\because d = 2r) \tag{2.45}$$

여기서, t는 관의 두께, σ_{at}는 허용 인장응력이다.

예제 2.12 직경 $d = 1\text{m}$의 원형관속에 압력수두 $h = 100\text{m}$로 유량을 송수하기 위한 관의 두께 t를 산정하시오. 단, $\sigma_{at} = 1.0 \times 10^7 \text{kg/m}^2$, $\omega_0 = 1 \text{t/m}^3$이다.

풀이

1) 압력수두를 압력으로 환산

$$p = \omega_0 h = 1{,}000 \times 100 = 100{,}000 \text{kg/m}^2$$

2) 관의 두께 t

$$t = \frac{d \cdot p}{2\sigma_{at}} = \frac{1 \times 100{,}000}{2 \times 1 \times 10^7} = 0.005\text{m} = 0.5\text{cm}$$

2.4 부 력

2.4.1 부력(Buoyancy)

수중의 물체는 그 표면 전체에 정수압을 받는다. 수중의 물체 또는 수면에 부상하고 있는 물체에 작용하는 전수압의 연직분력은 수중에 잠겨있는 부분의 물체와 동일한 부피를 가지는 물의 무게와 같고 그 작용선은 수중 물체의 중심을 지나며 연직 상향으로 작용한다.

따라서 수중 물체와 수면에 부상하고 있는 물체는 수중에서 그 물체가 배제한 배수용적(배수량)만큼 가벼워지는 데 이러한 현상을 Archimedes 원리라 한다. 그림 2.20은 Archimedes 원리를 나타낸 것이다.

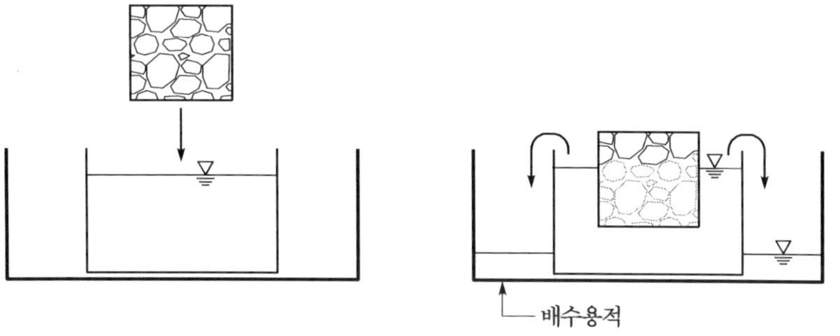

그림 2.20 Archimedes 원리

부력(Buoyance, B)이란 물체 표면에 작용하는 전수압의 연직분력 즉, 부양하려는 힘으로서 식 (2.46)으로 정의된다.

$$B = \omega_0 V \tag{2.46}$$

여기서, V는 배수용적이다.

공기 중의 물체 중량을 W라 하면 수중에서의 물체중량 W'는 식 (2.47)로 산정된다.

$$W' = W - B = W - \omega_0 V \tag{2.47}$$

부체에 의해 배제된 물의 무게중심 즉, 부력의 작용점을 부심(Center of buoyance), 부체의 최하단까지의 수심을 흘수(Draft) 그리고 수면이 부체를 절단하는 가상의 면을 부양면(Plane of floation)이라 한다. 그림 2.21은 그 개념도를 나타낸 것이다.

부력 B와 물체의 중량 W는 표 2.2의 관계가 있다.

표 2.2 부력 B와 물체의 중량 W의 상관관계

구 분	내 용
$W > B$	물체는 수중에 침몰
$W = B$	물체는 수중에서 정지
$W < B$	물체는 수중에서 부상

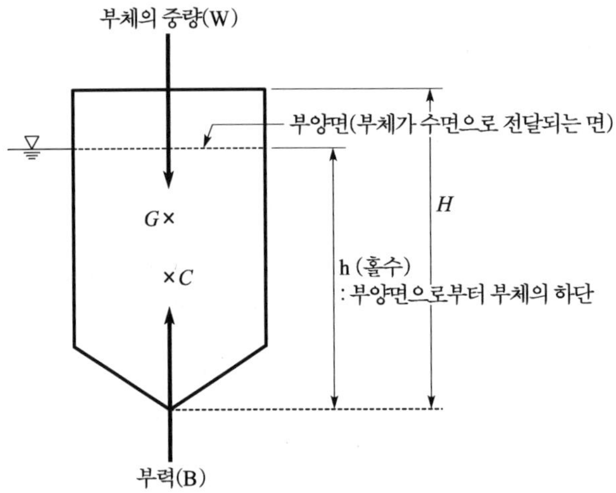

그림 2.21 부력 용어 개념도

2.4.2 부체안정

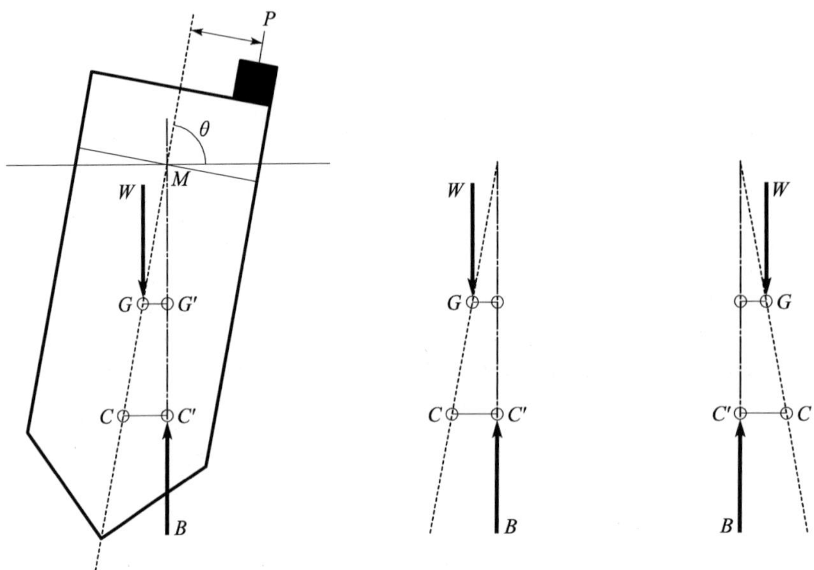

그림 2.22 부체의 안정

그림 2.22에서 G를 부체의 무게중심, C를 부심, C'를 기울어진 후의 부심, 점 G와 C를 지나는 선과 점 C'를 지나는 연직선과의 교점 M을 경심(Metacenter), 부체의 중심에서 M까지의 거리 $\overline{MG}$를 경심고(Height of metacenter)라 한다.

경심고 MG는 식 (2.48)에 의해 산정된다.

$$MG = MC - CG \text{ or } MG = \frac{Pl}{W\theta} \quad (2.48)$$

부체가 기울어진 경우 부심 C'의 위치가 중력선 외부에 위치하게 되고 부체는 불안정 상태에서 안정상태로 복원하려고 하는 힘이 작용하게 되는 데 이를 복원 모멘트(Righting moment)라 한다. 그리고 부심의 위치가 중력선 외부에 위치하여 부체가 지속적으로 기울어지는 힘을 전복 모멘트(Over turning moment)라 한다. 부체의 안정 즉, 중립상태란 부력과 물체 자중의 작용선이 일치하는 경우를 의미한다.

표 2.3은 부체의 안정 판별식을 나타낸 것이다.

표 2.3 부체의 안정 판별식

구 분	내 용
안정	M이 G보다 상향에 위치하는 경우 or $\frac{I_x}{V} > CG$
중립	M과 G가 일치 or $\frac{I_x}{V} = CG$
불안정	M이 G보다 하향에 위치하는 경우 or $\frac{I_x}{V} < CG$

예제 2.13 그림 2.23과 같이 비중 0.92인 빙산이 해수($\omega = 1.03\text{t/m}^3$) 중에 위치하고 있으며 수면을 기준으로 대기 중으로 노출된 체적이 150m^3이다. 이때 빙산 전체 체적을 산정하시오.

풀이

빙산 전체의 체적을 V라 하면 배수용적 V'

$V' = V - 150$

$B = 1.03 \times (V - 150)$

$0.92V = 1.03(V - 150)$

$V \fallingdotseq 1{,}405\text{m}^3$

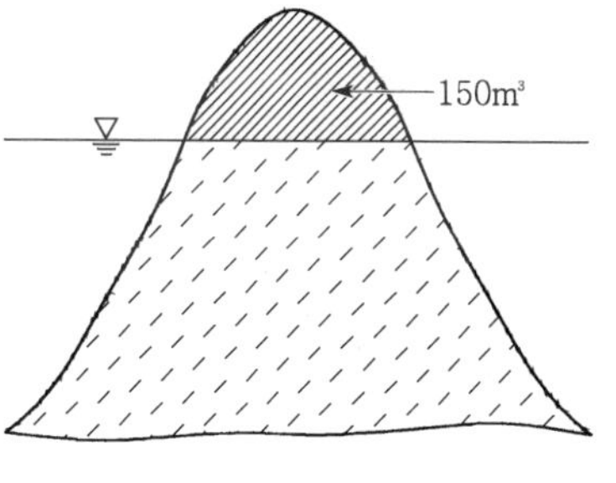

그림 2.23

예제 2.14 철근 콘크리트 구조물의 중량이 50t, 비중이 2.5인 경우 철근 콘크리트 구조물의 수중 중량을 산정하시오. 단, $\omega_0 = 1\text{t/m}^3$이다.

풀이

철근 콘크리트 구조물의 비중이 2.5이므로 단위중량은 2.5t/m^3

1) 철근 콘크리트 구조물의 체적 V

$$V = \frac{W}{\omega} = \frac{50}{2.5} = 20\text{m}^3$$

2) 철근 콘크리트 구조물의 부력 B

$B = \omega V = 1 \times 20 = 20\text{t}$

3) 철근 콘크리트 구조물의 수중중량 W'

$W' = W - B = 50 - 20 = 30\text{t}$

예제 2.15 단면 $0.5\text{m} \times 0.5\text{m}$, 길이 10m 그리고 단위중량이 0.8g/cm^3의 물체를 수중에 완전히 가라앉히기 위하여 필요한 힘 P를 산정하시오. 단, 물의 단위중량은 1.0g/cm^3이다.

풀이

1) 물체의 부력

$B = \omega_0 \cdot V = 1.0 \times 0.5 \times 0.5 \times 10 = 2.5\text{t}$

2) 물체의 중량

$W = \omega \times V = 0.8 \times 2.5 = 2.0\text{t}$ (∵ 비중이 2.5)

3) 물체를 완전히 물의 바닥에 가라앉히기 위한 조건은 $W + P > B$

$P > B - W = 2.5 - 2.0 = 0.5\text{t} = 500\text{kg}$

예제 2.16 그림 2.24와 같은 콘크리트 케이슨이 해수에 떠 있을 때 그 안정여부를 검토하시오. 단, 콘크리트 케이슨의 비중은 2.5, 해수의 비중은 1.025이다.

풀이

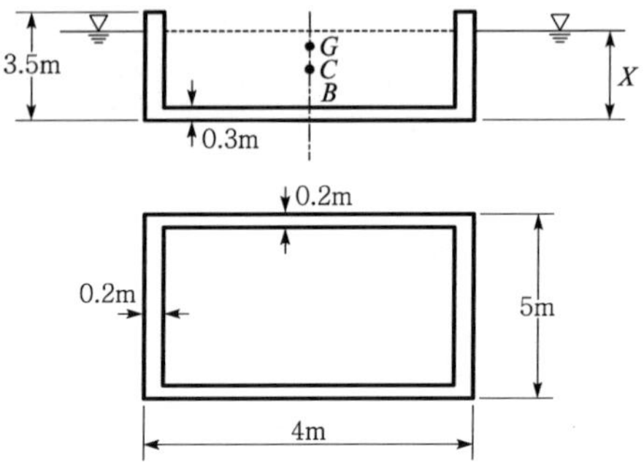

그림 2.24

1) 콘크리트 케이슨 중량 W

$W = \omega_c \times V = 2.5 \times (5 \times 4 \times 3.5 - 4.6 \times 3.6 \times 3.2)$

$= 42.52\text{t}$

2) 부력을 B, 흘수를 x라 하면

$B = 1.025 \times (5 \times 4 \times x) = 20.5x$

$B = W$이므로

$20.5x = 42.52$

$x = 2.074\text{m}$

3) 콘크리트 케이슨의 바닥에서 G까지의 높이 $\overline{BG}$를 구하기 위하여 B점에서 중량 모멘트를 취하면

$$W \times \overline{BG} = 2.5 \times (5 \times 4 \times 3.5 \times \frac{3.5}{2})$$

$$- 2.5 \times (4.6 \times 3.6 \times 3.2) \times (0.3 + \frac{3.2}{2})$$

$$\overline{BG} = \frac{54.538}{42.52} = 1.283\text{m}$$

4) 콘크리트 케이슨의 바닥에서 C까지의 높이 $\overline{BC}$

$$\overline{BC} = \frac{x}{2} = \frac{2.074}{2} = 1.037\text{m}$$

$$\overline{CG} = 1.283 - 1.037 = 0.246\text{m}$$

$$I = \frac{bh^3}{12} = \frac{5 \times 4^3}{12} = 26.667\text{m}^4$$

$$V = \frac{B}{\omega_0} = \frac{42.52}{1.025} = 41.483\text{m}^3$$

$$\overline{CM} = \frac{I}{V} = \frac{26.667}{41.483} = 0.6428\text{m}$$

$$\therefore \quad \overline{CM} > \overline{CG}$$

따라서 경심 M이 G보다 상향에 위치하므로 콘크리트 케이슨 구조물은 안정하다.

2.5 상대적 평형

2.5.1 액체의 평형조건

그림 2.25와 같이 평형상태로 존재하는 액체 중에 미소 육면체를 가정하고 x, y 그리고 z방향의 길이를 각각 dx, dy 그리고 dz라 하자. 그리고 단위 질량의 유체에 작용하는 질량력(Body force)을 X, Y 그리고 Z라 하고 좌표축의 방향으로 압력이 증가한다고 가정한다. x축 방향으로 힘의 평형조건을 적용하면 식 (2.49)가 된다.

$$\rho\, dx\, dy\, dz\, X + p\, dy\, dz - \left(p + \frac{\partial p}{\partial x} dx\right) dy\, dz = 0 \tag{2.49}$$

$$\frac{\partial p}{\partial x} = \rho X$$

동일한 방법으로 y, z축 방향에 힘의 평형조건을 적용하면 식 (2.50)이 된다.

$$\frac{\partial p}{\partial y} = \rho Y, \quad \frac{\partial p}{\partial z} = \rho Z \tag{2.50}$$

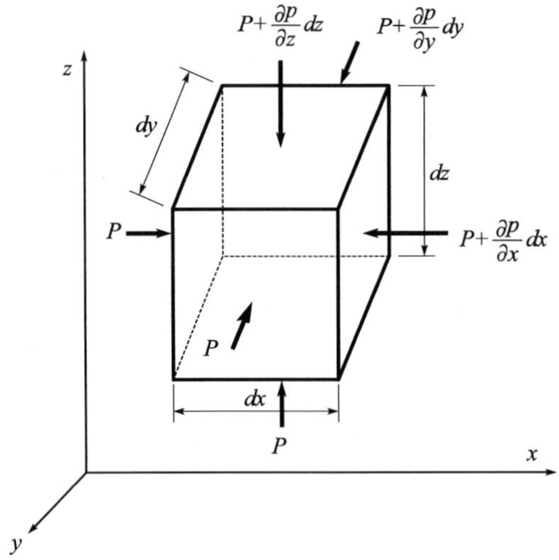

그림 2.25 액체의 평형조건

식 (2.49)와 식 (2.50)에 dx, dy 그리고 dz를 곱한 후 각 항을 더하면 식 (2.51)이 된다.

$$\frac{\partial p}{\partial x}dx+\frac{\partial p}{\partial y}dy+\frac{\partial p}{\partial z}dz=\rho(X+Y+Z) \tag{2.51}$$

식 (2.51)에서 $\frac{\partial p}{\partial x}dx+\frac{\partial p}{\partial y}dy+\frac{\partial p}{\partial z}dz=dp$이므로 식 (2.51)은 식 (2.52)가 된다.

$$dp=\rho(Xdx+Ydy+Zdz) \tag{2.52}$$

식 (2.52)를 유체의 평형 조건식이라 한다.

여기서, dp는 정수압 p의 전미분으로서 x, y 그리고 z방향에 대한 압력의 전 변화량이 된다. 그리고 압력이 동일한 점을 연결한 등압면에서 압력 p는 일정하므로 $dp=0$이 된다.

따라서 등압면 방정식은 식 (2.53)이 된다.

$$Xdx+Ydy+Zdz=0 \tag{2.53}$$

2.5.2 수평 가속도를 받는 유체

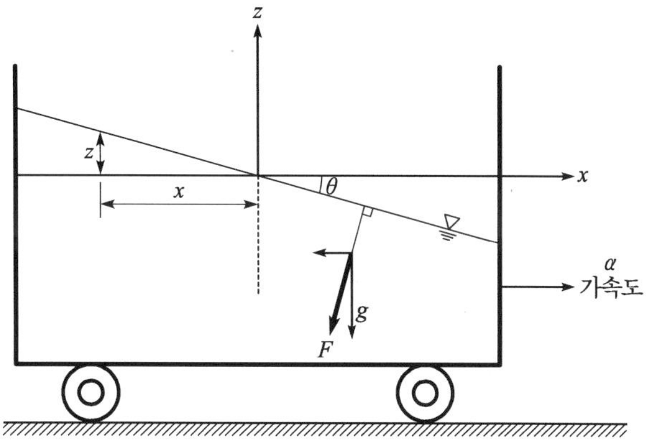

그림 2.26 수평 가속도를 받는 액체

그림 2.26과 같은 용기에 액체를 채운 후 x방향으로 일정한 가속도 α로 이동시킨다고 가정하면 용기는 x의 방향(+)으로 α의 가속도를 받게 되고 액체는 $-\alpha$의 가속도를 받게 되어 평형상태에 도달하게 된다. 이때 수면은 그림 2.26과 같이 초기 수면에서 각 θ로 기울어지게 된다.

단위 질량의 액체가 받는 x, y 그리고 z방향의 외력은 식 (2.54)가 된다.

$$X = 1 \times -\alpha = -\alpha,\ \ Y = 0,\ \ Z = 1 \times -g = -g \tag{2.54}$$

등압면 방정식에 식 (2.54)를 대입하고 간단히 하면 식 (2.55)가 된다.

$$-\alpha dx - g dz = 0 \tag{2.55}$$

식 (2.55)를 적분하면 식 (2.56)이 된다.

$$-\alpha x - gz + C = 0 \tag{2.56}$$

여기서, C는 적분상수이다.

액체의 정수면 중심을 좌표의 원점이라 하면 $x=0$에서 $z=0$이므로 $C=0$이 되고 식 (2.56)에 이 조건을 대입하면 식 (2.57)이 된다.

$$z = -\frac{\alpha}{g}x \tag{2.57}$$

식 (2.57)은 수면의 평형 방정식으로서 그림 2.26의 원점 O를 지나는 직선 방정식이 된다. 따라서 수면과 이루는 각 θ는 식 (2.58)이 된다.

$$\tan\theta = \frac{dz}{dx} = -\frac{\alpha}{g} \quad \text{or} \quad \theta = \tan^{-1}\left(-\frac{\alpha}{g}\right) \tag{2.58}$$

예제 2.17 그림 2.27을 참고하여 수위 z, 수면 기울기 θ 그리고 벽면 AB와 CD에 작용하는 전수압을 산정하시오. 단, $\omega_0 = 1\text{t/m}^3$이다.

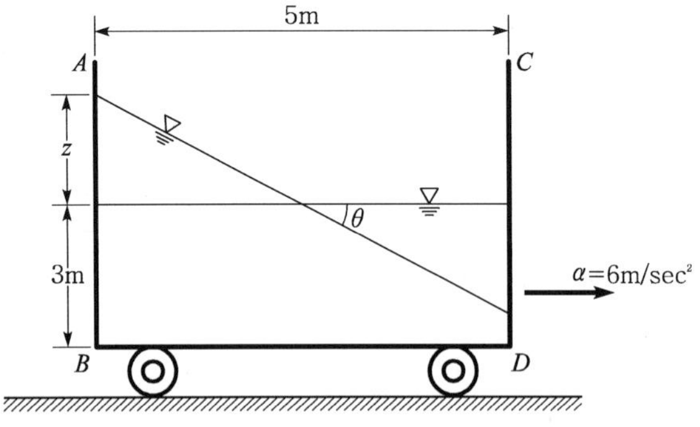

그림 2.27

풀이

$x = -2.5\text{m}, \quad \alpha = 6\text{m/sec}^2, \quad g = 9.8\text{m/sec}^2$이므로

$z = -\frac{\alpha}{g}x = -\frac{6}{9.8} \times (-2.5) = 1.53\text{m}$

$\theta = \tan^{-1}\left(\frac{\alpha}{g}\right) = \tan^{-1}\left(\frac{6}{9.8}\right) = 31.5°$

벽면 AB 수심 $= 3 + 1.53 = 4.53\text{m}$

벽면 CD 수심 $= 3 - 1.53 = 1.47\text{m}$

$P_{AB} = \omega_0 h_{(AB)G} A_{AB} = 1 \times \frac{4.53}{2} \times 4.53 \times 1 = 10.26\text{t}$

$P_{CD} = \omega_0 h_{(CD)G} A_{CD} = 1 \times \frac{1.47}{2} \times 1.47 \times 1 = 1.08\text{t}$

2.5.3 연직 가속도를 받는 유체

그림 2.28과 같이 연직 상향으로 가속도 α가 작용한다고 가정하면 용기 내의 액체는 z 방향으로 $(-g)+(-\alpha)$의 힘을 받게 된다. 따라서 단위 질량당 액체가 받는 x, y 그리고 z방향의 외력은 식 (2.59)가 된다.

$$X = 0, \quad Y = 0, \quad Z = -(\alpha + g) \tag{2.59}$$

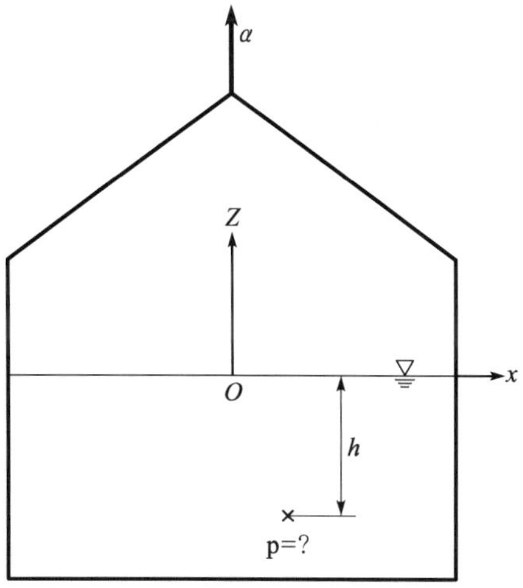

그림 2.28 연직 가속도를 받는 액체

식 (2.52)에 식 (2.59)를 대입하고 간단히 하면 식 (2.60)이 된다.

$$dp = -\rho(\alpha + g)dz \tag{2.60}$$

식 (2.60)을 적분하면 식 (2.61)이 된다.

$$p = -\rho(\alpha + g)z + C \tag{2.61}$$

여기서, C는 적분상수이다.

액체의 정수면을 좌표의 원점이라 하면 $C=0$이고 $\rho = \dfrac{\omega}{g}$이므로 식 (2.60)은 식 (2.62)가 된다.

$$p = -\frac{\omega}{g}(\alpha + g)z = -\omega z\left(1 + \frac{\alpha}{g}\right) \tag{2.62}$$

따라서 액체 정수면으로부터 $-h$지점의 수압은 식 (2.63)이 된다.

$$p = \omega h\left(1 + \frac{\alpha}{g}\right) \tag{2.63}$$

식 (2.63)으로부터 연직 상향으로 가속도 α로 운동하는 용기 내의 수압은 정수압보다 $\omega h\left(\dfrac{\alpha}{g}\right)$만큼 증가함을 알 수 있다.

연직 하향으로 가속도 α로 운동하는 수압은 식 (2.64)가 된다.

$$p = \omega h\left(1 - \frac{\alpha}{g}\right) \tag{2.64}$$

식 (2.64)로부터 연직 하향으로 가속도 α로 운동하는 용기 내의 수압은 정수압보다 $\omega h\left(\frac{\alpha}{g}\right)$만큼 감소함을 알 수 있다. 그리고 연직 하향의 가속도 α가 g와 같은 경우 용기 내의 압력은 0이 되어 무중력 상태가 된다.

예제 2.17 직경 1m인 원통 수조에 2m의 깊이로 물을 채우고 가속도 $\alpha = 4\text{m/sec}^2$으로 연직 상향으로 끌어 올리는 경우 수조 바닥에 작용하는 압력을 산정하시오. 단, $\omega_0 = 1\text{t/m}^3$이다.

풀이

$$p = \omega_0 h\left(1 + \frac{\alpha}{g}\right) = 1 \times 2 \times \left(1 + \frac{4}{9.8}\right) = 2.816\text{t/m}^2 = 0.2816\text{kg/cm}^2$$

2.5.4 회전 원통내의 유체

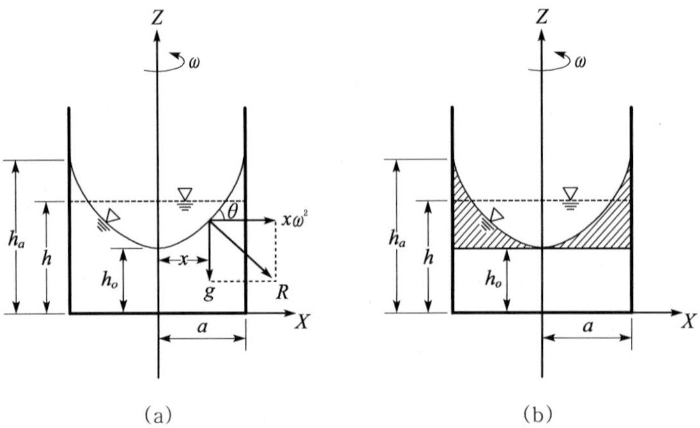

그림 2.29 원심 가속도를 받는 액체

그림 2.29(a)와 같이 반지름 a인 원통에 액체를 채우고 일정한 각속도 ω로 원통축을 기준으로 회전하면 액체는 동일한 각속도로 회전하게 된다. 이때 회전축을 포함하는 연직 단면을 가정하면 중심축에서 x가 되는 점에서 액체의 접선속도는 ωx, 그 점의 구심 가속도는 $\omega^2 x$가 된다. 따라서 점 x에서 단위 질량의 액체가 받는 힘은 $\omega^2 x$와 $-g$가 되므로 x, y 그리고 z방향의 외력은 식 (2.65)가 된다.

$$X = \omega^2 x, \ \ Y = 0, \ \ Z = -g \tag{2.65}$$

식 (2.65)를 등압면 방정식에 대입하면 식 (2.66)이 된다.

$$(\omega^2 x)dx - gdz = 0$$

$$\frac{dz}{dx} = \frac{\omega^2}{g}x \tag{2.66}$$

식 (2.66)을 적분하면 식 (2.67)이 된다.

$$z = \frac{\omega^2}{2g}x^2 + C \tag{2.67}$$

여기서, C는 적분상수이다.

$x = 0$에서 $z = h_0$이므로 $C = h_0$가 되므로 식 (2.67)은 식 (2.68)이 된다.

$$z = \frac{\omega^2}{2g}x^2 + h_0 \tag{2.68}$$

따라서 수면은 z축을 회전축으로 하는 회전 포물면이 된다. 따라서 임의 점의 수면경사 θ는 식 (2.69)로 산정된다.

$$\tan\theta = \frac{dz}{dx} = \frac{\omega^2}{g}x$$

$$\theta = \tan^{-1}\frac{\omega^2}{g}x \tag{2.69}$$

원통의 반지름을 a, 정지시 수심을 h 그리고 회전하는 경우 최고 수심을 h_a라 하면 그림 2.29(b)의 빗금 친 부분의 체적은 $\pi a^2(h - h_0)$가 된다. 그리고 이 체적은 수심 $(h_a - h_0)$의 체적 즉, $\pi a^2(h - h_0)$의 $\frac{1}{2}$이 되므로 식 (2.70)의 관계가 성립한다.

$$\frac{1}{2}\pi a^2(h_a - h_0) = \pi a^2(h - h_0)$$

$$h_0 = 2h - h_a \tag{2.70}$$

$x = a$일 때 $z = h_a$이므로 식 (2.68)은 식 (2.71)이 된다.

$$h_a = \frac{\omega^2}{2g}a^2 + h_0 \tag{2.71}$$

최저 수심 h_0는 식 (2.71)을 식 (2.70)에 대입하면 식 (2.72), 최고 수심 h_a는 식 (2.72)를 식 (2.71)에 대입하면 식 (2.73)으로 산정된다.

$$h_0 = 2h - \left(\frac{\omega^2}{2g}a^2 + h_0\right)$$

$$h_0 = \frac{1}{2}\left(2h - \frac{\omega^2}{2g}a^2\right) \tag{2.72}$$

$$h_a = \frac{\omega^2}{2g}a^{2+}\frac{1}{2}\left(2h - \frac{\omega^2}{2g}a^2\right)$$

$$h_a = \frac{1}{2}\left(2h + \frac{\omega^2}{2g}a^2\right) \tag{2.73}$$

예제 2.17 그림 2.30과 같이 높이 1.82m, 직경 0.9m의 원통형 수조가 수심 1.37m를 유지하고 있다. 단, $\omega_0 = 1\text{t/m}^3$이다.

1) 원통형 수조가 회전하여 물이 넘치지 않기 위한 ω를 산정하시오.

2) 1초에 6회전하는 경우 수조내부 C점 및 D점 수압을 산정하시오.

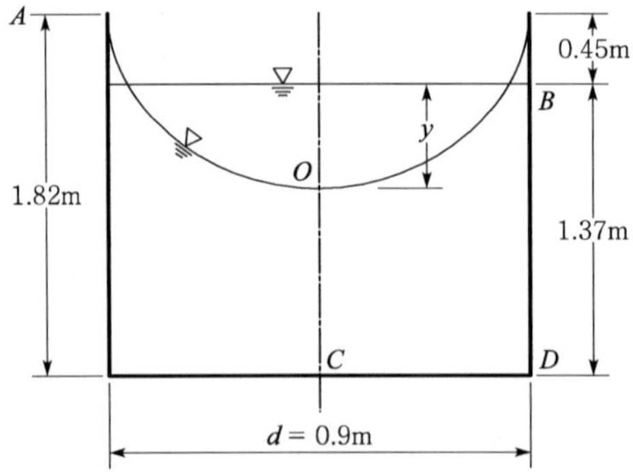

그림 2.30

풀이

1) 원통형 수조가 회전하여 물이 넘치지 않기 위한 ω 회전 포물면 체적

$$\frac{1}{2}\left(\frac{\pi \times 0.9^2}{4} \times (0.45 + y)\right)$$

회전시 물이 넘치지 않기 위한 회전 포물면 체적

⇒ 수면 AB에서 회전 포물면 최하단과 O점 선단 사이의 체적은 동일

$$\frac{\pi \times 0.9^2}{4} \times 0.45 = \frac{1}{2}\left(\frac{\pi \times 0.9^2}{4} \times (0.45 + y)\right)$$

$y = 0.45\text{m}$ (수면 AB선상에서 최저 수위까지 높이)

수조 정상부는 O점에서 0.9m이므로

$$y = \frac{\omega^2}{2g}x^2$$

$$0.9 = \frac{\omega^2}{2 \times 9.8} \times 0.45^2$$

$\omega = 9.33$회전/초

2) 1초에 6회전하는 경우 수조내부 C점 및 D점 수압 최저점 수심 h_0는 식 (2.70) 사용

$$h_0 = \frac{1}{2}\left(2h - \frac{\omega^2}{2g}a^2\right) = \frac{1}{2} \times \left((2 \times 1.37) - \frac{6^2}{2 \times 9.8} \times 0.45^2\right) = 1.184\text{m}$$

최고 수심 h_a는 식 (2.71) 사용

$$h_a = \frac{1}{2}\left(2h + \frac{\omega^2}{2g}a^2\right) = \frac{1}{2} \times \left((2 \times 1.37) + \frac{6^2}{2 \times 9.8} \times 0.45^2\right) = 1.556\text{m}$$

C점 수압 : $p_C = \omega_0 h_0 = 1 \times 1.184 = 1.184\text{t/m}^2$

D점 수압 : $p_D = \omega_0 h_a = 1 \times 1.556 = 1.556\text{t/m}^2$

연습문제

1. 그림 2.31과 같은 수중의 문짝에 작용하는 수압강도와 전수압을 산정하시오. 단, $\omega_0 = 1\text{t/m}^3$이다.

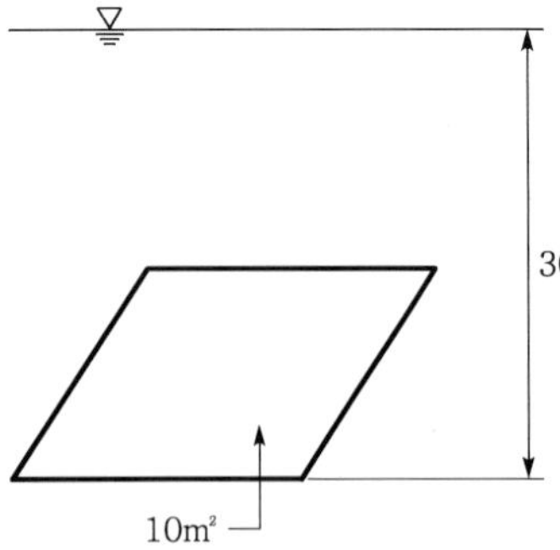

그림 2.31

2. 그림 2.32와 같은 수압기에서 F지점에서 힘 P를 가하여 누르면 피스톤 A가 위로 밀려 올라간다. 피스톤 a의 지름을 10cm, A의 지름을 30cm, $l = 15\text{cm}$, $L = 40\text{cm}$라 하면 $Q = 1\text{t}$을 들어 올리는데 필요한 P를 산정하시오. 단, $\omega_0 = 1\text{t/m}^3$이다.

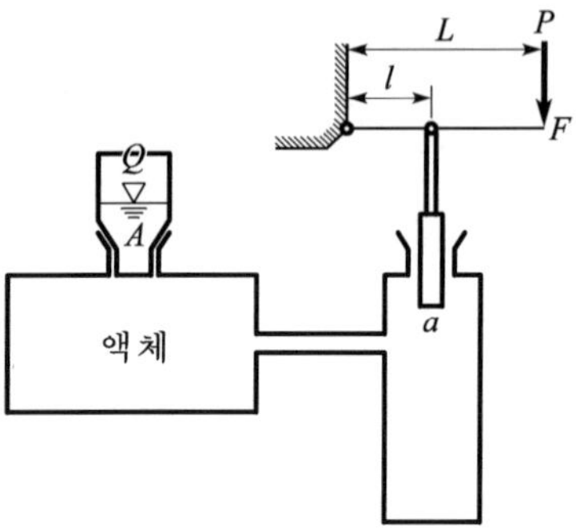

그림 2.32

3. 관로 A와 B의 압력차를 측정하기 위하여 U형 마노미터를 설치하고 그 속에 수은을 넣어서 그림 2.33과 같은 측정값을 얻었다. 점 A와 B의 압력차를 산정하시오. 단, $\omega_0 = 1\text{t/m}^3$이다.

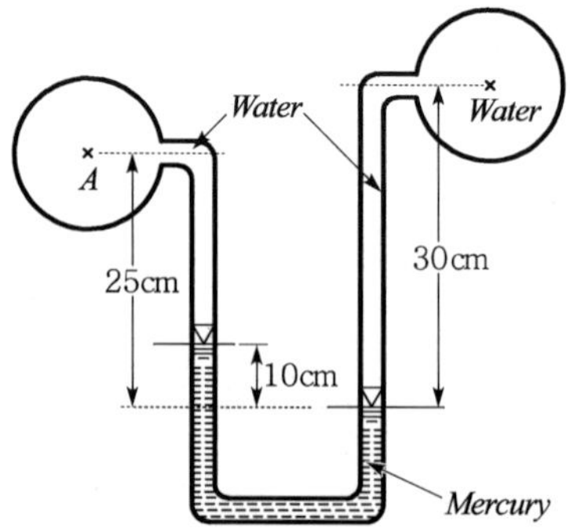

그림 2.33

4. 그림 2.34와 같은 $1.5\text{m} \times 2.0\text{m}$의 수문에 작용하는 전수압과 그 작용점의 위치를 산정하시오. 단, $\omega_0 = 1\text{t/m}^3$이다.

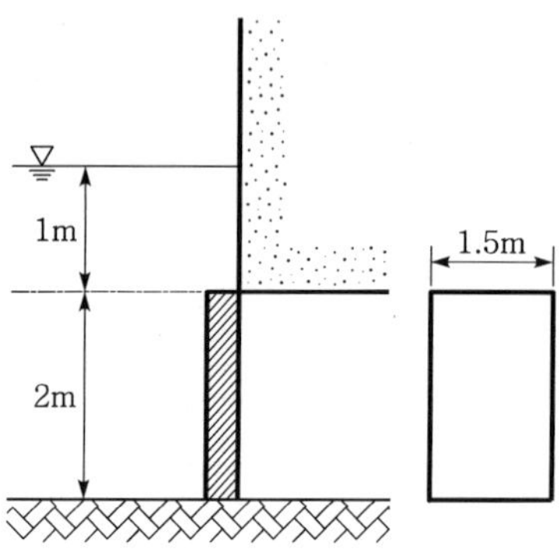

그림 2.34

5. 서로 혼합하지 않은 액체가 그림 2.35와 같이 다층으로 분포하고 있다. 액체 표면에서 깊이 7m 지점의 압력을 산정하시오. 그리고 벽면 AB에 작용하는 압력 분포도를 도시하시오. 단, $\omega_0 = 1\text{t/m}^3$이다.

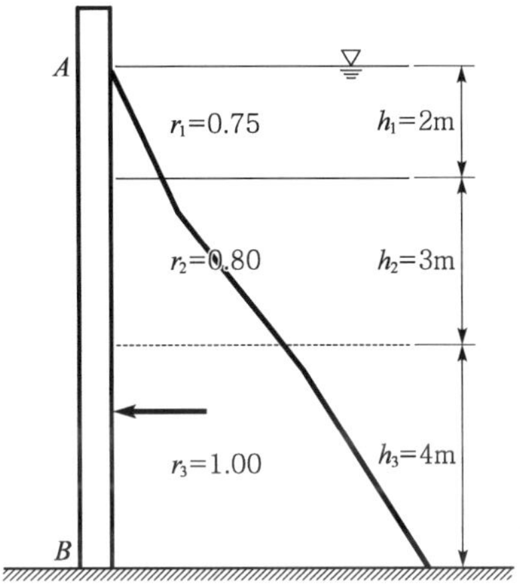

그림 2.35

6. 그림 2.36과 같은 수압기에서 들어 올릴 수 있는 최대 힘의 크기를 산정하시오.

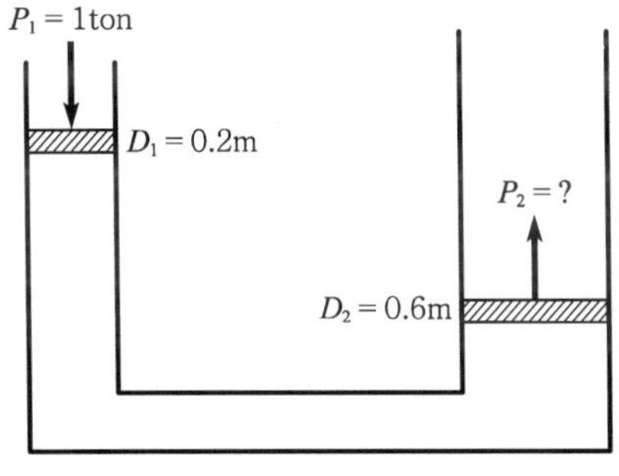

그림 2.36

7. 그림 2.37과 같은 Tainter gate에 작용하는 전수압을 산정하시오. 단, $\omega_0 = 1\text{t/m}^3$이다.

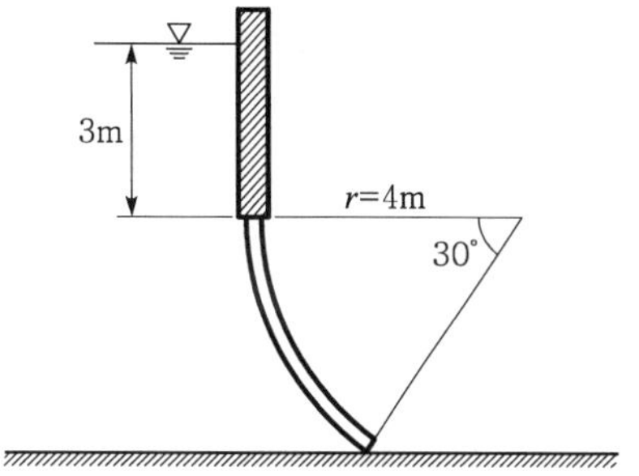

그림 2.37

8. 그림 2.38과 같은 지름 1m의 원통이 물을 막고 있다. 이 원통이 수평으로 놓여 있다고 가정하면 단위 폭에 작용하는 전수압과 작용점의 위치를 산정하시오. 단, $\omega_0 = 1\text{t/m}^3$이다.

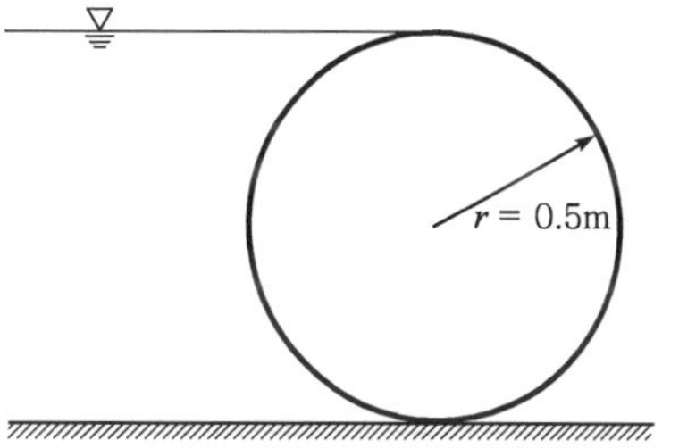

그림 2.38

9. 그림 2.39와 같은 철근 콘크리트 구조물이 수면에 놓여 있다. 이 구조물의 안정을 판별하시오. 단, 콘크리트의 비중은 2.4, $\omega_0 = 1\mathrm{t/m^3}$이다.

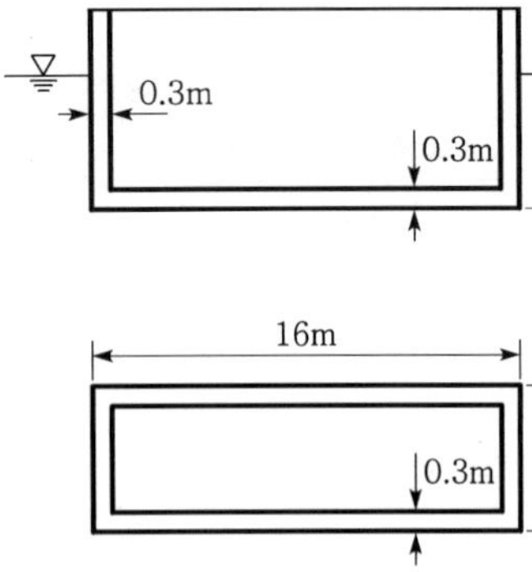

그림 2.39

10. 그림 2.40과 같은 수조의 폭이 3m이다. 직사각형 수조에 수심 1m까지 물을 넣어서 수평방향으로 가속도를 작용시킬 때 물이 넘치지 않을 최대 가속도를 산정하시오. 단, $\omega_0 = 1\mathrm{t/m^3}$이다.

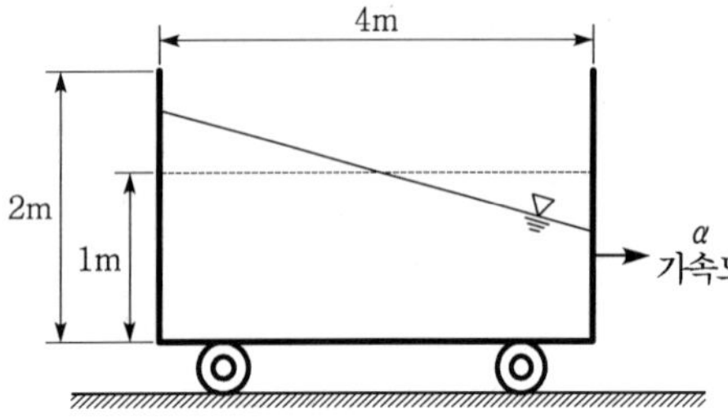

그림 2.40

11. 그림 2.41과 그림 2.42의 평판에 작용하는 전수압과 작용점의 위치를 산정하시오. 단, $\omega_0 = 1\mathrm{t/m^3}$이다.

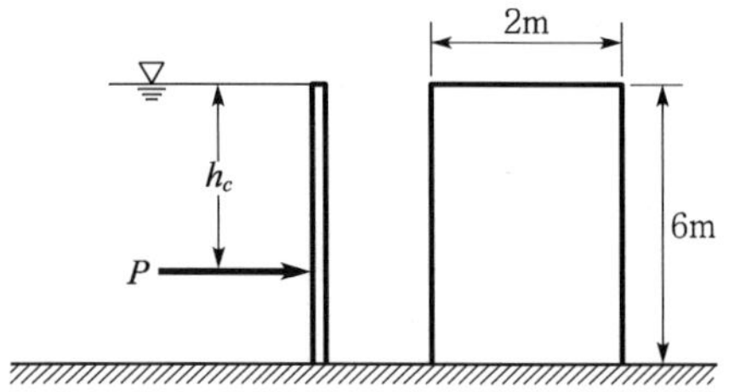

그림 2.41

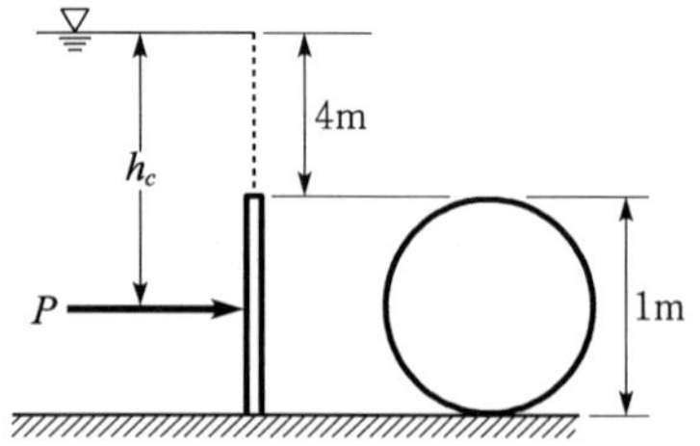

그림 2.42

12. 그림 2.43의 수문에 작용하는 전수압과 작용점의 위치를 산정하시오. 단, $\omega_0 = 1\mathrm{t/m^3}$이다.

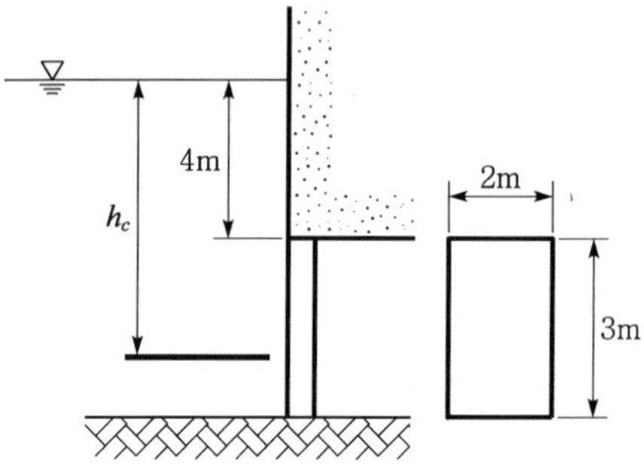

그림 2.43

13. 그림 2.44와 그림 2.45의 수문에 작용하는 전수압과 작용점의 위치를 산정하시오. 단, $\omega_0 = 1\text{t/m}^3$이다.

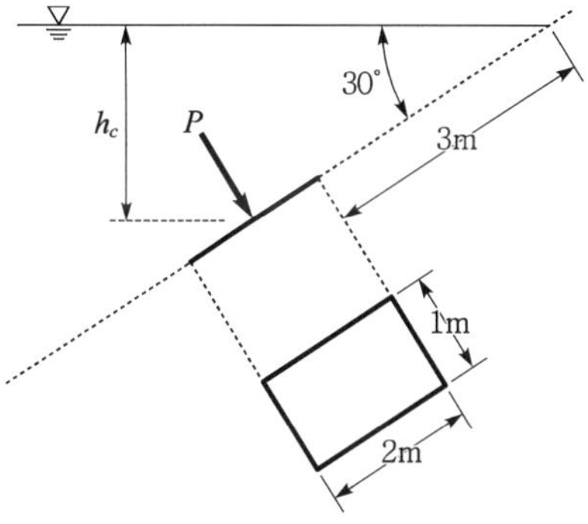

그림 2.44

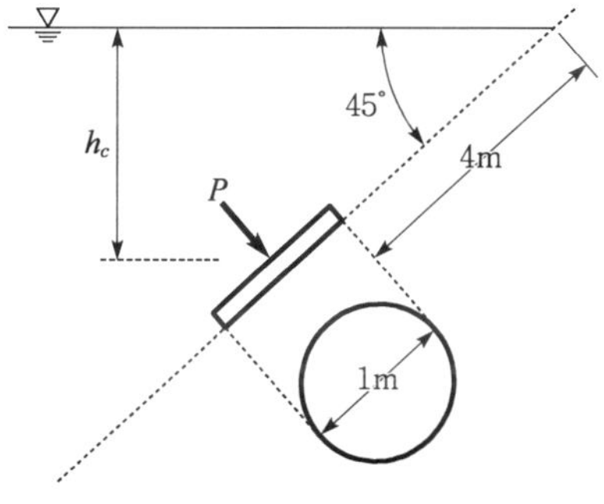

그림 2.45

14. 그림 2.46의 평판에 작용하는 전수압과 작용점의 위치를 산정하시오. 단, $\omega_0 = 1\text{t/m}^3$이다.

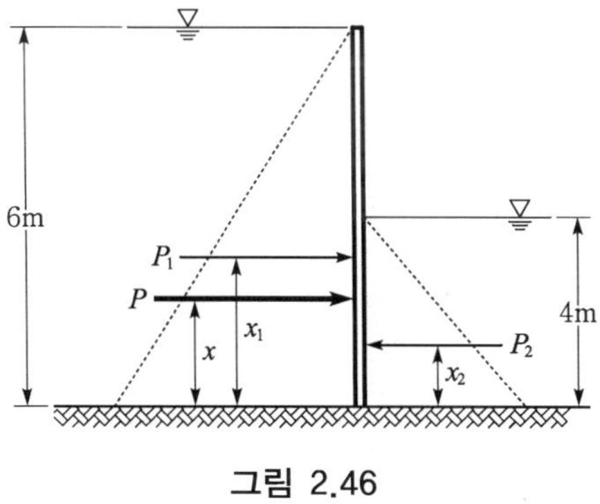

그림 2.46

15. 그림 2.47과 같은 Tainter gate에 작용하는 전수압과 작용점의 위치를 산정하시오. 단, $\omega_0 = 1\text{t/m}^3$이다.

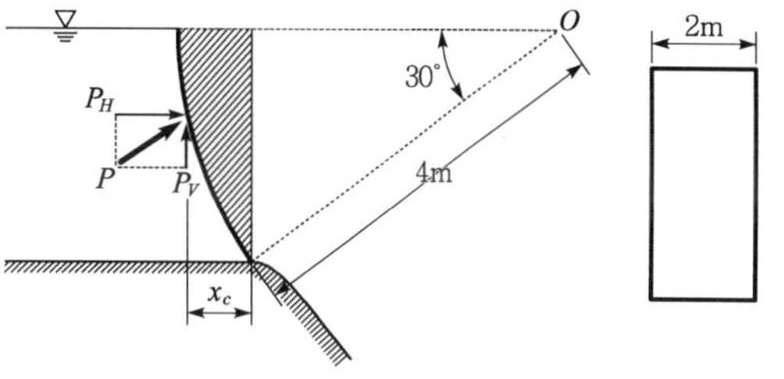

그림 2.47

16. 압력수두 10m로 송수할 때 관의 최소 두께를 산정하시오. 단, 관의 허용인장 응력은 $1{,}200\text{kg/cm}^2$, 관의 직경은 1m, $\omega_0 = 1\text{t/m}^3$이다.

17. 그림 2.48의 각 분할 수심과 횡목의 위치를 산정하시오. 단, $\omega_0 = 1\text{t/m}^3$이다.

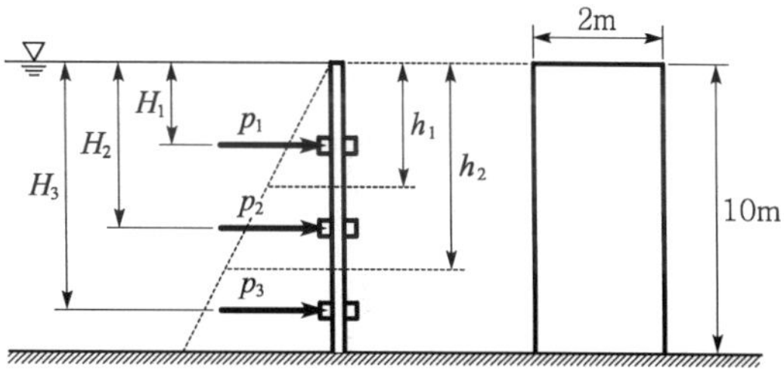

그림 2.48

03

동 수 역 학

3.1 흐름의 정의
3.2 흐름의 기초방정식
3.3 운동량 방정식
3.4 에너지 보정계수와 운동량 보정계수
3.5 상대적 평형

동 수 역 학

3.1 흐름(Flow)의 정의

유체입자가 연속적으로 운동하는 것을 흐름(Flow)이라 하고 흐름의 빠르기를 유속(Velocity, V)이라 한다. 그리고 물이 흐르는 방향에 수직한 연직 단면을 유적(Area, A) 또는 통수 단면적이라 하고 유적을 통하여 단위시간에 이동한 물의 용량을 유량(Discharge, $Q = AV$)이라 한다.

3.1.1 정류와 부정류

관수로 또는 하천의 임의 한 지점에서 시간의 경과에 따라 흐름 특성이 변화하지 않는 흐름을 정류(Steady flow) 또는 정상류라 하고 흐름 특성이 변화하는 흐름을 부정류(Unsteady flow) 또는 비정상류라 한다.

정류와 부정류를 수학적으로 표현하면 식 (3.1)과 식 (3.2)가 된다.

$$\frac{\partial Q}{\partial t} = 0,\ \frac{\partial V}{\partial t} = 0,\ \frac{\partial \rho}{\partial t} = 0 \tag{3.1}$$

$$\frac{\partial Q}{\partial t} \neq 0,\ \frac{\partial V}{\partial t} \neq 0,\ \frac{\partial \rho}{\partial t} \neq 0 \tag{3.2}$$

정류의 흐름 특성은 다음과 같다.

① 평·갈수기시 하천의 흐름이다.

② 유선과 유적선이 일치한다.

③ 연속방정식과 베르누이 방정식이 성립한다.

부정류의 흐름 특성은 다음과 같다.

① 홍수시 하천의 흐름이다.

② 유선과 유적선이 일치하지 않는다.

③ 연속 방정식과 베르누이 방정식이 성립하지 않는다.

3.1.2 등류와 부등류

관수로 또는 하천의 임의 한 구간에서 단면의 변화 등으로 인하여 유량은 일정하지만 유속과 수심이 변화하지 않는 흐름을 등류(Uniform flow) 그리고 흐름 특성이 변화하는 흐름을 부등류(Nonuniform flow)라 한다.

등류와 부등류를 수학적으로 표현하면 식 (3.3)과 식 (3.4)가 된다.

$$\frac{\partial Q}{\partial l} = 0, \ \frac{\partial V}{\partial l} = 0, \frac{\partial h}{\partial l} = 0 \tag{3.3}$$

$$\frac{\partial Q}{\partial l} \neq 0, \ \frac{\partial V}{\partial l} \neq 0, \frac{\partial h}{\partial l} \neq 0 \tag{3.4}$$

그림 3.1은 자연하천에서 등류와 부등류의 예를 나타낸 것이다.

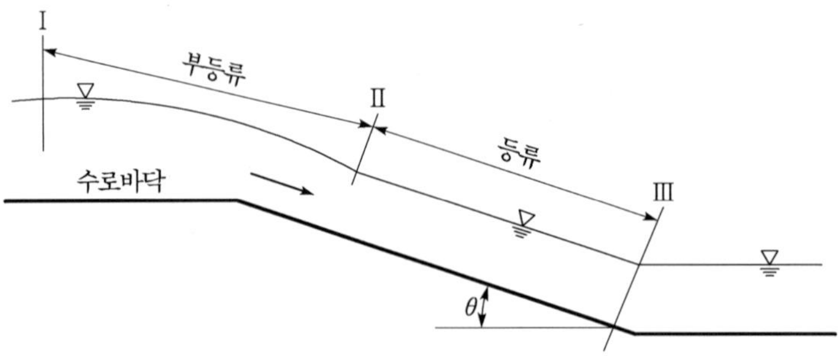

그림 3.1 등류와 부등류

3.1.3 유선과 유적선

유동하고 있는 유체에서 각 점에 대한 접선의 방향이 유체가 흐르는 방향과 일치하도록 작도한 가상적인 곡선을 유선(Stream line)이라 한다. 그리고 유체의 흐름 방향은 임의 순간 유선의 접선방향과 일치하지만 유선 상호간의 교차는 발생하지 않는다. 정류의 유선은 시간적으로 변화하지 않지만 부정류는 각 순간마다 유선의 형태가 변화한다.

유적선(Path line)은 임의 유체입자가 시간에 따라 이동하는 궤적을 나타내는 곡선으로 정의된다. 정류는 유선이 시간에 따라 일정하므로 유체입자가 움직인 경로 즉, 유적선과 유선은 일치한다. 부정류에서는 유체의 유동상태가 항상 변화하므로 시간에 따라 유선은 변화하고 유적선과 일치하지 않는다.

그림 3.2는 정류와 부정류에 대한 유선과 유적선을 나타낸 것이다.

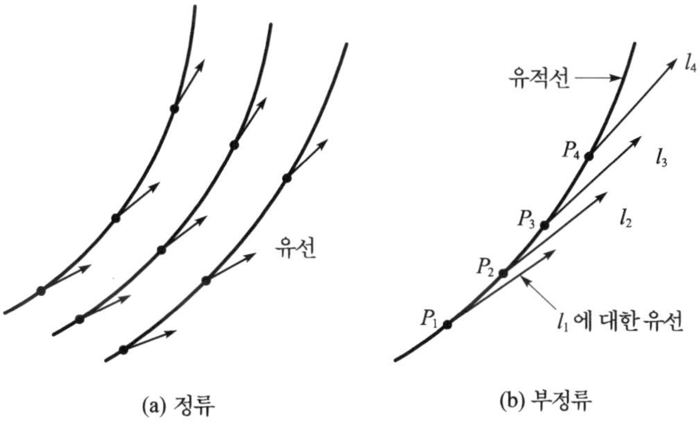

그림 3.2 유선과 유적선

유동하는 유체 중에서 흐름을 횡단하는 폐곡선을 가상하여 이 폐곡선상의 각 점을 지나는 유선을 작도하는 경우 발생하는 가상의 관을 유관(Stream tube)이라 한다.

유선의 한 점(x, y, z)에서 속도벡터 $\overrightarrow{V}$의 직각방향 성분을 u, v, w 그리고 방향 여현(Directional cosine)을 l, m, n이라 하면 식 (3.5)의 관계가 성립한다.

$$u = \overrightarrow{V} l,\ v = \overrightarrow{V} m,\ w = \overrightarrow{V} n \tag{3.5}$$

유선의 미소 이동거리 ds의 직각방향 성분은 식 (3.6)이 된다.

$$dx = lds,\ dy = mds,\ dz = nds \tag{3.6}$$

식 (3.5)와 식 (3.6)의 관계를 이용하면 유선을 따라 이동하는 유체입자의 속도성분과 변위사이에는 식 (3.7)의 관계가 성립한다.

$$ds = \frac{dx}{u}\overrightarrow{V} = \frac{dy}{v}\overrightarrow{V} = \frac{dz}{w}\overrightarrow{V} \tag{3.7}$$

식 (3.7)을 간단히 하면 식 (3.8)과 같은 유선방정식(Stream line equation)이 유도되고 이러한 조건을 만족하는 좌표상에서의 유동이 유선이 된다.

$$\frac{dx}{u} = \frac{dy}{v} = \frac{dz}{w} \tag{3.8}$$

예제 3.1 평면 좌표상에서 x, y방향의 속도성분이 $u = -ky$, $v = kx$이다. 유선의 형태를 판별하시오.

풀이

2차원 흐름의 유선방정식은 $\frac{dx}{u} = \frac{dy}{v}$ 이므로

$u = -ky,\ v = kx$를 대입하면

$\frac{dx}{-ky} = \frac{dy}{kx} \quad \Rightarrow \quad xdx + ydy = 0$가 되고 적분하면

$\frac{1}{2}x^2 + \frac{1}{2}y^2 = C$

$x^2 + y^2 = C$

따라서 유선은 원의 형태이다.

3.1.4 층류와 난류

흐름에 있어서 유선이 흐트러지지 않고 흐르는 흐름, 즉 유체의 흐름이 흐름 방향으로만 이동되고 흐름의 직각방향으로 이동이 없는 흐름을 층류(Laminar flow), 일정한 방향이 아니고 상・하・좌・우로 이동하면서 흐르는 흐름을 난류(Turbulent flow)라 한다. 층류는 유속이 작고 점성력이 큰 반면, 난류는 유속이 크고 점성력이 작은 흐름이다. 그리고 층류는 분자운동에 의한 확산(Diffusion)현상이 지배적이지만 난류는 분산(Dispersion)현상이 지배적인 흐름이다.

Reynolds(1883년)는 실험방법을 일정하게 유지하면서 많은 실험을 반복 수행하여 층류와 난류를 판별할 수 있는 무차원 수(Reynolds number, Re)를 식 (3.9)로 제안하였다.

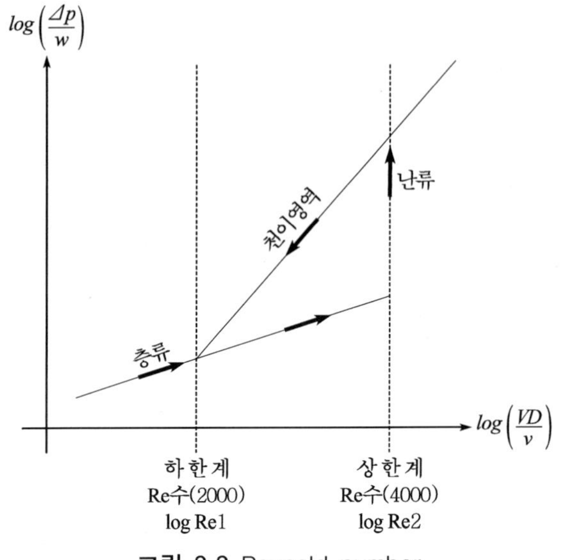

그림 3.3 Reynold number

$$Re = \frac{VD}{\nu} \tag{3.9}$$

여기서, V는 유속, D는 관의 직경 그리고 ν는 동점성계수이다.

식 (3.9)에서 $Re < 2{,}000$인 경우를 층류, $2{,}000 < Re < 4{,}000$인 경우를 천이상태 또는 과도상태 그리고 $Re > 4{,}000$인 경우를 난류라 한다.

예제 3.2 직경 2cm의 관수로 내 유속이 25cm/sec이다. 흐름의 상태를 판별하시오. 단, 수온은 20℃이고 $\nu = 0.01\text{cm}^2/\text{sec}$이다.

풀이

$$Re = \frac{VD}{\nu} = \frac{25 \times 2}{0.01} = 5{,}000 > 4{,}000$$

따라서 관수로 내의 흐름은 난류이다.

예제 3.3 $\nu = 0.0101\text{cm}^2/\text{sec}$, $Q = 150\text{cm}^3/\text{sec}$, $D = 10\text{cm}$인 경우 흐름 상태를 판별하시오..

풀이

$$Q = AV$$

$$V = \frac{Q}{A} = \frac{4Q}{\pi D^2} = \frac{4 \times 150}{3.14 \times 10^2} = 1.91\text{cm/sec}$$

$$Re = \frac{VD}{\nu} = \frac{1.91 \times 10}{0.0101} = 1{,}891 < 2{,}000$$

따라서 흐름은 층류이다.

예제 3.4 10℃에서 동점성계수 $\nu = 0.0131\text{cm}^2/\text{sec}$인 물이 직경 4cm의 관내를 흐르는 경우 한계 유속을 산정하시오. 단, 한계 $Re = 2{,}000$이다.

풀이

$$Re = \frac{VD}{\nu}$$

$$V = \frac{Re\,\nu}{D} = \frac{2{,}000 \times 0.0131}{4} = 6.55\text{cm/sec}$$

3.2 흐름의 기초방정식

유체역학이나 연속체의 역학에서 유동을 해석하는 방법에는 Euler 방법과 Lagrange 방법이 있다. Euler 방법은 유체 중의 임의 한 점에 주목하여 그 고정점에서 유체역학의 각 물리량을 관측하여 유체역학적인 문제를 해석하는 가장 일반적인 방법이다. Lagrange 방법은 유체 중의 특정 입자에 주목하여 그 입자의 운동을 추적하여 유체역학적인 문제를 해석하는 방법이다.

3.2.1 Euler 운동 방정식(Motion equation)

그림 3.4는 미소 직육면체에 작용하는 압력을 나타낸 것으로 Euler 운동 방정식은 Newton의 제2법칙인 식 (3.10)에 기초하여 해석하게 된다.

$$F = ma \tag{3.10}$$

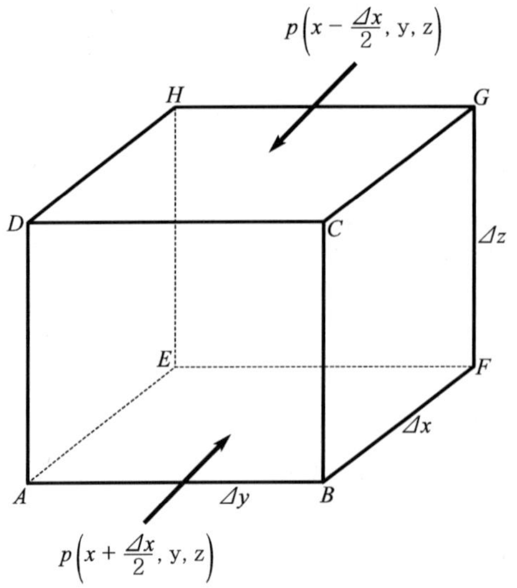

그림 3.4 미소 직육면체에 작용하는 압력

식 (3.10)을 적용하는 경우 고려해야 하는 힘 F의 성분은 ① 압력 p ② x, y, z방향의 질량력 X, Y, Z ③ 미소 유체입자의 질량 $m = \rho \Delta x \Delta y \Delta z$ 그리고 ④ 각 방향의 가속도 a_x, a_y, a_z(식 (3.11))이다.

$$a_x = \frac{Du}{Dt} = \frac{\partial u}{\partial t} + u\frac{\partial u}{\partial x} + v\frac{\partial u}{\partial y} + w\frac{\partial u}{\partial z}$$

$$a_y = \frac{Dv}{Dt} = \frac{\partial v}{\partial t} + u\frac{\partial v}{\partial x} + v\frac{\partial v}{\partial y} + w\frac{\partial v}{\partial z}$$

$$a_z = \frac{Dw}{Dt} = \frac{\partial w}{\partial t} + u\frac{\partial w}{\partial x} + v\frac{\partial w}{\partial y} + w\frac{\partial w}{\partial z} \tag{3.11}$$

Euler 운동 방정식의 해석을 위해서 유체는 이상유체, 유체력 중 전단응력은 작용하지 않고 단지 수직응력인 압력만 작용하고 질량력은 유체의 단위질량에 작용하는 외력으로서 질량에 비례하는 것으로 가정한다.

그림 3.4에서 전 질량력의 x방향 성분은 식 (3.12)가 된다.

$$m = \rho(\Delta x \Delta y \Delta z)X \tag{3.12}$$

그리고 x방향으로 작용하는 압력은 두 단면에 대하여 수직방향으로 작용하므로 압력차를 산정하면 식 (3.13)이 된다.

$ABCD$ 면에 작용하는 압력 ; $p\left(x + \frac{\Delta x}{2},\ y,\ z,\ t\right)\Delta y \Delta z$

$EFGH$ 면에 작용하는 압력 ; $p\left(x - \frac{\Delta x}{2},\ y,\ z,\ t\right)\Delta y \Delta z$

$$-\frac{\partial p}{\partial x}\Delta x \Delta y \Delta z + O(\Delta x)^2 \Delta y \Delta z \tag{3.13}$$

식 (3.11), 식 (3.12), 식 (3.13)을 식 (3.10)에 대입하여 간단히 하면 식 (3.14)와 식 (3.15)가 된다.

$$\rho\frac{Du}{Dt}\Delta x \Delta y \Delta z = \rho X \Delta x \Delta y \Delta z - \frac{\partial p}{\partial x}\Delta x \Delta y \Delta z \tag{3.14}$$

$$\frac{Du}{Dt} = X - \frac{1}{\rho}\frac{\partial p}{\partial x} \tag{3.15}$$

식 (3.14)의 우변 제1항은 질량력, 제2항은 압력을 의미한다.

동일한 방법으로 y, z방향을 해석하면 식 (3.16)이 된다.

$$\frac{Dv}{Dt} = Y - \frac{1}{\rho}\frac{\partial p}{\partial y}$$

$$\frac{Dw}{Dt} = Z - \frac{1}{\rho}\frac{\partial p}{\partial z} \tag{3.16}$$

식 (3.15)와 식 (3.16)에 식 (3.11)을 대입하고 간단히 하면 식 (3.17)이 된다.

$$\frac{\partial u}{\partial t}+u\frac{\partial u}{\partial x}+v\frac{\partial u}{\partial y}+w\frac{\partial u}{\partial z}=X-\frac{1}{\rho}\frac{\partial p}{\partial x}$$
$$\frac{\partial v}{\partial t}+u\frac{\partial v}{\partial x}+v\frac{\partial v}{\partial y}+w\frac{\partial v}{\partial z}=Y-\frac{1}{\rho}\frac{\partial p}{\partial y}$$
$$\frac{\partial w}{\partial t}+u\frac{\partial w}{\partial x}+v\frac{\partial w}{\partial y}+w\frac{\partial w}{\partial z}=Z-\frac{1}{\rho}\frac{\partial p}{\partial z} \tag{3.17}$$

식 (3.17)은 이상유체에 대한 Euler 운동 방정식이다.

3.2.2 Euler 연속 방정식(Continuity equation)

연속 방정식은 질량 보존법칙(Conservation of mass)에 기초하여 유도된 방정식으로 검사체적(Control volume)으로부터 유출되는 질량유량(Mass rate of flow)과 유입되는 질량유량의 차가 방출된 질량과 같다는 원리를 사용하여 유도된 방정식이다.

(1) 1차원 정류에 대한 연속 방정식

그림 3.5와 같이 단면이 일정하지 않은 유관에 질량 보존법칙을 적용하면 흐름이 정류이므로 단위시간에 단면 Ⅰ로 유입하는 질량과 단면 Ⅱ를 통하여 유출하는 질량은 보존되어야 한다. 단면 Ⅰ의 단면적을 A_1, 유속을 V_1 그리고 유량을 Q_1, 단면 Ⅱ의 단면적을 A_2, 유속을 V_2 그리고 유량을 Q_2라 하고 흐름을 정류로 가정하면 $\rho_1=\rho_2=\rho$이다.

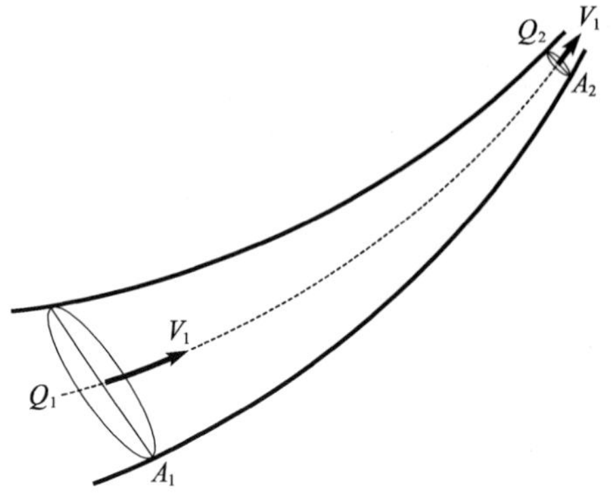

그림 3.5 유 관

질량 보존법칙에 의하여 단면 Ⅰ로 유입하는 유체의 질량 m_1과 단면 Ⅱ를 통하여 유출하는 유체의 질량 m_2는 같아야 하므로 식 (3.18)이 성립한다.

$$m_1 = m_2$$
$$\rho A_1 V_1 = \rho A_2 V_2 \tag{3.18}$$

식 (3.18)에서 $Q = AV$이므로 1차원 정류에 대한 연속 방정식은 (3.19)가 된다.

$$A_1 V_1 = A_2 V_2$$
$$Q = Q_1 = Q_2$$
$$Q = A_1 V_1 = A_2 V_2 \tag{3.19}$$

(2) 1차원 부정류에 대한 연속 방정식

그림 3.5에서 단면 Ⅰ과 단면 Ⅱ사이의 거리를 ds라 하면 두 단면에서의 단면적, 유속 그리고 밀도는 흐름이 부정류이므로 식 (3.20)이 된다.

$$A_1,\ A_2 = A_1 + \frac{\partial A_1}{\partial s} ds$$
$$V_1,\ V_2 = V_1 + \frac{\partial V_1}{\partial s} ds$$
$$\rho_1,\ \rho_2 = \rho_1 + \frac{\partial \rho_1}{\partial s} ds \tag{3.20}$$

그리고 미소시간 dt동안 단면 Ⅰ과 단면 Ⅱ를 통하여 유입 및 유출하는 질량은 식 (3.21)이 된다.

$$m_1 = \rho_1 A_1 V_1 dt$$
$$m_2 = \rho_2 A_2 V_2 dt \tag{3.21}$$

단면 Ⅰ과 단면 Ⅱ사이의 미소거리 ds에서 질량 증가량은 $m_1 - m_2$가 되고 미소시간 dt 동안 증가하는 질량은 $\dfrac{\partial(\rho_1 A_1 ds)}{\partial t} dt$이므로 질량 보존법칙을 적용하면 식 (3.22)가 된다.

$$\rho_1 A_1 V_1 dt - \rho_2 A_2 V_2 dt = \frac{\partial(\rho_1 A_1 ds)}{\partial t} dt \tag{3.22}$$

식 (3.20)의 ρ_2, A_2, V_2를 식 (3.22)에 대입하고 간단히 하면 식 (3.23)이 된다.

$$\rho_1 A_1 V_1 dt = \left(\rho_1 + \frac{\partial \rho_1}{\partial s} ds\right) \cdot \left(A_1 + \frac{\partial A_1}{\partial s} ds\right) \cdot \left(V_1 + \frac{\partial V_1}{\partial s} ds\right) dt$$

$$= \frac{\partial(\rho_1 A_1 ds)}{\partial t} dt - \left(A_1 V_1 \frac{\partial \rho_1}{\partial s} ds + A_1 \rho_1 \frac{\partial V_1}{\partial s} ds + \rho_1 V_1 \frac{\partial A_1}{\partial s} ds\right)$$

$$= \frac{\partial(\rho_1 A_1)}{\partial t} ds$$

$$\frac{\partial}{\partial t}(\rho_1 A_1) + \frac{\partial}{\partial s}(\rho_1 A_1 V_1) = 0 \tag{3.23}$$

비압축성 유체인 경우 밀도 $\rho = const$이므로 1차원 부정류에 대한 연속 방정식은 식 (3.24)가 된다.

$$\frac{\partial A_1}{\partial t} + \frac{\partial}{\partial s}(A_1 V_1) = 0 \tag{3.24}$$

흐름이 정류인 경우 $\frac{\partial A_1}{\partial t} = 0$이므로 식 (3.24)는 식 (3.25)가 된다.

$$\frac{\partial}{\partial s}(A_1 V_1) = 0 \quad \text{or} \quad \frac{\partial Q}{\partial s} = 0 \tag{3.25}$$

식 (3.25)를 적분하고 간단히 하면 식 (3.26)이 된다.

$$A_1 V_1 = const$$

$$Q = A_1 V_1 = A_2 V_2 \tag{3.26}$$

예제 3.5 $Q = 10\text{m}^3/\text{sec}$가 흐르고 있는 관수로 단면적이 2m^2인 경우 유속을 산정하시오.

풀이

$Q = AV$에서

$$V = \frac{Q}{A} = \frac{10}{2} = 5\text{m/sec}$$

예제 3.6 $D_1 = 0.8\text{m}$, $V_1 = 10\text{m/sec}$, $V_2 = 5\text{m/sec}$인 경우 유량과 D_2를 산정하시오.

풀이

$Q = A_1 V_1 = A_2 V_2$이므로

$$Q = A_1 V_1 = \frac{\pi D_1^2}{4} \times V_1 = \frac{3.14 \times 0.8^2}{4} \times 10 = 5.024\text{m}^3/\text{sec}$$

$$\frac{\pi D_1^2}{4}V_1 = \frac{\pi D_2^2}{4}V_2, \quad D_2 = \sqrt{\frac{V_1}{V_2}} \cdot D_1$$

$$D_2 = \sqrt{\frac{V_1}{V_2}} \cdot D_1 = \sqrt{\frac{10}{5}} \times 0.8 = 1.13\text{m}$$

예제 3.7 관수로 내 유속을 3m/sec로 일정하게 유지하면서 $Q = 100\text{l/sec}$를 유출하기 위한 직경을 산정하시오.

풀이

$$1l/\text{sec} = 1 \times 10^{-3}\text{m}^3/\text{sec}$$

$$Q = AV = \frac{\pi D^2}{4}V \text{에서}$$

$$D = \sqrt{\frac{4Q}{\pi V}} = \sqrt{\frac{4 \times (100 \times 10^{-3})}{3.14 \times 3}} = 0.206\text{m}$$

3.2.3 베르누이(Bernoulli) 방정식

(1) 베르누이 방정식의 유도

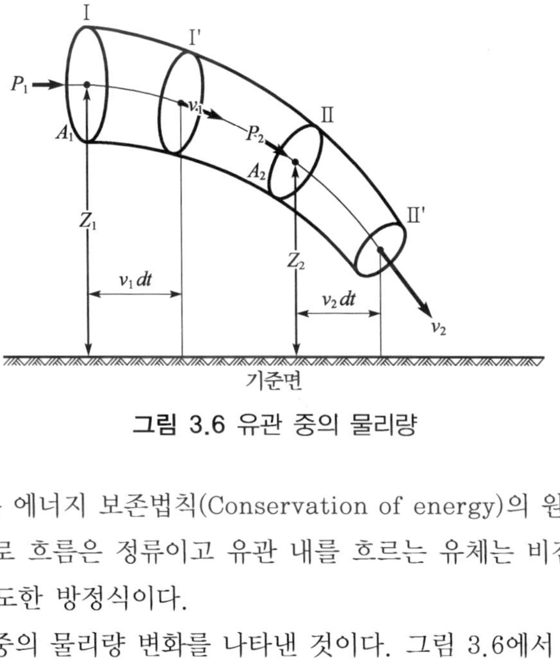

그림 3.6 유관 중의 물리량

베르누이 방정식은 에너지 보존법칙(Conservation of energy)의 원리를 유체에 적용하여 유도한 방정식으로 흐름은 정류이고 유관 내를 흐르는 유체는 비점성 및 비압축성 유체라고 가정하여 유도한 방정식이다.

그림 3.6은 유관 중의 물리량 변화를 나타낸 것이다. 그림 3.6에서 관의 측면에서 유량의 유입과 유출이 없다고 하면 단면 I과 단면 II에서의 에너지는 일정해야 한다. 단면 I과 단면 II에서 발생하는 에너지는 위치 에너지(Elevation energy), 운동 에너지(Kinematic energy) 그리고 압력 에너지(Pressure energy)가 있다.

따라서 단면 Ⅰ로 유입하면서 가지는 에너지는 다음과 같다.

① 위치 에너지$= mgh = \rho A_1 V_1 g z_1 dt$

② 운동 에너지$= \dfrac{mV^2}{2} = \dfrac{\rho A_1 V_1 V_1^2 dt}{2}$

③ 압력 에너지=전압력×거리$= p_1 A_1 V_1 dt$

그리고 단면 Ⅱ로 유출하면서 가지는 에너지는 다음과 같다.

① 위치 에너지y$= mgh = \rho A_2 V_2 g z_2 dt$

② 운동 에너지$= \dfrac{mV^2}{2} = \dfrac{\rho A_2 V_2 V_2^2 dt}{2}$

③ 압력 에너지=전압력×거리$= p_2 A_2 V_2 dt$

단면 Ⅰ과 단면 Ⅱ에 에너지 보존법칙을 적용하면 식 (3.27)이 된다.

$$\rho A_1 V_1 g z_1 dt + \frac{\rho A_1 V_1 V_1^2 dt}{2} + p_1 A_1 V_1 dt = \rho A_2 V_2 g z_2 dt + \frac{\rho A_2 V_2 V_2^2 dt}{2} + p_2 A_2 V_2 dt \tag{3.27}$$

식 (3.27)에서 $Q = A_1 V_1 = A_2 V_2$, $\omega_0 = \rho g$이므로 양변을 $\omega_0 Q dt$로 나누고 간단히 하면 이상유체에 대한 베르누이 방정식인 식 (3.28)이 된다.

$$\frac{V_1^2}{2g} + \frac{p_1}{\omega_0} + z_1 = \frac{V_2^2}{2g} + \frac{p_2}{\omega_0} + z_2 \tag{3.28}$$

식 (3.28)을 일반화하면 식 (3.29)가 된다.

$$\frac{V^2}{2g} + \frac{p}{\omega_0} + z = H_t = const \tag{3.29}$$

식 (3.29)의 좌변 제1항은 운동 에너지, 제2항은 압력 에너지 그리고 제3항은 위치 에너지를 의미한다.

그리고 식 (3.29)의 $\dfrac{V^2}{2g}$를 속도수두(Velocity head), $\dfrac{p}{\omega_0}$를 압력수두(Pressure head), z를 위치수두(Elevation head) 그리고 H_t를 전수두(Total head)라 하면 모든 수두는 $[L]$의 차원을 가진다.

실제유체인 경우 베르누이 방정식은 식 (3.30)이 된다.

$$\frac{V_1^2}{2g}+\frac{p_1}{\omega_0}+z_1=\frac{V_2^2}{2g}+\frac{p_2}{\omega_0}+z_2+h_L \tag{3.30}$$

여기서, h_L은 점성의 영향으로 인하여 발생하는 손실수두(Head loss)이다.

그림 3.7에서 기준면으로부터 위치수두, 압력수두 그리고 속도수두를 합하여 연결한 선을 에너지선(Energy line, E.L)이라 하고 기준면으로부터 위치수두와 압력수두를 연결한 선을 동수경사선(Hydraulic grade line, H.G.L)이라 한다.

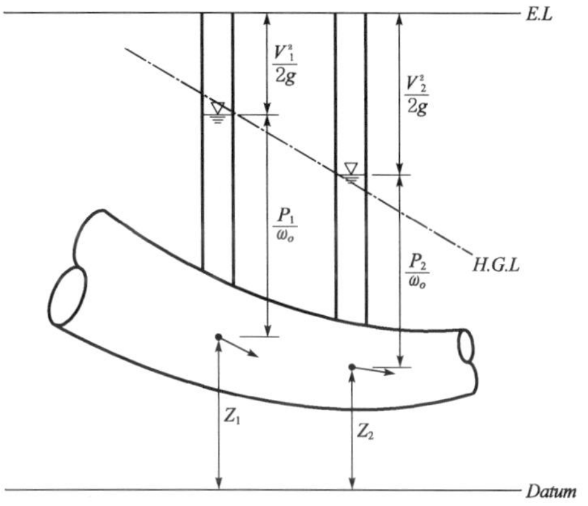

그림 3.7 에너지선과 동수경사선

예제 3.8 수평 원형관 내에 $Q=0.09\mathrm{m^3/sec}$, $D=400\mathrm{mm}$, $\mathrm{H_t}=3.0\mathrm{m}$의 유량이 흐르는 경우 압력을 산정하시오. 단, $\omega_0=1\mathrm{t/m^3}$이다.

풀이

$$V=\frac{Q}{A}=\frac{4Q}{\pi D^2}=\frac{4\times0.09}{3.14\times0.4^2}=0.716\mathrm{m/sec}$$

$$H_t=\frac{V^2}{2g}+\frac{p}{\omega_0}+z$$

$$\frac{p}{\omega_0}=H_t-\frac{V^2}{2g}-z=3-\frac{0.716^2}{2\times9.8}-0=2.974\mathrm{m}$$

$$p=\omega_0 h=1\times2.974=2.974\mathrm{t/m^2}$$

예제 3.9 그림 3.8과 같은 수평 관수로에서 A와 B점의 압력수두차가 60cm인 경우 A점의 유속을 산정하시오. 단, $\omega_0=1\mathrm{t/m^3}$이다.

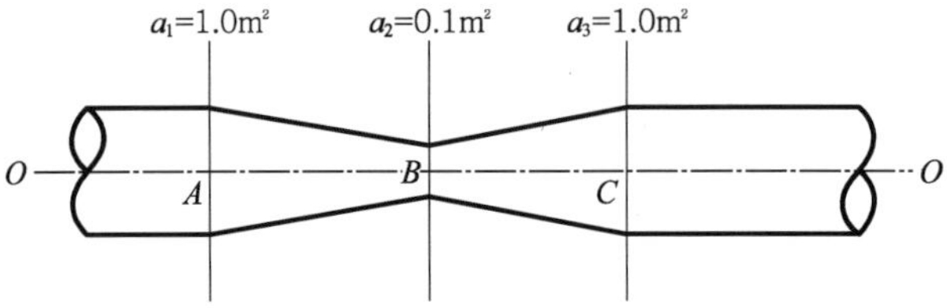

그림 3.8

풀이

관로가 수평이므로 위치수두 $z_A = z_B$

$$\frac{V_A^2}{2g} + \frac{p_A}{\omega_0} + z_A = \frac{V_B^2}{2g} + \frac{p_B}{\omega_0} + z_B, \qquad \frac{p_A}{\omega_0} - \frac{p_B}{\omega_0} = \frac{V_B^2}{2g} - \frac{V_A^2}{2g} = 0.6$$

$$Q = A_A V_A = A_B V_B, \qquad V_B = \frac{A_A}{A_B} V_A = \frac{1}{0.1} V_A = 10 V_A$$

$$\frac{100 V_A^2}{2g} - \frac{V_A^2}{2g} = 0.6, \qquad V_A = \sqrt{\frac{2 \times 9.8 \times 0.6}{99}} = 0.34 m/\text{sec}$$

예제 3.10 그림 3.9의 관수로에서 $V_1 = 100\text{cm/sec}$, $p_1 = 1\text{kg/cm}^2$인 경우 V_2, V_3, $\frac{p_2}{\omega_0}$ 그리고 $\frac{p_3}{\omega_0}$를 산정하고 에너지선과 동수경사선을 작도하시오.

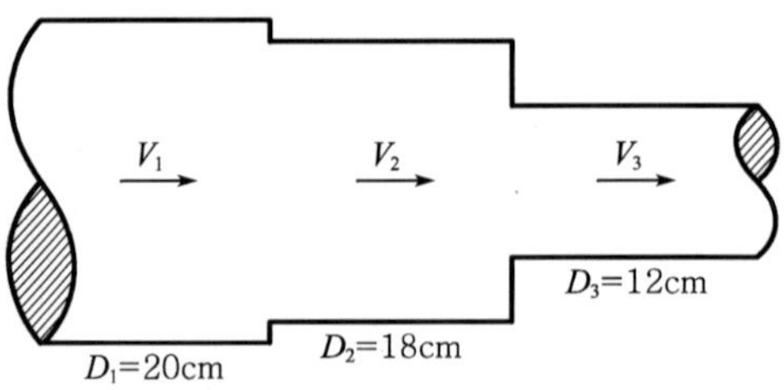

그림 3.9

풀이

$Q = V_1 A_1 = V_2 A_2 = V_3 A_3$에서

$$Q = A_1 V_1 = \frac{\pi D_1^2}{4} V_1 = \frac{3.14 \times 20^2}{4} \times 100 = 31{,}400\text{cm}^3/\text{sec}$$

$$V_2 = \frac{Q}{A_2} = \frac{31{,}400}{\frac{3.14 \times 18^2}{4}} = 123.46 \ \text{cm/sec} = 1.23\text{m/sec}$$

$$V_3 = \frac{Q}{A_3} = \frac{31{,}400}{\frac{3.14 \times 12^2}{4}} = 277.78 \ \text{cm/sec} = 2.78\text{m/sec}$$

관로가 수평이므로 위치수두 $z_1 = z_2 = z_3$

전수두 H_t는

$$H_t = \frac{V_1^2}{2g} + \frac{p_1}{\omega_0} = \frac{100^2}{2\times 980} + \frac{1}{0.001} = 1{,}005.1\text{cm} = 10.05\text{m}$$

$$\frac{p_2}{\omega_0} = H_t - \frac{V_2^2}{2g} = 10.05 - \frac{1.23^2}{2\times 9.8} = 9.971\text{m}$$

$$\frac{p_3}{\omega_0} = H_t - \frac{V_3^2}{2g} = 10.05 - \frac{2.78^2}{2\times 9.8} = 9.66\text{m}$$

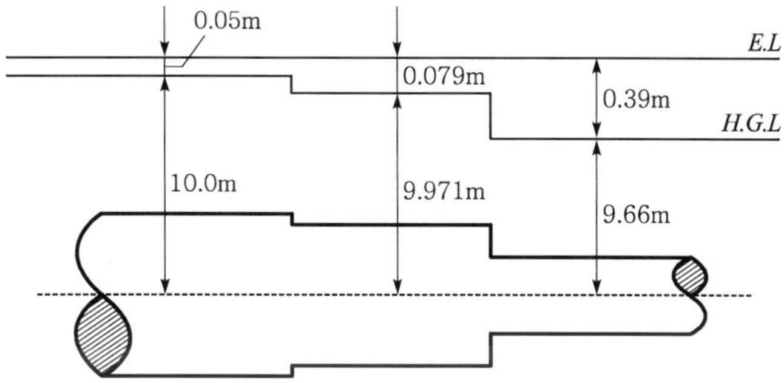

그림 3.10

(2) Torricelli 정리

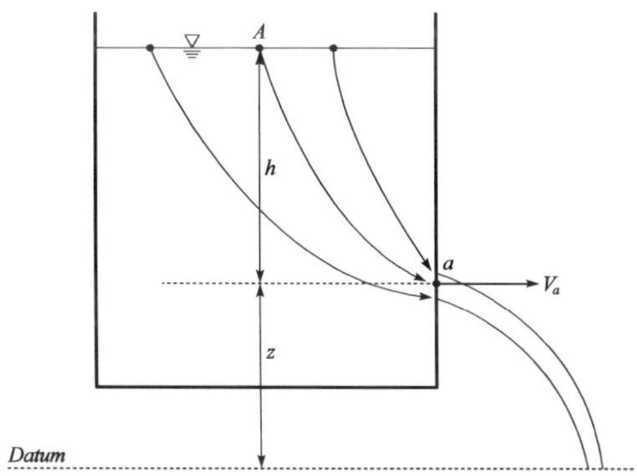

그림 3.11 Torricelli 정리

그림 3.11은 Torricelli 정리를 나타낸 것으로 수면 A와 유출구 a에 베르누이 방정식을 적용하면 식 (3.31)이 된다.

$$\frac{V_A^2}{2g} + \frac{p_A}{\omega_0} + (z+h) = \frac{V_a^2}{2g} + \frac{p_a}{\omega_0} + z \tag{3.31}$$

수면 A와 유출구 a는 대기압이 작용하므로 $\frac{p_A}{\omega_0} = \frac{p_a}{\omega_0}$, 수조 유출구의 면적과 비교하여

수조의 면적이 충분히 크다고 하면 $V_a \gg V_A \approx 0$이므로 식 (3.31)은 식 (3.32)가 된다.

$$h = \frac{V_a^2}{2g} \tag{3.32}$$

식 (3.32)를 이용하여 유출구 a에서의 유속 V_a를 산정하면 Torricelli 정리인 식 (3.33)이 된다.

$$V_a = \sqrt{2gh} \tag{3.33}$$

예제 3.11 그림 3.11에서 $h = 2\mathrm{m}$인 경우 유출구 유속을 산정하시오.

풀이

$V_a = \sqrt{2gh} = \sqrt{2 \times 9.8 \times 2} = 6.26\mathrm{m/sec}$

3.3 운동량 방정식

질량 보존법칙을 이용한 연속 방정식과 에너지 보존법칙을 이용한 베르누이 방정식은 유동하는 유체를 해석하기 위한 기본적인 방정식이다. 운동량 방정식은 유동하는 유체가 수체에 작용하는 힘과 이로 인하여 발생하는 운동량의 관계를 해석하는 방정식이다.

유체의 유동에 의하여 에너지의 손실이 발생한다면 에너지 보존법칙만으로 유체 유동을 완전하게 해석하는 것은 불가능하다. 이러한 경우 운동량 보존법칙을 적용하여 미지수를 결정하고 흐름을 해석하게 된다.

1차원 정류의 흐름조건에서 미소시간 dt동안 유속이 V_1에서 V_2로 변하는 경우 질량 m인 유체에 작용하는 외력의 합을 산정하기 위하여 Newton의 운동에 관한 제2법칙을 적용하면 식 (3.34)가 된다.

$$F = m \cdot a = m \cdot \frac{dV}{dt}$$

$$F \cdot dt = m \cdot dV \tag{3.34}$$

여기서, a는 가속도, $F \cdot dt$는 역적(Impulse), $m \cdot dV$는 운동량(Momentum)이다.

식 (3.34)에 단위시간($dt = 1$)의 개념을 적용하고 단위시간에 유속이 V_1에서 V_2로 변화하는 경우 식 (3.35)가 된다.

$$F \times 1 = mV_2 - mV_1$$

$$F = m(V_2 - V_1) \qquad (3.35)$$

식 (3.35)는 단위시간에 운동량의 변화는 물체의 외부로부터 그 물체에 작용하는 힘과 같다는 것을 의미한다.

그림 3.12에 운동량 방정식을 적용하면 $m = \rho Q = \frac{\omega_0}{g}Q$이므로 식 (3.36)과 같이 x와 y 방향에 대한 힘의 분력이 산정되고 최종적인 운동량 P가 산정된다.

$$P_x = \frac{\omega_0}{g}Q(V_{2x} - V_{1x}) = \frac{\omega_0}{g}Q(V_2\cos\theta_2 - V_1\cos\theta_1)$$

$$P_y = \frac{\omega_0}{g}Q(V_{2y} - V_{y1}) = \frac{\omega_0}{g}Q(V_2\sin\theta_2 - V_1\sin\theta_1)$$

$$P = \sqrt{P_x^2 + P_y^2} \qquad (3.36)$$

그림 3.13은 유동하는 유체가 움직이는 평판에 작용하는 경우를 나타낸 것이다. 그림 3.13에서 $Q = A(V - U)$, $V_1 = (V - U)$, $V_2 = 0$이므로 운동량 방정식에 적용하면 식 (3.37)이 된다.

$$P = \frac{\omega_0}{g}A(V - U)(0 + U - V) = -\frac{\omega_0}{g}A(V - U)^2 \qquad (3.37)$$

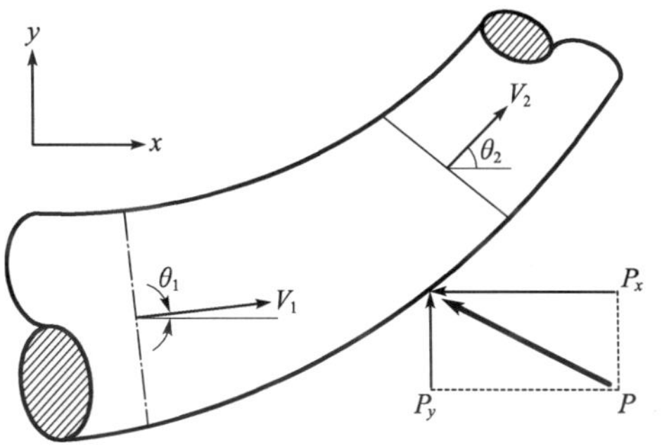

그림 3.12 운동량 보존법칙

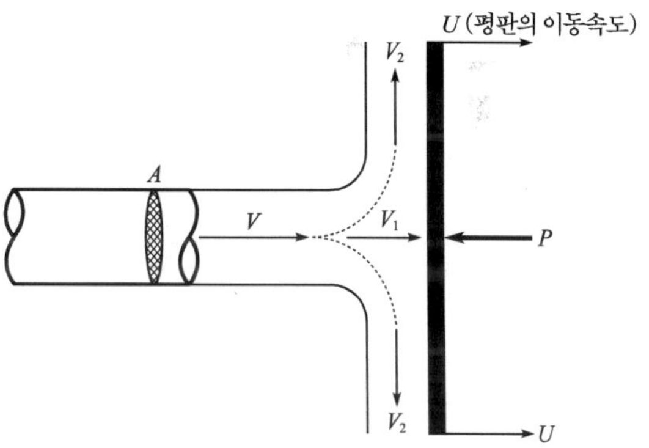

그림 3.13 평판이 움직이는 경우

예제 3.12 직경 4cm의 관수로가 그림 3.14와 같이 구부러져 있다. 이때 곡면에 작용하는 힘을 산정하시오. 단, 유속은 15m/sec로 일정하고 $\omega_0 = 1\text{t/m}^3$이다.

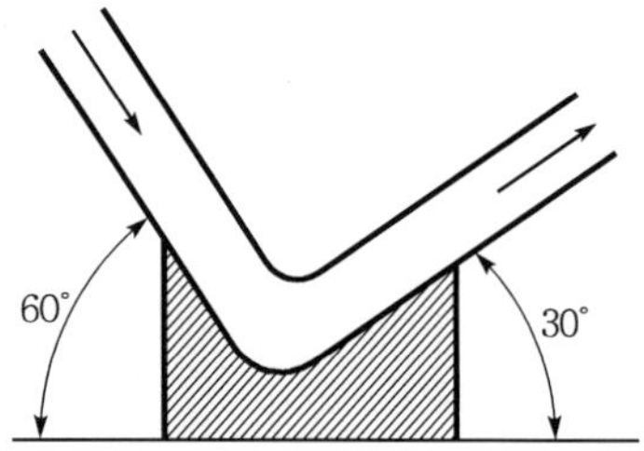

그림 3.14

풀이

$$Q = AV = \frac{\pi D^2}{4}V = \frac{3.14 \times 0.04^2}{4} \times 15 = 0.01884\text{m}^3/\text{sec}$$

$$\theta_1 = 360° - 60° = 300°$$

$$P_x = \frac{\omega_0}{g}Q(V_2\cos\theta_2 - V_1\cos\theta_1)$$

$$= \frac{1}{9.8} \times 0.01884 \times ((15 \times \cos 30°) - (15 \times \cos 300°))$$

$$= 0.0106t$$

$$P_y = \frac{\omega_0}{g}Q(V_2\sin\theta_2 - V_1\sin\theta_1)$$

$$= \frac{1}{9.8} \times 0.01884 \times ((15 \times \sin 30°) - (15 \times \sin 300°))$$

$$= 0.0394\text{t}$$

$$P = \sqrt{P_x^2 + P_y^2} = \sqrt{0.0106^2 + 0.0394^2} = 0.0408t = 40.8\text{kg}$$

예제 3.13 그림 3.15의 관수로에 유량 $Q = 1\text{m}^3/\text{sec}$, 유속 $V = 2\text{m/sec}$로 흐르는 경우 곡면이 받는 힘을 산정하시오. 단, $\omega_0 = 1\text{t/m}^3$이다.

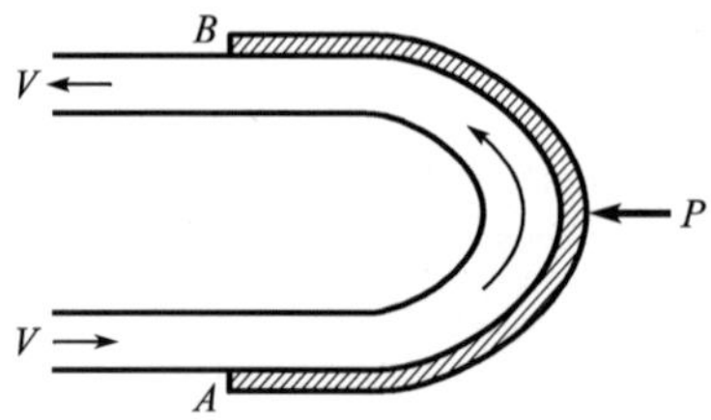

그림 3.15

풀이

$$P = \frac{\omega_0}{g}Q(V_2 - V_1)$$

$$= \frac{1}{9.8} \times 1 \times (-2 - 2)$$

$$= -0.408\text{t}$$

따라서 곡면에 작용하는 힘은 0.408t이고 그 방향은 좌측이다.

예제 3.14 10m/sec로 움직이는 이동날개에 25m/sec로 분류가 충돌하는 경우 평판에 작용하는 힘을 산정하시오. 단, 분류의 반지름은 5mm, $\omega_0 = 1\text{t/m}^3$이다.

풀이

$$P = \frac{\omega_0}{g}A(V - U)^2 = \frac{1{,}000}{9.8} \times \frac{3.14 \times 0.01^2}{4} \times (25 - 10)^2 = 1.802\text{kg}$$

예제 3.15 1/4원의 벽면을 따라 유량 $Q=0.5\text{m}^3/\text{sec}$가 흐르고 있다. 단면적이 $A_1=A_2=200\text{cm}^2$인 경우 벽면에 작용하는 힘을 산정하시오. 단, $\omega_0=1\text{t/m}^3$이다.

풀이

$$V_1=V_2=\frac{Q}{A_1}=\frac{0.5}{200\times10^{-4}}=25\text{m/sec}$$

$$P_x=\frac{\omega_0}{g}Q(V_2\cos\theta_2)=\frac{1{,}000}{9.8}\times0.5\times25\times\cos0^\circ=1{,}275.5\text{kg}$$

$$P_y=\frac{\omega_0}{g}Q(-V_1\sin\theta_1)=\frac{1{,}000}{9.8}\times0.5\times25\times\sin90^\circ=-1{,}275.5\text{kg}$$

$$P=\sqrt{P_x^2+P_y^2}=\sqrt{1{,}275.5^2+(-1{,}275.5)^2}=1{,}803.83\text{kg}$$

예제 3.15 그림 3.16과 같이 직경 10cm인 단면에 유속 $V=40\text{m/sec}$의 분류가 판에 충돌하여 직각으로 구부러지는 경우 판에 작용하는 힘을 산정하시오. 단, $\omega_0=1\text{t/m}^3$이다.

풀이

판에 작용하는 힘은 직각으로 작용하므로 수평 및 연직분력을 각각 산정

$$Q=AV=\frac{\pi D^2}{4}V=\frac{3.14\times0.1^2}{4}\times40=0.314m^3/\text{sec}$$

$$P_x=\frac{\omega_0 Q}{g}(V_2\cos\theta_2-V_1\cos\theta_1)$$

$$=\frac{1\times0.314}{9.8}\times((0\times\cos90^\circ)-(40\times\cos0^\circ))$$

$$=-1.282\text{t}$$

$$P_y=\frac{\omega_0 Q}{g}(V_2\sin\theta_2-V_1\sin\theta_1)$$

$$=\frac{1\times0.314}{9.8}\times((0\times\sin90^\circ)-(40\times\sin0^\circ))=0\text{t}$$

$$P=\sqrt{(-1.282)^2+0^2}=1.282\text{t}$$

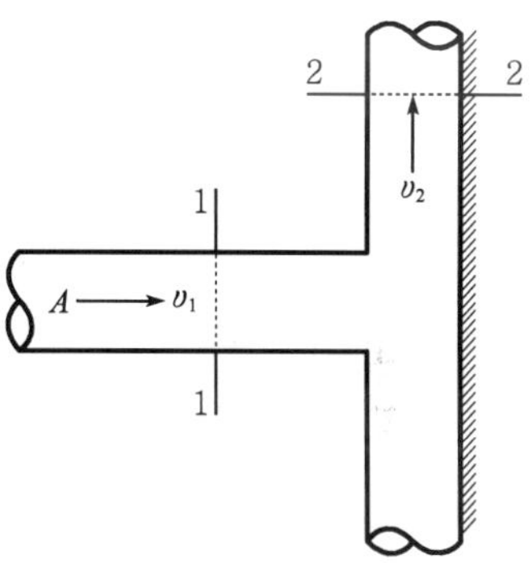

그림 3.16

3.4 에너지 보정계수와 운동량 보정계수

3.4.1 에너지 보정계수

에너지 보정계수(Energy correction factor, α)는 베르누이 방정식에서 실제유속과 평균유속을 사용함으로 인하여 발생하는 운동에너지의 차를 보정하는 계수이다.

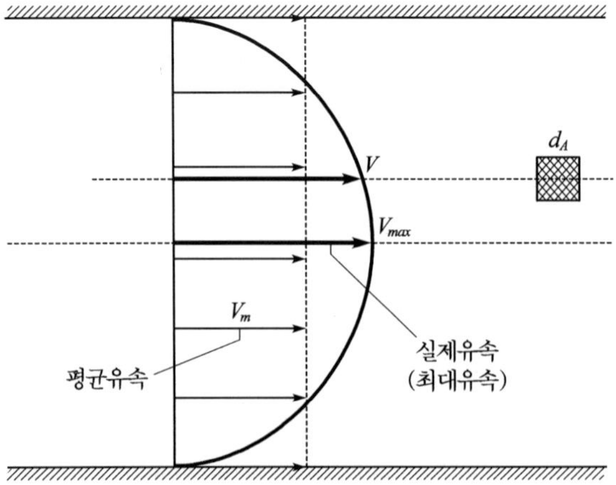

그림 3.17 에너지 보정계수

그림 3.17에서 $V_{\max}$는 최대유속, V_m은 평균유속 그리고 V는 임의 지점에서의 실제유속을 나타낸 것이다.

미소 단면적 dA를 통과하는 유량 dQ는 식 (3.38)이 된다.

$$dQ = dA \cdot V \tag{3.38}$$

식 (3.38)을 전 단면적에 대하여 적분하면 식 (3.39)가 된다.

$$Q = \int_A V\,dA \tag{3.39}$$

하나의 유관에 대하여 베르누이 방정식을 적용하면 식 (3.40)이 된다.

$$\frac{V_1^2}{2g} + \frac{p_1}{\omega_0} + z_1 = \frac{V_2^2}{2g} + \frac{p_2}{\omega_0} + z_2 \tag{3.40}$$

단면적이 dA인 유관을 통해 유량 dQ가 흐르는 경우 $\omega_0 dQ$가 가지는 에너지는 식 (3.41)이 된다.

$$\left(\frac{V_1^2}{2g}+\frac{p_1}{\omega_0}+z_1\right)\omega_0 dQ=\left(\frac{V_2^2}{2g}+\frac{p_2}{\omega_0}+z_2\right)\omega_0 dQ \tag{3.41}$$

관의 전 단면적 A가 가지는 에너지는 식 (3.42)가 된다.

$$\int_A\left(\frac{V_1^2}{2g}+\frac{p_1}{\omega_0}+z_1\right)\omega_0 dQ=\int_A\left(\frac{V_2^2}{2g}+\frac{p_2}{\omega_0}+z_2\right)\omega_0 dQ$$

$$\int_A\left(\frac{p_1}{\omega_0}+z_1-\frac{p_2}{\omega_0}-z_2\right)\omega_0 dQ=\int_A\left(\frac{V_2^2}{2g}-\frac{V_1^2}{2g}\right)\omega_0 dQ \tag{3.42}$$

임의 단면에서 $\left(\frac{p}{\omega_0}+z\right)=const.$이므로 식 (3.42)의 좌변은 식 (3.43)이 되고 식 (3.42)의 우변에서 전체 운동 에너지는 식 (3.44)가 된다.

$$\left(\frac{p_1}{\omega_0}+z_1-\frac{p_2}{\omega_0}-z_2\right)\omega_0\int_A dQ=\left(\frac{p_1}{\omega_0}+z_1-\frac{p_2}{\omega_0}-z_2\right)\omega_0 Q \tag{3.43}$$

$$\int_A\frac{V^2}{2g}\omega_0 dQ=\int_A\frac{V^2}{2g}\omega_0 V dA=\int_A\frac{V^3}{2g}\omega_0 dA \tag{3.44}$$

식 (3.44)를 적분하고 평균유속 V_m을 사용하면 식 (3.45)가 된다.

$$\frac{V_m^2}{2g}\omega_0 Q=\frac{V_m^3}{2g}\omega_0 A \tag{3.45}$$

일반적인 유속분포에서 식 (3.45)의 좌변과 우변은 일치하지 않으므로 식 (3.46)과 같이 계수 α를 곱하게 되는 데 이를 에너지 보정계수라 한다.

$$\int_A\frac{V^3}{2g}\omega dA=\alpha\frac{V^3}{2g}\omega A \tag{3.46}$$

에너지 보정계수 α는 식 (3.47)로 정의된다.

$$\alpha=\int_a\left(\frac{V}{V_m}\right)^3\frac{dA}{A} \tag{3.47}$$

에너지 보정계수 α는 원관의 층류인 경우 $\alpha=2$, 원관의 난류인 경우 $\alpha=1.0\sim1.1$의 값을 가진다.

3.4.2 운동량 보정계수

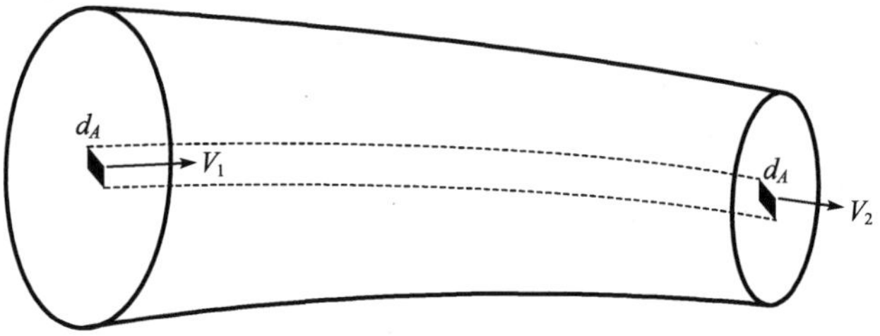

그림 3.18 운동량 보정계수

그림 3.18과 같이 미소면적 dA를 통과하는 유량을 dQ라 하면 하나의 유관에서 흐름 방향으로 작용하는 힘의 합력 dF는 식 (3.48)이 되고 전 단면적에 대하여 산정하면 식 (3.49)가 된다.

$$dF = \rho dQ V_2 - \rho dQ V_1 \tag{3.48}$$

$$F = \int_A (\rho dQ V_2 - \rho dQ V_1) = \int_A \rho V_2^2 dA - \int_A \rho V_1^2 dA \tag{3.49}$$

식 (3.49)에 평균유속을 적용하면 식 (3.50)이 된다.

$$\int_A \rho V_m^2 dA = \int_A \rho V_m dQ = \eta \rho V_m Q \tag{3.50}$$

식 (3.50)에서 η를 운동량 보정계수(Momentum correction factor)라 한다. 운동량 보정계수 η는 식 (3.51)로 산정된다.

$$\eta = \int_A \left(\frac{V}{V_m} \right)^2 \frac{dA}{A} \tag{3.52}$$

운동량 보정계수 η는 원관의 층류인 경우 $\eta = \frac{4}{3}$, 원관의 난류인 경우 $\eta = 1.01 \sim 1.05$ 그리고 폭이 넓은 개수로인 경우 $\eta = 1.02$의 값을 가진다.

연습문제

1. 지름 10cm의 유리관으로 $Q = 100\text{cm}^3/\text{sec}$의 물이 흐르는 경우 흐름을 판별하시오. 단, 수온 15℃에서 물의 동점성계수는 $0.0123\text{cm}^2/\text{sec}$이다.

2. 그림 3.19와 같이 지름 20cm의 관수로에 물이 흐를 때 90° 구부러진 곡관부에 작용하는 힘을 산정하시오. 단, $Q = 30\text{l}/\text{sec}$이고 관수로는 수평면에 설치되어 있으며 $\omega_0 = 1\text{t}/\text{m}^3$이다.

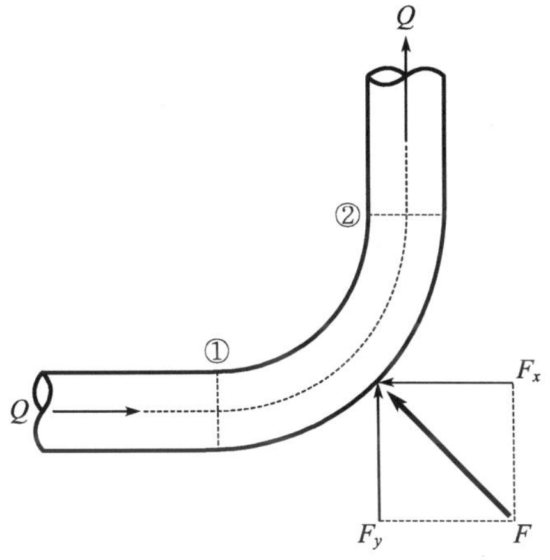

그림 3.19

3. 그림 3.20에서 V_2와 Q를 산정하시오. 단, $\omega_0 = 1\text{t}/\text{m}^3$이다.

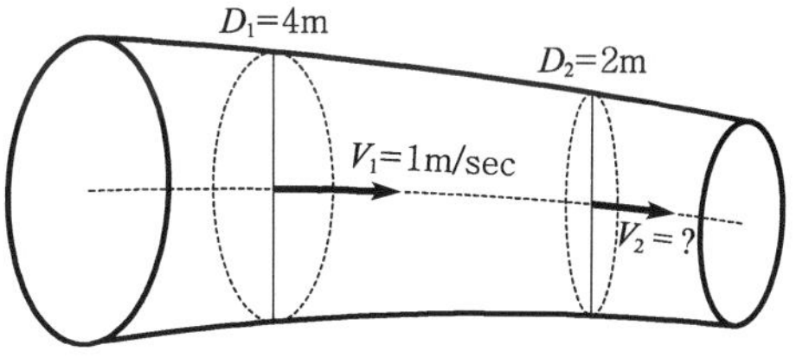

그림 3.20

4. 그림 3.21에서 수류가 벽면에 가하는 힘을 산정하시오. 단, 벽면은 고정되어 있고 $\omega_0 = 1\text{t}/\text{m}^3$이다.

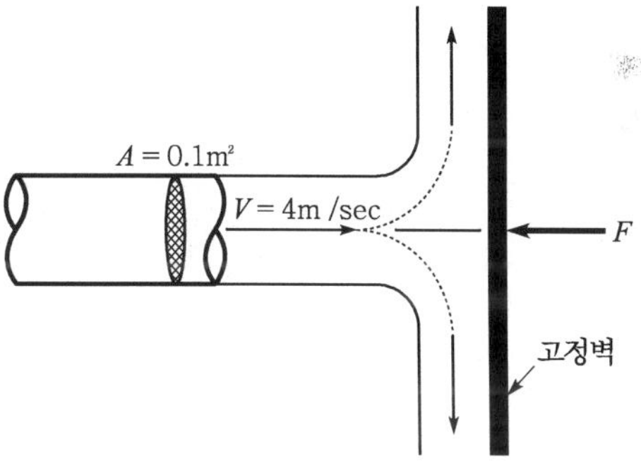

그림 3.21

5. 그림 3.22에서 $a_1 = a_2 = 0.01\text{m}^2$인 경우 검사면에 작용하는 힘을 산정하시오. 단, $\omega_0 = 1\text{t/m}^3$이다.

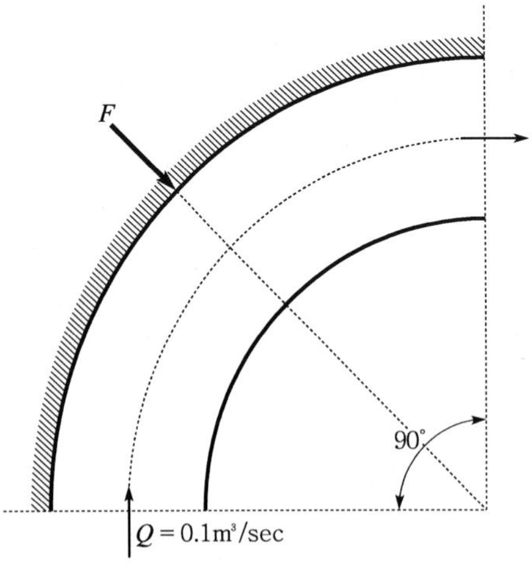

그림 3.22

04

관 수 로

4.1 서론
4.2 흐름과 에너지의 관계
4.3 형상손실
4.4 단일 관수로
4.5 복합 관수로
4.6 관망
4.7 유수에 의한 동력

관 수 로

4.1 서 론

단면의 형상과는 무관하게 단면 내부에 유수가 충만되어 관로 양단의 압력차에 의해 흐르는 유로를 관수로(Pipe line)라 한다. 유체의 흐름에서 수면이 대기압을 영향을 받으면서 흐르는 수면을 자유수면(Free surface)이라 하는 데 관수로는 자유수면을 가지지 않고 흐르는 흐름을 말한다. 그러나 관수로 내에 유수가 충만되어 흐르지 않고 자유수면을 가지는 경우는 개수로(Open channel) 흐름으로 해석한다. 따라서 개수로 흐름은 자유수면을 가지고 중력에 의해 흐르는 흐름으로 정의할 수 있다. 관수로 흐름에는 상수도관, 송유관 그리고 수력발전을 위한 압력터널 또는 수로터널 등이 해당된다.

윤변(Wetted perimeter, P)은 유수가 관수로와 접하는 길이의 합으로 정의한다. 그리고 경심(Hydraulic ratio, R)은 유수 단면적 A를 윤변 P로 나눈 식 (4.1)로 정의한다.

$$R = \frac{A}{P} \tag{4.1}$$

예제 4.1 원형 관수로의 직경이 D인 경우 윤변 P와 경심 R을 산정하시오.

풀이

단면적 ; $A = \frac{\pi D^2}{4}$

윤변 ; $P = \pi D$

경심 ; $R = \frac{A}{P} = \frac{\frac{\pi D^2}{4}}{\pi D} = \frac{D}{4}$

예제 4.2 사각형 관수로의 폭이 B이고 높이가 H인 경우 윤변 P와 경심 R을 산정하시오.

풀이

단면적 : $A = BH$

윤변 : $P = B + B + H + H = 2(B+H)$

경심 : $R = \frac{A}{P} = \frac{BH}{2(B+H)}$

4.2 흐름과 에너지의 관계

4.2.1 마찰 손실수두

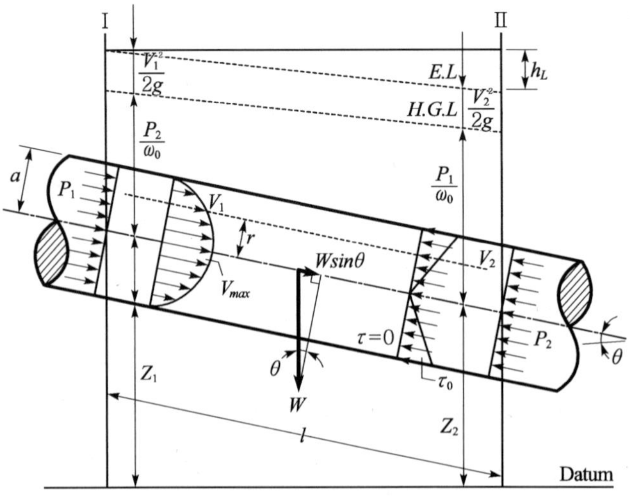

그림 4.1 관수로 유속분포와 전단응력

그림 4.1은 관수로 내의 유속분포와 전단응력의 상관관계를 나타낸 것으로 흐름을 정류로 가정하고 단면 Ⅰ과 단면 Ⅱ에 실제유체에 대한 베르누이 방정식을 적용하면 식 (4.2)가 된다.

$$\frac{V_1^2}{2g}+\frac{p_1}{\omega_0}+z_1=\frac{V_2^2}{2g}+\frac{p_2}{\omega_0}+z_2+h_L \tag{4.2}$$

여기서, V_1과 V_2는 단면 Ⅰ과 단면 Ⅱ의 유속, p_1과 p_2는 단면 Ⅰ과 단면 Ⅱ의 압력, z_1과 z_2는 단면 Ⅰ과 단면 Ⅱ의 위치수두 그리고 h_L은 단면 Ⅰ과 단면 Ⅱ사이의 마찰 손실수두이다.

흐름이 정류이고 단면적이 일정하다고 하면 $V_1=V_2$가 되므로 식 (4.2)는 식 (4.3)이 된다.

$$\frac{p_1}{\omega_0}+z_1=\frac{p_2}{\omega_0}+z_2+h_L \tag{4.3}$$

식 (4.3)을 마찰 손실수두 h_L로 정리하면 식 (4.4)가 된다.

$$h_L = \left(\frac{p_1}{\omega_0} - \frac{p_2}{\omega_0}\right) + (z_1 - z_2) \tag{4.4}$$

관수로에서 마찰응력 τ는 관 벽에서 최대이고 관의 중심축에서 0이 되므로 관의 중심축에서 동일한 거리에 위치하는 지점에서의 마찰응력은 일정하다고 할 수 있다.

그림 4.1에서 관의 중심축으로부터 거리 r인 지점의 마찰응력을 τ라 하고 단면 Ⅰ과 단면 Ⅱ사이에 힘의 평형조건을 적용하면 식 (4.5)가 유도된다.

$$p_1 \pi r^2 + W sin\theta = p_2 \pi r^2 + 2\pi r \tau l \tag{4.5}$$

여기서, W는 단면 Ⅰ과 단면 Ⅱ사이의 유체 중량이다.

$W = \omega_0 \pi r^2 l$이고 $\sin\theta = \dfrac{z_1 - z_2}{l}$이므로 식 (4.5)는 식 (4.6)이 된다.

$$p_1 \pi r - p_2 \pi r + \omega_0 \pi r (z_1 - z_2) - 2\pi \tau l = 0 \tag{4.6}$$

식 (4.6)의 양변에 $\dfrac{1}{\pi \omega_0}$를 곱하고 간단히 하면 식(4.7)이 된다.

$$r\left\{\frac{p_1}{\omega_0} - \frac{p_2}{\omega_0} + (z_1 - z_2)\right\} - \frac{2\tau l}{\omega_0} = 0 \tag{4.7}$$

식 (4.4)를 식 (4.7)에 대입하고 h_L과 τ에 대하여 정리하면 식 (4.8)과 식 (4.9)가 된다.

$$h_L = \frac{2\tau l}{r \omega_0} \tag{4.8}$$

$$\tau = \frac{\omega_0 h_L}{2l} r \tag{4.9}$$

마찰응력은 관 벽에서 최대이므로 관의 반지름을 r_0라 하면 관수로 내의 최대 마찰응력 $\tau_{\max}$는 식 (4.10)이 된다.

$$\tau_{\max} = \frac{\omega_0 h_L}{2l} r_0 \tag{4.10}$$

식 (4.10)은 층류와 난류인 경우 모두 적용이 가능하다.

식 (4.8)을 변형하면 식 (4.11)이 된다.

$$h_L = \frac{2\tau l}{r \omega_0} = \frac{2\tau l}{\omega_0 \left(\dfrac{D}{2}\right)} = \frac{4\tau l}{\omega_0 D} = \frac{2 \times 4\tau}{\rho V^2} \frac{l}{D} \frac{V^2}{2g} = f \frac{l}{D} \frac{V^2}{2g}$$

$$h_L = f\frac{l}{D}\frac{V^2}{2g} \tag{4.11}$$

$$f = \frac{8\tau}{\rho V^2} \tag{4.12}$$

식 (4.11)을 Darcy-Welsbach의 마찰 손실수두 공식이라 하고 f는 마찰 손실계수이다.

예제 4.3 그림 4.2와 관수로에서 마찰 손실수두와 관 벽에서의 마찰응력을 산정하시오. 단, A 지점 관의 반지름은 20cm, A지점과 B지점에서 측정한 수압은 각각 $p_A = 3.5\text{kg/cm}^2$과 $p_B = 0.2\text{kg/cm}^2$, A지점과 B지점간의 관의 길이는 100m 그리고 $\omega_0 = 1\text{t/m}^3$이다.

풀이

$$\frac{p_A}{\omega_0} = \frac{3.5}{0.001} = 3{,}500\text{cm} = 35\text{m}$$

$$\frac{p_B}{\omega_0} = \frac{0.2}{0.001} = 200\text{cm} = 2\text{m}$$

1) 손실수두 $h_L = \left(\frac{p_A}{\omega_0} - \frac{p_B}{\omega_0}\right) + (z_1 - z_2)$

$$h_L = (35-2) + (10-30) = 13\text{m}$$

2) 관벽의 마찰력 $\tau_{\max} = \frac{\omega_0 h_L}{2l} r_0$

$$\tau_{\max} = \frac{\omega_0 h_L}{2l} r_0 = \frac{0.001 \times 13 \times 100}{2 \times 100 \times 100} \times 20 = 0.0013\text{kg/cm}^2$$

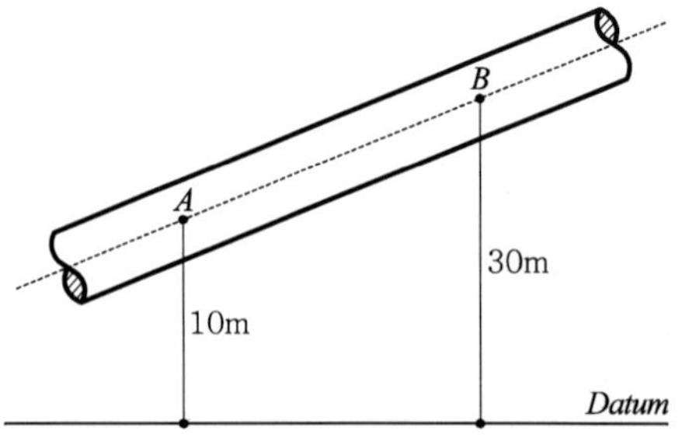

그림 4.2

예제 4.3 관의 길이가 400m, 직경이 25cm인 관로에 유속 $V = 1.32\text{m/sec}$로 물이 흐르는 경우 마찰 손실수두를 산정하시오. 단, 마찰 손실계수 $f = 0.0422$이다.

풀이

$$h_L = f\frac{l}{D}\frac{V^2}{2g} = 0.0422 \times \frac{400}{0.25} \times \frac{1.32^2}{2 \times 9.8} = 6.0\text{m}$$

4.2.2 Hazen-poiseuille 법칙

실제유체인 경우 마찰응력 $\tau=-\mu\dfrac{dV}{dy}$를 원형 관수로에 적용하면 dy는 dr이 된다. 따라서 원형 관수로에서 마찰응력 τ는 식 (4.13)이 된다.

$$\tau=-\mu\frac{dV}{dr} \tag{4.13}$$

그리고 마찰 손실수두를 고려한 마찰응력은 식 (4.14)가 된다.

$$\tau=\frac{\omega_0 h_L}{2l}r \tag{4.14}$$

그리고 식 (4.13)과 식 (4.14)는 같으므로 식 (4.15)가 된다.

$$-\mu\frac{dV}{dr}=\frac{\omega_0 h_L}{2l}r$$

$$dV=-\frac{\omega_0 h_L}{2\mu l}rdr$$

$$\int dV=-\frac{\omega_0 h_L}{2\mu l}\int rdr \tag{4.15}$$

식 (4.15)를 적분하면 식 (4.16)이 된다.

$$V=-\frac{\omega_0 h_L}{4\mu l}r^2+C \tag{4.16}$$

여기서, C는 적분상수이다.

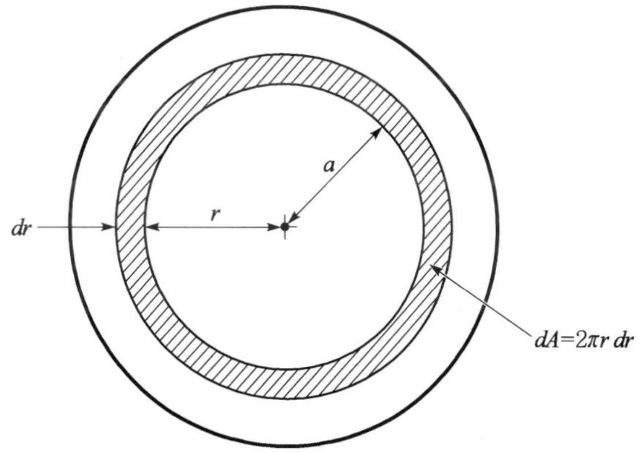

그림 4.3 원형 관수로

그림 4.3에서 관 벽에서 $V=0$이고 $r=a$이므로 식 (4.16)의 C는 식 (4.17)이 된다.

$$C=\frac{\omega_0 h_L}{4\mu l}a^2 \tag{4.17}$$

식 (4.17)을 식 (4.16)에 대입하면 식 (4.18)이 되고 관의 중심축 $r=0$에서 최대유속 $V_{\max}$가 발생하므로 식 (4.19)가 유도된다.

$$V=\frac{\omega_0 h_L}{4\mu l}(a^2-r^2) \tag{4.18}$$

$$V_{\max}=\frac{\omega_0 h_L}{4\mu l}a^2 \tag{4.19}$$

그림 4.3에서 미소 단면적 $dA=2\pi r\,dr$를 통과하는 유량 dQ는 식 (4.20)이 된다.

$$dQ=VdA=V2\pi r\,dr \tag{4.20}$$

식 (4.18)을 식 (4.20)에 대입하면 식 (4.21)이 되고 식 (4.21)을 적분하면 식 (4.22)가 된다.

$$dQ=\frac{\omega_0 h_L}{4\mu l}(a^2-r^2)2\pi r\,dr \tag{4.21}$$

$$Q=\int_0^a \frac{\omega_0 h_L}{4\mu l}(a^2-r^2)2\pi r\,dr=\left[\frac{\pi\omega_0 h_L}{4\mu l}a^2r^2-\frac{\pi\omega_0 h_L}{8\mu l}r^4\right]_0^a=\frac{\pi\omega_0 h_L}{8\mu l}a^4 \tag{4.22}$$

식 (4.22)를 Hazen-poiseuille 법칙이라 한다.

그림 4.3의 원형 관을 흐르는 유속을 평균유속 V_m이라면 유량 Q는 식 (4.23)이 된다.

$$Q=AV_m=\pi a^2 V_m \tag{4.23}$$

식 (4.22)와 식 (4.23)을 같다고 하면 식 (4.24)가 된다.

$$\pi a^2 V_m=\frac{\pi\omega_0 h_L}{8\mu l}a^4$$

$$V_m=\frac{\omega_0 h_L}{8\mu l}a^2 \tag{4.24}$$

식 (4.19)와 식 (4.24)를 비교하면 평균유속 V_m은 최대유속 $V_{\max}$의 $\frac{1}{2}$이 됨을 알 수 있다.

식 (4.24)에 $D=2a$의 관계를 적용하면 식 (4.25)가 되고 식 (4.25)를 h_L에 대하여 정리하면 식 (4.26)이 된다.

$$V_m = \frac{\omega_0 h_L}{8\mu l}\left(\frac{D}{2}\right)^2 \tag{4.25}$$

$$h_L = \frac{32\mu l\, V_m}{\omega_0 D^2}$$

$$= \frac{64\mu}{D V_m \rho}\frac{l}{D}\frac{V_m^2}{2g} \tag{4.26}$$

$Re = \dfrac{VD}{\nu}$이고 $\nu = \dfrac{\mu}{\rho}$이므로 식 (4.26)은 식 (4.27)이 된다.

$$h_L = \frac{64}{Re}\frac{l}{D}\frac{V_m^2}{2g} = f\frac{l}{D}\frac{V_m^2}{2g} \tag{4.27}$$

식 (4.27)에서 $f = \dfrac{64}{Re}$로서 흐름이 층류인 경우 적용이 가능하다.

예제 3.1 직경 0.2cm인 관수로에 $Q=0.8\text{cm}^3/\text{sec}$가 흐르고 있다. 관의 길이가 1.0m이고 동점성계수 $\nu=1.12\times10^{-2}\text{cm}^2/\text{sec}$인 경우 마찰 손실수두를 산정하시오.

풀이

$$V=\frac{Q}{A}=\frac{Q}{\frac{\pi D^2}{4}}=\frac{4Q}{\pi D^2}=\frac{4\times0.8}{3.14\times0.2^2}=25.48\text{cm/sec}$$

$$Re=\frac{VD}{\nu}=\frac{25.48\times0.2}{1.12\times10^{-2}}\fallingdotseq 455<2{,}000$$

따라서 흐름은 층류이다.

$$f=\frac{64}{Re}=\frac{64}{455}=0.1407$$

$$h_L=f\frac{l}{D}\frac{V^2}{2g}=0.1407\times\frac{100}{0.2}\times\frac{25.48^2}{2\times980}=23.30\text{cm}$$

4.2.3 평균 유속공식

(1) Chezy의 평균 유속공식

관수로의 설계에서 유량 또는 관의 직경을 산정하는 경우 Darcy-Weisbach 공식을 일반적으로 사용한다. Darcy-Weisbach의 공식에서 마찰 손실계수 f는 Re와 상대조도 $\frac{e}{D}$의 함수이다.

$$f = \phi\left(Re, \frac{e}{D}\right) \tag{4.28}$$

여기서, e는 관 벽의 상태를 표시하는 조도(Roughness)이고 D는 직경이다. 마찰 손실수두를 산정하는 $h_L = f\frac{l}{D}\frac{V^2}{2g}$를 V에 대해 정리하면 식 (4.29)가 된다.

$$V = \sqrt{\frac{2g}{f}\frac{h_L}{l}D} \tag{4.29}$$

식 (4.29)에 $\frac{h_L}{l} = I$, $D = 4R$의 관계를 적용하고 간단히 하면 식 (4.30)이 된다.

$$V = \sqrt{\frac{2g}{f}I4R} = \sqrt{\frac{8g}{f}}\sqrt{RI} = C\sqrt{RI} \tag{4.30}$$

여기서, I는 동수경사(Hydraulic gradient), C는 유속계수 $\left(C = \sqrt{\frac{8g}{f}}\right)$ 그리고 R은 경심이다.

식 (4.30)을 Chezy의 평균 유속공식이라 한다.

(2) Manning의 평균 유속공식

Manning의 평균 유속공식은 개수로의 설계를 위하여 개발되었으나 관수로 내의 흐름상태가 난류이고 조면(粗面)인 경우 많이 사용되고 있으며 식 (4.31)과 같다.

$$V = \frac{1}{n}R^{2/3}I^{1/2} \tag{4.31}$$

그리고 마찰 손실수두와 마찰 손실계수는 식 (4.32)가 된다.

$$h_L = \frac{124.6n^2}{D^{1/3}}\frac{l}{D}\frac{V^2}{2g}$$

$$f = \frac{124.6n^2}{D^{1/3}} \tag{4.32}$$

여기서, n은 조도계수(Roughness coefficient)이다.

표 4.1은 Manning 공식의 n값을 나타낸 것이다.

표 4.1 Manning의 조도계수(n)

구분	조도계수	구분	조도계수
놋쇠관, 유리관	0.010-0.012	연철관	0.012-0.014
용접 강관	0.010-0.013	도금한 연철관	0.013-0.015
칠한 주철관	0.010-0.013	콘크리트관(滑面)	0.012-0.013
주철관(新)	0.012-0.014	콘크리트(組面)	0.014-0.016
주철관(古)	0.014-0.018	흄관	0.011-0.014

(3) Hazen-Williams의 평균 유속공식

Hazen-Williams의 평균 유속공식은 미국의 상수도 관로 시스템 해석을 위하여 개발되었으며 비교적 관경이 큰 도수관로에 적합하도록 실험적으로 유도된 공식으로 평균 유속공식은 식 (4.33)과 같다.

$$V = 0.849\, CR^{0.63} I^{0.54} \tag{4.33}$$

그리고 마찰 손실계수 f는 식 (4.34)가 된다.

$$f = \frac{98.78}{D^{0.16} C^{1.85} V^{0.15}} \tag{4.34}$$

표 4.2는 Hazen-Williams 공식의 C를 나타낸 것이다.

표 4.2 Hazen-Williams의 C

재　　료	C
보통 콜타르 칠한 주철관, 신품	130~135
보통 콜타르 칠한 주철관, 통수 5년	120
보통 콜타르 칠한 주철관, 통수 10년	110
보통 콜타르 칠한 주철관, 통수 15년	105
보통 콜타르 칠한 주철관, 통수 20년	95
보통 콜타르 칠한 주철관, 통수 30년	85
보통 콜타르 칠한 주철관, 통수 40년	80
보통 주철관(古)	100
놋쇠 및 유리관	140~150
내면 고무칠한 소화용 호스	110~140
흄관(ϕ 100~600mm)	150
흄관(ϕ 100mm 이하)	120~140
보통 콘크리트관	120~140

(4) Ganguillet-Kutter의 평균 유속공식

Ganguillet-Kutter의 평균 유속공식은 하수관거 설계에 일반적으로 이용되며 식 (4.35)와 같다. 식 (4.35)에서 조도계수 n은 Manning의 조도계수와 동일한 값을 적용한다.

$$V = \frac{23 + \frac{1}{n}}{1 + \left(23 \frac{n}{\sqrt{R}}\right)} \sqrt{RI} \tag{4.35}$$

예제 4.6 주철관의 직경이 40cm이고 동수경사 $I=0.01$로 관로를 설계하는 경우 평균 유속공식을 사용하여 유속 V를 산정하고 유량 Q을 산정하시오. 단, Chezy의 유속계수 $C=50$, Manning과 Ganguillet-Kutter의 조도계수 $n=0.014$, Hazen-Williams의 $C=100$이다.

풀이

$$R = \frac{A}{P} = \frac{\frac{\pi D^2}{4}}{\pi D} = \frac{D}{4} = \frac{0.4}{4} = 0.1\text{m}$$

$$A = \frac{\pi D^2}{4} = \frac{3.14 \times 0.4^2}{4} = 0.126\text{m}^2$$

1) Chezy

$$V = C\sqrt{RI} = 50 \times \sqrt{0.1 \times 0.01} = 1.58\text{m/sec}$$

$$Q = AV = 0.126 \times 1.58 = 0.20\text{m}^3/\text{sec}$$

2) Manning

$$V = \frac{1}{n} R^{2/3} I^{1/2} = \frac{1}{0.014} \times (0.1)^{2/3} \times (0.01)^{1/2} = 1.54\text{m/sec}$$

$$Q = AV = 0.126 \times 1.54 = 0.19\text{m}^3/\text{sec}$$

3) Hazen-Williams

$$V = 0.849\, CR^{0.63} I^{0.54} = 0.849 \times 100 \times 0.1^{0.63} \times 0.01^{0.54} = 1.66\text{m/sec}$$

$$Q = AV = 0.126 \times 1.66 = 0.21\text{m}^3/\text{sec}$$

4) Ganguillet-Kutter

$$V = \frac{23 + \frac{1}{n}}{1 + \left(23 \frac{n}{\sqrt{R}}\right)} \sqrt{RI} = \frac{23 + \frac{1}{0.014}}{1 + \left(23 \times \frac{0.014}{\sqrt{0.1}}\right)} \sqrt{0.1 \times 0.01} = 1.48\text{m/sec}$$

$$Q = AV = 0.126 \times 1.48 = 0.19\text{m}^3/\text{sec}$$

예제 4.7 $Q=6.28\text{m}^3/\text{sec}$를 송수하기 위하여 직경 2,000mm의 주철관을 설치하는 경우 적당한 동수경사(관수로 경사)를 산정하시오. 단, $n=0.012$, $l=100\text{m}$이다.

풀이

$$f=\frac{124.6n^2}{D^{1/3}}=124.6\times\frac{0.012^2}{2^{1/3}}=0.014$$

$$V=\frac{Q}{A}=\frac{4Q}{\pi D^2}=\frac{4\times 6.28}{3.14\times 2^2}=2.0\text{m/sec}$$

$$h_L=f\frac{l}{D}\frac{V^2}{2g}=0.014\times\frac{100}{2}\times\frac{2^2}{2\times 9.8}=0.1429\text{m}$$

동수경사(관수로 경사) $I=\frac{h_L}{l}$ 이므로 $I=\frac{h_L}{l}=\frac{0.1429}{100}=1.429\times 10^{-3}$

4.3 형상손실

관수로 내에 유체가 흐르는 경우 마찰에 의한 손실뿐만이 아니라 관의 단면적 변화, 관의 만곡 그리고 밸브 등에 의하여 2차적인 손실이 발생하게 된다. 따라서 관수로를 설계하는 경우 관수로의 형상 변화에 의한 2차적인 손실 즉, 형상손실(Form loss) 또는 소손실(Minor loss)의 영향을 고려해야 한다. 식 (4.36)은 형상손실의 일반식을 나타낸 것으로 형상손실은 속도수두에 비례한다.

$$h_m=f_m\frac{V^2}{2g} \tag{4.36}$$

여기서, h_m은 형상 손실수두, f_m은 형상 손실계수이다.

관수로에서 장관(Long tube)은 식 (4.37), 단관(Short tube)은 식 (4.38)로 정의된다.

$$\frac{l}{D}\geq 3{,}000 \tag{4.37}$$

$$\frac{l}{D}< 3{,}000 \tag{4.38}$$

장관인 경우 일반적으로 형상손실을 무시하고 마찰 손실만을 고려하여 수리학적인 해석을 수행하지만 단관인 경우에는 형상손실뿐만이 아니라 마찰 손실도 동시에 고려하여 수리학적인 해석을 수행하게 된다.

4.3.1 단면 급확대에 의한 손실수두

그림 4.4의 단 1과 단면 2에 베르누이 방정식을 적용하면 $Z_1 = Z_2$이므로 식 (4.39)가 된다.

$$\frac{V_1^2}{2g} + \frac{p_1}{\omega_0} + Z_1 = \frac{V_2^2}{2g} + \frac{p_2}{\omega_0} + Z_2 + h_e$$

$$h_e = \frac{V_1^2 - V_2^2}{2g} + \frac{p_1 - p_2}{\omega_0} \tag{4.39}$$

여기서, h_e는 단면 급확대에 의한 손실수두이다.

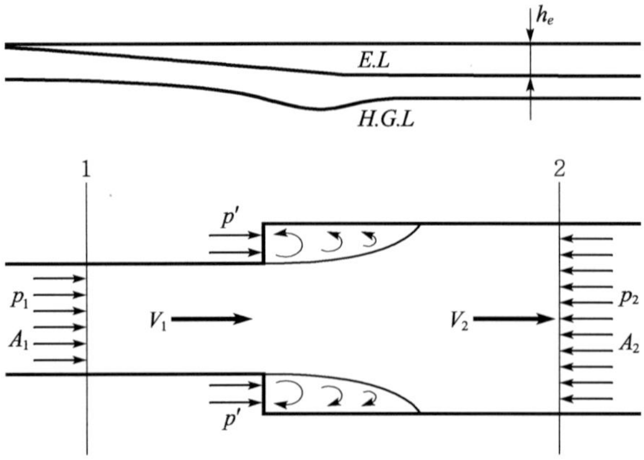

그림 4.4 단면 급확대에 의한 손실수두

그림 4.4의 단면 1과 단면 2에 운동량 방정식을 적용하면 식 (4.40)이 된다.

$$p_1 A_1 + p'(A_2 - A_1) - p_2 A_2 = \frac{\omega_0}{g} Q(V_2 - V_1) \tag{4.40}$$

여기서, p'은 단면 급 확대부의 관 벽에 작용하는 수압($p_1 = p'$)이다.

그리고 연속 방정식의 관계를 적용하면 식 (4.39)는 식 (4.41)이 된다.

$$h_e = \frac{V_1^2 - V_2^2}{2g} + \frac{V_2}{g}(V_2 - V_1) = \frac{(V_1 - V_2)^2}{2g}$$

$$= \frac{\left(V_1 - \dfrac{A_1}{A_2} V_1\right)^2}{2g} = \frac{V_1^2}{2g}\left(1 - \frac{A_1}{A_2}\right)^2 = f_e \frac{V_1^2}{2g} \tag{4.41}$$

여기서, $f_e = \left(1 - \dfrac{A_1}{A_2}\right)^2$는 단면 급확대에 의한 손실계수이다.

단면 급확대에 의한 손실수두 h_e는 관수로의 직경과 비교하여 단면적이 상대적으로 매우 큰 수조 또는 저수지로 유출되는 경우 식 (4.42)와 같이 유출 손실수두 h_0라 한다.

$$h_0 = f_0 \frac{V_1^2}{2g} = \frac{V_1^2}{2g} \tag{4.42}$$

여기서, $f_0(f_0 = 1)$를 유출 손실계수라 한다.

4.3.2 단면 급축소에 의한 손실수두

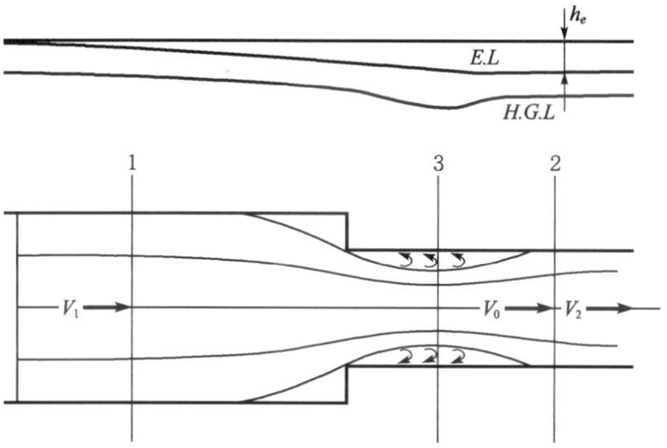

그림 4.5 단면 급축소에 의한 손실수두

그림 4.5에서 A_1, V_1은 단면 1에서 단면적과 유속, A_2, V_2는 단면 2에서의 단면적과 유속 그리고 A_0, V_0는 단면 3에서의 단면적과 유속이다.

그림 4.5에서 유출 메커니즘은 단면 3에서 수축한 다음 단면 2에서 확대된다. 단면 3의 A_0에서 단면 2의 A_2로 확대될 때 단면 급축소에 의한 손실이 발생한다. 이와 같은 경우의 손실수두를 단면 급축소에 의한 손실수두 h_c라 하고 식 (4.43)으로 산정한다.

$$h_c = \frac{(V_0 - V_2)^2}{2g} = \frac{\left(\dfrac{A_2}{A_0} V_2 - V_2\right)^2}{2g} = \frac{V_2^2\left(\dfrac{A_2}{A_0} - 1\right)^2}{2g} \tag{4.43}$$

여기서, $\dfrac{A_0}{A_2} = C_a$라 하면 단면 급축소에 의한 손실수두는 h_c는 식 (4.44)가 된다.

$$h_c = \left(\frac{1}{C_a} - 1\right)^2 \frac{V_2^2}{2g} = f_c \frac{V_2^2}{2g} \tag{4.44}$$

여기서, $f_c = \left(\frac{1}{C_a} - 1\right)^2$는 단면 급축소에 의한 손실계수이다.

Weisbach는 수리 모형실험을 수행하여 $\frac{A_2}{A_1}$의 변화에 따른 f_c의 값을 표 4.3으로 제안하였다.

표 4.3 $\frac{A_2}{A_1}$의 변화에 따른 f_c

$\frac{A_2}{A_1}$	0.1	0.2	0.3	0.4	0.5	0.6	0.7	0.8	0.9	1.0
f_c	0.41	0.38	0.34	0.29	0.24	0.18	0.14	0.098	0.036	0

단면 급축소에 의한 손실수두 h_c가 관수로의 직경과 비교하여 단면적이 상대적으로 매우 큰 수조 또는 저수지에서 유입하는 경우 식 (4.45)와 같이 유입 손실수두 h_i라 한다.

$$h_i = f_i \frac{V^2}{2g} \tag{4.45}$$

여기서, f_i는 유입 손실계수, V는 유입하는 관수로의 평균유속이다.

유입 손실계수 f_i는 유입부의 형상에 의해 결정되지만 일반적으로 0.5를 사용한다.

4.3.3 만곡에 의한 손실수두

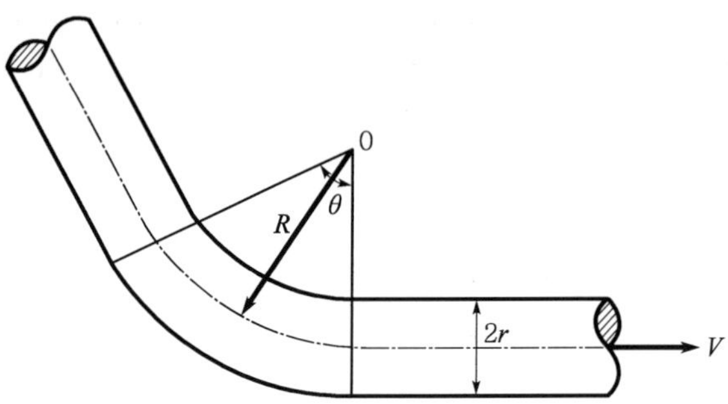

그림 4.6 만곡에 의한 손실수두

관의 만곡에 의한 손실수두 h_b는 관의 직경과 곡률 반지름이 원인이 되어 발생하고 식 (4.46)으로 산정한다.

$$h_b = f_b \frac{V^2}{2g} \tag{4.46}$$

여기서, f_b는 관의 만곡에 의한 손실계수이다.

Weisbach는 f_b의 값을 결정하기 위하여 식 (4.47)과 식 (4.48)과 같은 실험식을 제안하였다.

$$f_b = \left\{0.131 + 1.847\left(\frac{r}{R}\right)^{3.5}\right\}\frac{\theta}{90^o} \tag{4.47}$$

$$f_b = n\frac{\theta}{90^o} \tag{4.48}$$

식 (4.48)에서 $n = 0.131 + 1.847\left(\frac{r}{R}\right)^{3.5}$ 이다.

식 (4.47)과 식 (4.48)의 적용범위는 $0° < \theta < 90°$ 이고 n이 $\frac{r}{R}$에 의해 변화하는 경우 표 4.4에 의한다.

표 4.4 $\frac{r}{R}$에 따른 n

$\frac{r}{R}$	n	$\frac{r}{R}$	n	$\frac{r}{R}$	n	$\frac{r}{R}$	n
0.10	0.131	0.40	0.206	0.60	0.440	0.80	0.980
0.20	0.138	0.45	0.240	0.65	0.540	0.85	1.180
0.30	0.158	0.50	0.294	0.70	0.660	0.90	1.410
0.35	0.180	0.55	0.350	0.75	0.800	1.00	1.980

4.3.4 밸브에 의한 손실수두

밸브에 의한 손실수두 h_v는 식 (4.49)로 산정된다.

$$h_v = f_v \frac{V^2}{2g} \tag{4.49}$$

여기서, f_v는 밸브에 의한 손실계수로 밸브의 구조에 따라 변화한다.

그림 4.7은 밸브의 종류, 표 4.5는 밸브의 종류에 따른 손실계수를 나타낸 것이다.

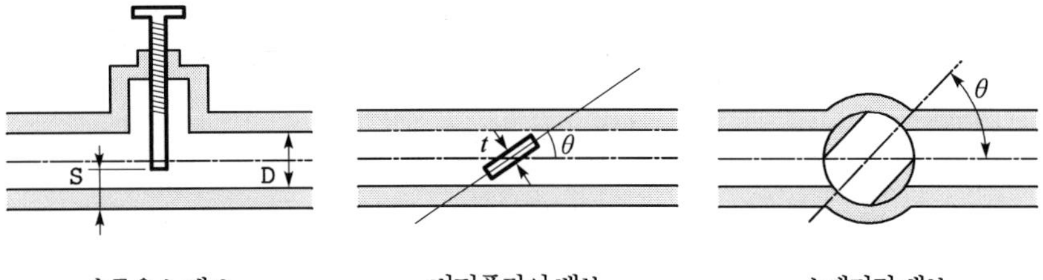

그림 4.7 밸브의 종류

표 4.5 밸브의 종류에 다른 손실계수

밸브 종류	개방높이	개방 높이와 f_v									
슬루스 밸브 (원형 단면)	S/D	0/8	1/8	2/8	3/8	4/8	5/8	6/8	7/8	8/8	
	f_v	∞	97.8	17.0	5.52	2.06	0.81	0.26	0.07	0.00	
버터플라이 밸브 (원형 단면)	θ	90	80	70	60	50	40	30	20	10	0
	f_v	∞	∞	750	118	32.6	10.8	3.91	1.54	0.52	t/D
스페리컬 밸브 (코크)	θ	80	65	60	50	40	30	20	10	0	
	f_v	∞	486	206	52.6	17.3	5.47	1.56	0.29	0	

4.3.5 오리피스에 의한 손실수두

관수로 내의 유량 측정을 위하여 수조 또는 저수지 등의 측벽이나 바닥에 설치한 다양한 기하학적인 형상을 가지는 유출공을 오리피스(Orifice)라 한다. 오리피스에 의한 손실수두 h_p는 식 (4.50)으로 산정한다.

$$h_p = f_p \frac{V^2}{2g} \tag{4.50}$$

여기서, f_p는 오리피스에 의한 손실계수이다.

Oki는 f_p가 관수로의 단면적 A와 오리피스 단면적 A_0의 함수라고 가정하고 식 (4.51)을 제안하였다.

$$f_p = \left(\frac{1}{m} - 1\right)\left(\frac{2.75}{m} - 1.56\right) \tag{4.51}$$

여기서, $m = \dfrac{A_0}{A}$ 이다.

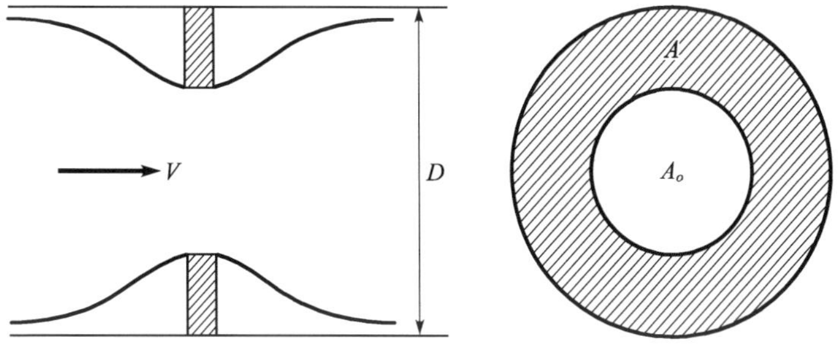

그림 4.8 오리피스에 의한 손실수두

4.4 단일 관수로

4.4.1 등단면 관수로

그림 4.9와 같이 수조 A와 B를 직경 D, 관의 길이 l인 직선관을 사용하여 연결한 후 두 수조의 수면차 H를 일정하게 유지하면 관수로 내의 흐름은 정상상태가 되므로 수조 A에서 B로 지속적인 흐름이 유지된다.

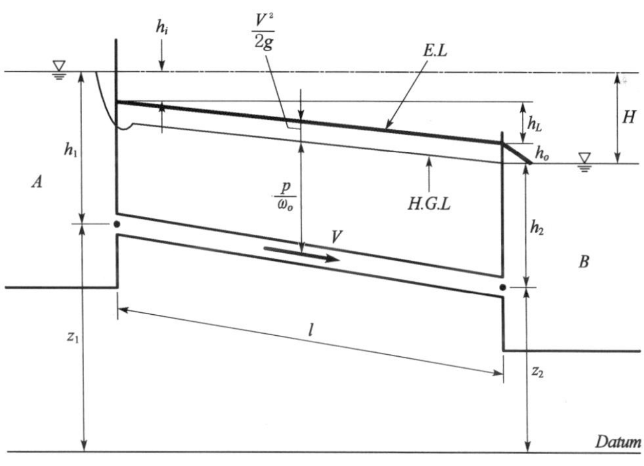

그림 4.9 등단면 관수로

그림 4.9에서 수조 A에서 B로 정상상태의 흐름이 발생하는 경우 관수로 내에서 발생하는 손실수두는 단면 급축소에 의한 손실수두 즉 유입 손실수두, 관수로의 마찰에 의한

손실수두 그리고 단면 급축소에 의한 손실수두 즉, 유출에 의한 손실수두가 발생하게 된다. 따라서 식 (4.52)가 성립한다.

$$H = h_i + h_L + h_o = f_i \frac{V^2}{2g} + f \frac{l}{D} \frac{V^2}{2g} + f_o \frac{V^2}{2g} \tag{4.52}$$

식 (4.52)에서 $f_o = 1$이므로 식 (4.53)이 된다.

$$H = \left(f_i + f \frac{l}{D} + 1 \right) \frac{V^2}{2g} \tag{4.53}$$

식 (4.53)을 유속 V와 유량 Q에 대해서 정리하면 식 (4.54)와 식 (4.55)가 된다.

$$V = \sqrt{\frac{2gH}{f_i + f\frac{l}{D} + 1}} \tag{4.54}$$

$$Q = \frac{\pi D^2}{4} \sqrt{\frac{2gH}{f_i + f\frac{l}{D} + 1}} \tag{4.55}$$

식 (4.54)와 식 (4.55)는 단관인 경우 적용이 가능한 식이다. 그러나 장관인 경우 관수로 내에서 발생하는 마찰 손실수두만을 고려하므로 식 (4.56)과 식 (4.57)을 사용하여 유속 V와 유량 Q를 산정하게 된다.

$$V = \sqrt{\frac{2gH}{f\frac{l}{D}}} \tag{4.56}$$

$$Q = \frac{\pi D^2}{4} \sqrt{\frac{2gH}{f\frac{l}{D}}} \tag{4.57}$$

예제 4.8 그림 4.10의 관수로에서 유량 Q를 산정하시오. 단, 유입 손실계수 $f_i = 0.5$, 유출 손실계수 $f_o = 1.0$, Manning의 조도계수 $n = 0.012$ 그리고 관은 단관이다.

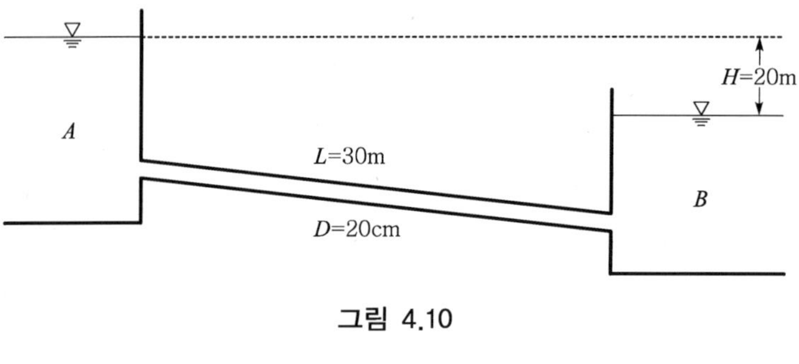

그림 4.10

풀이

$$f=\frac{124.6n^2}{D^{1/3}}=\frac{124.6\times 0.012^2}{0.2^{1/3}}=0.031$$

$$V=\sqrt{\frac{2gH}{f_i+f\dfrac{l}{D}+f_o}}=\sqrt{\frac{2\times 9.8\times 20}{0.5+\left(0.031\times\dfrac{30}{0.2}\right)+1}}=7.98\text{m/sec}$$

$$Q=AV=\frac{\pi D^2}{4}V=\frac{3.14\times 0.2^2}{4}\times 7.98=0.25\text{m}^3/\text{sec}$$

4.4.2 부등단면 관수로

관수로에서 관의 직경과 조도가 다른 두 종류 이상의 관을 연결하여 유량을 송수하는 경우 전체 손실수두는 각 관에서 발생하는 손실수두의 합과 같다. 단, 이러한 경우 각 관을 통과하는 유량은 동일한 것으로 가정한다.

그림 4.11의 단면 1에서 유속, 관의 길이, 관의 직경, 마찰 손실계수를 V_1, l_1, D_1, f_1, 단면 2에서 유속, 관의 길이, 관의 직경, 마찰 손실계수를 V_2, l_2, D_2, f_2 그리고 단면 3에서 유속, 관의 길이, 관의 직경, 마찰 손실계수를 V_3, l_3, D_3, f_3라고 가정하자.

그림 4.11에서 발생하는 전체 손실수두는 각 관에서 발생하는 마찰 손실수두와 다양한 형상 손실수두의 합으로서 식 (4.58)로 산정된다.

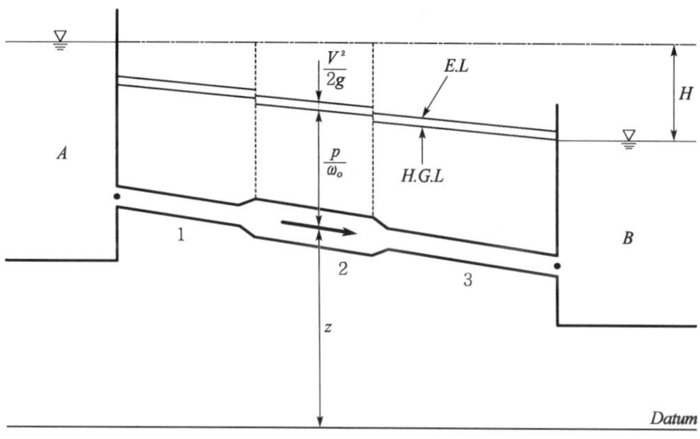

그림 4.11 부등단면 관수로

$$H=f_i\frac{V_1^2}{2g}+f_1\frac{l_1}{D_1}\frac{V_1^2}{2g}+f_e\frac{V_1^2}{2g}+f_2\frac{l_2}{D_2}\frac{V_2^2}{2g}+f_c\frac{V_3^2}{2g}+f_3\frac{l_3}{D_3}\frac{V_3^2}{2g}+f_o\frac{V_3^2}{2g} \quad (4.58)$$

유출 손실계수 $f_o=1$이므로 식 (4.58)은 식 (4.59)가 된다.

$$H=f_i\frac{V_1^2}{2g}+f_1\frac{l_1}{D_1}\frac{V_1^2}{2g}+f_e\frac{V_1^2}{2g}+f_2\frac{l_2}{D_2}\frac{V_2^2}{2g}+f_c\frac{V_3^2}{2g}+f_3\frac{l_3}{D_3}\frac{V_3^2}{2g}+\frac{V_3^2}{2g} \tag{4.59}$$

식 (4.59)에 연속 방정식을 적용하면 식 (4.60)이 된다.

$$H=\frac{1}{2g}\left(\frac{4Q}{\pi}\right)^2\left[\frac{f_i}{D_1^4}+f_1\frac{l_1}{D_1^5}+\frac{f_e}{D_1^4}+f_2\frac{l_2}{D_2^5}+\frac{f_c}{D_3^4}+f_3\frac{l_3}{D_3^5}+\frac{1}{D_3^4}\right] \tag{4.60}$$

식 (4.60)에서 [ ]내의 값을 K라 하면 식 (4.61)이 된다.

$$Q=\sqrt{\frac{g\pi^2H}{8K}} \tag{4.61}$$

4.4.3 노즐을 연결한 관수로

그림 4.12와 같이 노즐(Nozzle) 관수로란 관의 말단부에 노즐을 설치하여 물의 압력수두를 속도수두로 전환하는 관수로를 말한다. 그림 4.12에서 관의 말단부 직경을 D_0, 관의 길이를 l_0라 하면 수조와 노즐사이에서 발생하는 전체 손실수두는 식 (4.62)가 된다.

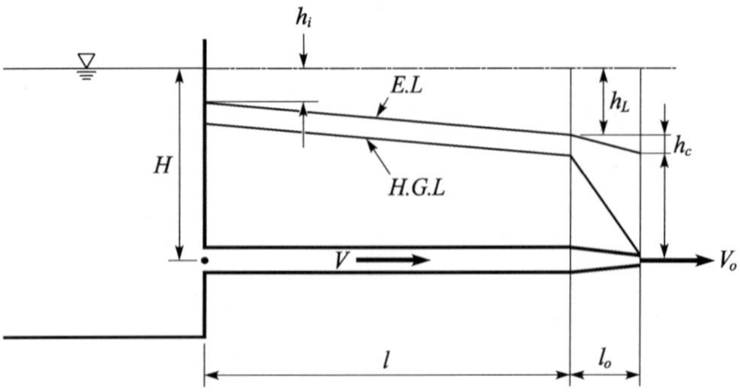

그림 4.12 노즐을 연결한 관수로

$$H=f_i\frac{V^2}{2g}+f\frac{l}{D}\frac{V^2}{2g}+f_c\frac{V_0^2}{2g}+\frac{V_0^2}{2g} \tag{4.62}$$

여기서, f_i는 유입 손실계수, f_c는 단면 급축소 손실계수이다.

식 (4.62)에 연속 방정식을 적용하고 간단히 하면 식 (4.63)이 된다.

$$V_0 = \sqrt{\frac{2gH}{\left\{f_i \frac{D_0^4}{D^4} + f\frac{l}{D}\frac{D_0^4}{D^4} + f_c + 1\right\}}} \tag{4.63}$$

4.4.4 사이펀

그림 4.13과 같이 수조 A에서 B로 관수로를 사용하여 유량을 송수하는 경우 관수로의 일부가 동수경사선보다 상단에 위치하는 관수로를 사이펀(Siphon)이라 한다. 그리고 사이펀에서 동수경사선보다 상단에 위치하는 관수로에서는 부압(負壓)이 발생하게 된다.

그림 4.13에서 관수로의 단면적이 일정하다고 가정하고 수조 A와 B에 베르누이 방정식을 적용하면 식 (4.64)가 된다.

$$z_A + h_A = z_B + h_B + H \tag{4.64}$$

그리고 수조 A와 B의 수면차 H는 식 (4.65)이므로 사이펀 내의 유속은 식 (4.66)이 된다.(단, $f_0 = 1$)

$$H = \left(1 + f_i + f_b + f\frac{l_1 + l_2}{D}\right)\frac{V^2}{2g} \tag{4.65}$$

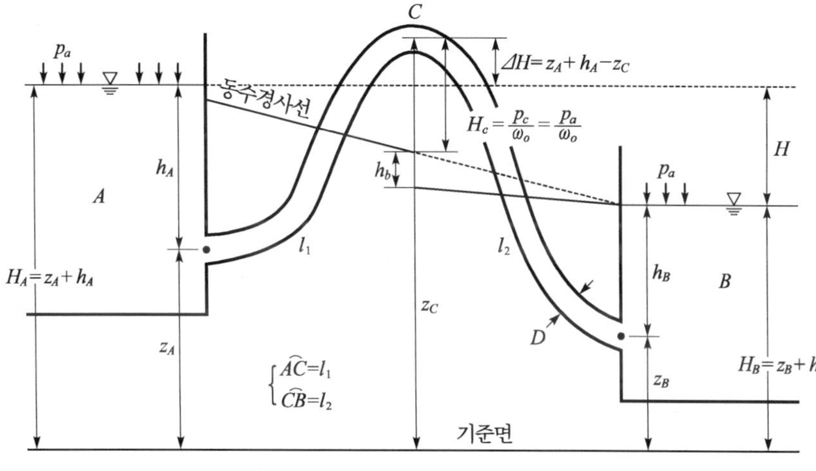

그림 4.13 사이펀

$$V = \sqrt{\frac{2gH}{1+f_i+f_b+f\dfrac{l_1+l_2}{D}}} \tag{4.66}$$

압력이 가장 낮은 지점은 C점 직 하류 구간이므로 만곡점 C의 압력을 p_C라 하고 수조 A와 C점에 베르누이 방정식을 적용하면 식 (4.67)이 된다.

$$h_A + z_A = \frac{V^2}{2g} + \frac{p_C}{\omega_0} + z_C + f_i\frac{V^2}{2g} + f\frac{l_1}{D}\frac{V^2}{2g} + \sum_{l_1} f_b\frac{V^2}{2g} \tag{4.67}$$

식 (4.66)과 (4.67)로부터 H_C는 식 (4.68)이 된다.

$$\begin{aligned} H_C = \frac{p_C}{\omega_0} &= h_A + z_A - z_C - \frac{V^2}{2g}\left(1+f_i+\sum_{l_1} f_b + f\frac{l_1}{D}\right) \\ &= h_A + z_A - z_C - \frac{1+f_i+\sum_{l_1} f_b + f\dfrac{l_1}{D}}{1+f_i+f_b+f\dfrac{l_1+l_2}{D}}H \end{aligned} \tag{4.68}$$

식 (4.68) 우변 1항과 2항의 합이 3항과 4항의 합보다 작을 때 C점 압력은 부압이 된다. 그리고 C점 압력은 절대압력 0이하가 될 수 없으므로 이론적으로 $-\dfrac{p_C}{\omega_0}$가 10.33m 이하가 될 수 없다. 실제적인 $-\dfrac{p_C}{\omega_0}$값은 곡선부 영향과 물속에 포함된 공기 등의 영향으로 8m~9m가 된다.

식 (4.68)에서 $z_a + h_A - z_c = \Delta H$라 하면 H는 식 (4.69)가 되고 $\dfrac{p_C}{\omega_0}$는 식 (4.70)이 된다.

$$H = \frac{1+f_i+f_b+f\dfrac{l_1+l_2}{D}}{1+f_i+\sum_{l_1} f_b + f\dfrac{l_1}{D}}\left(\Delta H - \frac{p_C}{\omega_0}\right) \tag{4.69}$$

$$\frac{p_C}{\omega_0} = -\frac{p_a}{\omega_0} \tag{4.70}$$

여기서, $\dfrac{p_a}{\omega_0}$는 대기압이다.

식 (4.70)를 식 (4.69)에 대입하면 $H_{\max}$가 산정된다.

$$H_{\max} = \frac{1+f_i+f_b+f\dfrac{l_1+l_2}{D}}{1+f_i+\sum_{l_1} f_b + f\dfrac{l_1}{D}}\left(\Delta H + \frac{p_a}{\omega_0}\right) \tag{4.71}$$

$$H_{\max} = \frac{1+f_i+f_b+f\dfrac{l_1+l_2}{D}}{1+f_i+\sum\limits_{l_1} f_b+f\dfrac{l_1}{D}}(\Delta H+8) \tag{4.72}$$

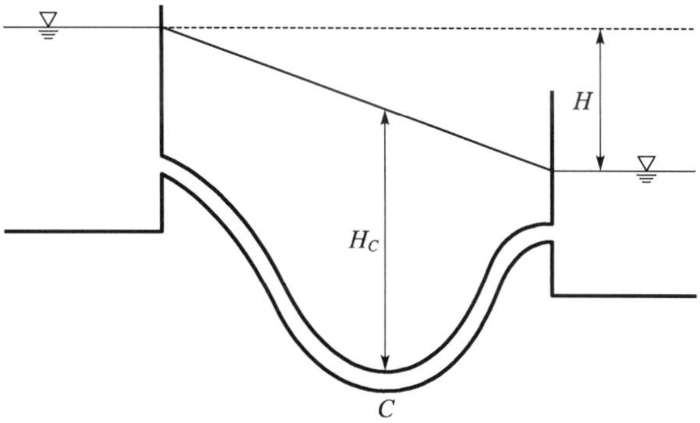

그림 4.14 역 사이펀

그림 4.14는 역 사이펀(Inverted siphon)을 나타낸 것이다. 역 사이펀은 관수로가 계곡, 하천, 도로 등의 장애물을 횡단할 때 사용한다. 그리고 관수로의 수리학적인 해석은 일반 관수로와 동일하고 C점에서 압력이 매우 크게 발생하므로 주의해야 한다.

예제 4.9 직경 15cm의 직선관을 1,500m 설치하여 저수지 수면 하 12m의 대기 중으로 방류하는 경우 출구 지점에서 유속을 산정하시오. 단, $n=0.013$이다.

풀이

$$f=\frac{124.6n^2}{D^{1/3}}=\frac{124.6\times 0.013^2}{0.15^{1/3}}=0.04$$

$$\frac{l}{D}=\frac{1{,}500}{0.15}=10{,}000>3{,}000 \ ; \text{ 장관}$$

$$V=\sqrt{\frac{2gH}{f\dfrac{l}{D}}}=\sqrt{\frac{2\times 9.8\times 12}{0.04\times\dfrac{1{,}500}{0.15}}}=0.767\text{m/sec}=0.77\text{m/sec}$$

$$V=\sqrt{\frac{2gH}{1+f_i+f\dfrac{l}{D}}}=\sqrt{\frac{2\times 9.8\times 12}{1+0.5+0.04\times\dfrac{1{,}500}{0.15}}}=0.766\text{m/sec}=0.77\text{m/sec}$$

예제 4.10 그림 4.15와 같이 수압 3.5kg/cm^2인 소화전에서 $D_1 = 100\text{mm}$, $l_1 = 100\text{m}$ 인 고무호스를 설치하여 $D_2 = 10\text{mm}$ 의 노즐로 방류하는 경우 방류량을 산정하시오. 단, $f = 0.02$, $\omega_0 = 1\text{t/m}^3$이다.

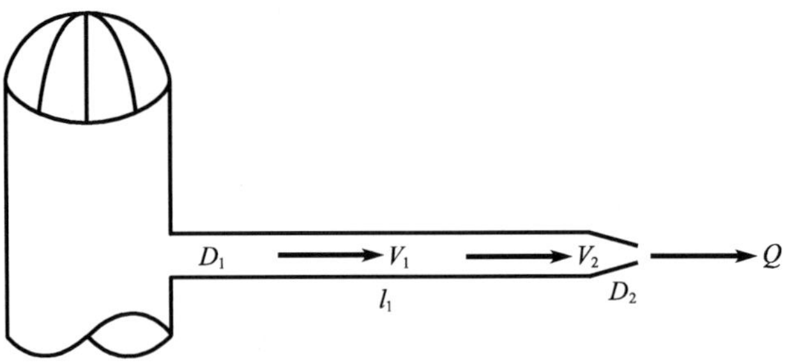

그림 4.15

풀이

$$H = \frac{3.5\text{kg/cm}^2}{1\text{t/m}^3} = \frac{3.5\text{kg/cm}^2}{1{,}000\text{kg}/100^3\text{cm}^3} = \frac{3.5\text{kg/cm}^2}{0.001\text{kg/cm}^2} = 3{,}500\text{cm} = 35\text{m}$$

$$V_1 = \left(\frac{D_2}{D_1}\right)^2 V_2 = \left(\frac{10\text{mm}}{100\text{mm}}\right)^2 V_2 = 0.01\,V_2$$

$$H = f_1 \frac{l_1}{D_1}\frac{V_1^2}{2g} + f_0 \frac{V_2^2}{2g} = 0.02 \times \frac{100}{0.1} \times \frac{(0.01\,V_2)^2}{2g} + \frac{V_2^2}{2g} = 0.05\,V_2^2$$

$$V_2 = \sqrt{\frac{35}{0.05}} = 26.46\text{m/sec}$$

$$Q = \frac{\pi D_2^2}{4} V_2 = \frac{3.14 \times 0.01^2}{4} \times 26.46 = 0.00208\text{m}^3/\text{sec} = 2.08l/\text{sec}$$

예제 4.11 그림 4.13에서 고수조 수위는 114m, C점 높이 $z_C = 116\text{m}$, $l_1 = 1{,}200\text{m}$, $l_2 = 2{,}600\text{m}$, $D = 0.8\text{m}$, $f = 0.02, f_i = 0.5$, $f_b = 0.2$(10개소)이다. 사이펀 작용이 가능하도록 저수조 최저수위와 유량을 산정하시오. 단, 최고점 C는 5번째 만곡부에 위치하고 있다.

풀이

$$\Delta H = (h_a + z_A) - z_C = 114 - 116 = -2\text{m}$$

$$H_{\max} = \frac{1 + f_i + f_b + f\dfrac{l_1 + l_2}{D}}{1 + f_i + \sum_{l_1} f_b + f\dfrac{l_1}{D}} (\Delta H + 8)$$

$$= \frac{1+0.1+0.2\times 10+0.02\times \dfrac{3,800}{0.8}}{1+0.1+0.2\times 5+0.02\times \dfrac{1,200}{0.8}}\times(-2+8)=18.34\text{m}$$

따라서 저수조 최저수위 $=114-18.34=95.66\text{m}$ 이다.

$$Q=AV=\frac{\pi D^2}{4}\sqrt{\frac{2gH_{\max}}{1+f_i+f_b+f\dfrac{l_1+l_2}{D}}}$$

$$=\frac{\pi\times 0.8^2}{4}\times\sqrt{\frac{2\times 9.8\times 18.34}{1+0.1+0.2\times 10+0.02\times\dfrac{1,200+2,600}{0.8}}}$$

$$=0.96\text{m}^3/\text{sec}$$

4.5 복합 관수로

4.5.1 분기형 관수로

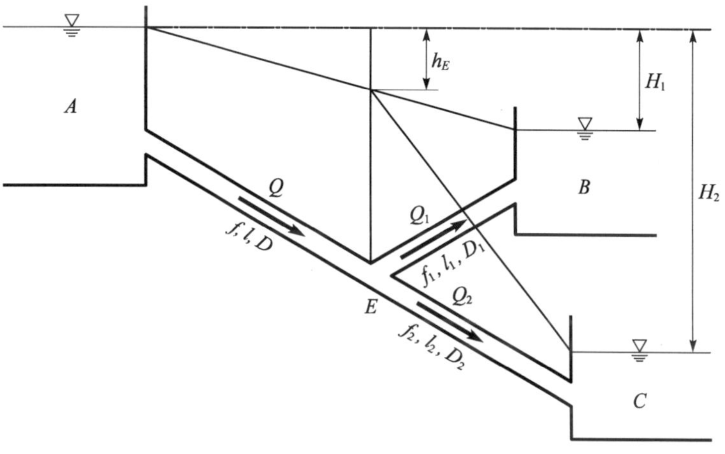

그림 4.16 분기형 관수로

그림 4.16은 분기형 관수로를 나타낸 것으로 수조 A에서 시작된 관수로는 E점에서 분기되어 각각 수조 B와 수조 C로 유출된다.

그림 4.16의 E점에서 분기되기 직전까지 발생하는 손실수두를 h_E, 수조 A와 B사이에서 발생하는 손실수두를 H_1 그리고 수조 A와 C사이에서 발생하는 손실수두를 H_2라 하

고 모든 관수로를 장관이라고 가정하면 관수로 AE, EB 그리고 EC에서 발생하는 손실 수두는 식 (4.73), 식 (4.74) 그리고 식 (4.75)가 된다.

$$h_E = f\frac{l}{D}\frac{V^2}{2g} \tag{4.73}$$

$$H_1 - h_E = f_1\frac{l_1}{D_1}\frac{V_1^2}{2g} \tag{4.74}$$

$$H_2 - h_E = f_2\frac{l_2}{D_2}\frac{V_2^2}{2g} \tag{4.75}$$

식 (4.73)을 식 (4.74)와 식 (4.75)에 대입하고 간단히 하면 H_1과 H_2는 식 (4.76)과 식 (4.77)이 된다.

$$H_1 = f\frac{l}{D}\frac{V^2}{2g} + f_1\frac{l_1}{D_1}\frac{V_1^2}{2g} \tag{4.76}$$

$$H_2 = f\frac{l}{D}\frac{V^2}{2g} + f_2\frac{l_2}{D_2}\frac{V_2^2}{2g} \tag{4.77}$$

관수로 AE, EB 그리고 EC에 연속 방정식을 적용한 후 유속에 대해서 정리하면 식 (4.78)에서 식 (4.80)이 된다.

$$V^2 = \frac{16Q^2}{\pi^2 D^4} \tag{4.78}$$

$$V_1^2 = \frac{16Q_1^2}{\pi^2 D_1^4} \tag{4.79}$$

$$V_2^2 = \frac{16Q_2^2}{\pi^2 D_2^4} \tag{4.80}$$

식 (4.78)에서 식 (4.80)를 식 (4.76)과 식 (4.77)에 대입하고 간단히 하면 H_1과 H_2는 식 (4.81)과 식 (4.82)가 된다. 그리고 유량은 식 (4.83)이 된다.

$$H_1 = 0.0827\left(f\frac{l}{D^5}Q^2 + f_1\frac{l_1}{D_1^5}Q_1^2\right) \tag{4.81}$$

$$H_2 = 0.0827\left(f\frac{l}{D^5}Q^2 + f_2\frac{l_2}{D_2^5}Q_2^2\right) \tag{4.82}$$

$$Q = Q_1 + Q_2 \tag{4.83}$$

식 (4.81)에서 식 (4.83)의 관계를 이용하면 유량 Q, Q_1 그리고 Q_2를 결정할 수 있다(단, 각 수조의 수위차, 관의 길이 그리고 관의 직경이 주어지는 경우). 또한 각 관수로의 유량, 관의 길이, 관의 직경이 주어지는 경우 식 (4.84)와 식 (4.85)에 의해 직경 D_1과 D_2가 결정된다.

$$D_1 = \left[\frac{f_1 l_1 Q_1^2}{\dfrac{H_1}{0.0827} - f\dfrac{lQ^2}{D^5}} \right]^{\frac{1}{5}} \tag{4.84}$$

$$D_2 = \left[\frac{f_2 l_2 Q_2^2}{\dfrac{H_2}{0.0827} - f\dfrac{lQ^2}{D^5}} \right]^{\frac{1}{5}} \tag{4.85}$$

4.5.2 합류형 관수로

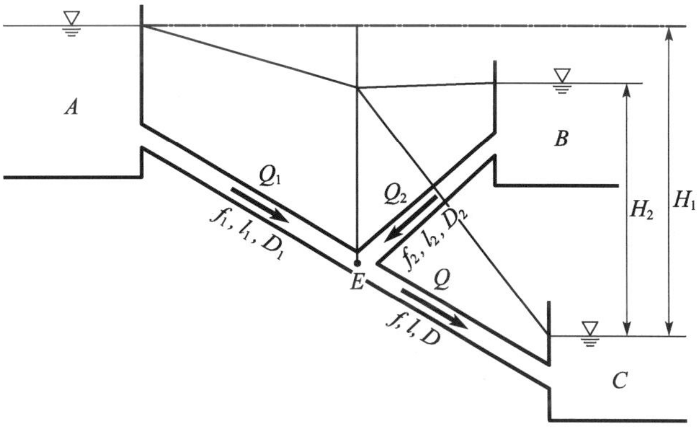

그림 4.17 합류형 관수로

그림 4.17과 같이 수조 A와 B에서 유출된 유량이 E점에서 합류하여 수조 C로 유입하고 장관이라고 가정하면 각 수조의 수위차 H_1과 H_2는 식 (4.86)과 식 (4.87)이 된다.

$$H_1 = 0.0827\left(f\frac{l}{D^5}Q^2 + f_1\frac{l_1}{D_1^5}Q_1^2\right) \tag{4.86}$$

$$H_2 = 0.0827\left(f\frac{l}{D^5}Q^2 + f_2\frac{l_2}{D_2^5}Q_2^2\right) \tag{4.87}$$

4.5.3 병렬 관수로

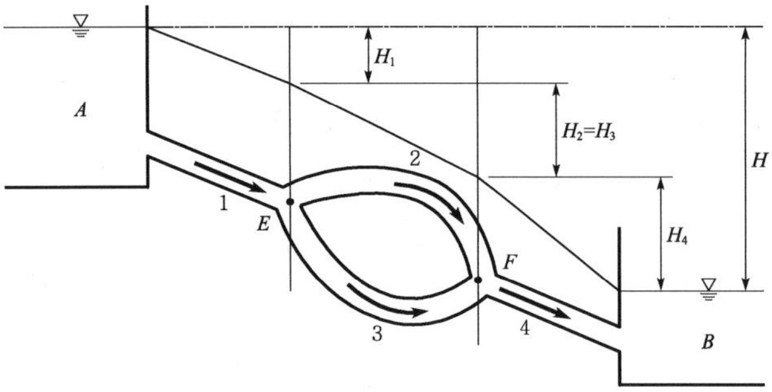

그림 4.18 병렬 관수로

병렬 관수로란 관수로의 도중에 개폐의 조작을 위하여 다수의 관으로 분기하여 우회하는 관로를 말한다. 그림 4.18은 병렬 관수로를 나타낸 것으로 병렬 관수로 내에 일정한 유량이 흐르고 장관이라고 가정하자. 그리고 각 관수로의 마찰 손실수두를 H_1, H_2, H_3 그리고 H_4라 하고 수조 A와 B의 수위차를 H라 하면 식 (4.88)에서 식 (4.91)의 관계가 성립한다.

$$H_1 = f_1\frac{l_1}{D_1}\frac{V_1^2}{2g} = f_1\frac{l_1}{D_1}\frac{16Q_1^2}{2g\pi^2 D_1^4} = f_1\frac{l_1}{D_1}\frac{8}{g\pi^2 D_1^4}Q_1^2 = K_1 Q_1^2 \tag{4.88}$$

$$H_2 = f_2\frac{l_2}{D_2}\frac{V_2^2}{2g} = f_2\frac{l_2}{D_2}\frac{16Q_2^2}{2g\pi^2 D_2^4} = f_2\frac{l_2}{D_2}\frac{8}{g\pi^2 D_2^4}Q_2^2 = K_2 Q_2^2 \tag{4.89}$$

$$H_3 = f_3\frac{l_3}{D_3}\frac{V_3^2}{2g} = f_3\frac{l_3}{D_3}\frac{16Q_3^2}{2g\pi^2 D_3^4} = f_3\frac{l_3}{D_3}\frac{8}{g\pi^2 D_3^4}Q_3^2 = K_3 Q_3^2 \tag{4.90}$$

$$H_4 = f_4\frac{l_4}{D_4}\frac{V_4^2}{2g} = f_4\frac{l_4}{D_4}\frac{16Q_4^2}{2g\pi^2 D_4^4} = f_4\frac{l_4}{D_4}\frac{8}{g\pi^2 D_4^4}Q_4^2 = K_4 Q_4^2 \tag{4.91}$$

$$K_1 = f_1\frac{l_1}{D_1}\frac{8}{g\pi^2 D_1^4}, \qquad K_2 = f_2\frac{l_2}{D_2}\frac{8}{g\pi^2 D_2^4}$$

$$K_3 = f_3\frac{l_3}{D_3}\frac{8}{g\pi^2 D_3^4}, \qquad K_4 = f_4\frac{l_4}{D_4}\frac{8}{g\pi^2 D_4^4}$$

그림 4.18에서 관로 2와 관로 3의 손실수두는 식 (4.92)의 관계가 성립한다.

$$H_2 = H_3 \tag{4.92}$$

전체 손실수두(수위차)와 유량사이에는 식 (4.93)과 식 (4.94)의 관계가 성립한다.

$$H = H_1 + H_2 + H_4 = H_1 + H_3 + H_4 \tag{4.93}$$

$$Q_1 = Q_2 + Q_3 = Q_4 \tag{4.94}$$

따라서 Q_3는 식 (4.95)가 된다.

$$K_2 Q_2^2 = K_3 Q_3^2$$

$$Q_3 = \frac{K_2}{K_3} Q_2 \tag{4.95}$$

식 (4.95)를 식 (4.94)에 대입하면 식 (4.96)이 된다.

$$\begin{aligned} Q_1 &= Q_2 + \sqrt{\frac{K_2}{K_3}}\, Q_2 \\ &= Q_2\left(1 + \sqrt{\frac{K_2}{K_3}}\right) \end{aligned} \tag{4.96}$$

식 (4.88)에서 식 (4.91)을 식 (4.93)에 대입하면 식 (4.97)이 된다.

$$\begin{aligned} H &= H_1 + H_2 + H_4 = K_1 Q_1^2 + K_2 Q_2^2 + K_4 Q_4^2 \\ &= Q_1^2 (K_1 + K_4) + K_2 Q_2^2 \end{aligned} \tag{4.97}$$

식 (4.96)을 식 (4.97)에 대입하고 간단히 하면 식 (4.98)이 된다.

$$H = Q_1^2 \left\{ (K_1 + K_4) + \frac{K_2}{\left(1 + \frac{K_2}{K_3}\right)} \right\} \tag{4.98}$$

4.6 관 망

관망(Pipe network)은 수질 악화 방지 및 단수방지에 효과적이다.

Hardy Cross 방법의 가정은 다음과 같다.

① 각 분기점 또는 합류점에 유입하는 유량은 그 점에서 정지하지 않고 전부 유출(연속 방정식 성립)한다.

② 하나의 폐합관에 대한 손실수두의 합은 0이다.

일반적인 손실수두 h_L은 식 (4.99)가 된다.

$$h_L = kQ^n \tag{4.99}$$

여기서, n은 유량지수(각 마찰공식별로 상이함), k는 흐름 저항 또는 단위유량에 대한 마찰 손실수두이다.

장관으로 가정하면 마찰 손실수두 h_L은 식 (4.100)이다.

$$h_L = f\frac{l}{D}\frac{V^2}{2g} \tag{4.100}$$

연속 방정식 $Q = AV = \frac{\pi D^2}{4}V$를 적용하면 식 (4.101)이 된다.

$$h_L = f\frac{l}{D}\frac{1}{2g}\left(\frac{4Q}{\pi D^2}\right)^2 \tag{4.101}$$

여기서, $k = f\frac{l}{D}\frac{1}{2g}\left(\frac{4}{\pi D^2}\right)^2$이라 하면 식 (4.101)은 Darcy-weisbach의 공식에 적용 가능한 식 (4.102)가 된다.

$$h_L = kQ^2 \tag{4.102}$$

식 (4.102)에서 $k = \frac{0.0828fL}{D^5}$이다.

그리고 Hazen-Williams 공식을 사용하는 경우 식 (4.103)이 된다.

$$h_L = kQ^{1.85} \tag{4.103}$$

식 (4.103)에서 $k=\dfrac{10.66L}{C_{HW}^{1.85}D^{4.867}}$이고 $C_{HW}=100$을 사용한다.

Hardy cross 방법은 각 관로에서 유량을 가정하여 이를 시행 착오법으로 보정한 후 관수로의 실제 유량을 결정하게 된다.

실제유량과 보정유량 사이에는 식 (4.104)의 관계가 있다.

$$Q=Q_0+\Delta Q \tag{4.104}$$

여기서, Q는 실제유량, Q_0는 초기 가정유량 그리고 ΔQ는 보정유량이다.

식 (4.103)에 (4.104)를 대입하면 식 (4.105)가 된다.

$$\begin{aligned} h_L &= kQ^n = k(Q_0+\Delta Q)^n \\ &= k\left(Q_0^n + nQ_0^{n-1}\Delta Q + n(n-1)Q_0^{n-2}\Delta Q^2 + \cdots\right) \end{aligned} \tag{4.105}$$

일반적으로 보정유량 ΔQ는 초기 가정유량 Q_0에 비하여 매우 작다. 따라서 식 (4.105)에서 3항 이후를 무시하면 식 (4.106)이 된다.

$$h_L = k\left(Q_0^n + nQ_0^{n-1}\Delta Q\right) \tag{4.106}$$

관망의 각 폐합관로에서 $\sum h_L=0$이어야 하므로 $\sum h_L$은 식 (4.107), ΔQ는 식 (4.108)이 된다.

$$\sum h_L = k\sum\left(Q_0^n + nQ_0^{n-1}\Delta Q\right)=0 \tag{4.107}$$

$$\Delta Q = -\frac{\sum kQ_0^n}{\sum knQ_0^{n-1}} \tag{4.108}$$

Darcy–Weisbach의 공식을 사용하는 경우 ΔQ는 식 (4.109)가 된다.

$$\Delta Q = -\frac{\sum kQ_0^2}{2\sum kQ_0} \tag{4.109}$$

Hardy Cross 방법에 의한 관망 해석 절차는 다음과 같다.

① 관망의 기하학적 구조를 파악하고 각 관의 제원을 이용하여 식 (4.102)의 계수 k를 결정한다.

② 각 관에서 h_L과 Q의 관계를 결정한다.

Darcy–Weisbach 공식 ; $h_L=kQ^2$

Hazen-Williams 공식 ; $h_L = kQ^{1.85}$

③ 관망의 각 연결점에서 연립방정식을 만족하도록 Q_0를 가정한다.

④ 각 폐합회로에서 다음을 결정한다.

ⓐ 식 (4.102)를 이용하여 각 관로에서 손실수두 h_L 결정

ⓑ 흐름방향이 시계 방향이면 (+), 반시계 방향이면 (-)로 하여 폐합관로에서 각 관로의 손실수두를 더한다.

ⓒ 폐합관로에서 손실수두를 더한 값이 0이면 가정유량은 타당한 값이므로 해석을 종료한다.

ⓓ 손실수두의 합이 0이 아니면 ΔQ를 결정하기 위하여 $\sum knQ_0^{n-1}$을 구한다.

ⓔ 식 (4.109)를 이용하여 보정유량을 산정한다.

⑤ 전단계의 보정유량을 이용하여 가정유량을 보정하고 보정유량 ΔQ의 부호를 유지하면서 가정유량 방향이 시계 방향이면 보정유량을 더하고 가정유량 방향이 반시계 방향이면 보정유량을 빼준다.

⑥ 보정유량 ΔQ의 값이 허용오차 범위에 포함될 때까지 위의 과정을 반복 수행한다.

Hazen-Williams 공식을 사용하여 관망을 해석하기 위한 포트란 프로그램을 부록 12에 수록하였다.

4.7 유수에 의한 동력

4.7.1 수　차

그림 4.19는 수차(Turbine)를 포함하는 관수로로서 유효낙차 H_e는 실제적으로 수차를 회전시키는 에너지로서 식 (4.110)이 된다.

$$H_e = H - \Sigma h_L \tag{4.110}$$

마력이란 유수가 단위시간당 행하는 일을 말하며 단위는 KW 또는 HP로 표현한다. H_e의 높이에 있는 질량 m의 유체가 가지는 위치에너지 E는 식 (4.111)이 된다.

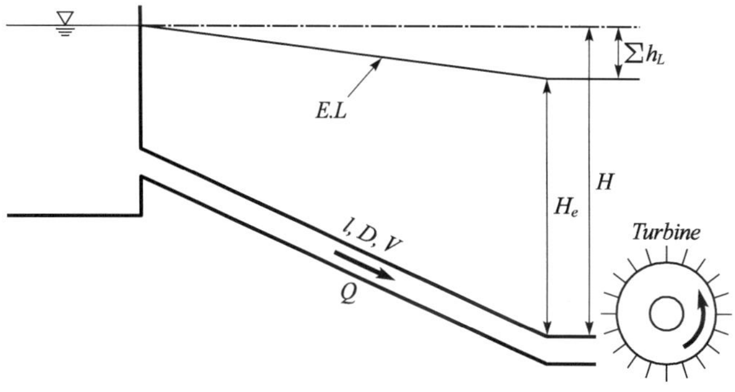

그림 4.19 수차

$$E = mgH_e = \rho g Q H_e = \omega_0 Q H_e \quad (4.111)$$

식 (4.111)은 식 (4.112)와 식 (4.113)이 된다.

$$E = 9.8\eta Q H_e (KW) \quad (4.112)$$

$$E = 13.33\eta Q H_e (HP) \quad (4.113)$$

식 (4.112)와 식 (4.113)에서 η는 유효낙차에 의한 동력과 자연낙차에 의한 동력의 비인 효율을 의미한다. 효율 η는 75 ~ 85%의 범위를 가진다.

예제 4.12 송수관의 길이 $l = 2{,}000\text{m}$, 관의 지름 $D = 1.5\text{m}$, 유효낙차 $H_e = 100\text{m}$인 발전소의 출력이 5,000kW인 경우 발전소의 총 낙차 H를 산정하시오. 단, 형상 손실수두의 합은 1.5, 조도계수 $n = 0.013$, 효율 $\eta = 80\%$이다.

풀이

$$f = \frac{124.6n^2}{D^{1/3}} = \frac{124.6 \times 0.013^2}{1.5^{1/3}} = 0.018$$

$E = 9.8 Q\eta H_e$에서

$$Q = \frac{E}{9.8\eta_1 H_e} = \frac{5{,}000}{9.8 \times 0.8 \times 100} = 6.38\text{m}^3/\text{sec}$$

$$V = \frac{Q}{A} = \frac{4 \times 6.38}{3.14 \times 1.5^2} = 3.61\text{m/sec}$$

$$\Sigma h_L = \left(\Sigma f_n + f\frac{l}{\text{D}}\right)\frac{V^2}{2g} = \left(1.5 + \left(0.018 \times \frac{2{,}000}{1.5}\right)\right) \times \frac{3.61^2}{2 \times 9.8} = 19.61\text{m}$$

$$H = H_e + \Sigma h_L = 100 + 19.61 = 119.61\text{m}$$

4.7.2 펌 프

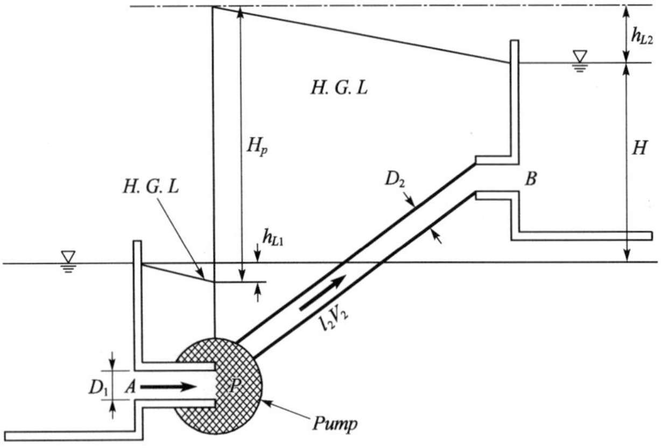

그림 4.20 펌프

그림 4.20에서 AP 관수로에서의 마찰 손실수두 h_{L1}은 식 (4.114), PB 관수로에서의 마찰 손실수두 h_{L2}는 식 (4.115)가 된다.

$$h_{L1} = \left(\Sigma f_n + f_1 \frac{l_1}{D_1}\right)\frac{V_1^2}{2g} \tag{4.114}$$

$$h_{L2} = \left(\Sigma f_n + f_2 \frac{l_2}{D_2}\right)\frac{V_2^2}{2g} \tag{4.115}$$

그리고 펌프(Pump)가 양수하여야 할 전체 수두 H_p는 식 (4.116)이 된다.

$$H_p = H + (h_{L1} + h_{L2}) \tag{4.116}$$

따라서 펌프의 용량은 식 (4.117)과 식 (4.118)로 결정된다.

$$E_p = \frac{13.33\,QH_p}{\eta}[HP] \tag{4.117}$$

$$E_p = \frac{9.8\,QH_p}{\eta}[KW] \tag{4.118}$$

효율 η는 75 ~ 85%의 범위를 가진다.

예제 4.13 지름 $D=80\text{cm}$, 관의 길이 $l=2{,}000\text{m}$인 송수관로를 사용하여 $Q=1\text{m}^3/\text{sec}$의 물을 양수하기 위한 펌프의 동력을 산정하시오. 단, 위치수두 $H=20\text{m}$, 조도계수 $n=0.013$, 효율 $\eta=85\%$이고 관은 장관이다.

풀이

$$V=\frac{Q}{A}=\frac{4\times1.0}{3.14\times0.8^2}=1.99\text{m/sec}$$

$$f=\frac{124.6\,n^2}{D^{1/3}}=\frac{124.6\times0.013^2}{0.8^{1/3}}=0.023$$

$$h_L=f\frac{l}{D}\frac{V^2}{2g}=0.023\times\frac{2{,}000}{0.8}\times\frac{1.99^2}{2\times9.8}=11.62\text{m}$$

$$H_p=H+h_L=20+11.62=31.62\text{m}$$

$$E_p=\frac{9.8QH_p}{\eta_2}=\frac{9.8\times1.0\times31.62}{0.85}=364.56\text{KW}$$

연습문제

1. 두 지점의 위치수두 $z_1 = 80\text{cm}$, $z_2 = 30\text{cm}$ 이고 압력수두 $p_1 = 3.0\text{kg/cm}^2$, $p_2 = 1.0\text{kg/cm}^2$ 이다. 관의 직경은 $D = 2.0\text{m}$ 로 일정하고 두 지점사이의 거리는 2km 이다. 이때 두 지점 간의 마찰 손실수두와 관 벽에서의 마찰응력을 산정하시오. 단, $\mu = 1.55g \cdot \text{sec/cm}^2$ 이다.

2. 관의 직경 $D = 0.6\text{m}$, 관의 길이 $l = 1.0\text{km}$ 인 관수로의 마찰 손실수두를 산정하시오. 단, $n = 0.015$ 이고 설계유속 $V = 0.05\text{m/sec}$ 이다.

3. 수평으로 1.0km 떨어진 지점에 직경 300mm 의 주철관으로 $0.15\text{m}^3/\text{sec}$ 의 물을 송수하기 위하여 필요한 펌프의 압력을 산정하시오. 단, 관은 장관으로 가정하고 $n = 0.013$ 이다.

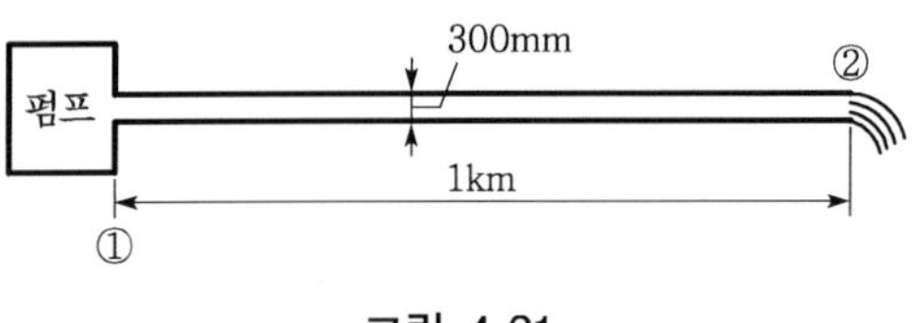

그림 4.21

4. 콘크리트 관의 동수경사가 $\frac{1}{500}$ 인 경우 Hazen–Williams의 평균 유속공식을 사용하여 유속과 유량을 산정하시오. 단, $C = 140$, $D = 0.5\text{m}$ 이다.

5. $D = 0.50\text{m}$ 이고 $l = 1.0\text{km}$ 인 관수로를 사용하여 $Q = 2.0\text{m}^3/\text{sec}$ 를 송수하고자 한다. 이때 두 수조의 수위차를 산정하시오. 단, $f = 0.014$ 이다.

6. 그림 4.22에서 $H = 5.0\text{m}$, $D = 0.25\text{m}$ 그리고 $l = 0.5\text{km}$ 이다. 이때 관내의 유속과 유량을 산정하시오. 단, $f = 0.030$ 이다.

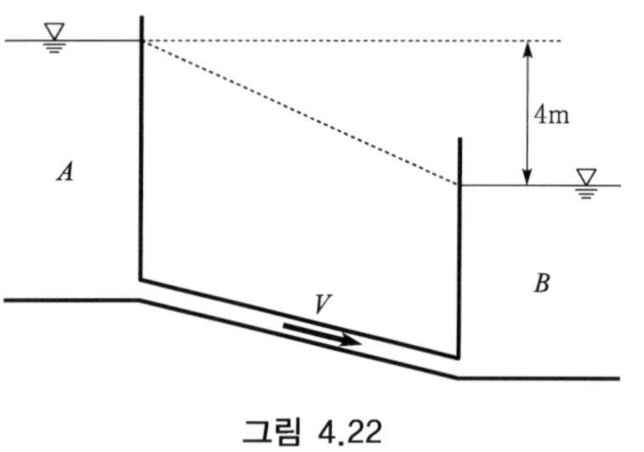

그림 4.22

7. 그림 4.23의 관수로에서 동수경사선과 에너지선을 작도하시오. 단, 유입 손실계수 0.5, 단면 급축소 손실계수 0.30, 밸브 손실계수 0.20, 유출 손실계수 1.0, $n=0.013$이다.

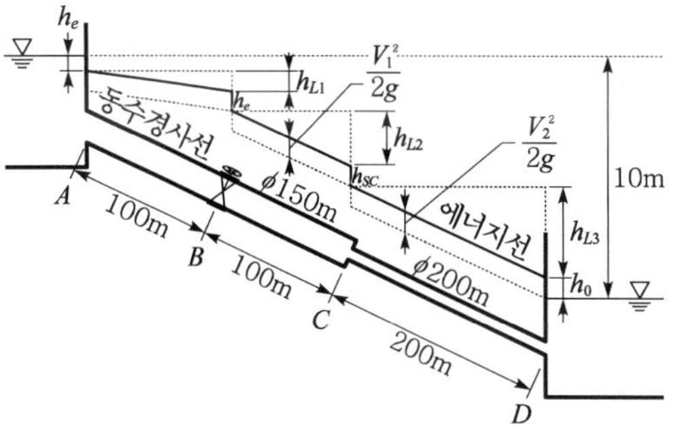

그림 4.23

8. $D=1.0$m이고 $l=1.0$km인 원형 콘크리트관을 사용하여 $Q=5.0\text{m}^3/\text{sec}$를 송수하고자 한다. 이때 필요한 낙차를 산정하시오. 단, 관은 장관이고 $n=0.014$이다.

9. 그림 4.24의 사이펀 관로에서 유속을 산정하시오. 단, 관은 장관이다.

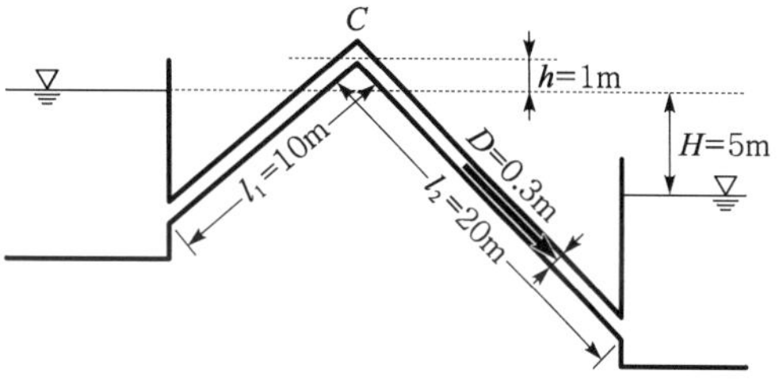

그림 4.24

10. 그림 4.25의 저수지에서 $Q=0.5\text{m}^3/\text{sec}$의 유량을 발전소에 송수하는 경우 발전량을 산정하시오. 단, $\eta=90\%$, $f=0.010$이고 관은 장관이다.

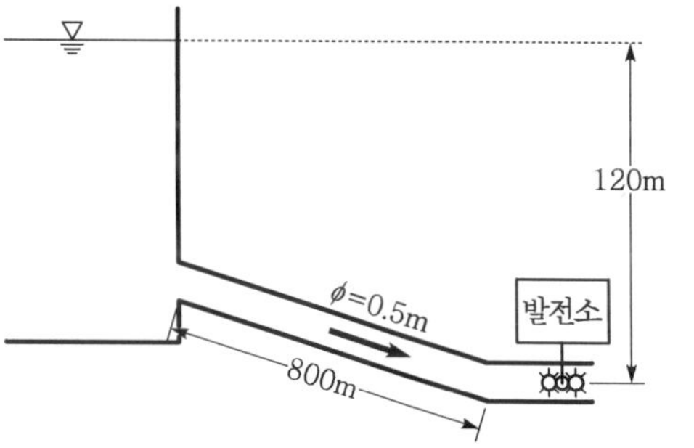

그림 4.25

05

개 수 로

5.1 서 론
5.2 에너지 방정식
5.3 마찰저항
5.4 유속분포와 평균 유속공식
5.5 등류 수심
5.6 상류와 사류
5.7 개수로의 부등류

개 수 로

5.1 서 론

5.1.1 개수로 단면의 기하학적 특성

개수로 흐름(Open channel)은 수면이 대기압의 영향을 받는 자유수면을 가지는 흐름으로 수면경사에 의하여 중력방향으로 유하하는 흐름으로 정의된다. 따라서 개수로의 흐름에서는 관수로의 동수경사선에 해당하는 수면형(Surface profile)이 존재하게 된다.

개수로 흐름은 고정상 수로(Fixed bed channel)와 이동상 수로(Movable bed channel)로 구분된다. 고정상 수로는 하상을 구성하는 재료의 이동이 거의 없는 수로로서 배수로나 하수도 등과 같은 원형 또는 사각형 단면을 가지는 인공수로가 해당된다. 이동상 수로는 하상을 구성하는 재료가 흐름에 의한 마찰응력의 영향을 받아서 하상 이동이 빈번하게 발생하는 수로로서 자연하천이 대표적인 경우이다. 자연하천의 단면형은 일반적으로 불규칙하거나 포물선 단면형을 가지지만 개수하천인 경우 복단면형이 일반적이다.

개수로 흐름에서 수심(Depth)은 자유수면에서 수로바닥 즉, 하상까지의 깊이로서 그림 5.1과 같이 h_s와 h로 정의된다.

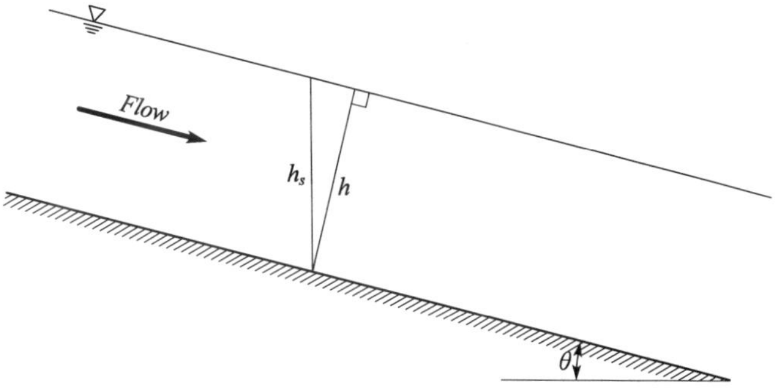

그림 5.1 개수로 흐름의 수심

그림 5.1에서 수로의 경사를 θ라 하면 h_s와 h는 식 (5.1)과 같이 된다.

$$h = h_s \cos\theta \tag{5.1}$$

수로의 경사가 약 $\frac{1}{10}$인 경우 $\cos\theta \fallingdotseq 0.995$이므로 수로 경사가 $\frac{1}{10}$이하로 완만한 경우 $h_s \fallingdotseq h$가 된다. 따라서 개수로 흐름에서 수심은 자유수면에서 수직방향으로 측정한 연직 수심 h를 일반적으로 사용하여 수리학적인 계산을 수행하게 된다.

개수로 흐름에서 윤변(Wetted perimeter, P)은 유수가 수로 벽과 접하는 길이의 합으로서 마찰응력이 작용하는 경계면의 길이, 경심(Hydraulic ratio, R)은 유수 단면적 A를 윤변 P로 나눈 값으로 정의된다. 개수로 흐름에서 수심과 비교하여 수로의 폭이 매우 넓은 직사각형 단면($h << b$)인 경우 식 (5.2)와 같이 경심 R은 h가 된다.

$$R = \frac{A}{P} = \frac{bh}{b+2h} = \frac{h}{1+2\frac{h}{b}} \fallingdotseq h \tag{5.2}$$

여기서, b는 수로의 폭이고 h는 수심이다.

수리 수심(Hydraulic mean depth, D)은 유수 단면적 A를 수면 폭 B로 나눈 값으로 수면폭과 동일한 폭을 가지는 대응단면의 수심으로 식 (5.3)으로 정의된다. 그리고 한계류(Critical flow) 계산을 위한 단면계수(Section factor, Z)는 유수 단면적 A에 수리 수심의 제곱근을 곱한 값으로 식 (5.4)로 정의된다.

$$D = \frac{A}{B} \tag{5.3}$$

$$Z = A\sqrt{D} = A\sqrt{\frac{A}{B}} \tag{5.4}$$

표 5.1은 개수로의 단면형에 따른 기하학적 특성을 나타낸 것이다.

표 5.1 개수로의 단면형에 따른 기하학적 특성

단면			
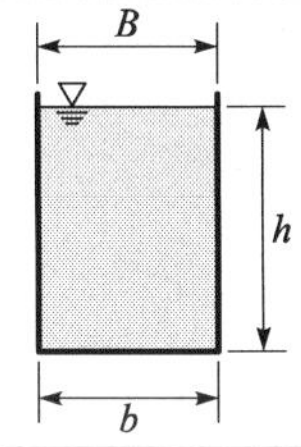	면적(A)	윤변(P)	경심(R)
	bh or BH	$b+2h$	$\frac{bh}{b+2h}$
	수면폭(B)	수리 수심(D)	단면계수(Z)
	b	h	$bh^{1.5}$
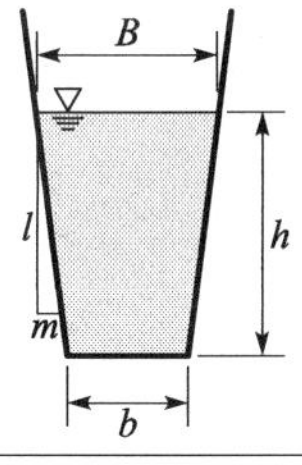	면적(A)	윤변(P)	경심(R)
	$(b+mh)h$	$b+2h\sqrt{1+m^2}$	$\frac{(b+mh)h}{b+2h\sqrt{1+m^2}}$
	수면폭(B)	수리 수심(D)	단면계수(Z)
	$b+2mh$	$\frac{(b+mh)h}{b+2mh}$	$\sqrt{\frac{[(b+mh)h]^{1.3}}{b+2mh}}$
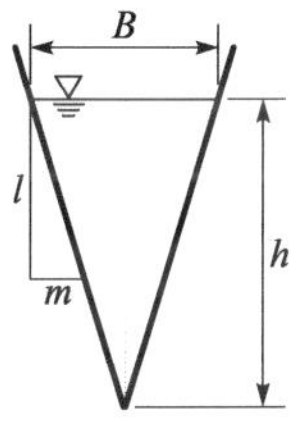	면적(A)	윤변(P)	경심(R)
	mh^2	$2h\sqrt{1+m^2}$	$\frac{mh}{2\sqrt{1+m^2}}$
	수면폭(B)	수리 수심(D)	단면계수(Z)
	$2mh$	$\frac{h}{2}$	$\frac{mh^{2.5}}{\sqrt{2}}$
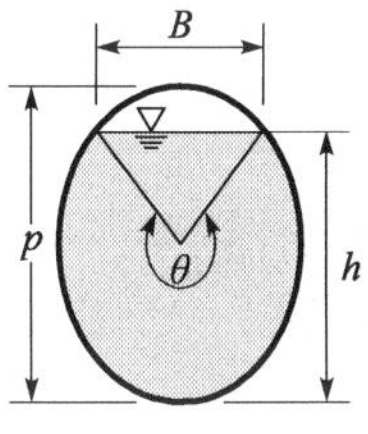	면적(A)	윤변(P)	경심(R)
	$\frac{1}{8}(\theta-\sin\theta)d^2$	$\frac{1}{2}\theta d$	$\frac{1}{4}\left(1-\frac{\sin\theta}{\theta}\right)d$
	수면폭(B)	수리 수심(D)	단면계수(Z)
	$\left(\sin\frac{\theta}{2}\right)d$ or $2\sqrt{h(d-h)}$	$\frac{1}{8}\left(\frac{\theta-\sin\theta}{\sin\frac{\theta}{2}}\right)$	$\frac{\sqrt{2}}{32}(\theta-\sin\theta)^{1.5}\frac{d^{2.5}}{\sqrt{\sin\frac{\theta}{2}}}$

예제 5.1 그림 5.2와 같은 사다리꼴 단면의 단면적 A, 경심 R, 윤변 P, 수리 수심 D 그리고 단면계수 Z를 산정하시오.

풀이

$m=1$이므로

1) 수면폭

$$B=b+2h=5+(2\times5)=15.0\text{m}$$

$$B=b+2mh=(5+(2\times1\times5))=15.0\text{m}$$

2) 유수 단면적

$$A=\frac{(B+b)}{2}h=\frac{15+5}{2}\times5=50.0\text{m}^2$$

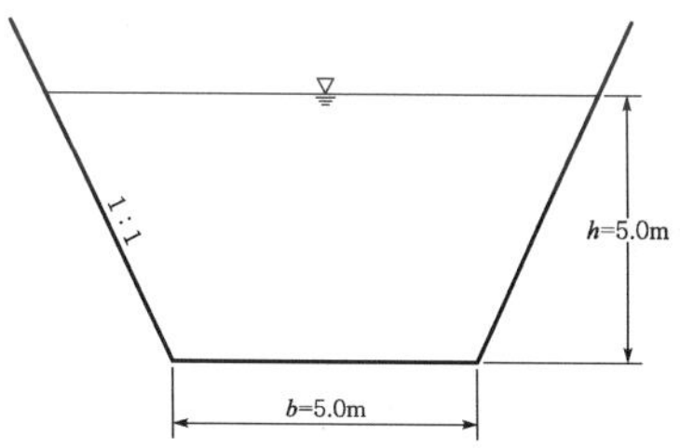

그림 5.2

$A=(b+mh)h=(5+(1\times 5))\times 5=50.0\text{m}^2$

3) 윤변

$P=b+2\sqrt{h^2+h^2}=5+(2\times\sqrt{5^2+5^2})=19.14\text{m}$

$P=b+2h\sqrt{1+m^2}=5+(2\times 5\times\sqrt{1+1^2})=19.14\text{m}$

4) 경심

$R=\dfrac{A}{P}=\dfrac{50}{19.14}=2.61\text{m}$

$R=\dfrac{(b+mh)h}{b+2h\sqrt{1+m^2}}=\dfrac{(5+(1\times 5))\times 5}{5+(2\times 5\times\sqrt{1+1^2})}=2.61\text{m}$

5) 수리 수심

$D=\dfrac{A}{B}=\dfrac{50}{15}=3.33\text{m}$

$D=\dfrac{(b+mh)h}{b+2mh}=\dfrac{(5+(1\times 5))\times 5}{5+(2\times 1\times 5)}=3.33\text{m}$

6) 단면계수

$Z=A\sqrt{D}=50\times\sqrt{3.33}=91.24\text{m}^{2.5}$

$Z=\sqrt{\dfrac{[(b+mh)h]^{1.3}}{b+2mh}}=\sqrt{\dfrac{((5+(1\times 5)\times 5)^{1.3}}{5+(2\times 1\times 5)}}=91.24\text{m}^{2.5}$

5.1.2 개수로 흐름 분류

그림 5.3은 개수로 흐름을 분류한 것이다.

개수로 흐름의 임의 점에서 시간의 경과에 따라 수리량이 변하지 않는 흐름을 정류(Steady flow), 시간적으로 수리량이 변하는 흐름을 부정류(Unsteady flow)라 한다. 수로의 단면과 경사가 일정하게 유지되어 모든 수로의 단면에서 수리량이 변하지 않는 흐름을 등류(Uniform flow), 수로의 단면과 경사가 변화하여 모든 수로의 단면에서 수리량이 변하는 흐름을 부등류(Ununiform flow)라 한다. 따라서 등류는 흐름의 전 구간에서 유속과 수심이 일정하게 유지된다. 그리고 수로를 따라서 수면변화가 완만하게 변화하는 흐름을 점변류(Gradually varied flow), 수면변화가 급격하게 변화하는 흐름을 급변류(Rapidly varied flow)라 한다.

개수로 흐름에서 Re는 식 (5.5)로 정의되고 층류는 $Re < 500$이고 난류는 $Re > 500$이다.

$$Re=\frac{VR}{\nu}(\because D=4R) \tag{5.5}$$

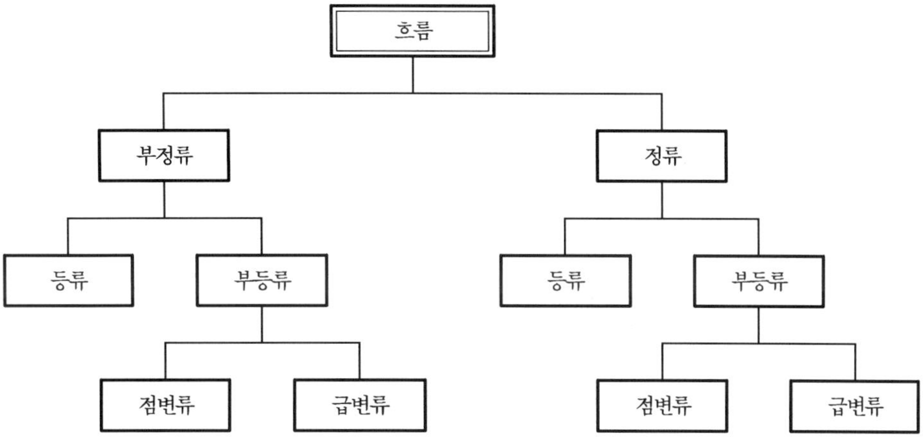

그림 5.3 개수로 흐름의 분류

5.2 에너지 방정식

그림 5.4는 개수로 단면의 에너지에 대한 개념도를 나타낸 것이다.

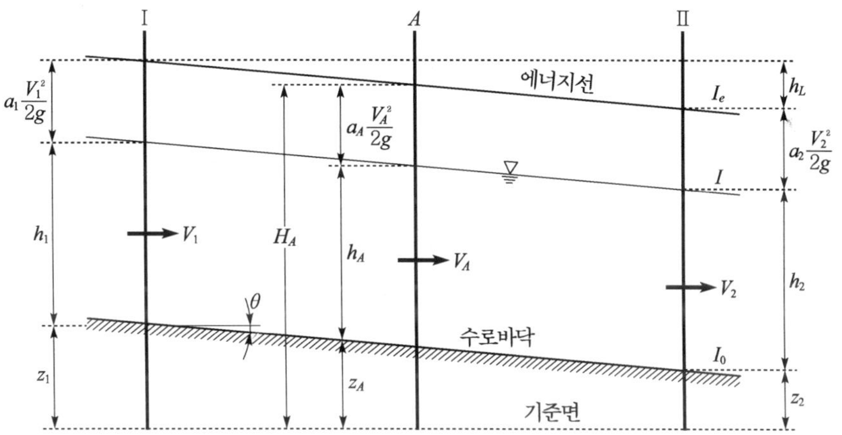

그림 5.4 개수로 단면의 에너지

그림 5.4에서 임의 단면 A에서의 전 에너지 H_A는 식 (5.6)이 된다.

$$H_A = z_A + h_A \cos\theta + \alpha_A \frac{V_A^2}{2g} \tag{5.6}$$

여기서, z_A는 기준면에서 수로바닥까지의 수직 거리, h_A는 A단면의 수심, θ는 하상 경사, V_A는 단면 평균유속, g는 중력가속도 그리고 α_A는 에너지 보정계수이다.

단면 Ⅰ과 단면 Ⅱ사이에 베르누이 방정식을 적용하면 식 (5.7)이 된다.

$$z_1 + h_1\cos\theta + \alpha_1\frac{V_1^2}{2g} = z_2 + h_2\cos\theta + \alpha_2\frac{V_2^2}{2g} + h_L \tag{5.7}$$

그리고 완경사 수로($\theta = \frac{1}{10}$ 이하)로 가정하면 식 (5.6)은 식 (5.8)이 된다.

$$H_A = z_A + h_A + \alpha_A\frac{V_A^2}{2g} \tag{5.8}$$

그리고 단면 Ⅰ과 단면 Ⅱ사이의 베르누이 방정식(에너지 방정식)은 식 (5.9)가 된다.

$$z_1 + h_1 + \alpha_1\frac{V_1^2}{2g} = z_2 + h_2 + \alpha_2\frac{V_2^2}{2g} + h_L \tag{5.9}$$

5.3 마찰저항

개수로의 등류는 흐름 방향으로 작용하는 중력과 윤변에 작용하는 마찰응력이 평형상태가 되어 흐름이 가속되지 않고 일정한 유속으로 흐르는 흐름이다. 따라서 등류 흐름은 단면과 경사가 일정하게 유지되는 수로에서 발생하고 하상과 수면 그리고 에너지선은 항상 평형상태가 된다.

개수로의 흐름을 등류로 가정하면 수로경사 I_0, 수면경사 I 그리고 에너지 경사 I_e는 식 (5.10)이 된다.

$$I_0 = I = I_e \tag{5.10}$$

그림 5.5에서 단면 Ⅰ과 단면 Ⅱ사이에 작용하는 외력은 물의 자중, 양단면에 작용하는 정수압의 합력 그리고 벽면 전단응력이다.

따라서 흐름방향에 대한 운동량 방정식은 식 (5.11)이 된다.

$$\frac{\omega_0}{g}Al\frac{dV}{dt} = \omega_0 Al\sin\theta - \tau_0 Pl \tag{5.11}$$

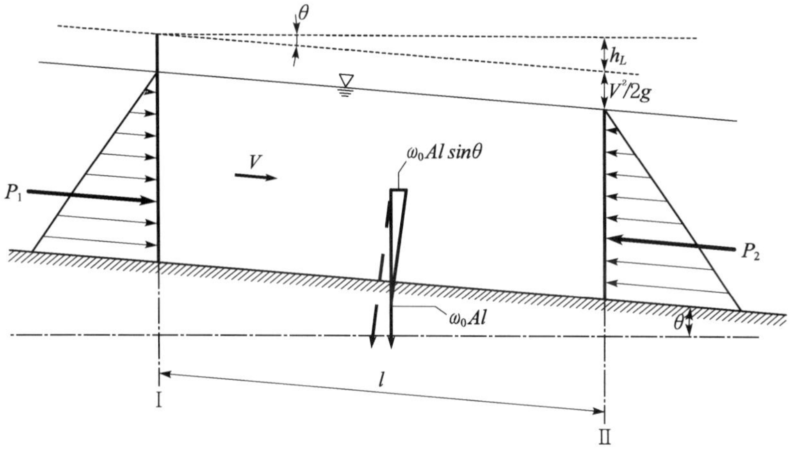

그림 5.5 등류 마찰저항

식 (5.11)에서 흐름을 등류로 가정하였으므로 $\dfrac{dV}{dt}=0$이 되므로 식 (5.12)가 된다.

$$\omega_0 Al\sin\theta = \tau_0 P\,l \tag{5.12}$$

그리고 등류 흐름에서 흐름 방향으로 작용하는 중력에 의한 힘은 벽면에 작용하는 전단응력의 합력과 평형이 되므로 식 (5.11)은 식 (5.13)이 된다.

$$\tau_0 = \omega_0 \frac{A}{P} sin\theta = \omega_0 RI_0 \tag{5.13}$$

그리고 Darcy-Weisbach는 벽면에 작용하는 전단응력을 식 (5.14)로 제안하였다. 따라서 식 (5.16)이 성립한다.

$$\tau_0 = \frac{1}{8} f\rho V^2 \tag{5.14}$$

$$\frac{1}{8} f\rho V^2 = \omega RI_0 \tag{5.15}$$

$$\sqrt{\frac{\tau_0}{\rho}} = \sqrt{gRI_0} \equiv u_* \tag{5.16}$$

식 (5.16)에서 u_*는 마찰속도이다. 그리고 식 (5.15)와 식 (5.16)에서 평균유속 V는 식 (5.17)이 된다.

$$V = \sqrt{\frac{8g}{f}}\sqrt{RI_0} = \sqrt{\frac{8}{f}}\,u_* \tag{5.17}$$

여기서, f는 마찰 손실계수이다.

예제 4.9 직사각형 개수로의 폭 $B=3.0\text{m}$, 수심 $h=1.2\text{m}$이다. 이 수로의 동수경사 $I=0.001$인 경우 벽면에 작용하는 평균 마찰응력을 산정하시오. 단, $\omega_0=1\text{t/m}^3$이다.

풀이

$$\tau_0=\omega_0 RI=\omega_0\times\frac{A}{P}\times I$$

$$=1\times\frac{3\times1.2}{3+(2\times1.2)}\times0.001=0.00067\text{t/m}^2$$

5.4 유속분포와 평균 유속공식

5.4.1 유속분포

(1) 단면내 유속분포

그림 5.6은 개수로 단면 내의 유속분포를 나타낸 것이다.

개수로 단면 내의 유속분포는 관수로와는 상이하게 수로의 단면형태 및 기하학적인 특성에 영향을 받게 된다. 따라서 개수로의 유속분포에 영향을 미치는 인자로는 벽면에 작용하는 마찰응력, 점성 그리고 표면장력 등이 있다.

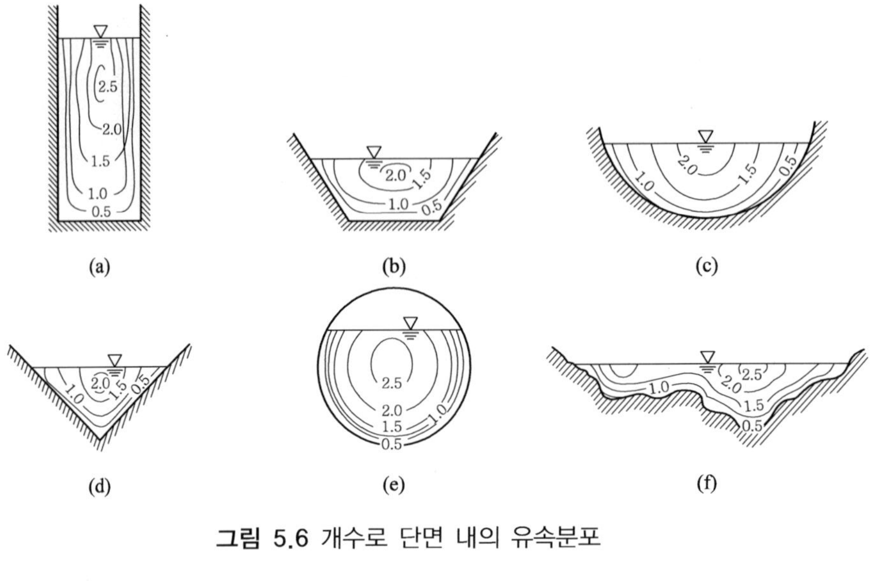

그림 5.6 개수로 단면 내의 유속분포

(2) 연직방향 유속분포

그림 5.7은 개수로의 연직방향 유속분포를 나타낸 것으로 수심을 h라 하면 최대유속 $V_{\max}$은 수면으로부터 $0.2h$, 평균유속 V_m은 수면으로부터 $0.6h$ 지점에서 발생하게 된다.

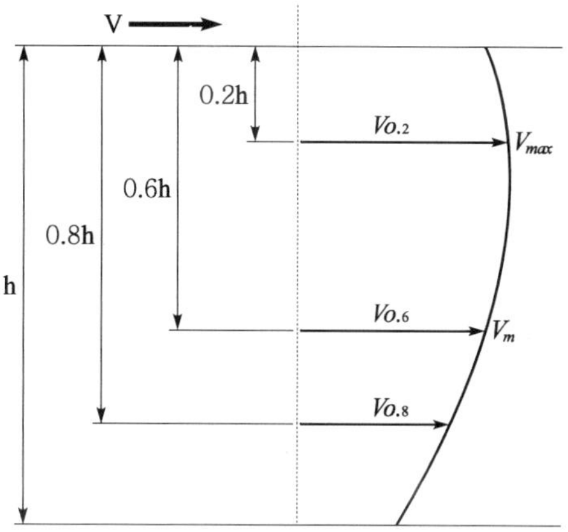

그림 5.7 연직방향 유속분포

개수로에서 유속계를 사용하여 유속을 측정한 후 평균유속을 결정하는 방법은 식 (5.18)에서 식 (5.21)에 의한다.

1) 1점법

$$V_m = v_{0.6} \tag{5.18}$$

2) 2점법

$$V_m = \frac{1}{2}(v_{0.2} + v_{0.8}) \tag{5.19}$$

3) 3점법

$$V_m = \frac{1}{4}(v_{0.2} + 2v_{0.6} + v_{0.8}) \tag{5.20}$$

4) 4점법

$$V_m = \frac{1}{5}\left[(v_{0.2} + v_{0.4} + v_{0.6} + v_{0.8}) + \frac{1}{2}\left(v_{0.2} + \frac{v_{0.8}}{2}\right)\right] \tag{5.21}$$

5.4.2 평균 유속공식

(1) Chezy의 평균 유속공식

Chezy는 평균 유속공식을 식 (5.22)와 같이 제안하였다.

$$V = C\sqrt{RI} \tag{5.22}$$

여기서, C는 Chezy 평균 유속계수, R은 경심 그리고 I는 동수경사이다,

(2) Ganguillet-Kutter의 평균 유속공식

Ganguillet-Kutter는 평균 유속공식을 식 (5.23)과 같이 제안하였다. 식 (5.23)에서 C는 식 (5.24)로 산정된다.

$$V = C\sqrt{RI} \tag{5.23}$$

$$C = \frac{\dfrac{1}{n} + \left(23 + \dfrac{0.00155}{I}\right)}{1 + \left(23 + \dfrac{0.00155}{I}\right)\dfrac{n}{\sqrt{R}}} \tag{5.24}$$

여기서, n은 Ganguillet-Kutter의 조도계수로서 표 5.3의 Manning 조도계수와 동일한 값을 적용한다.

(3) Bazin 평균 유속공식

Basin은 평균 유속공식을 식 (5.25)와 같이 제안하였다. 식 (5.23)에서 C는 식 (5.26)으로 산정된다.

$$V = C\sqrt{RI} \tag{5.25}$$

$$C = \frac{87}{1 + \dfrac{\Gamma}{\sqrt{R}}} \tag{5.26}$$

여기서, Γ는 수로의 조도계수로서 표 5.2에 의한다.

표 5.2 조도계수 Γ

수로 종류	Γ
목재판 수로	0.06
벽돌수로	0.16
콘크리트 수로	0.30
구칙단면 사질수로	0.85
일반수로	1.30
저항이 큰 수로	1.75

(4) Manning의 평균 유속공식

Manning은 평균 유속공식을 식 (5.27)과 같이 제안하였다.

$$V = \frac{1}{n} R^{2/3} I^{1/2} \tag{5.27}$$

여기서, n은 Manning의 조도계수로서 표 5.3에 의한다.

표 5.3 Manning의 조도계수

구 분	윤변 상태	n
인공수로	목재수로	0.010~0.040
	콘크리트 수로	0.012~0.018
	깍은돌 모르타르 수로	0.013~0.017
	거친돌 쌓기 수로	0.017~0.030
	점토질 수로, 직선수로	0.017~0.025
	점토질 수로, 곡선수로	0.025~0.030
	자갈수로	0.025~0.030
	암반굴착수로(미끈함)	0.025~0.035
	암반굴착수로(거친면)	0.035~0.045
자연수로	유로와 단면이 규칙적	0.025~0.033
	유로와 단면이 규칙적, 자갈바닥	0.030~0.040
	곡류수로, 단면이 규칙적	0.033~0.045
	곡선수로, 호박돌과 잡초	0.035~0.050
	곡선수로, 수심이 작음	0.040~0.055
	수초가 많은 수로	0.050~0.080

5.5 등류 수심

5.5.1 통수능

개수로의 흐름을 등류라고 가정하고 Manning의 평균 유속공식을 적용하면 유량 Q는 식 (5.28)이 된다.

$$Q = AV = A\frac{1}{n}R^{2/3}I^{1/2} \tag{5.28}$$

식 (5.28)에서 $K = A \cdot \frac{1}{n} \cdot R^{2/3}$라 하면 식 (5.29)가 된다.

$$Q = KI^{1/2} \tag{5.29}$$

식 (5.28)에서 K를 통수능(Conveyance)이라 한다.

그리고 $Q = A\frac{1}{n}R^{2/3}I^{1/2}$은 식 (5.30)이 된다.

$$AR^{2/3} = \frac{nQ}{I^{1/2}} \tag{5.30}$$

식 (5.30)의 좌변은 흐름 단면의 기하학적인 조건에 의하여 결정되는 값이므로 단면계수(Section factor)라 한다.

5.5.2 복단면 수로

그림 5.8은 수로를 저수로와 고수로로 구분한 복단면 수로를 나타낸 것이다. 등류 흐름에서 복단면 수로를 해석하는 경우 저수로 구간의 유속이 고수로 구간의 양단에서 발생하는 유속보다 상당히 크기 때문에 단면을 소구간으로 구분하여 해석하게 된다.

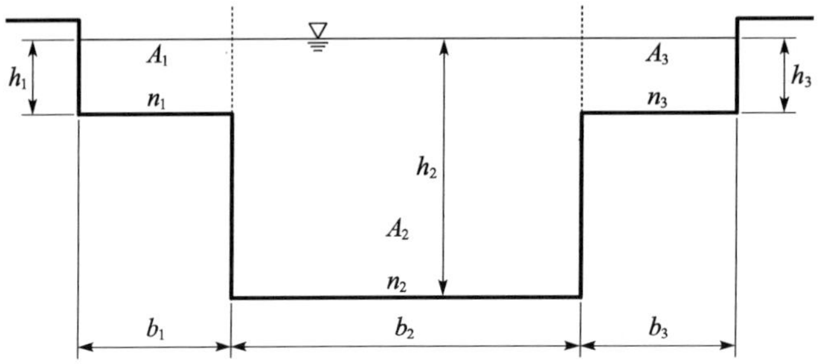

그림 5.8 복단면 수로

그림 5.8에서 단면 1, 2, 3의 경심 R_1, R_2, R_3와 통수능 K_1, K_2, K_3는 식 (5.31)이 된다.

$$
\begin{aligned}
R_1 &= \frac{A_1}{P_1},\ K_1 = \frac{1}{n_1} A_1 R_1^{2/3} \\
R_2 &= \frac{A_2}{P_2},\ K_2 = \frac{1}{n_2} A_2 R_2^{2/3} \\
R_3 &= \frac{A_3}{P_3},\ K_3 = \frac{1}{n_3} A_3 R_3^{2/3}
\end{aligned}
\tag{5.31}
$$

단면 1, 2, 3의 에너지 경사를 I_{e1}, I_{e2}, I_{e3}라 하면 유량 Q는 식 (5.32)가 된다.

$$
\begin{aligned}
Q &= K_1 \sqrt{I_{e1}} + K_2 \sqrt{I_{e2}} + K_3 \sqrt{I_{e3}} \\
Q &= K_1 + K_2 + K_3 \left(\sqrt{I_e} \right) (\because I_{e1} = I_{e2} = I_{e3})
\end{aligned}
\tag{5.32}
$$

복단면 수로의 에너지 보정계수 α는 식 (5.33)이 된다.

$$
\begin{aligned}
\alpha &= \frac{1}{V^3 A} \left(V_1^3 A_1 + V_2^3 A_2 + V_3^3 A_3 \right) \\
\alpha &= \frac{(A_1 + A_2 + A_3)^2}{(K_1 + K_2 + K_3)^3} \left(\frac{K_1^3}{A_1^2} + \frac{K_2^3}{A_2^2} + \frac{K_3^3}{A_3^2} \right)
\end{aligned}
\tag{5.33}
$$

그림 5.8에서 합성 조도계수 n은 Horton-Einstein이 제안한 식 (5.34)와 Pavlovski가 제안한 식 (5.35)로 산정한다.

$$
n = \left(\frac{\sum_{i=1}^{n} P_i n_i^{1.5}}{P} \right)^{2/3} \tag{5.34}
$$

$$
n = \left(\frac{\sum_{i=1}^{n} P_i n_i^{2}}{P} \right)^{1/2} \tag{5.35}
$$

5.5.3 수리학적 유리한 단면

개수로 단면을 설계하는 경우 수로경사 I_0, 단면적 A 그리고 조도계수 n이 주어질 때 최대 유량을 유하할 수 있는 단면을 수리학적 유리한 단면(Best hydraulic section)이라 한다. 수리학적 유리한 단면은 윤변 P가 최소 또는 경심 R이 최대인 경우이다.

(1) 직사각형 수로

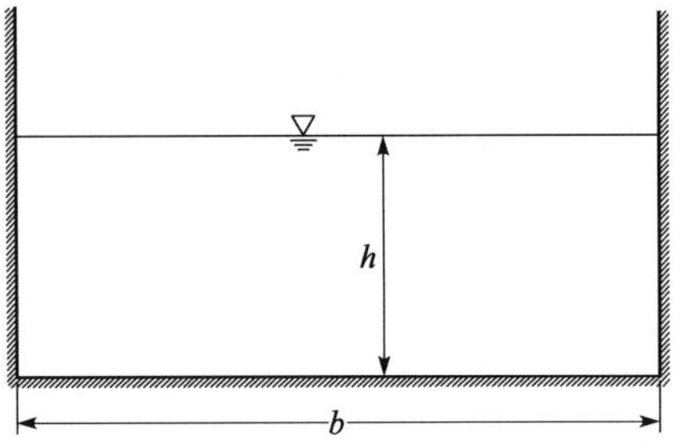

그림 5.9 직사각형 수로

그림 5.9에서 수로 수심을 h, 수로 폭을 b라 하면 단면적 A, 윤변 P 그리고 경심 R은 식 (5.36)이 된다.

$$A = bh$$
$$P = b + 2h = 2h + \frac{A}{h}$$
$$R = \frac{A}{P} = \frac{bh}{b+2h} \tag{5.36}$$

식 (5.36)에서 최대 유량이 흐르기 위한 조건은 경심 R이 최대 또는 윤변 P가 최소인 경우이므로 식 (5.37)이 성립한다.

$$\frac{\partial P}{\partial h} = 2 - \frac{A}{h^2} = 0 \tag{5.37}$$

따라서 직사각형 수로에서 수리학적 유리한 단면이 되기 위한 조건은 식 (5.38)이 된다.

$$b = 2h \quad \text{or} \quad R = \frac{h}{2} \tag{5.38}$$

(2) 사다리꼴 수로

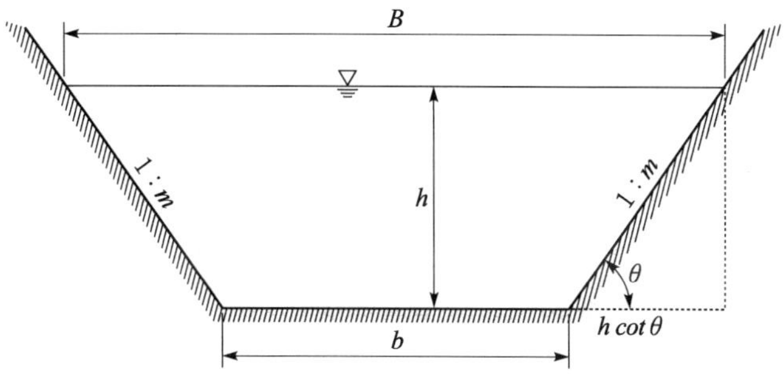

그림 5.10 사다리꼴 수로

그림 5.10에서 측면 경사를 m이라 하면 단면적 A, 윤변 P, 수면 폭 B 그리고 경심 R은 식 (5.39)가 된다.

$$A = h(b + mh) = h(b + h\cot\theta)$$
$$B = b + 2mh$$
$$P = b + 2\sqrt{1+m^2} \cdot h$$
$$R = \frac{A}{P} = \frac{h(b+mh)}{b + 2\sqrt{1+m^2} \cdot h} \tag{5.39}$$

유량이 일정하다고 가정하고 $b = \dfrac{A}{h} - mh$를 식 (5.39)의 윤변에 대입하면 식 (5.40)이 된다.

$$P = \frac{A}{h} - mh + 2\sqrt{1+m^2} \cdot h \tag{5.40}$$

식 (5.40)에서 최대 유량이 흐르기 위한 조건은 경심 R이 최대 또는 윤변 P가 최소인 경우이므로 식 (5.41)이 성립한다.

$$\frac{dP}{dh} = -\frac{A}{h^2} - m + 2\sqrt{1+m^2} = 0$$
$$\frac{A}{h^2} = 2\sqrt{1+m^2} - m$$
$$A = h^2\left(2\sqrt{1+m^2} - m\right) \tag{5.41}$$

식 (5.41)은 사다리꼴 수로에서 수리학적 유리한 단면이 되기 위한 단면적 A을 산정하는 식이다.

그리고 $\frac{A}{h}=b+mh$를 식 (5.41)에 대입하고 저면 폭 b에 대하여 정리하면 식 (5.42)가 된다.

$$b+mh=2\sqrt{1+m^2}\,h-mh$$

$$b=2h\left(\sqrt{1+m^2}-m\right) \tag{5.42}$$

식 (5.42)에서 사다리꼴 수로를 유하하는 유량이 일정한 경우 측면 경사 m과 저면 폭 b가 주어지면 수리학적 유리한 단면이 결정된다. 그리고 식 (5.42)에서 $h=\frac{b}{\left(\sqrt{1+m^2}-m\right)}$이므로 식 (5.39)의 경심 R에 대입하고 윤변 P에 대해 정리하면 식 (5.43)이 된다.

$$P=2\sqrt{A\left(2\sqrt{1+m^2}-m\right)} \tag{5.43}$$

그리고 유량이 최대가 되기 위한 조건은 윤변이 최소인 $\frac{\partial P}{\partial m}=0$이므로 사다리꼴 수로의 수리학적 유리한 단면은 식 (5.44)가 된다.

$$\frac{\partial P}{\partial m}=\sqrt{A}\,\frac{\frac{4m}{2\sqrt{1+m^2}}-1}{\sqrt{2\sqrt{1+m^2}-m}}=0$$

$$m=\frac{1}{\sqrt{3}} \quad \text{or} \quad b=\frac{2}{\sqrt{3}}h \tag{5.44}$$

5.5.4 수리 특성곡선

원형 단면의 직경을 D, 수면과 관의 중심이 이루는 각을 θ라 하고 각 θ를 Radian으로 표현하면 단면적 A는 식 (5.45), 윤변 P는 식 (5.46) 그리고 경심 R은 식 (5.47)이 된다.

$$A=\frac{\pi D^2}{4}\frac{\theta}{2\pi}-\frac{D}{2}sin\frac{\theta}{2}\frac{D}{2}cos\frac{\theta}{2}=\frac{D^2}{8}(\theta-\sin\theta) \tag{5.45}$$

$$P=\pi D\frac{\theta}{2\pi}=\frac{D\theta}{2} \tag{5.46}$$

$$R=\frac{A}{P}=\frac{D}{4}\left(1-\frac{\sin\theta}{\theta}\right) \tag{5.47}$$

따라서, 식 (5.45)와 (5.47)을 $Q=AV=A\frac{1}{n}R^{2/3}I_0^{1/2}$에 대입하면 유량 Q가 산정된

다. 그림 5.11은 직경 D인 원형 관수로의 수리 특성곡선을 나타낸 것이다.

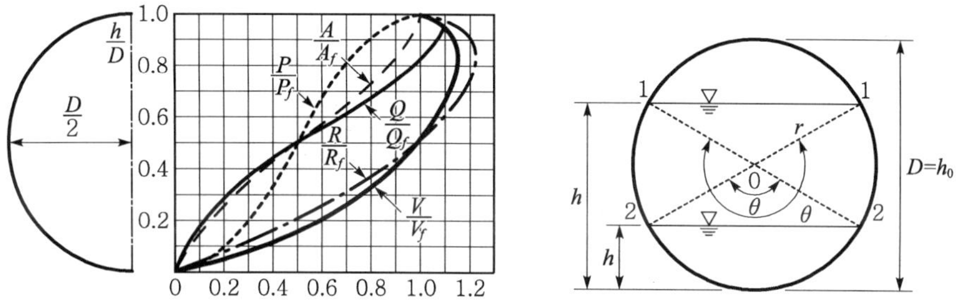

그림 5.11 수리 특성곡선

그림 5.13과 같은 원형 관수로에서 각 수심 h에 대응하는 윤변 P, 단면적 A, 동수반경 R, 유속 V 및 유량 Q에 대한 만재 유량(Bankfull discharge)에 대한 각 값의 비 즉, $\frac{P}{P_f}$, $\frac{A}{A_f}$, $\frac{R}{R_f}$, $\frac{V}{V_f}$, $\frac{Q}{Q_f}$ 그리고 $\frac{h}{D}$를 도시한 곡선을 수리 특성곡선(Hydraulic characteristic curve)이라 한다. 이 곡선을 이용하면 임의 수심에 대응하는 유속 V와 유량 Q를 산정할 수 있다.

5.6 상류와 사류

5.6.1 비에너지

개수로 흐름에서 하상을 기준으로 단위무게의 유수가 가지는 전 에너지를 비에너지(Specific energy, H_e)라 하고 식 (5.48)로 정의된다.

$$H_e = h + \alpha\frac{V^2}{2g} \tag{5.48}$$

여기서, α는 에너지 보정계수이다.

식 (5.48)에서 유수가 등류이면 비에너지 H_e는 일정하므로 연속 방정식 $V = \frac{Q}{A}$를 대입하면 식 (5.49)가 된다.

$$H_e = h + \alpha\frac{Q^2}{2gA^2} \tag{5.49}$$

식 (5.49)에 단면적의 일반식 $A = bh^n$을 대입하면 식 (5.50)이 된다.

$$H_e = h + \alpha \frac{Q^2}{2gb^2h^{2n}} \tag{5.50}$$

여기서, b와 n은 개수로의 단면형에 의해 결정되는 상수이다.

개수로 단면을 유하하는 유량이 일정한 경우 비에너지 H_e는 수심 h의 함수이므로 H_e와 h사이에는 그림 5.12의 관계가 성립한다.

그림 5.12에서 유량 Q가 일정한 경우 수심 h가 0에 접근하면 비에너지 H_e는 무한대(∞), 수심 h가 무한대(∞)로 증가하면 H_e는 수심 h가 된다. 그리고 하나의 비에너지 H_{e1}에 대하여 두 개의 수심 h_1과 h_2가 존재하는 데 이를 대응수심(Sequent depth)이라 한다.

H_e가 최소값을 가지는 $(H_e)_{\min}$에 대응하는 수심 h_c가 존재하는데 이 값은 비에너지가 최소가 되는 수심으로서 한계수심(Critical depth)이라 하고 이때의 유속을 한계유속(Critical velocity)이라 한다.

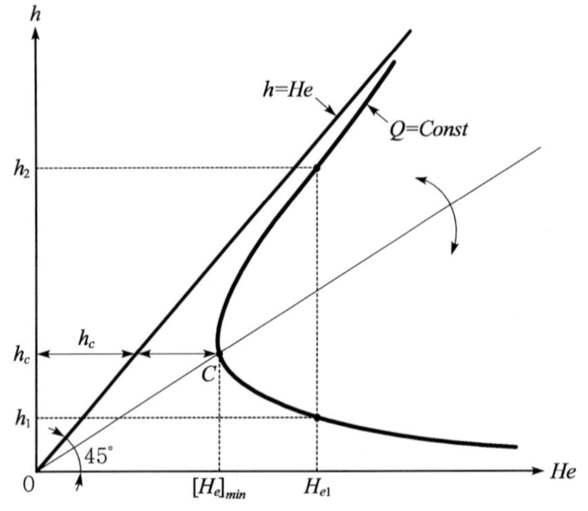

그림 5.12 비에너지 곡선

한계수심 h_c보다 수심이 크게 발생하는 흐름을 상류(Subcritical flow), 한계수심 h_c보다 수심이 작게 발생하는 흐름을 사류(Supercritical flow)라 하며 이때의 수심을 각각 상류수심, 사류수심이라 한다.

예제 5.2 직사각형 개수로의 폭 $B = 1.0\text{m}$, 수심 $h = 0.8\text{m}$이다. 이 수로를 유하하는 유량 $Q = 0.4\text{m}^3/\text{sec}$인 경우 비에너지 H_e를 산정하시오. 단, 에너지 보정계수 $\alpha = 1$이다.

풀이

$$H_e = h + \alpha\frac{Q^2}{2gA^2} = 0.8 + 1 \times \frac{0.4^2}{2 \times 9.8 \times (1 \times 0.8)^2} = 0.813\text{m}$$

5.6.2 상류와 사류

개수로의 임의 단면에서 흐름은 상류($h > h_c$), 사류($h < h_c$) 그리고 한계류($h = h_c$)로 구분된다.

개수로 단면에서 한계수심은 비에너지가 최소인 수심이므로 $\frac{dH_e}{dh} = 0$의 조건을 적용하면 식 (5.51)이 된다.

$$\frac{dH_e}{dh} = 1 - \alpha\frac{Q^2}{gA^3}\frac{dA}{dh} = 0$$

$$\frac{dA}{dh} = \frac{gA^3}{\alpha Q^2} \tag{5.51}$$

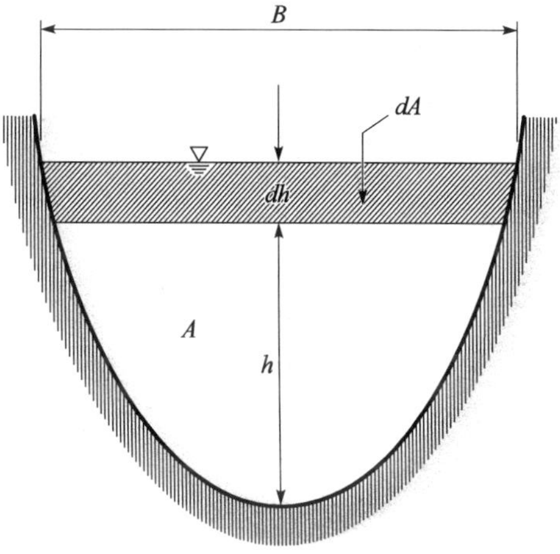

그림 5.13 포물선 단면

그림 5.13에서 $dA = Bdh$, 즉 $B = \frac{dA}{dh}$가 되므로 수리 수심 D를 수면 폭 B로 표현하면 식 (5.52)가 된다.

$$B = \frac{A}{D}\left(= \frac{dA}{dh}\right) \tag{5.52}$$

식 (5.52)를 식 (5.51)에 대입하고 간단히 하면 식 (5.53)이 된다.

$$\frac{A}{D} = \frac{gA^3}{\alpha Q^2}$$

$$D = \frac{Q^2}{gA^2} = \frac{V^2}{g}\,(\alpha = 1)$$

$$\frac{V}{\sqrt{gD}} = F_r = 1 \tag{5.53}$$

여기서, F_r은 Froude number이다.

F_r은 흐름의 평균유속 V에 대한 장파의 전파속도 $\sqrt{gD}$의 비가 된다. F_r에 따라 흐름을 구분하면 상류는 식 (5.54), 한계류는 식 (5.55) 그리고 사류는 식 (5.56)이 된다.

$$F_r < 1 \tag{5.54}$$

$$F_r = 1 \tag{5.55}$$

$$F_r > 1 \tag{5.56}$$

한계수심이 발생하는 조건은 $F_r = 1$인 경우이므로 각 단면별 한계수심을 산정하는 일반식은 식 (5.57)이 된다. 그리고 개수로의 단면형상에 따라서 직사각형 단면은 식 (5.58), 포물선 단면은 식 (5.59) 그리고 삼각형 단면은 식 (5.60)에 의해 한계수심을 산정할 수 있다.

$$h_c = \left(\frac{\alpha n Q^2}{gb^2}\right)^{\frac{1}{2n+1}} \tag{5.57}$$

$$h_c = \left(\frac{\alpha Q^2}{gb^2}\right)^{\frac{1}{3}} \tag{5.58}$$

$$h_c = \left(\frac{1.5\ \alpha Q^2}{gb^2}\right)^{\frac{1}{4}} \tag{5.59}$$

$$h_c = \left(\frac{2\ \alpha Q^2}{gm^2}\right)^{\frac{1}{5}} \tag{5.60}$$

여기서, n은 단면형상에 따른 계수, m은 측면 경사이다.

단면형상에 따른 계수 n은 직사각형 단면인 경우 1, 포물선 단면인 경우 1.5 그리고 삼각형 단면인 경우 2를 사용하게 된다.

개수로 단면에서 유량과 수심과의 관계를 해석하기 위하여 비에너지 H_e가 일정하고 유량 Q가 변화한다고 가정하자. 그리고 수로 폭이 b, 수심이 h인 직사각형 개수로 단면이라 하면 식 (5.50)은 식 (5.61)이 된다.

$$Q = \sqrt{2g(H_e - h)b^2h^2} \tag{5.61}$$

식 (5.61)에서 유량 Q가 최대가 되기 조건은 $\frac{dQ}{dh} = 0$이므로 수심 h는 식 (5.62)가 된다.

$$\frac{dQ}{dh} = \frac{d}{dh}\left(\sqrt{\frac{2g}{\alpha}(H_e - h)b^2h^2}\right)$$

$$= \frac{d}{dh}\left(\frac{2g}{\alpha}(H_e - h)b^2h^2\right)^{1/2}$$

$$= \frac{d}{dh}\frac{\sqrt{2g}}{\sqrt{\alpha}}\left[(H_e b^2h^2 - b^2h^3)\right]^{1/2}$$

$$= \frac{1}{2}\frac{\sqrt{2g}}{\sqrt{\alpha}}\left(H_e b^2h^2 - b^2h^3\right)^{-1/2}(2H_e b^2h - 3b^2h^2)$$

$$= \frac{\sqrt{2g}\; b^2(2H_e h - 3h^2)}{2\sqrt{\alpha}\sqrt{b^2(H_e h^2 - h^3)}} = 0$$

$$2H_e h - 3h^2 = 0$$

$$h = \frac{2}{3}H_e \tag{5.62}$$

식 (5.62)에서의 수심 h가 한계수심이다. 따라서 한계수심 h_c는 식 (5.63)이 된다.

$$h_c = \frac{2}{3}H_e \tag{5.63}$$

식 (5.63)은 개수로 단면 내의 흐름이 비에너지 H_e로 흐르는 경우 유량 Q가 최대가 되는 수심은 비에너지의 $\frac{2}{3}$가 된다는 의미이다.

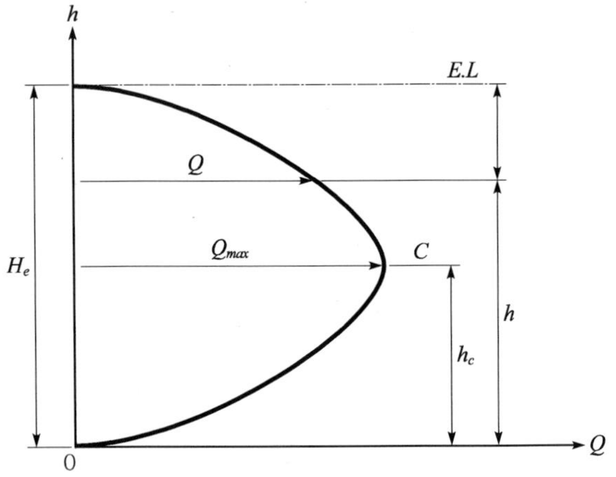

그림 5.14 유량과 수심의 관계

그림 5.14는 유량과 수심과의 관계를 나타낸 것으로 한계수심의 특성은 다음과 같이 정리할 수 있다.

① 주어진 유량에 대해서 비에너지 H_e가 최소이다.

② 주어진 비에너지 H_e에 대해서 유량이 최대이다.

③ $F_r = 1$이다.

④ 유속과 장파의 전파속도는 같다.

예제 5.4 직사각형 개수로의 폭 $B = 10.0\text{m}$인 하천에 유량 $Q = 20.0\text{m}^3/\text{sec}$가 유하하고 있다. 이때 한계수심을 산정하시오. 단, 에너지 보정계수 $\alpha = 1.1$이다.

풀이

$$h_c = \left(\frac{\alpha Q^2}{gb^2}\right)^{\frac{1}{3}} = \left(\frac{1.1 \times 20^2}{9.8 \times 10^2}\right)^{1/3} = 0.7657\text{m}$$

예제 5.5 $(H_e)_{\min} = 1.0\text{m}$인 직사각형 개수로 단면에서 단위폭당 최대 유량 $Q_{\max}$를 산정하시오.

풀이

개수로 단면에서 최소 비에너지 $(H_e)_{\min}$일 때의 수심이 한계수심이므로

$$h_c = \left(\frac{\alpha Q^2}{gb^2}\right)^{\frac{1}{3}} = \frac{2}{3}H_e$$

따라서 유량 $Q_{\max}$

$$Q_{\max} = \sqrt{\left(\frac{\frac{2}{3}H_e(gb^2)^{1/3}}{\alpha^{1/3}}\right)^3} = \sqrt{\left(\frac{\frac{2}{3}\times 1\times(9.8\times 1^2)^{1/3}}{1.1^{1/3}}\right)^3} = 1.62\text{m/sec}$$

5.6.3 한계경사

개수로 흐름이 등류인 경우 상류 또는 사류의 판별은 수로경사와 수심에 의해 결정된다. 임의 유량이 Q인 조건에서 수심을 h_n이라 하면 Chezy의 평균 유속공식은 식 (5.64)가 된다.

$$V = C\sqrt{RI} \tag{5.64}$$

식 (5.64)에서의 수심이 한계수심인 경우 유속은 한계유속이 된다. 따라서 임의 유량에 대하여 이러한 조건을 만족하는 수로의 경사를 한계경사(Critical slope)라 한다. 개수로의 흐름에서 흐름이 상류(Subcritical flow)에서 사류(Supercritical flow)로 변화하는 단면을 지배단면(Control section)이라 하고 지배단면에서의 수로경사를 한계경사라 한다.

식 (5.64)를 동수경사 I에 대해서 정리하고 연속 방정식을 적용하면 식 (5.65)가 유도된다.

$$I = \frac{V}{C\sqrt{R^2}} = \frac{\left(\frac{Q}{A}\right)^2}{C^2R} \tag{5.65}$$

한계수심의 경우 $Q^2 = \frac{g}{\alpha}\frac{A^3}{B}$이므로 식 (5.65)는 한계경사 I_c를 나타내는 식 (5.66)이 된다.

$$I_c = \frac{g}{\alpha}\frac{\frac{A}{B}}{C^2R} = \frac{g}{\alpha}\frac{D}{C^2R} \tag{5.66}$$

여기서, D는 수리수심이다.

자연하천인 경우 수심 h와 비교하여 수로 폭 B가 매우 크다고 하면 $B \gg h$이므로 식 (5.66)은 식 (5.67)이 된다.

$$I_c = \frac{g}{\alpha C^2} \tag{5.67}$$

식 (5.67)의 조건을 사용하면 상류는 식 (5.68), 한계류는 식 (5.69) 그리고 사류는 식 (5.70)이 된다.

$$I < I_c \tag{5.68}$$

$$I = I_c \tag{5.69}$$

$$I > I_c \tag{5.70}$$

개수로 흐름에서 한계 Re는 식 (5.71)이 되고 한계 Froude 수는 식 (5.72)가 된다.

$$(R_e)_c \fallingdotseq 500 \tag{5.71}$$

$$(F_r)_c = 1 \tag{5.72}$$

식 (5.71)과 식 (5.72)에 의해 개수로 흐름에서 층류는 $R_e < 500$, 난류는 $R_e > 500$인 경우가 되고 $F_r < 1$인 경우 상류 그리고 $F_r > 1$인 경우 사류 흐름이 된다.

예제 5.6 정사각형 개수로 단면의 수심 $h = 0.8\text{m}$, 에너지 보정계수 $\alpha = 1$ 그리고 단위폭당 유량 $q = 0.5\text{m}^3/\text{sec}$이다. 단, 수로경사는 완만하다.

1) 한계수심 h_c를 산정하시오.
2) 비에너지 H_e를 산정하시오.
3) 동일한 유량과 비에너지로 0.8m 이외의 수심으로 흐를 수 있는 가를 판단하고 가능하다면 수심 h_2를 산정하시오.

풀이

1) 한계수심 h_c

$$h_c = \left(\frac{\alpha q^2}{g}\right)^{1/3} = \left(\frac{1 \times 0.5^2}{9.8}\right)^{1/3} = 0.29\text{m}$$

2) 비에너지 H_e

$$H_e = h + h\frac{\alpha Q^2}{2gA^2} = h + \frac{\alpha q^2}{2gh^2} = 0.8 + \frac{1 \times 0.5^2}{2 \times 9.8 \times 0.8^2} = 0.82\text{m}$$

3) 동일한 유량과 비에너지로 0.8m 이외의 수심으로 흐를 수 있는 가를 판단하고 가능하다면 수심 h_2를 산정

0.8m 이외의 수심을 h_2, 유속을 V_2라 하면

$$V_2 = \frac{Q}{A} = \frac{Q}{bh_2} = \frac{q}{h_2} = \frac{0.5}{h_2}$$

수심 h_2에 대한 속도수두

$$\alpha\frac{V_2^2}{2g} = 1 \times \frac{\left(\frac{0.5}{h_2}\right)^2}{2 \times 9.8} = \frac{1}{78.4h_2^2}$$

$H_{e1} = H_{e2}$이므로

$$H_{e1} = 0.82 = h_2 + \alpha\frac{V_2^2}{2g} = h_2 + \frac{1}{78.4h_2^2}$$

$$h_2^3 - 0.82h_2^2 + 0.013 = 0$$

$$h_2 = 0.14\text{m} \quad \text{or} \quad h_2 = -0.12\text{m}$$

$$h_2 = 0.14\text{m}$$

예제 5.7 직사각형 개수로 단면의 $q = 2\text{m}^3/\text{sec}$, 수심 $h = 80\text{cm}$ 그리고 에너지 보정계수 $\alpha = 1$ 이다.

1) 흐름을 판별하시오

2) 비에너지 H_e를 산정하시오.

풀이

1) 흐름 판별

$$h_c = \left(\frac{\alpha q^2}{g}\right)^{1/3} = \left(\frac{1\times 2^2}{9.8}\right)^{1/3} = 0.742\text{m} < 0.8\text{m}$$

따라서 흐름은 상류이다.

2) 비에너지 H_e

$$H_e = h + \frac{\alpha q^2}{2gh^2} = 0.8 + \frac{1\times 2^2}{2\times 9.8\times 0.8^2} = 1.12\text{m}$$

예제 5.8 직사각형 개수로의 폭 $b = 5.0\text{m}$, 유량 $Q = 10\text{m}^3/\text{sec}$, 조도계수 $n = 0.016$ 그리고 $\alpha = 1.1$ 인 경우 h_c, I_c를 산정하시오.

풀이

$$h_c = \left(\frac{\alpha Q^2}{gb^2}\right)^{1/3} = \left(\frac{1.1\times 10^2}{9.8\times 5^2}\right)^{1/3} = 0.766\text{m}$$

Manning의 공식을 이용하면 유량 Q

$$Q = AV = A\frac{1}{n}R^{2/3}I^{1/2}$$

$$A = bh, \quad R = \frac{bh}{b+2h}$$

$$Q = (bh)\times\frac{1}{n}\times\left(\frac{bh}{b+2h}\right)^{2/3}\times I^{1/2}$$

$$10 = (5\times 0.766)\times\frac{1}{0.016}\times\left(\frac{5\times 0.766}{5+(2\times 0.766)}\right)^{2/3}\times I^{1/2}$$

$$I = 0.0036$$

$h = h_c$일 때 $I = I_c$이므로

$$I_c = 0.0036$$

5.6.4 도 수

(1) 운동량 방정식

개수로 흐름에서 단위중량당 물의 운동량(동수압력)과 정압력(정수압)의 합을 비력(Specific force, M) 또는 충력치라 한다.

그림 5.15에서 수로의 경사각을 θ, 단면 Ⅰ과 단면 Ⅱ사이의 거리를 l, 단면 Ⅰ과 단면 Ⅱ에서의 수심을 h_1, h_2, 유속을 V_1과 V_2라 하고 운동량 방정식을 적용하면 식 (5.73)이 된다.

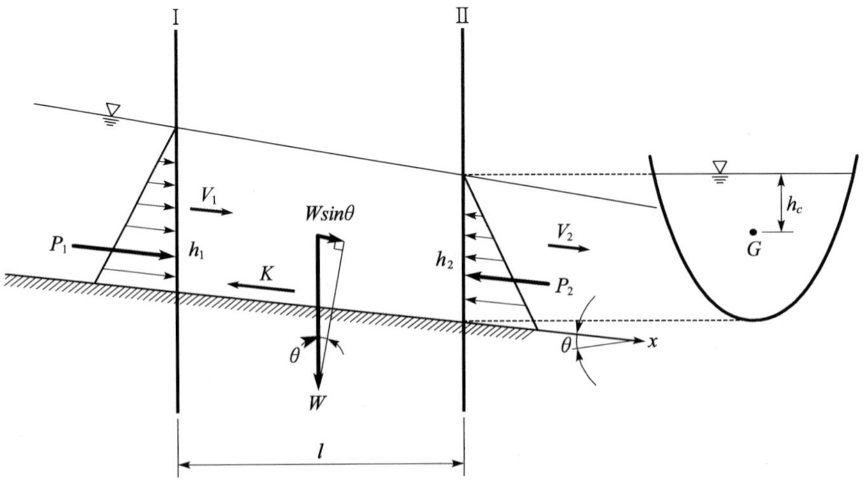

그림 5.15 개수로의 운동량 방정식

$$\Sigma F = \rho Q(\eta_2 V_2 - \eta_1 V_1) = \frac{\omega_0 Q}{g}(\eta_2 V_2 - \eta_1 V_1) \tag{5.73}$$

여기서, η_1과 η_2는 단면 Ⅰ과 단면 Ⅱ에서 운동량 보정계수이다.

그림 5.15에 힘의 평형조건을 적용하면 식 (5.74)가 된다.

$$\Sigma F = P_1 - P_2 + W\sin\theta - K \tag{5.74}$$

여기서, K는 수로 바닥에서의 마찰응력, W는 단면 Ⅰ과 단면 Ⅱ의 유체 중량이다.

식 (5.73)과 식 (5.74)는 동일한 양이므로 연립하면 식 (5.75)가 된다.

$$P_1 - P_2 + W\sin\theta - K = \frac{\omega_0 Q}{g}(\eta_2 V_2 - \eta_1 V_1) \tag{5.75}$$

식 (5.75)에서 수로 경사각 θ가 작은 경우 $W\sin\theta \approx 0$이고 단면 Ⅰ과 단면 Ⅱ의 거리

l이 짧다고 가정하면 마찰력 $K \approx 0$이 되므로 식 (5.76)의 관계가 성립한다.

$$P_1 - P_2 = \frac{\omega_0 Q}{g}(\eta_2 V_2 - \eta_1 V_1) \tag{5.76}$$

정수압 $P_1 = \omega_0 h_{G1} A_1$, $P_2 = \omega_0 h_{G2} A_2$이므로 식 (5.76)은 식 (5.77)이 된다.

$$\omega_0 h_{G1} A_1 + \frac{\omega_0 Q}{g}\eta_1 V_1 = \omega_0 h_{G2} A_2 + \frac{\omega_0 Q}{g}\eta_2 V_2 \tag{5.77}$$

식 (5.77)을 간단히 하면 비력 M을 산정하는 식 (5.78)이 된다.

$$M = \eta \frac{Q}{g} V + h_G A \tag{5.78}$$

식 (5.78)의 우변 제1항은 단위중량당 운동량(동수압력), 우변 제2항은 정압력(정수압)을 의미한다.

(2) 도 수

도수(Hydraulic jump)란 개수로 흐름이 사류에서 상류로 변화하는 경우 수면의 불연속 현상과 수심의 급격한 증가로 와(Eddy)가 발생되는 현상을 말한다.

도수 현상은 완전도수와 불완전도수(파상도수)로 구분한다. 완전도수는 $\frac{h_2}{h_1}$의 비가 크고 수면이 급격히 변화하는 도수로서 $F_r > \sqrt{3}$의 경우이다. 그리고 불완전도수는 h_1과 한계수심 h_c의 차가 작은 경우로서 $1 < F_r < \sqrt{3}$의 경우이다. 단, $F_r = 1$인 경우는 한계류이므로 도수는 발생하지 않는다.

수로의 경사가 수평($\theta = 0$)인 사각형 개수로에서 도수 전·후 수심의 비를 유도하기 위하여 그림 5.16의 단면 Ⅰ과 단면 Ⅱ사이의 구간에서 발생하는 마찰응력을 무시하고 운동량 방정식을 적용하면 식 (5.79)가 된다.

$$P_1 - P_2 = \frac{\omega_0 Q}{g}(\eta_2 V_2 - \eta_1 V_1)$$

$$P_1 - P_2 = \frac{\omega_0 Q}{g}\eta(V_2 - V_1)\ (\because \eta = \eta_1 = \eta_2) \tag{5.79}$$

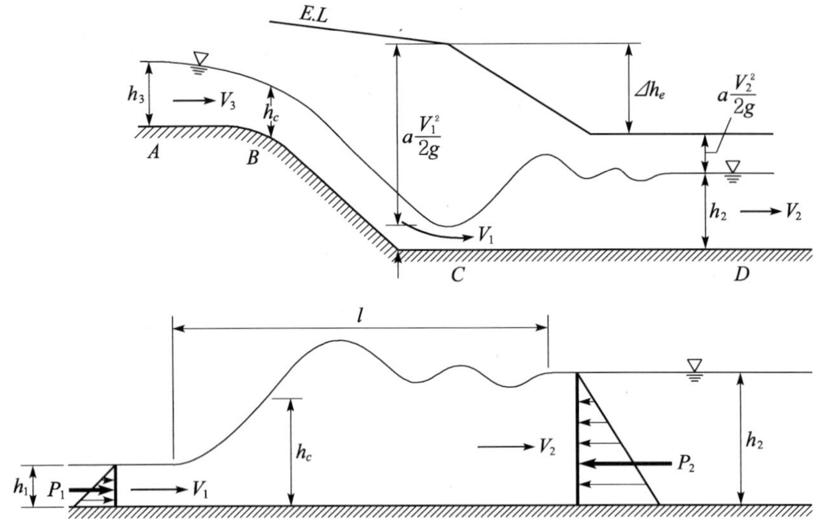

그림 5.16 도수 현상

도수 전·후의 비력은 동일하므로 P_1은 식 (5.80), P_2는 식 (5.81)이 된다.

$$P_1 = \omega_0 h_{G1} A_1 = \omega_0 \frac{h_1}{2} b h_1 = \omega_0 b \frac{h_1^2}{2} \tag{5.80}$$

$$P_2 = \omega_0 h_{G2} A_2 = \omega_0 \frac{h_2}{2} b h_2 = \omega_0 b \frac{h_2^2}{2} \tag{5.81}$$

개수로 단면이 사각형 수로라 하면 유량 $Q = bh_1 V_1 = bh_2 V_2$이므로 V_2는 식 (5.82)가 된다.

$$V_2 = V_1 \frac{h_1}{h_2} \tag{5.82}$$

식 (5.80)과 식 (5.81)을 식 (5.82)에 대입하고 간단히 하면 식 (5.83)이 된다.

$$(h_1 + h_2) = 2\eta \frac{V_1^2}{g} \left(\frac{h_1}{h_2} \right) \tag{5.83}$$

식 (5.83)의 양변에 h_2를 곱하고 $\eta = 1$을 적용하면 도수 후의 수심 h_2는 식 (5.84)가 된다.

$$h_2 = -\frac{h_1}{2} + \frac{h_1}{2}\sqrt{1 + 8F_r^2} \tag{5.84}$$

그리고 식 (5.84)에서 도수 전·후의 수심비 $\frac{h_2}{h_1}$는 식 (5.85)가 된다.

$$\frac{h_2}{h_1} = \frac{1}{2}\left(-1 + \sqrt{1 + 8F_r^2}\right) \tag{5.85}$$

도수로 인한 에너지 손실량 ΔH_e는 도수 전 · 후의 비에너지의 차와 동일한 양이므로 식 (5.86)이 된다.

$$\Delta H_e = \left(h_1 + \alpha\frac{V_1^2}{2g}\right) - \left(h_2 + \alpha\frac{V_2^2}{2g}\right) = h_1 - h_2 + \alpha\frac{V_1^2}{2g}\left\{1 - \left(\frac{h_1}{h_2}\right)^2\right\} \tag{5.86}$$

식 (5.86)에서 $\eta = \alpha$라 하면 식 (5.87)과 같이 도수로 인한 에너지 손실량 ΔH_e가 유도된다.

$$\Delta H_e = \frac{(h_2 - h_1)^3}{4h_1h_2} \tag{5.87}$$

표 5.4는 완전도수의 길이 l을 산정하는 실험공식을 나타낸 것이다.

표 5.4 도수의 길이

구분	공식
Safranez	$l = 4.5h_2$
Lindquist	$l = 5(h_2 - h_1)$
미 개척국 공식	$l = 6.1h_2$
Schaffernak 공식	$l = 6V_1\sqrt{\frac{h_1}{g}}$
Smetana 공식	$l = 6(h_2 - h_1)$
Woycicki 공식	$l = \left(8 - 0.05\frac{h_2}{h_1}\right)(h_2 - h_1)$
Bakhmeteff – Matzke 공식	$l = 4.8h_2$

예제 5.9 여수로(Spillway)에서 월류수심 $h_1 = 1.5\text{m}$, 폭 $b = 55\text{m}$, 유량 $Q = 800\text{m}^3/\text{sec}$이다.

1) 도수의 종류를 판별하시오.
2) 도수 후의 상류수심 h_2를 산정하시오.
3) 도수로 인한 에너지 손실 ΔH_e를 산정하시오.

풀이

1) 도수의 종류

$$V = \frac{Q}{A_1} = \frac{800}{1.5 \times 55} = 9.7\text{m/sec}$$

$$F_{r1} = \frac{V}{\sqrt{gh_1}} = \frac{9.7}{\sqrt{9.8 \times 1.5}} = 2.53 > \sqrt{3}$$

따라서 완전두수가 발생한다.

2) 도수 후의 상류수심 h_2

$$h_2 = -\frac{h_1}{2} + \frac{h_1}{2}\sqrt{1+8F_{r1}^2}$$

$$= -\frac{1.5}{2} + \frac{1.5}{2}\sqrt{1+(8 \times 2.53^2)}$$

$$= 4.67\text{m}$$

3) 도수로 인한 에너지 손실 ΔH_e

$$\Delta H_e = \frac{(h_2 - h_1)^3}{4h_2h_1} = \frac{(4.67-1.5)^3}{4 \times 4.67 \times 1.5} = 1.14\text{m}$$

5.7 개수로의 부등류

5.7.1 부등류(점변류) 기본 방정식

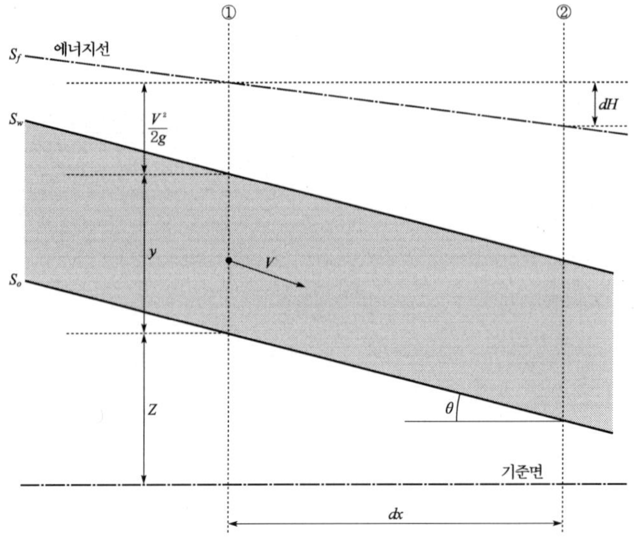

그림 5.17 부등류 흐름 해석

그림 5.17에서 부등류(점변류)의 기본 방정식을 유도하기 위하여 흐름은 정류이고 흐름 방향으로 수심변화가 완만한 부등류 즉, 점변류라 하면 전에너지 H는 식 (5.88)이 된다.

$$H = z + y + \frac{V^2}{2g} \tag{5.88}$$

여기서, H는 전 에너지, z는 위치수두 그리고 V는 흐름의 평균유속이다. 식 (5.88)을 x에 관해 미분하면 식 (5.89)가 된다.

$$\frac{dH}{dx} = \frac{dz}{dx} + \frac{dy}{dx} + \frac{d}{dx}\left(\frac{V^2}{2g}\right) \tag{5.89}$$

그리고 $\frac{dH}{dx}$는 식 (5.90), $\frac{dz}{dx}$ 식 (5.91) 그리고 $\frac{d}{dx}\left(\frac{V^2}{2g}\right)$은 식 (5.92)의 관계가 성립한다.

$$\frac{dH}{dx} = -S_f \tag{5.90}$$

$$\frac{dz}{dx} = -S_o \tag{5.91}$$

$$\begin{aligned}\frac{d}{dx}\left(\frac{V^2}{2g}\right) &= \frac{d}{dx}\left(\frac{Q^2}{2gA^2}\right) = \frac{d}{dy}\left(\frac{Q^2}{2gA^2}\right)\frac{dy}{dx} = \left(-\frac{Q^2}{gA^3}\frac{dA}{dy}\right)\frac{dy}{dx} \\ &= \left(-\frac{Q^2 T}{gA^3}\right)\frac{dy}{dx}\left(\because \frac{dA}{dy} = T\right)\end{aligned} \tag{5.92}$$

여기서, S_f는 에너지 경사, S_0는 수로의 바닥경사이다. 그리고 $\frac{dy}{dx}$는 수로바닥을 기준으로 한 수면경사이다.

식 (5.90)에서 식 (5.92)를 식 (5.89)에 대입하면 식 (5.93)이 된다.

$$-S_f = -S_o + \frac{dy}{dx} - \left(\frac{Q^2 T}{gA^3}\right)$$

$$\frac{dy}{dx}\left(1 - \frac{Q^2 T}{gA^3}\right) = S_o - S_f$$

$$\frac{dy}{dx} = \frac{S_o - S_f}{1 - \frac{Q^2 T}{gA^3}} \tag{5.93}$$

여기서, $\frac{Q^2 T}{gA^3} = Fr^2\left(\because \frac{Q^2 T}{gA^3} = \frac{Q^2}{A^2}\frac{T}{gA} = V^2\frac{T}{gTy} = \frac{V^2}{gy} = Fr^2\right)$이다. 따라서 식 (5.93)은 점변류의 수면곡선을 해석하기 위한 기본 방정식인 식 (5.94)가 된다.

$$\frac{dy}{dx}=\frac{S_o-S_f}{1-Fr^2} \tag{5.94}$$

그리고 단면계수 $Z=A\sqrt{D}=A\sqrt{\frac{A}{T}}=\sqrt{\frac{A^3}{T}}$이고 개수로 단면 내에 한계류 $Fr^2=\frac{Q^2T_c}{gA_c^3}=1$가 흐른다고 가정하면 식 (5.95)가 성립한다.

$$\frac{Q^2}{g}=\frac{A_c^3}{T_c}=Z_c^2 \tag{5.95}$$

식 (5.95)의 관계를 식 (5.93)에 대입하면 식 (5.96)이 성립한다.

$$\left(1-\frac{Q^2T}{gA^3}\right)=1-\left(\frac{Q^2}{g}\right)\left(\frac{T}{A^3}\right)=1-\left(\frac{Z_c^2}{Z^2}\right) \tag{5.96}$$

Manning공식을 사용하여 유량을 산정하면 식 (5.97)이 되고 식 (5.97)에서 I 대신 S $\left(S=\left(\frac{nQ}{AR^{2/3}}\right)^2\right)$를 적용하면 수로경사 S_0와 에너지선의 경사 S_f는 식 (5.98)과 식 (5.99)가 된다.

$$Q=A\frac{1}{n}R^{2/3}I^{1/2} \tag{5.97}$$

$$S_0=\left(\frac{nQ}{A_oR_o^{2/3}}\right)^2=\left(\frac{Q}{K_o}\right)^2 \tag{5.98}$$

$$S_f=\left(\frac{nQ}{AR^{2/3}}\right)^2=\left(\frac{Q}{K}\right)^2 \tag{5.99}$$

여기서, K_o는 등류 통수능, K는 부등류 통수능이다.

따라서 식 (5.93)의 분자는 식 (5.100)이 된다.

$$S_0-S_f=S_0\left(1-\frac{S_f}{S_0}\right)=S_0\left\{1-\left(\frac{K_o}{K}\right)^2\right\} \tag{5.100}$$

식 (5.94)에 식 (5.96)과 식 (5.100)을 적용하면 개수로 흐름에서 점변류의 수면곡선을 판별하는 식 (5.101)이 된다.

$$\frac{dy}{dx}=S_0\frac{1-\left(\frac{K_o}{K}\right)^2}{1-\left(\frac{Z_c}{Z}\right)^2} \tag{5.101}$$

식 (5.101)을 수심 y와 비교하여 수로의 폭 b가 매우 넓은 사각형 수로($R \fallingdotseq h$)에 적용하면 식 (5.102)가 된다.

$$\left(\frac{K_o}{K}\right)^2 = \left(\frac{y_o}{y}\right)^{10/3}$$

$$\left(\frac{Z_c}{Z}\right)^2 = \left(\frac{y_c}{y}\right)^3$$

$$\frac{dy}{dx} = S_0 \frac{1-\left(\frac{y_o}{y}\right)^{10/3}}{1-\left(\frac{y_c}{y}\right)^3} \tag{5.102}$$

여기서, h, h_o, h_c는 각각 점변류의 수심, 등류수심, 한계수심이다. 그리고 식 (5.102)에 Chezy 공식을 적용하면 식 (5.103)이 된다.

$$\frac{dy}{dx} = S_0 \frac{1-\left(\frac{y_o}{y}\right)^3}{1-\left(\frac{y_c}{y}\right)^3} \tag{5.103}$$

5.7.2 부등류 수면곡선

부등류(점변류)의 수면곡선 형태는 흐름의 상태와 경사에 따라 표 5.5로 구분할 수 있다.

표 5.5 부등류 수면곡선

경사 종류	경사 분류	Fr	수면곡선
$S_0 < S_c$	완경사 (M)	$F_r < 1$ $F_r < 1$ $F_r > 1$	$M1$ $M2$ $M3$
$S_0 = S_c$	한계경사 (C)	$F_r < 1$ $F_r = 1$ $F_r > 1$	$C1$ $C2$ $C3$
$S_0 > S_c$	급경사 (S)	$F_r < 1$ $F_r > 1$ $F_r > 1$	$S1$ $S2$ $S3$
$S_0 = 0$	수평경사 (H)	$F_r < 1$ $F_r > 1$	$H2$ $H3$
$S_0 < 0$	역경사 (A)	$F_r < 1$ $F_r > 1$	$A2$ $A3$

그림 5.18은 완경사(Mild slope) 수면곡선, 그림 5.19는 한계경사(Critical slope) 수면곡선, 그림 5.20은 급경사(Steep slope) 수면곡선, 그림 5.21은 수평경사(Horizontal slope) 수면곡선 그리고 그림 5.24는 역경사(Inverse slope) 수면곡선을 나타낸 것이다.

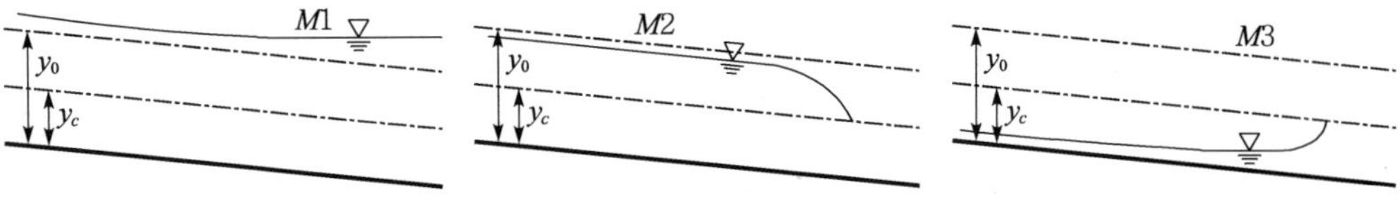

그림 5.18 완경사 수면곡선

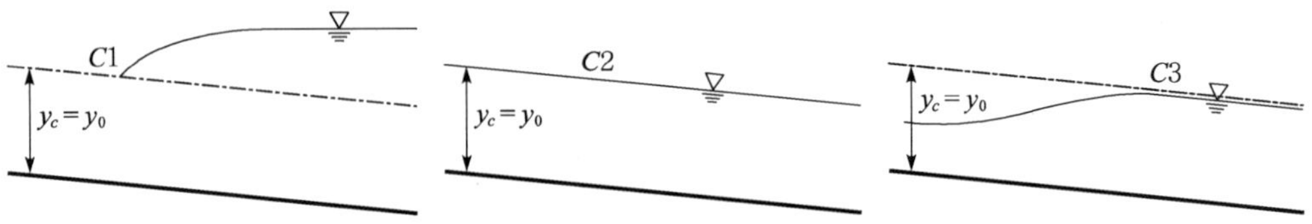

그림 5.19 한계경사 수면곡선

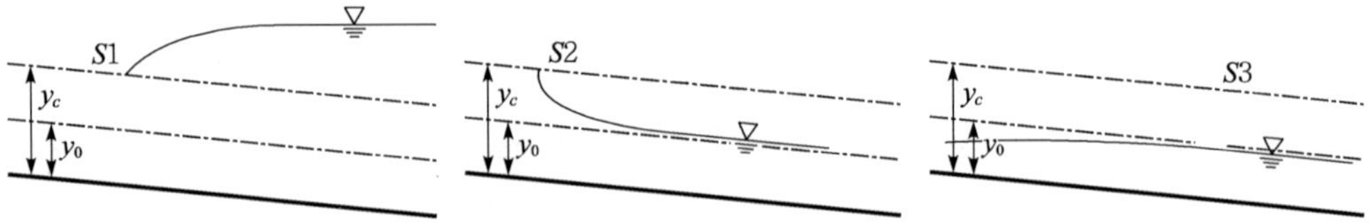

그림 5.20 급경사 수면곡선

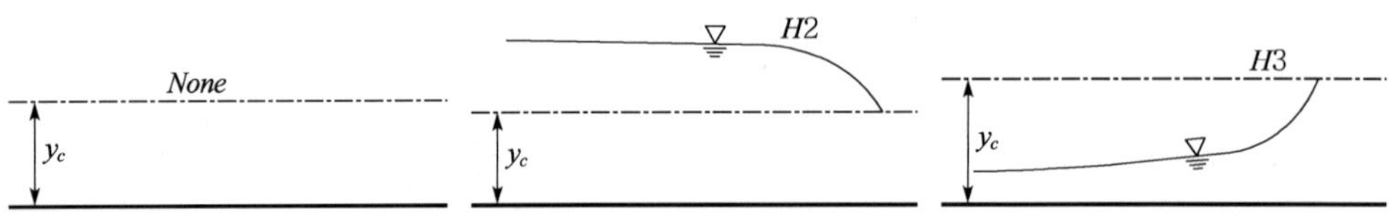

그림 5.21 수평경사 수면곡선

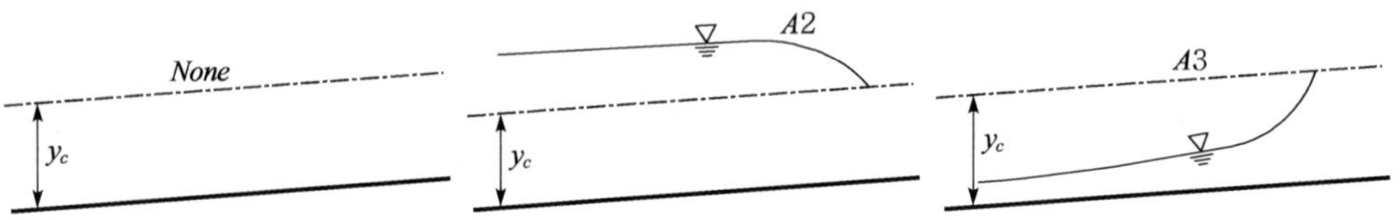

그림 5.22 역경사 수면곡선

연습문제

1. 그림 5.23과 그림 5.24와 같은 개수로 단면에서 경심 R, 수리수심 D 그리고 단면계수 Z를 산정하시오.

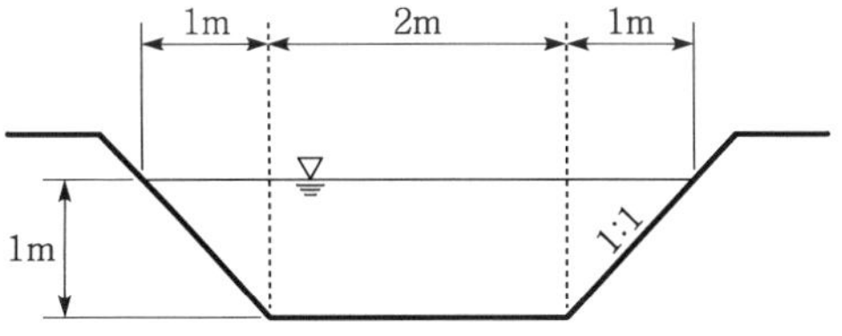

그림 5.23

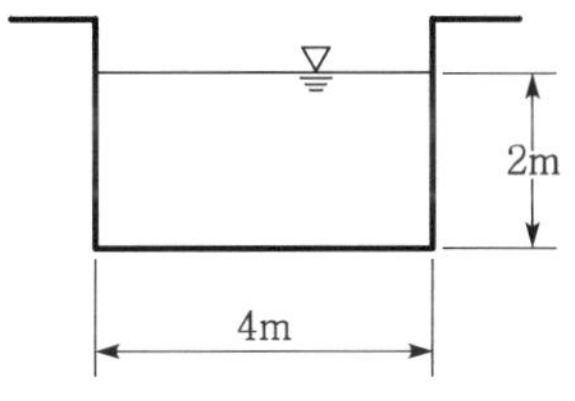

그림 5.24

2. 그림 5.25와 그림 5.26의 개수로 단면에서 유량 Q를 산정하시오. 단, 동수경사 $I=0.002$, Manning의 조도계수 $n=0.013$이다.

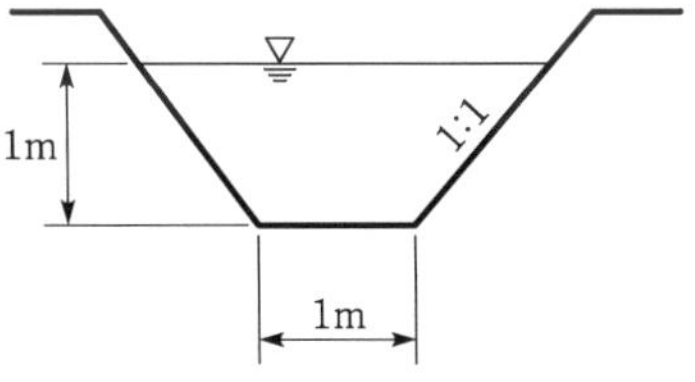

그림 5.25

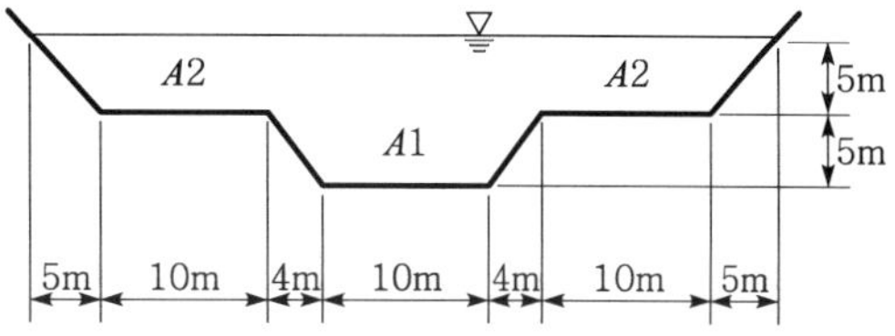

그림 5.26

3. 폭 $b=8\text{m}$의 직사각형 개수로에 유량 $Q=15\text{m}^3/\text{sec}$가 유하하는 경우 최소 비에너지를 산정하시오. 단, 에너지 보정계수 $\alpha=1.1$이다.

4. 그림 5.27과 같은 정사각형 개수로의 단면 제원을 표 5.6에 제시하였다. $I=0.01$, $n=0.013$인 경우 표 5.6을 완성하고 수리특성곡선을 작도하시오. 단, Manning의 공식을 사용하고, 정사각형 개수로가 만재(Bankfull discharge)한 경우 $A_0=1\text{m}^2$, $P=4\text{m}$, $R=0.25\text{m}$, $V_0=3.053\text{m/sec}$ 그리고 $Q_0=3.053\text{m}^3/\text{sec}$이다.

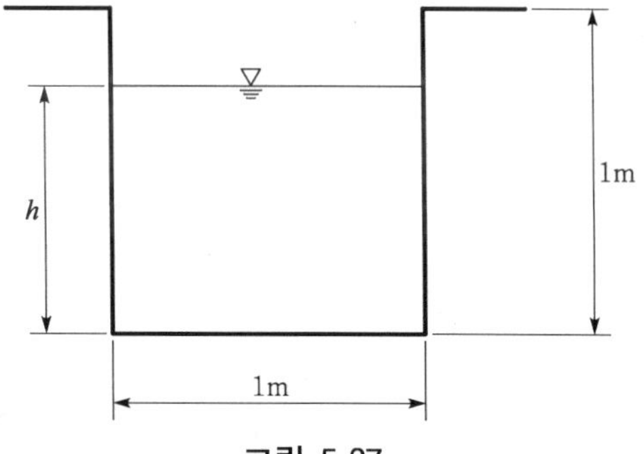

그림 5.27

표 5.6

h(m)	A(m^2)	P	R	V	Q	$\frac{A}{A_f}$	$\frac{V}{V_f}$	$\frac{Q}{Q_f}$
0.9	0.9	2.8	0.32	3.59	3.24			
0.8	0.8	2.6	0.31	3.52	2.82			
0.7	0.7	2.4	0.29	3.37	2.36			
0.6	0.6	2.2	0.27	3.21	1.92			
0.5	0.5	2.0	0.25	3.05	1.53			
0.4	0.4	1.8	0.22	2.80	1.12			
0.3	0.3	1.6	0.19	2.54	0.76			
0.2	0.2	1.4	0.14	2.07	0.41			
0.1	0.1	1.2	0.08	1.43	0.14			

5. 폭 $b=12.0\text{m}$, 수심 $h=60\text{cm}$ 그리고 유량 $Q=16.2\text{m}^3/\text{sec}$가 직사각형 개수로에 유하하는 경우 흐름을 판별하고 한계유속을 산정하시오.

6. 월류 수심 $h_1=2.0\text{m}$, 폭 $b=60.0\text{m}$인 여수로(Spillway)의 월류 유량은 $Q=1{,}100\text{m}^3/\text{sec}$이다.
   1) 도수의 종류를 판별하시오.
   2) 도수 후의 상류수심 h_2를 산정하시오.
   3) 도수로 인한 에너지 손실 ΔH_e를 산정하시오.

06

흐 름 측 정

6.1 유속측정

6.2 관수로 흐름 측정

6.3 개수로 흐름 측정

6.4 수문

흐 름 측 정

6.1 유속 측정

6.1.1 피토관

피토관(Pitot tube)은 흐르는 물에 관을 연직으로 설치하고 정압력과 정체압력의 수면 차 h를 이용하여 유속을 측정하는 장치이다. 그림 6.1은 피토관을 나타낸 것이다.

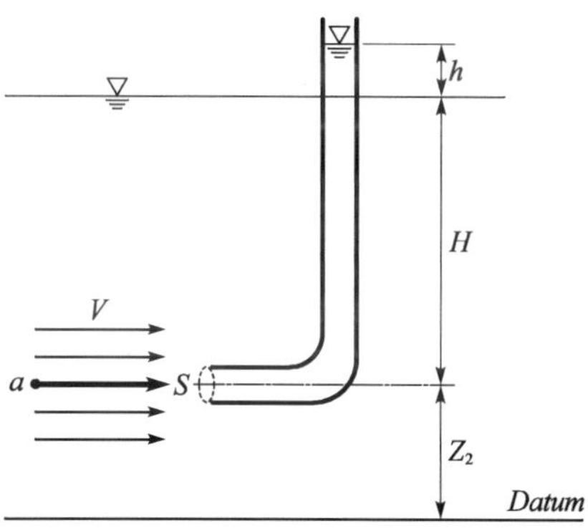

그림 6.1 피토관

그림 6.1의 점 a와 S에 베르누이 방정식을 적용하면 식 (6.1)이 된다.

$$\frac{V_a^2}{2g} + \frac{p_a}{\omega_0} + Z_a = \frac{V_S^2}{2g} + \frac{p_S}{\omega_0} + Z_S \tag{6.1}$$

식 (6.1)에서 점 a와 S는 기준면으로부터 동일한 위치에 있으므로 $Z_a = Z_S$이고 점 S는 정체점(Stagnation point)으로 $V_S = 0$이 되므로 식 (6.1)은 식 (6.2)가 된다.

$$h = \frac{V_a^2}{2g}$$

$$V_a = \sqrt{2gh} \tag{6.2}$$

6.1.2 유속계

유속을 측정하는 방법에는 그림 6.2에 제시된 유속계를 이용하는 기계적인 방법과 화학적인 방법이 있다. 화학적인 방법에는 하천에 유입된 소금이 전기 전도성을 증가시킨다는 원리를 이용하는 염분 속도법(Salt velocity), 농축한 소금용액을 일정한 비율로 하천에 주입하고 소금용액과 물이 완전히 혼합한 후 하류지점에서 표본을 채취하여 유속을 산정하는 염분 희석법 그리고 방사능 물질을 주입하여 유속을 측정하는 방사능 추적법 등이 있다.

그림 6.2의 (a)는 프로펠러(Propeller) 유속계(Current meter), (b)는 프라이스(Price) 유속계를 나타낸 것이다.

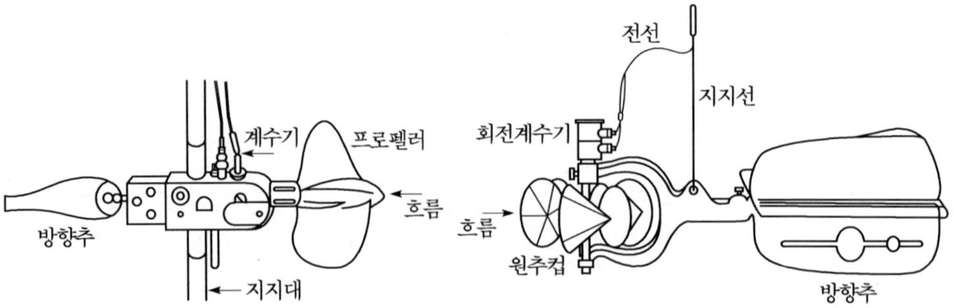

(a) 프로펠러 유속계

(b) 프라이스 유속계

그림 6.2 회전식 유속계

유속계는 개수로의 임의 수심에서 점 유속을 측정하는 장치로서 유속 V와 회전자의 회전속도 N사이에는 식 (6.3)의 관계가 성립한다.

$$V = aN + b \tag{6.3}$$

여기서, a와 b는 유속계에 따른 상수이다.

6.2 관수로 흐름 측정

6.2.1 작은 오리피스

오리피스(Orifice)는 유량의 측정을 위하여 수조 또는 저수지 등의 측벽이나 바닥에 설치한 다양한 기하학적인 형상을 가지는 유출공으로 정의된다. 오리피스 중에서 유출공의 면적과 수평면적 및 수면에서 오리피스 중심까지의 수두와 유출공의 직경이 작은 경우를 작은 오리피스(Small orifice)라 한다. 큰 오리피스(Large orifice)는 유출공의 면적이 커서 오리피스 단면내의 유속분포가 불균일하고 오리피스 상·하단의 압력수두 변화를 고려해야 하는 오리피스이다.

오리피스의 유출구 직경을 d, 수면에서 유출구 중심까지의 수두를 H라 할 때 $5d > H$인 경우를 큰 오리피스, $5d < H$인 경우를 작은 오리피스라 한다.

그림 6.3과 같이 수조의 측벽에 유출구를 설치한 오리피스를 작은 오리피스로 가정하고 유출구 면적을 a, 수조면적을 S, 오리피스 유출구 중심에서의 유속을 V_B 그리고 수조내의 수면이 하강하는 속도를 V_A라 하자. 점 A와 B에 베르누이 방정식을 적용하면 식 (6.4)가 된다.

$$\frac{V_A^2}{2g}+\frac{p_A}{\omega_0}+z_A=\frac{V_B^2}{2g}+\frac{p_B}{\omega_0}+z_B \tag{6.4}$$

식 (6.4)에서 $\frac{p_A}{\omega_0}=H$, $\frac{p_B}{\omega_0}=0$(대기압) 그리고 $z_A=z_B$이므로 식 (6.5)가 된다.

$$V_B=\sqrt{2g\left(H+\frac{V_A^2}{2g}\right)} \tag{6.5}$$

여기서, V_A는 접근 유속(Approaching velocity), $h_a=\frac{V_A^2}{2g}$는 접근 유속수두(Approaching velocity head), $H+\frac{V_A^2}{2g}$는 유효수두(Effective head)이다. 식 (6.5)에서 유출구 면적과 비교하여 수조의 단면적이 상대적으로 매우 크다고 가정하면 $V_A\approx 0$이 되므로 식 (6.6)이 된다.

$$V_B=\sqrt{2gH} \tag{6.6}$$

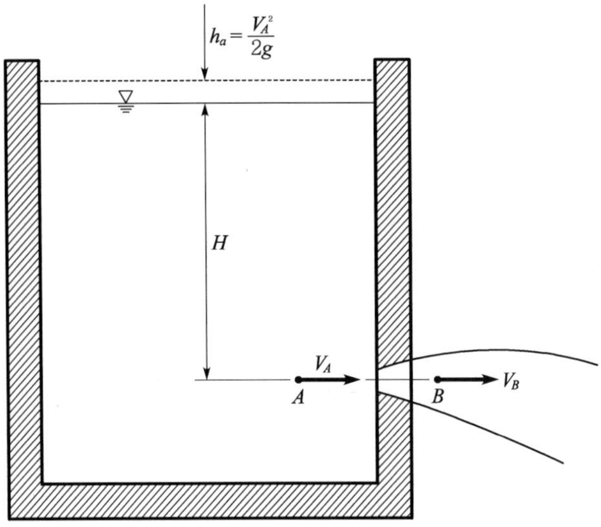

그림 6.3 작은 오리피스

식 (6.6)에서 V_B는 이론유속이다. 실제유체가 유출하는 경우 공기의 마찰, 유체 점성 등의 영향으로 인하여 실제유속은 이론유속과 비교하여 감소하게 된다. 수면과 유출구사이의 에너지 손실을 $f_e \frac{V_B^2}{2g}$라 하고 점 A와 B에 대해 베르누이 방정식을 적용하고 간단히 하면 식 (6.7)이 된다.

$$\frac{V_A^2}{2g} + H = \frac{V_B^2}{2g} + f_e \frac{V_B^2}{2g} = \frac{V_B^2}{2g}(1 + f_e)$$

$$V_B = \frac{1}{\sqrt{1+f_e}} \sqrt{2g\left(H + \frac{V_A^2}{2g}\right)}$$

$$V_B = C_v \sqrt{2g\,(H + h_a)} \tag{6.7}$$

여기서, $h_a = \frac{V_A^2}{2g}$, $C_v = \frac{1}{\sqrt{1+f_e}}$이고 접근 유속수두 h_a를 무시하면 오리피스 유출구에서 유속 V_B는 식 (6.8)이 된다.

$$V_B = C_v \sqrt{2\,g\,H} \tag{6.8}$$

여기서, C_v는 유속계수로서 일반적으로 $C_v = 0.95 \sim 0.99$의 값을 가진다.

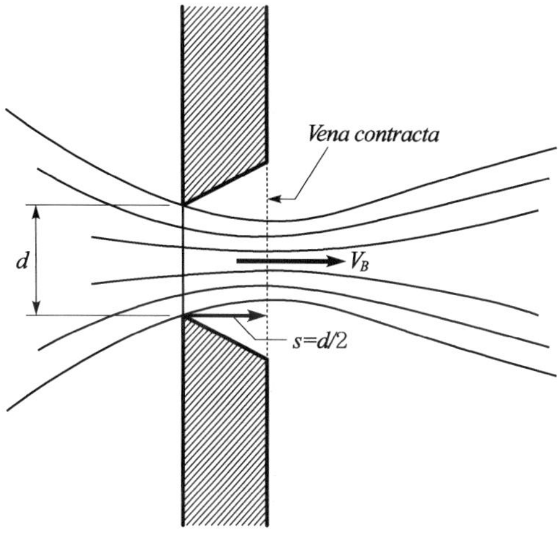

그림 6.4 수축단면

작은 오리피스의 직경이 d일 때 $\frac{d}{2}$가 되는 위치에서 최소 단면적 a_0로 되었다가 다시 단면적이 증가한다. 최소 단면이 발생하는 지점에서 모든 유선의 방향은 수평이 되고 유속도 균일하게 되는 데 이 단면을 수축단면(Vena contracta)이라 한다.

오리피스의 단면적을 a, 수축단면의 단면적을 a_0라 하면 수축계수 C_a는 식 (6.9)가 된다.

$$C_a = \frac{a_0}{a} \tag{6.9}$$

여기서, C_a는 수축계수로서 일반적으로 0.60~0.64의 값을 가진다.

따라서 작은 오리피스로부터 유출되는 실제 유량 Q는 식 (6.10)유량계수 C는 식 (6.11)이 된다.

$$\begin{aligned} Q &= C_V \cdot C_a \cdot a \cdot \sqrt{2g(H+h_a)} \\ &= C \cdot a \cdot \sqrt{2g(H+h_a)} \end{aligned} \tag{6.10}$$

$$C = C_v \cdot C_a \tag{6.11}$$

여기서, 유량계수 C는 일반적으로 0.60~0.64정도의 값을 가지게 된다. 식 (6.10)에서 접근 유속수두 h_a를 무시하면 식 (6.12)가 된다.

$$Q = C \cdot a \sqrt{2gH} \tag{6.12}$$

예제 4.9 오리피스 유출구 중심에서 수면까지의 높이 $H = 4.0\text{m}$, 유출구의 직경 $d = 2.0\text{cm}$, 수축계수 $C_a = 0.60$ 그리고 $C_v = 0.95$이다.

1) 수축단면이 발생하는 지점까지의 거리 l을 산정하시오.
2) 수축단면의 단면적 a_0를 산정하시오.
3) 접근 유속수두를 무시하고 유출구의 유속 V_B를 산정하시오.
4) 유량 Q를 산정하시오.

풀이

1) 수축단면이 발생하는 지점까지의 거리 l

$$l = \frac{d}{2} = \frac{2}{2} = 1.0\text{cm}$$

2) 수축단면의 단면적 a_0

$$C_a = \frac{a_0}{a} \text{ 에서 } a_0 = C_a \cdot a$$

$$a_0 = C_a \cdot a = 0.60 \times \frac{3.14 \times 2^2}{4} = 1.884\text{cm}^2$$

3) 유출구의 유속 V_B

$$V_B = C_v \sqrt{2\,g\,H} = 0.95 \times \sqrt{2 \times 9.8 \times 4} = 8.41\text{m/sec}$$

4) 유량 Q

$$Q = C \cdot a\sqrt{2gH} = C_a C_v\, a\sqrt{2gH} = 0.6 \times 0.95 \times \frac{3.14 \times 2^2}{4} \times \sqrt{2 \times 980 \times 400} = 1{,}584.76\text{cm}^3/\text{sec}$$

6.2.2 큰 오리피스

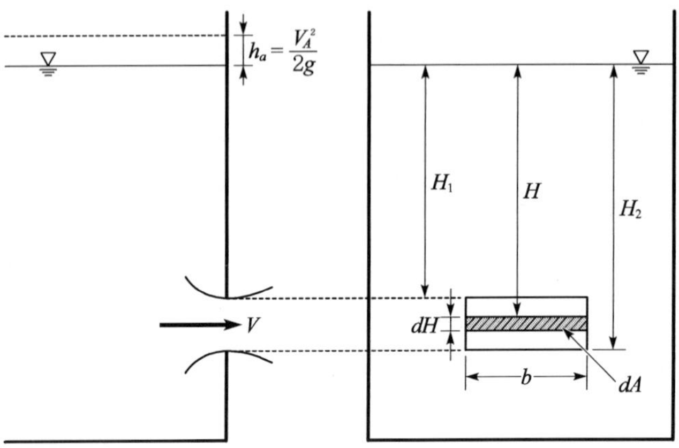

그림 6.5 큰 오리피스

그림 6.5와 같은 직사각형 큰 오리피스의 미소 단면적 dA를 통과하는 유량 dQ는 식 (6.13)이 된다.

$$dQ = dA \cdot V = b \cdot dH \cdot V \tag{6.13}$$

유속 $V = C_v\sqrt{2g\,(H+h_a)}$ 이므로 유량 dQ는 식 (6.14)가 된다. 그리고 식 (6.13)을 H_1에서 H_2까지 적분하면 큰 오리피스의 유량 Q가 식 (6.15)로 산정된다.

$$dQ = C\sqrt{2g\,(H+h_a)} \cdot b \cdot dH \tag{6.14}$$

$$\begin{aligned} Q &= \int_{H_1}^{H_2} C\sqrt{2g\,(H+h_a)} \cdot b \cdot dH \\ &= \int_{H_1}^{H_2} Cb\sqrt{2g}\,(H+h_a)^{\frac{1}{2}}dH \\ &= \frac{2}{3}Cb\sqrt{2g}\left[(H_2+h_a)^{\frac{3}{2}} - (H_1+h_a)^{\frac{3}{2}}\right] \end{aligned} \tag{6.15}$$

접근 유속수두 $h_a = 0$이라고 하면 식 (6.15)는 식 (6.16)이 된다.

$$Q = \frac{2}{3}Cb\sqrt{2g}\left(H_2^{\frac{3}{2}} - H_1^{\frac{3}{2}}\right) \tag{6.16}$$

예제 6.2 그림 6.6과 같은 직사각형 큰 오리피스의 폭이 $b = 0.6\text{m}$이고 높이가 $h = 0.7\text{m}$인 경우 접근유속을 무시하고 유량 Q를 산정하시오. 단, $C = 0.62$이다.

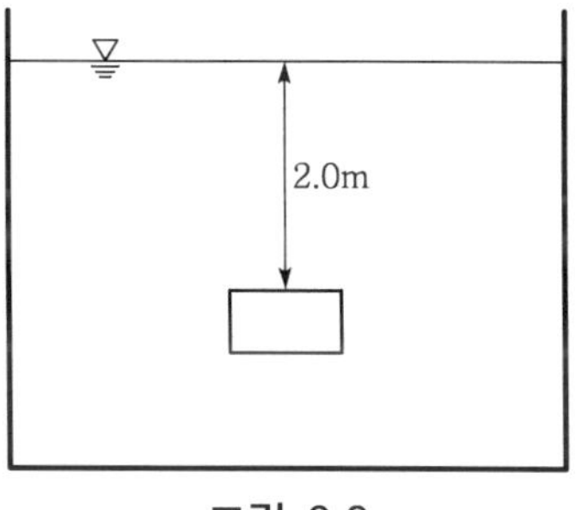

그림 6.6

풀이

$$Q = \frac{2}{3}Cb\sqrt{2g}\left(H_2^{\frac{3}{2}} - H_1^{\frac{3}{2}}\right)$$

$$= \frac{2}{3} \times 0.62 \times 0.6 \times \sqrt{2 \times 9.8} \times (2.7^{3/2} - 2.0^{3/2}) = 1.77\text{m}^3/\text{sec}$$

6.2.3 수중 오리피스

오리피스의 유출공에서 유출하는 수맥이 수중으로 유입하는 오리피스를 수중 오리피스(Submerged orifice)라 한다.

수중 오리피스에서 유출 수맥이 하류 쪽 수면 하단에 잠기는 오리피스를 완전 수중 오리피스(Completely submerged orifice), 유출 수맥의 일부만이 수면 하단에 잠기는 오리피스를 불완전 수중 오리피스(Partially submerged orifice)라 한다.

(1) 완전 수중 오리피스

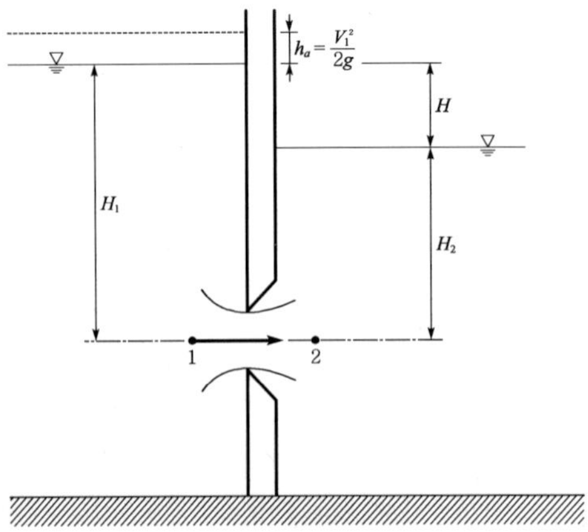

그림 6.7 완전 수중 오리피스

그림 6.7의 점 1과 2에 베르누이 방정식을 적용하면 식 (6.17)이 된다.

$$\frac{V_1^2}{2g} + \frac{p_1}{\omega_0} + z_1 = \frac{V_2^2}{2g} + \frac{p_2}{\omega_0} + z_2 + f_e \frac{V_2^2}{2g} \tag{6.17}$$

식 (6.17)에서 $\frac{p_1}{\omega_0} = H_1$, $\frac{p_2}{\omega_0} = H_2$, $\frac{V_1^2}{2g} = h_a$ 그리고 $z_1 = z_2$이므로 식 (6.18)이 된다.

$$h_a + H_1 = \frac{V_2^2}{2g} + H_2 + f_e \frac{V_2^2}{2g} \tag{6.18}$$

따라서 식 (6.18)을 V_2에 대하여 정리하면 식 (6.19)가 된다.

$$\begin{aligned} V_2 &= \frac{1}{\sqrt{1+f_e}} \sqrt{2g\,(H_1 - H_2 + h_a)} \\ &= C_v \sqrt{2g\,(H_1 - H_2 + h_a)} \end{aligned} \tag{6.19}$$

완전 수중 오리피스의 유출량 Q는 식 (6.20)이 되고 접근 유속수두 h_a를 무시하면 식 (6.21)이 된다.

$$Q = C \cdot a \sqrt{2g\,(H_1 - H_2 + h_a)} \tag{6.20}$$

$$Q = C \cdot a \sqrt{2g(H_1 - H_2)}$$
$$= C \cdot a \sqrt{2gH} \tag{6.21}$$

(2) 불완전 수중 오리피스

불완전 수중 오리피스는 유속분포를 간단한 식으로 표시할 수 없으므로 수학적으로 취급하기가 곤란하다.

그림 6.8에서 Q_1을 큰 오리피스 유량, Q_2를 작은 오리피스의 유량으로 가정하면 유출량 Q는 식 (6.22)가 된다.

$$Q = Q_1 + Q_2 \tag{6.22}$$

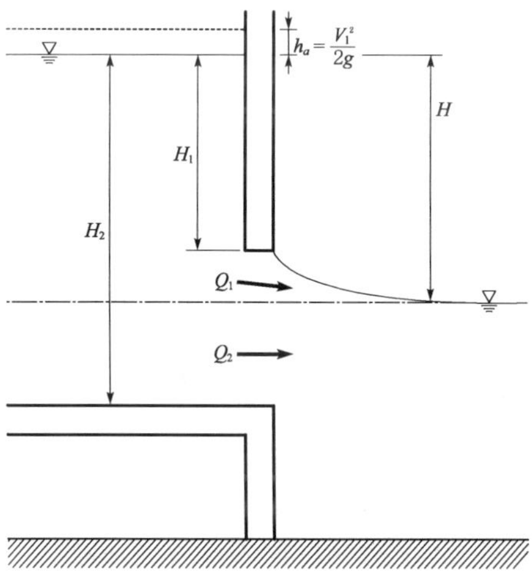

그림 6.8 불완전 수중 오리피스

식 (6.22)에서 $Q_1 = \dfrac{2}{3} C_1\, b \sqrt{2g} \left(H^{\frac{3}{2}} - H_1^{\frac{3}{2}}\right)$이고 $Q_2 = C_2\,(H_2 - H)\, b \sqrt{2gH}$이므로 불완전 수중 오리피스의 유출량 Q는 식 (6.23)에 의해 산정된다.

$$Q = \frac{2}{3} C_1\, b \sqrt{2g} \left(H^{\frac{3}{2}} - H_1^{\frac{3}{2}}\right) + C_2 (H_2 - H) b \sqrt{2gH} \tag{6.23}$$

6.2.4 배수시간

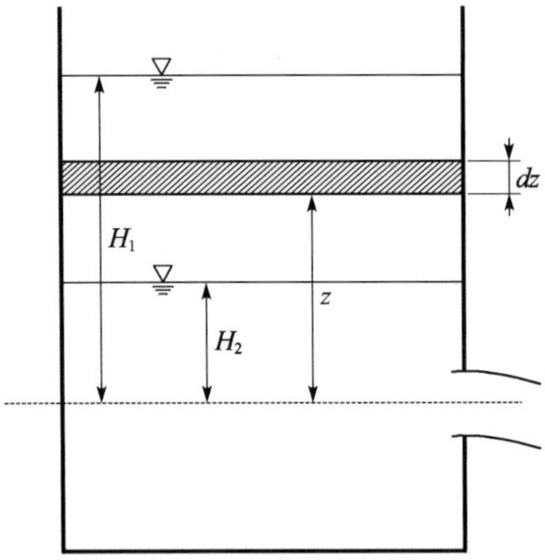

그림 6.9 배수시간

그림 6.9에서 수심 H_1에서 H_2까지 하강하는 데 걸리는 시간 t의 산정을 위하여 수조 단면적을 A, 오리피스 단면적을 a라 하면 미소시간 dt동안 수위하강 높이는 $-dz$이므로 식 (6.24)가 성립한다.

$$-A\,dz = Q\,dt \tag{6.24}$$

식 (6.24)를 접근 유속수두를 무시한 작은 오리피스의 유량 산정공식인 식 (6.12)에 대입하면 식 (6.25)가 된다.

$$Q = C \cdot a\sqrt{2gz}$$

$$-A\,dz = C \cdot a\sqrt{2gz}\,dt$$

$$dt = \frac{-A}{C \cdot a\sqrt{2gz}}\,dz \tag{6.25}$$

식 (6.25)를 $t=0(H_1)$에서 $t=t(H_2)$까지 적분하면 작은 오리피스에 의한 배수시간 t가 식 (6.26)으로 산정된다.

$$\int_0^t dt = \frac{-A}{C \cdot a\sqrt{2g}}\int_{H_1}^{H_2} z^{-\frac{1}{2}}\,dz$$

$$t = \frac{-2A}{C \cdot a\sqrt{2g}}\left(\sqrt{H_2} - \sqrt{H_1}\right)$$

$$t = \frac{2A}{C \cdot a\sqrt{2g}}\left(\sqrt{H_1} - \sqrt{H_2}\right) \tag{6.26}$$

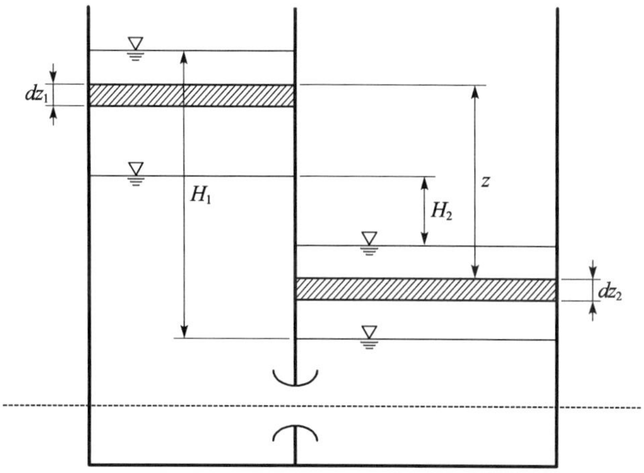

그림 6.10 수중 오리피스 배수시간

그림 6.10과 같은 수중 오리피스의 배수시간 t를 산정하기 위하여 좌측 수조의 수면강하 높이를 $-dz_1$, 우측 수조의 수면상승 높이를 dz_2라 하면 양 수조에서 수면 변화량은 식 (6.27)이 된다.

$$-dz_1 + dz_2 = -dz$$

$$dz = dz_1 - dz_2 \tag{6.27}$$

좌측 수조의 수면적을 A_1, 우측 수조의 수면적을 A_2라 하면 식 (6.28)의 관계가 성립한다.

$$-A_1 dz_1 = A_2 dz_2 \tag{6.28}$$

수중 오리피스의 유량 Q(접근 유속수두 h_a를 무시)를 산정하는 공식의 양변에 미소시간 dt를 곱하고 식 (6.28)의 관계를 적용하면 식 (6.29)가 된다. 그리고 식 (6.29)를 식 (6.27)에 대입하면 식 (6.30)이 된다.

$$Q = C \cdot a\sqrt{2gz}$$

$$Q\,dt = C \cdot a\sqrt{2gz}\,dt$$

$$-A_1 dz_1 = A_2 dz_2 = C \cdot a\sqrt{2gz}\,dt \tag{6.29}$$

$$dz = dz_1 - dz_2$$

$$= -\frac{1}{A_1} C \cdot a\sqrt{2gz}\,dt - \frac{1}{A_2} C \cdot a\sqrt{2gz}\,dt$$

$$= -\left(\frac{1}{A_1} + \frac{1}{A_2}\right) C \cdot a\sqrt{2gz}\,dt$$

$$dt = \frac{-A_1 A_2}{A_1 + A_2} \cdot \frac{1}{C \cdot a\sqrt{2g}} \frac{1}{\sqrt{z}} dz \qquad (6.30)$$

식 (6.30)을 H_1에서 H_2까지 적분하면 수중 오리피스의 배수시간을 산정하는 식 (6.31)이 된다.

$$t = \frac{-A_1 A_2}{A_1 + A_2} \cdot \frac{1}{C \cdot a\sqrt{2g}} \int_{H_1}^{H_2} \frac{1}{\sqrt{z}} dz$$

$$t = \frac{2}{C \cdot a\sqrt{2g}} \frac{A_1 A_2}{A_1 + A_2} \left(H_1^{1/2} - H_2^{1/2}\right)$$

$$t = \frac{2}{C \cdot a\sqrt{2g}} \frac{1}{\left[\frac{1}{A_1} + \frac{1}{A_2}\right]} \left(H_1^{1/2} - H_2^{1/2}\right) \qquad (6.31)$$

식 (6.31)에서 $A_1 \ll A_2$인 경우 식 (6.32), $A_1 \gg A_2$인 경우 식 (6.33)이 된다.

$$t = \frac{2A_1}{C \cdot a\sqrt{2g}} \left(H_1^{\frac{1}{2}} - H_2^{\frac{1}{2}}\right) \qquad (6.32)$$

$$t = \frac{2A_2}{C \cdot a\sqrt{2g}} \left(H_1^{\frac{1}{2}} - H_2^{\frac{1}{2}}\right) \qquad (6.33)$$

예제 6.3 그림 6.11과 같이 평균 단면적이 2.0m^2인 연직벽 수조의 벽에 단면적 15.0cm^2인 오리피스를 설치하였다. 수면에서 오리피스 중심까지의 수심 1.0m에서 0.5m로 하강하는 데 걸리는 시간 t를 산정하시오. 단, 유량계수 $C=0.6$이고 접근유속은 무시한다.

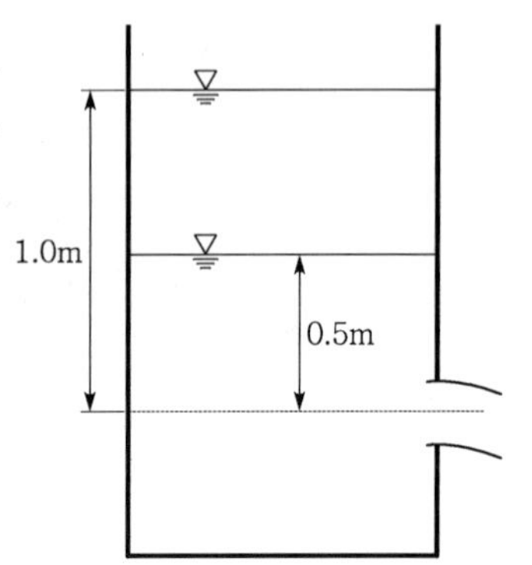

그림 6.11

풀이

$$t = \frac{2A}{C \cdot a\sqrt{2g}} \left(\sqrt{H_1} - \sqrt{H_2}\right)$$

$$= \frac{2 \times 20{,}000}{0.6 \times 15 \times \sqrt{2 \times 980}} \left(\sqrt{100} - \sqrt{50}\right) = 294.03\text{sec} \fallingdotseq 295\text{sec}$$

예제 6.4 그림 6.12와 같이 좌측 수조 단면적 $A_1 = 3.0\text{m}^2$, 우측 수조 단면적 $A_2 = 5.0\text{m}^2$인 두 수조의 측벽에 폭 $b = 10.0\text{cm}$, 높이 $h = 5.0\text{cm}$인 사각형 오리피스를 설치하였다. 두 수조의 수위가 같아지는 데 소요되는 시간을 산정하시오. 단, 유량계수 $C = 0.62$이다.

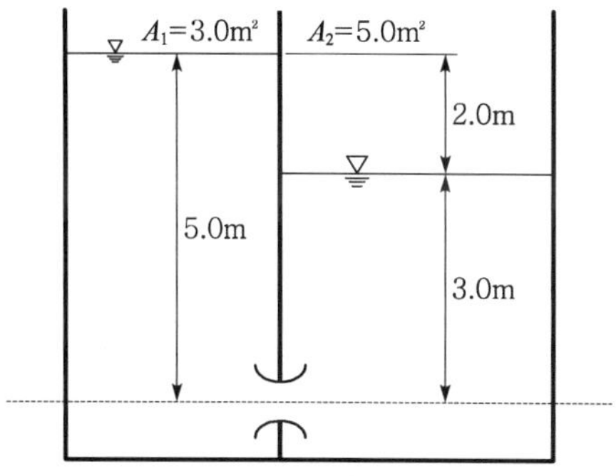

그림 6.12

풀이

$H_1 = 2.0\text{m}$, $H_2 = 0.0\text{m}$ 이므로

$$t = \frac{2}{C \cdot a\sqrt{2g}} \frac{1}{\left[\frac{1}{A_1} + \frac{1}{A_2}\right]} \left(H_1^{\frac{1}{2}} - H_2^{\frac{1}{2}}\right)$$

$$= \frac{2}{0.62 \times (0.10 \times 0.05) \times \sqrt{2 \times 9.8}} \times \frac{1}{\left[\frac{1}{3} + \frac{1}{5}\right]} \times \left(2^{\frac{1}{2}} - 0^{\frac{1}{2}}\right)$$

$$= 386.42\text{sec} \fallingdotseq 387\text{sec}$$

6.2.5 단관과 노즐

오리피스에서 분출하는 분류를 제어하기 위하여 오리피스 직경의 2.0~2.5배의 짧은 관을 붙인 것을 단관(Short tube)이라 한다. 단관의 길이가 오리피스 직경의 2배 미만일 때는 단관의 효과를 기대할 수 없다.

단관을 사용하면 유출단면의 수축이 현저히 작아진다. 오리피스에서 수축계수 C_a는 일반적으로 0.60~0.64이지만 단관에서는 $C_a = 1$이므로 유량이 증가하게 된다. 그러나 오리피스에서 유속계수 C_v는 0.95~0.99인데 반해서 단관을 사용할 때는 0.78~0.83(일반적으로 0.82)의 값을 가진다.

물이 사출(Jet)하는 관의 한쪽 끝부분의 유출구가 좁은 관을 노즐(Nozzle)이라 한다. 그림 6.13의 점 A와 B에 베르누이 방정식을 적용하면 식 (6.34)가 된다.

$$\frac{V_A^2}{2g} + \frac{p_A}{\omega_0} + z_A = \frac{V_B^2}{2g} + \frac{p_B}{\omega_0} + z_B \tag{6.34}$$

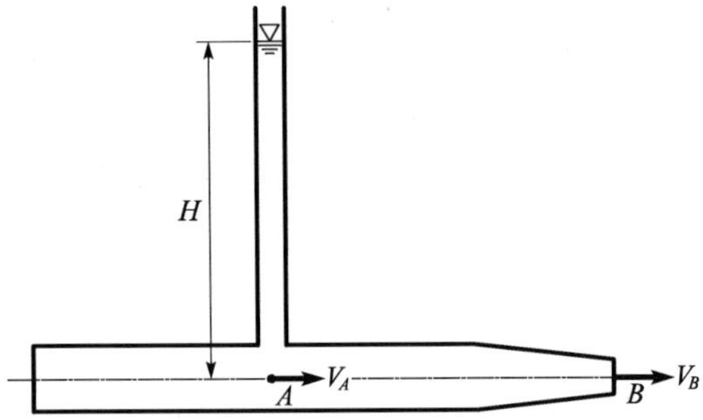

그림 6.13 노즐

식 (6.34)에서 $z_A = z_B$, $\frac{p_A}{\omega_0} = H$ 그리고 $\frac{p_B}{\omega_0} = 0$이므로 식 (6.35)가 된다.

$$\frac{V_A^2}{2g} + H = \frac{V_B^2}{2g}$$

$$V_B = \sqrt{2gH + V_A^2} \tag{6.35}$$

관의 단면적을 a, 노즐부의 단면적을 a_0라 하면 V_A는 식 (6.36)이 된다.

$$Q = a \cdot V_A = C \cdot a_0 \cdot V_B$$

$$V_A = \frac{C \cdot a_0 \cdot V_B}{a} \tag{6.36}$$

식 (6.36)을 식 (6.35)에 대입하고 간단히 하면 식 (6.37)이 된다.

$$V_B = \sqrt{\frac{2gH}{1 - \left(\frac{C \cdot a_0}{a}\right)^2}} \tag{6.37}$$

식 (6.37)은 이론유속을 산정하는 식이므로 실제유속은 식 (6.38)이 되고 노즐에서의 유출량 Q는 식 (6.39)가 된다.

$$V = C_v \sqrt{\frac{2gH}{1 - \left(\frac{C \cdot a_0}{a}\right)^2}} \tag{6.38}$$

$$Q = C \cdot a_0 \sqrt{\frac{2gH}{1-\left(\frac{C \cdot a_0}{a}\right)^2}} \tag{6.39}$$

일반적으로 사출수에서 유속계수 $C_v = 0.97 \sim 0.98$의 값을 갖는다.

그림 6.14는 노즐에서 분사되는 사출수의 궤적을 나타낸 것이다. 노즐에서 사출되는 사출수의 연직 도달높이 y 및 수평 도달거리 x는 식 (6.40)과 식 (6.41)로 정의된다.

$$y = \frac{V^2}{2g}\sin^2\theta \tag{6.40}$$

$$L = x = \frac{V^2}{2g}\sin 2\theta \tag{6.41}$$

그리고 연직 최고 도달높이 y_{max}와 수평 최고 도달거리 x_{max}는 식 (6.42)와 식 (6.43)이 된다.

$$y_{max} = \frac{V^2}{2g} \quad (\text{단, } \theta = 90^\circ) \tag{6.42}$$

$$L_{max} = x_{max} = \frac{V^2}{g} (\text{단, } \theta = 45^\circ) \tag{6.43}$$

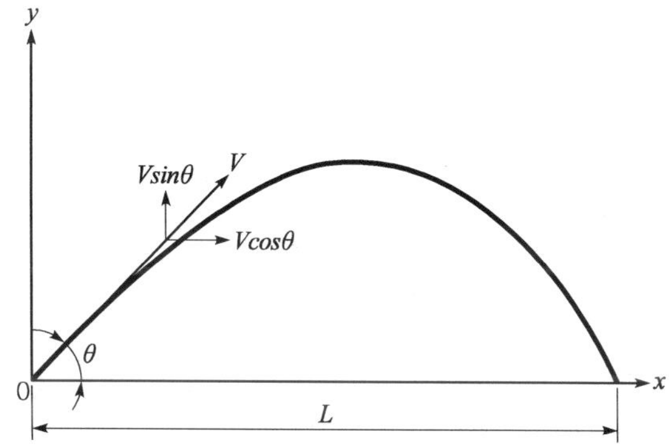

그림 6.14 사출수 궤적

예제 6.5 초속도 $V = 20.0\text{m/sec}$의 분류가 도달하는 연직 도달높이 y 및 수평 도달거리 x를 산정하시오. 단, $\theta = 60^\circ$이고 공기저항은 없다고 가정한다.

풀이

$$y = \frac{20.0^2}{2 \times 9.8} \times \sin^2 60^\circ = 15.31\text{m}$$

$$L = x = \frac{V^2}{2g}\sin 2\theta = \frac{20.0^2}{2 \times 9.8} \times \sin 120^\circ = 17.67\text{m}$$

6.2.6 벤츄리 미터

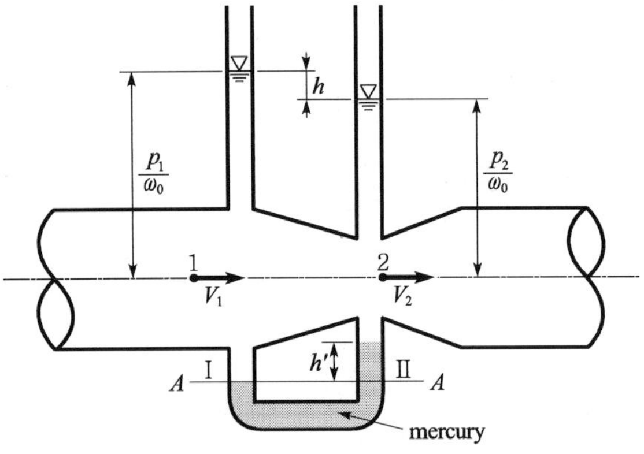

그림 6.15 벤츄리 미터

그림 6.15는 벤츄리 미터(Venturi meter)를 나타낸 것으로 점 1과 2에 베르누이 방정식을 적용하면 식 (6.44)가 된다.

$$\frac{V_1^2}{2g}+\frac{p_1}{\omega_0}+Z_1=\frac{V_2^2}{2g}+\frac{p_2}{\omega_0}+Z_2 \tag{6.44}$$

관이 수평이므로 $Z_1=Z_2$, 연속 방정식을 적용하면 $V_1=\frac{Q}{A_1}$, $V_2=\frac{Q}{A_2}$이므로 식 (6.44)는 식 (6.45)가 된다.

$$Q=\frac{A_1A_2}{\sqrt{A_1^2-A_2^2}}\sqrt{2g\left(\frac{p_1}{\omega_0}-\frac{p_2}{\omega_0}\right)} \tag{6.45}$$

식 (6.45)에서 $h=\frac{p_1}{\omega_0}-\frac{p_2}{\omega_0}$이므로 이상유체인 경우 벤츄리 미터에서 유량 Q를 산정하는 식은 (6.46)이 된다.

$$Q=\frac{A_1A_2}{\sqrt{A_1^2-A_2^2}}\sqrt{2gh} \tag{6.46}$$

식 (6.46)을 실제유체에 적용하는 경우 관 직경의 축소로 인한 에너지 손실이 발생하므로 유량계수 C를 적용하면 실제유체에 적용 가능한 식 (6.47)이 된다.

$$Q=C\frac{A_1A_2}{\sqrt{A_1^2-A_2^2}}\sqrt{2gh} \tag{6.47}$$

그림 6.15의 액주계에서 $A-A$선은 등압면이므로 $p_I = p_{II}$의 관계가 성립하고 p_I과 p_{II}에서의 압력과 수두차 h는 식 (6.48)이 된다.

$$p_I = p_1 + \omega_0 h'$$
$$p_{II} = p_2 + \omega_m h'$$
$$p_1 - p_2 = \omega_m h' - \omega_0 h'$$
$$\frac{p_1}{\omega_0} - \frac{p_2}{\omega_0} = \frac{\omega_m}{\omega_0}h' - h' = \left(\frac{\omega_m}{\omega_0}\right)\mathrm{h}'$$
$$h = \left(\frac{\omega_m}{\omega_0}\right)\mathrm{h}' \tag{6.48}$$

식 (6.48)을 식 (6.46)과 식 (6.47)에 대입하면 이상유체와 실제유체인 경우 유량 Q를 산정하는 식 (6.49)와 식 (6.50)이 된다.

$$Q = \frac{A_1 A_2}{\sqrt{A_1^2 - A_2^2}}\sqrt{2g\left(\frac{\omega_m}{\omega_0} - 1\right)h'} \tag{6.49}$$
$$Q = C\frac{A_1 A_2}{\sqrt{A_1^2 - A_2^2}}\sqrt{2g\left(\frac{\omega_m}{\omega_0} - 1\right)h'} \tag{6.50}$$

예제 6.6 그림 6.16과 같은 벤츄리 미터에 연결한 U자형 수압계의 눈금이 6.5cm이다. 관내의 유량 Q를 산정하시오. 단, 유량계수 $C=0.98$, 수은의 비중은 13.6이다.

풀이

$$Q = C\frac{A_1A_2}{\sqrt{A_1^2 - A_2^2}}\sqrt{2g(\frac{\omega_m}{\omega_0} - 1)h'} \text{ 에서}$$

$$A_1 = \frac{\pi D_1^2}{4} = \frac{\pi \times 16^2}{4} = 201.06\text{cm}^2$$

$$A_2 = \frac{\pi D_2^2}{4} = \frac{\pi \times 8^2}{4} = 50.27\text{cm}^2$$

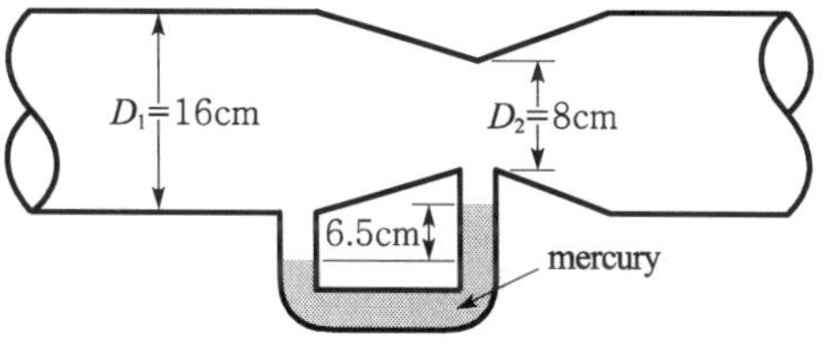

그림 6.16

$$Q = 0.98 \times \frac{201.06 \times 50.27}{\sqrt{201.06^2 - 50.27^2}} \times \sqrt{2 \times 980 \times (\frac{13.6}{1} - 1) \times 6.5} = 20{,}801.6\,\text{cm}^3/\text{sec}$$

예제 6.7 그림 6.17과 같은 벤츄리 미터에 피조 미터를 설치하였더니 10cm의 수면차가 발생하였다. 이때 수은을 넣은 액주계를 연결하는 경우 h'을 산정하시오. 단, 수은의 비중은 13.6이다.

풀이

피조 미터를 설치한 경우

$$Q = C\frac{A_1A_2}{\sqrt{A_1^2 - A_2^2}}\sqrt{2gh}$$

액주계를 설치한 경우

$$Q = C\frac{A_1A_2}{\sqrt{A_1^2 - A_2^2}}\sqrt{2g\left(\frac{\omega_m}{\omega_0} - 1\right)h'}$$

$$h = h'\left(\frac{\omega_m}{\omega_0} - 1\right)$$

$$h' = \frac{h}{\left(\frac{\omega_m}{\omega_0} - 1\right)} = \frac{10}{12.6} = 0.8\text{cm}$$

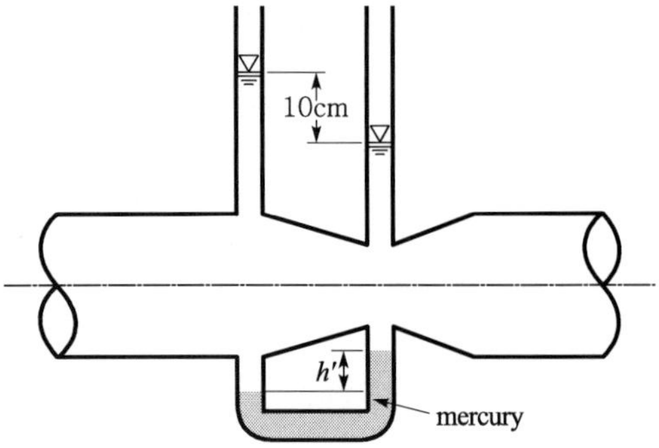

그림 6.17

6.3 개수로 흐름 측정

6.3.1 직사각형 웨어

수로를 횡단하여 설치한 구조물의 일부 또는 전체를 횡단하여 물을 흐르게 한 후 월류되는 유량을 측정하는 장치를 웨어(Weir)라 한다. 웨어의 사용목적은 유량측정 및 조절, 유량의 증가 그리고 유량의 배분이다.

웨어를 월류하는 흐름을 수맥(Nappe)이라 한다. 수맥의 형상은 정부 또는 측벽의 형상에 영향을 받게 된다. 수맥의 수축현상은 웨어의 마루부에서 발생하는 정변수축, 물이 웨어의 마루부로 접근함에 따라 유속의 가속이 발생하여 위치에너지가 운동에너지로 변화하면서 발생하는 면수축, 정변수축과 면수축의 합성 현상인 연직수축 그리고 웨어의 측면이 날카로워서 발생하는 측면수축으로 구분된다.

그림 6.18은 측면수축을 나타낸 것으로 양단에서 수축이 발생하는 경우 유효 폭 B_0는 식 (6.51), 한단에서 수축이 발생하는 경우 유효 폭 B_0는 식 (6.52)가 된다.

$$B_o = B - 0.2\,h \tag{6.51}$$

$$B_o = B - 0.1\,h \tag{6.52}$$

여기서, h는 월류수심이다.

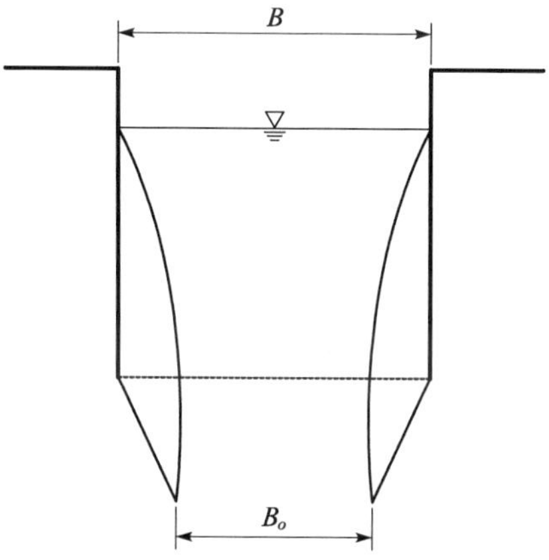

그림 6.18 측면수축

그림 6.19는 수맥의 형상을 나타낸 것이다.

수맥의 종류는 월류하는 물의 수평속도가 작아지면서 낙하수맥이 웨어 판에 부착되는 부착수맥$\left(\frac{H}{H_d} \ll 0.4\right)$, 수맥의 아래쪽에는 공기가 유통할 수 있어 수맥의 위와 아래에서 대기압을 받으면서 자유롭게 월류하는 완전수맥$\left(\frac{H}{H_d} < 0.4\right)$ 그리고 웨어의 하류판에 소용돌이가 발생하여 수맥의 형상이 분명하지 않는 불완전수맥$\left(\frac{H}{H_d} \geq 0.4\right)$으로 구분할 수 있다.

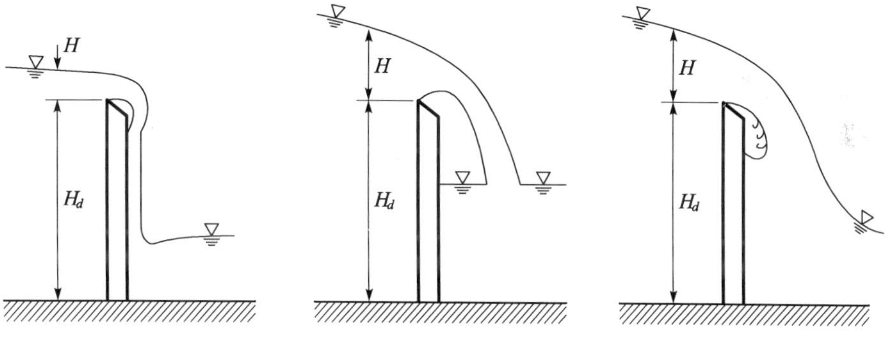

그림 6.19 수맥 형상

직사각형 웨어(Rectangular weir)의 유량은 큰 오리피스(사각형)의 유량공식인 식 (6.53)을 사용하여 근사적으로 결정한다.

$$Q=\frac{2}{3}Cb\sqrt{2g}\left[(H_2+h_a)^{\frac{3}{2}}-(H_1+h_a)^{\frac{3}{2}}\right] \tag{6.53}$$

식 (6.53)에서 접근 유속수두 $h_a=0$이라 하면 식 (6.54)가 되고 그림 6.20에서 직사각형 웨어인 경우 $H_1=0$, $H_2=H$이므로 식 (6.55)가 된다.

$$Q=\frac{2}{3}Cb\sqrt{2g}\left(H_2^{\frac{3}{2}}-H_1^{\frac{3}{2}}\right) \tag{6.54}$$

$$Q=\frac{2}{3}Cb\sqrt{2g}\;H^{\frac{3}{2}} \tag{6.55}$$

그림 6.21에서와 같이 전폭 웨어의 유량은 Francis 공식을 사용한다. 식 (6.56)은 접근 유속을 고려한 경우, 식 (6.57)은 접근유속을 무시한 경우 유량 Q를 산정하는 식이다.

$$Q=1.84\left(b-\frac{nH}{10}\right)\left[(H+h_a)^{\frac{3}{2}}-h_a^{\frac{3}{2}}\right] \tag{6.56}$$

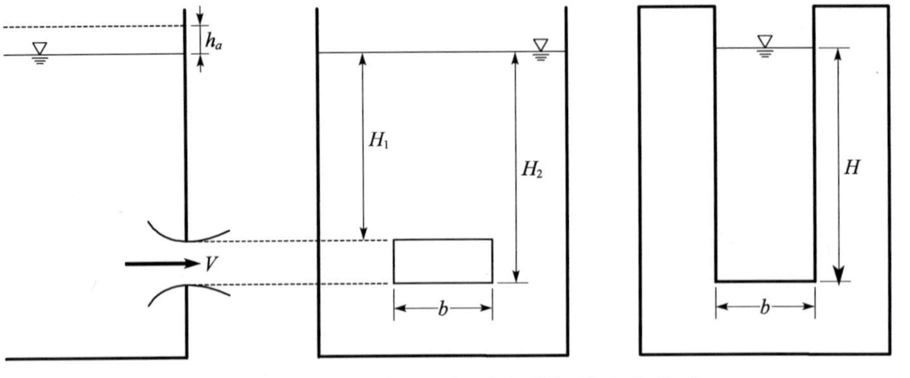

그림 6.20 큰 오리피스와 직사각형 웨어의 관계

$$Q=1.84\left(b-\frac{nH}{10}\right)H^{\frac{3}{2}} \tag{6.57}$$

여기서, $n=2$는 양단수축, $n=1$은 한단수축을 의미한다.

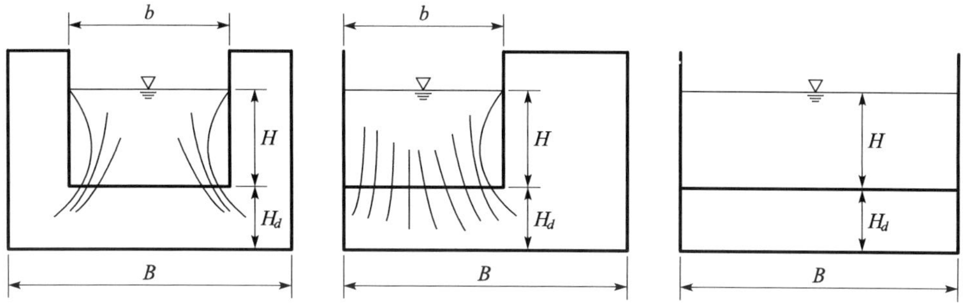

그림 6.21 전폭 웨어

예제 6.8 폭 $b=5.0\text{m}$인 수로에 유량 $Q=180\text{m}^3/\text{min}$의 물이 흐르고 있다. 여기에 높이 $h=1.0\text{m}$의 직사각형 전폭 웨어를 설치하는 경우 Francis 공식을 사용하여 월류 수심 H를 산정하시오.

풀이

1) 접근유속을 무시한 경우

$Q=1.84BH^{\frac{3}{2}}$ 에서

$$H=\sqrt[3]{\left(\frac{Q}{1.84B}\right)^2}=\sqrt[3]{\left(\frac{180/60}{1.84\times 5}\right)^2}=0.474\text{m}$$

2) 접근유속을 고려는 경우

$$\text{V}_\text{a}=\frac{\text{Q}}{\text{A}}=\frac{180/60}{(1+0.474)\times 5}=0.407\ \text{m/sec}$$

접근 유속수두 $h_a=\dfrac{V_a^2}{2g}=\dfrac{0.407^2}{2\times 9.8}=0.00845\text{m}$

$Q=1.84B\left[(H+h_a^{\frac{3}{2}})-h_a^{\frac{3}{2}}\right]$ 에서

$$\frac{180}{60}=1.84\times 5\times\left[(H+0.00845)^{\frac{3}{2}}-(0.00845)^{\frac{3}{2}}\right]$$

$H=0.466\text{m}$

예제 6.9 그림 6.22와 같은 직사각형 웨어에서 유량 Q를 Francis 공식을 사용하여 산정하시오. (단, $n=2$)

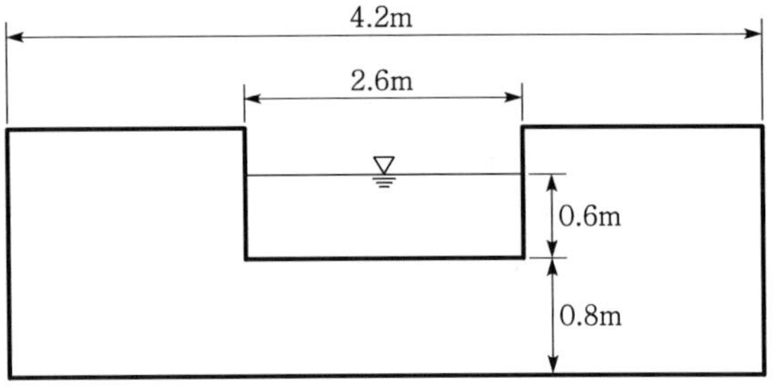

그림 6.22

풀이

Francis 공식 $Q=1.84\left(b-\frac{nH}{10}\right)\left[(H+h_a)^{\frac{3}{2}}-h_a^{\frac{3}{2}}\right]$에서 접근 유속수두$h_a \approx 0$이라 하면

$$Q=1.84\left(b-\frac{nH}{10}\right)H^{\frac{3}{2}}=1.84\times\left(2.6-\frac{2\times0.6}{10}\right)\times0.6^{\frac{3}{2}}=2.121\text{m}^3/\text{sec}$$

6.3.2 삼각형 웨어

삼각형 웨어(Triangular weir)는 수로의 단면적과 비교하여 월류되는 단면적이 작으므로 접근유속을 무시할 수 있고 유량이 작은 곳에서 일반적으로 사용된다.

그림 6.23에서 미소 단면적 dA을 통과하는 미소유량 dQ는 식 (6.58)로 정의된다.

$$dQ=dA\cdot V \tag{6.58}$$

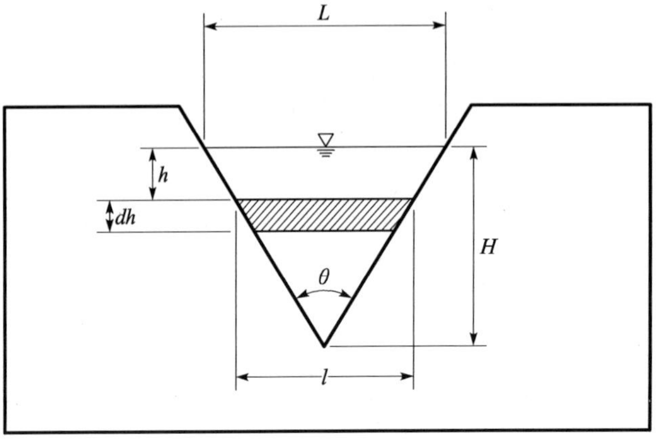

그림 6.23 삼각형 웨어

$dA = l \cdot dh$, $V = C_v \sqrt{2gh}$ 그리고 $l = \dfrac{L(H-h)}{H}$ 이므로 식 (6.58)은 식 (6.59)가 된다.

$$dQ = C\sqrt{2g}\,\frac{L(H-h)}{H}h^{1/2}dh \tag{6.59}$$

식 (6.59)를 전 수심에 대해서 적분하면 삼각형 웨어의 유출량 Q가 식 (6.60)으로 산정된다.

$$Q = \int_0^H C\sqrt{2g}\,\frac{L(H-h)}{H}h^{1/2}dh$$
$$= \frac{4}{15}C\sqrt{2g}\,L\,H^{3/2} \tag{6.60}$$

그림 6.23에서 삼각형 웨어의 중심각을 θ라 하면 식 (6.61)의 관계가 성립한다.

$$\tan\left(\frac{\theta}{2}\right) = \frac{L}{2H}$$
$$L = 2H\tan\left(\frac{\theta}{2}\right) \tag{6.61}$$

식 (6.61)을 식 (6.60)에 대입하고 간단히 하면 식 (6.62)가 된다.

$$Q = \frac{8}{15}C\sqrt{2g}\,tan\left(\frac{\theta}{2}\right)H^{5/2} \tag{6.62}$$

$\theta = 90^\circ$ 인 경우 식 (6.62)는 식 (6.63)이 된다.

$$Q = \frac{8}{15}C\sqrt{2g}\,H^{5/2} \tag{6.63}$$

예제 6.10 그림 6.24와 같은 삼각형 웨어에서 수두 $H = 25\text{cm}$ 인 경우 유량 Q를 산정하시오. 단, 유량계수 $C = 0.60$이다.

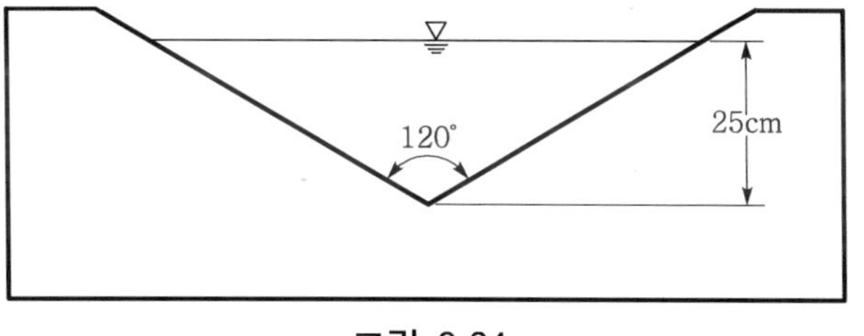

그림 6.24

풀이

$$Q = \frac{8}{15}C\sqrt{2g}\tan\left(\frac{\theta}{2}\right)H^{5/2}$$

$$= \frac{8}{15} \times 0.60 \times \sqrt{2 \times 9.8} \times \tan\left(\frac{120^o}{2}\right) \times (0.25)^{5/2}$$

$$= 0.077\text{m}^3/\text{sec}$$

6.3.3 사다리꼴 웨어

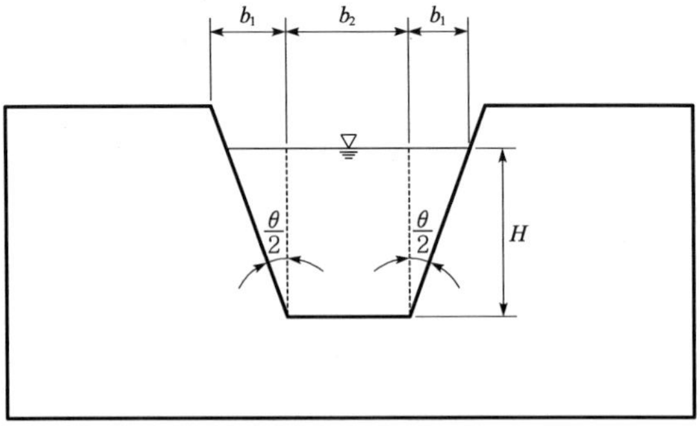

그림 6.25 사다리꼴 웨어

사다리꼴 웨어(Trapezoidal weir)는 그림 6.25에서와 같이 직사각형 웨어와 삼각형 웨어를 합성한 것으로 가정하여 유량 Q를 식 (6.64)로 산정하게 된다.

$$Q = Q_1 + Q_2 = \frac{2}{3} C_1 \, b_1 \sqrt{2g} \;\; H^{\frac{3}{2}} + \frac{8}{15} C_2 \sqrt{2g} \; \tan\left(\frac{\theta}{2}\right) H^{\frac{5}{2}} \tag{6.64}$$

6.3.4 광정 웨어

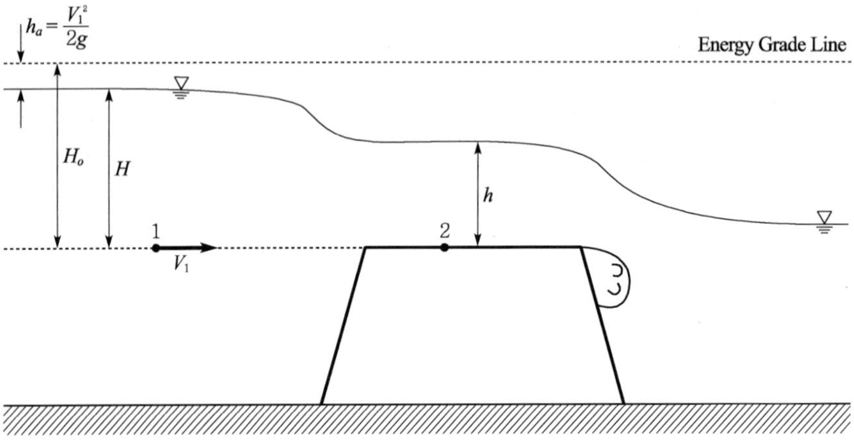

그림 6.26 광정 웨어

그림 6.26의 점 1과 2에 베르누이 방정식을 적용하면 식 (6.65)가 된다.

$$\frac{V_1^2}{2g}+\frac{p_1}{\omega_0}+z_1=\frac{V_2^2}{2g}+\frac{p_2}{\omega_0}+z_2 \tag{6.65}$$

식 (6.65)에서 $\frac{p_1}{\omega_0}=H$, $\frac{p_2}{\omega_0}=h$, $z_1=z_2$ 그리고 $\frac{V_1^2}{2g}=h_a$이므로 점 2에서의 유속은 식 (6.66)이 된다.

$$h_a+H=\frac{V_2^2}{2g}+h$$

$$V_2=\sqrt{2g\,(H+h_a-h)} \tag{6.66}$$

광정 웨어의 폭이 B인 직사각형 단면이라면 유량 Q는 식 (6.67)이 된다.

$$Q=B\cdot h\cdot V_2$$

$$=B\cdot h\,\sqrt{2g\,(H+h_a-h)} \tag{6.67}$$

식 (6.67)을 이용하여 광정 웨어를 월류하는 유량 Q를 산정하기 위해서는 H, h_a 그리고 h를 측정해야 하는 문제가 수반된다.

따라서 $\frac{dQ}{dh}=0$를 만족시키는 수심 h를 결정하기 위하여 식 (6.67)을 h에 대해서 미분한 후 간단히 하면 식 (6.68)이 된다.

$$\frac{dQ}{dh}=Bh\,\sqrt{2g\,(H+h_a-h)}-\frac{2\,g\,Bh}{2\,\sqrt{2\,g\,(H+h_a-h)}}=0$$

$$h=\frac{2}{3}(H+h_a)=\frac{2}{3}H_o \tag{6.68}$$

여기서, H_o는 전수두이다.

식 (6.68)을 식 (6.67)에 대입하고 유량계수 C를 적용하면 식 (6.69)가 유도된다.

$$Q=CB\,\frac{2}{3}H_o\,\sqrt{2g\left(H_o-\frac{2}{3}H_o\right)}$$

$$=CB\,\frac{2}{3}H_o\,\sqrt{\frac{2}{3}g\,H_o}$$

$$=CB\,\frac{2}{3}\,\sqrt{\frac{2}{3}g}\,H_o^{3/2} \tag{6.69}$$

여기서, $m = \frac{2}{3}C\sqrt{\frac{1}{3}}$ 을 월류계수라 하면 식 (6.70)이 된다.

$$Q = mB\sqrt{2g}\,H_0^{3/2} \tag{6.70}$$

그리고 식 (6.69)에서 $\frac{2}{3}\sqrt{\frac{2}{3}g} = 1.70$ 이므로 식 (6.71)이 된다.

$$Q = 1.70\,CBH_o^{3/2} \tag{6.71}$$

6.4 수 문

수문(Gate)은 용수의 취입, 하수의 배제 그리고 유량 조절을 위하여 하천이나 수로를 횡단하여 만든 구조물을 말한다.

그림 6.27의 (a)는 자유유출, (b)는 수중유출을 나타낸 것이다.

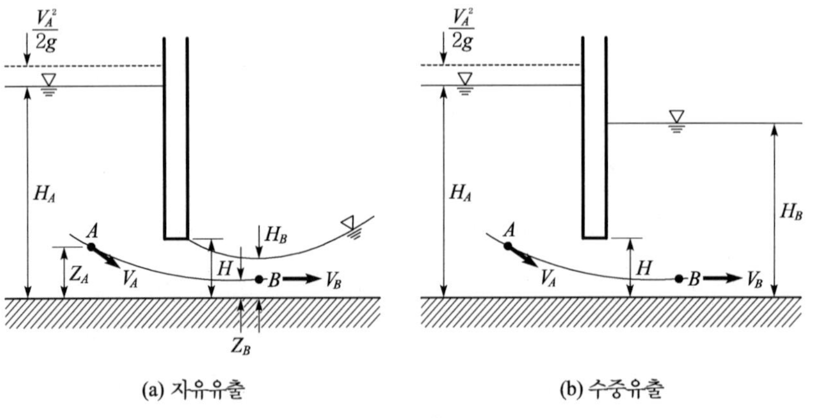

그림 6.27 수문

그림 6.27의 (a)에서 점 A와 B에 베르누이 방정식을 적용하면 식 (6.72)가 된다.

$$\frac{V_A^2}{2g} + \frac{p_A}{\omega_0} + z_A = \frac{V_B^2}{2g} + \frac{p_B}{\omega_0} + z_B \tag{6.72}$$

$\frac{p_A}{\omega_0} + Z_A = H_A$는 상류방향 수심, $\frac{p_B}{\omega_0} + Z_B = H_B$는 하류방향 수심이므로 V_B는 식 (6.73)이 된다.

$$\frac{V_A^2}{2g} + H_A = \frac{V_B^2}{2g} + H_B$$

$$V_B = \sqrt{2g\,(H_A - H_B) + V_A^2} \tag{6.73}$$

접근유속 $V_A \fallingdotseq 0$이라 하면 식 (6.73)은 식 (6.74)가 된다.

$$V_B = \sqrt{2g\,(H_A - H_B)} \tag{6.74}$$

수문의 폭을 B라 하면 수문에서의 유출량 Q는 식 (6.75)가 된다.

$$Q = CBH\sqrt{2g\,(H_A - H_B)} \tag{6.75}$$

연습문제

1. 수면에서 3.2m 깊이에 있는 직경 $d=20\text{mm}$의 표준 오리피스에서 유출하는 실제유량을 산정하고 $C_v=0.90$일 때 수축계수 C_a를 산정하시오. 단, $C=0.62$이다.

2. 그림 6.28과 같이 수심이 1.0m, 바닥면적이 2.0m^2인 원형 수조의 바닥에 0.01m^2의 오리피스를 설치하였다. 수심이 50cm 하강할 때까지의 시간과 완전 배수가 되는 데 소요되는 시간을 각각 산정하시오. 단, 유량계수 $C=0.62$이다.

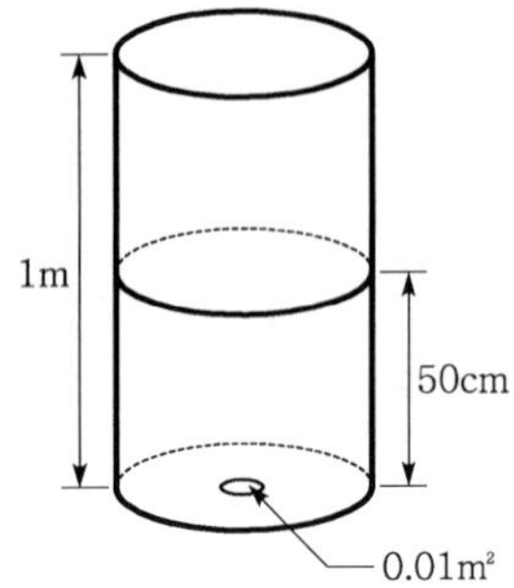

그림 6.28

3. 그림 6.29와 같은 직사각형 단면의 큰 오리피스에서 유량을 산정하시오. 단, 유량계수 $C=0.62$이고 접근유속은 무시한다.

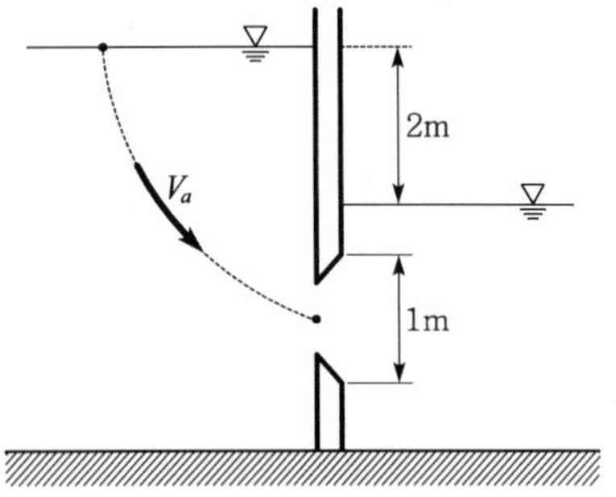

그림 6.29

4. 그림 6.30과 같은 수중 오리피스에서 유량을 산정하시오. 단, 유량계수 $C=0.62$이고 접근유속은 무시한다.

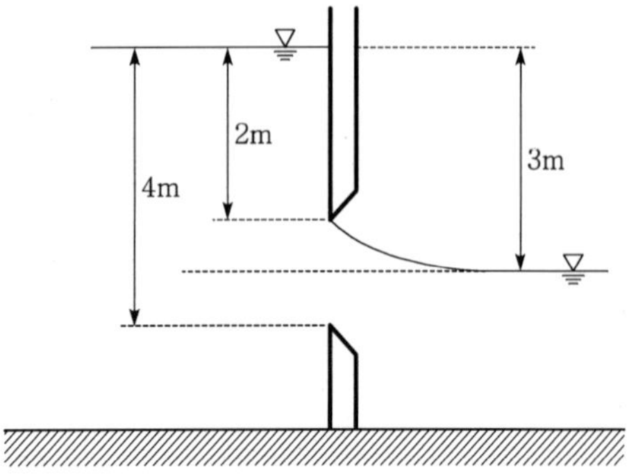

그림 6.30

5. $V=3.0\text{m/sec}$로 연직으로 물을 분출할 때 연직 도달높이와 수평 도달거리를 산정하시오.

6. 그림 6.31과 같은 수로에서 유량 $Q=5.0\text{m}^3/\text{sec}$를 취수하기 위한 수문의 개방 높이를 산정하시오. 단, 수문 폭은 2.0m, 유량계수 $C=0.60$, 하류단 수심은 1.0m이다.

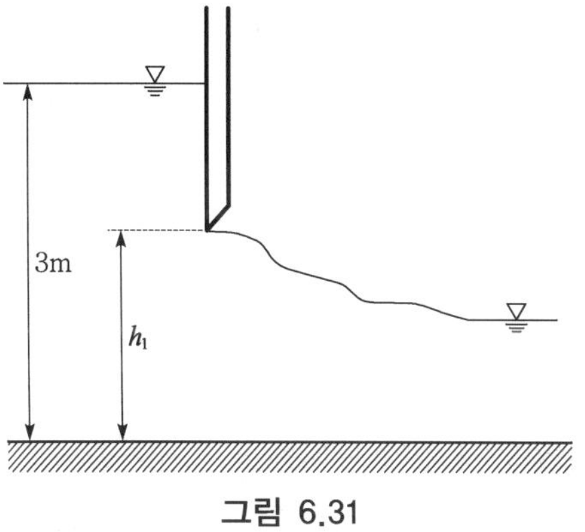

그림 6.31

7. 그림 6.32와 같은 작은 오리피스에서 유속을 산정하시오. 단, 유속계수 $C_v=0.90$이다.

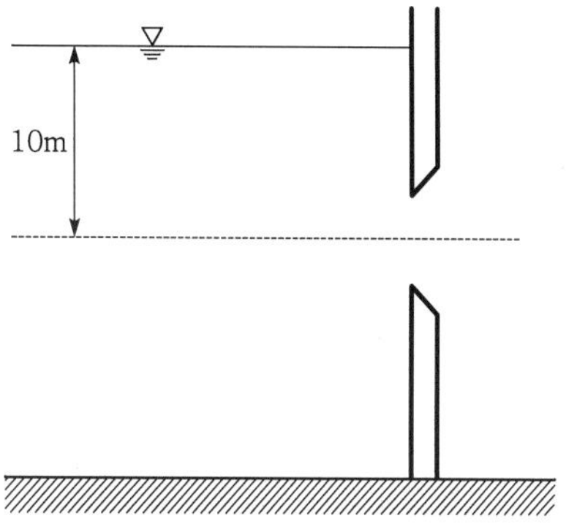

그림 6.32

07

지 하 수

7.1 서 론
7.2 지하수 유동의 기본방정식
7.3 수리학적 해석
7.4 집수암거

지 하 수

7.1 서 론

땅속의 토사나 암석 등의 공극이 물로 포화된 면 즉, 지하수면 아래에 위치하여 지층의 공극을 채워 중력의 작용에 의하여 유동하는 물을 일반적으로 지하수(Ground water)라 한다.

지하수의 가장 중요한 수원(Fountain head)은 강수 또는 천수(Meteoric water)이다. 그리고 하천수나 호수 같은 지표수, 퇴적암의 형성시 퇴적암 내에 포획된 동생수(Connate water, 同生水), 지구 내부 깊은 곳에서 공급되는 초생수(Primitive water)도 수원이 된다. 지하수는 지하수면에서 시작되는데 지하수면이란 지하의 흙이나 암석 내의 공극이 부분적으로 물과 공기로 채워진 통기대(Unsaturated zone)와 공극이 모두 물로 채워진 포화대(Saturated zone)의 경계면이다. 일반적으로 지하수면 아래에 위치하는 포화대의 수압은 대기압과 비슷하거나 더 높다. 따라서 지하수는 수압이 높은 곳에 있다는 점에서 통기대에서 토양수나 모세관수(Capillary water)의 형태로 존재하는 토양습기 같은 물과는 다른 특성을 가진다.

수문순환에 의하여 지표면에 있는 오염물질이 지하로 유입되면 지하수의 유동에 의하여 주변지역으로 이동되고 확산되어 그 오염범위는 점차적으로 확대되게 된다. 따라서 지하수의 오염은 물 자체의 오염뿐만 아니라 지하매질(토양, 암석 등)의 오염을 동시에 초래하므로 오염이 발생하면 그 처리가 불가능하다. 따라서 지하수는 오염 후 처리보다는 오염 전의 예방이 최선책이다.

그림 7.1은 지하수의 연직분포를 나타낸 것이다.

지하수는 통기대(비포화대)에 존재하는 물과 포화대에 존재하는 물로 구분할 수 있다. 통기대의 공극은 공기와 물이 동시에 존재하지만 포화대 내의 공극은 물에 의하여 완전히 포화되어 있다. 그리고 통기대와 포화대 면의 경계를 지하수면(Ground water table)이라 한다. 일반적으로 지하수란 지하수면 아래에서 완전히 포화된 상태로 존재하는 물을 의미한다.

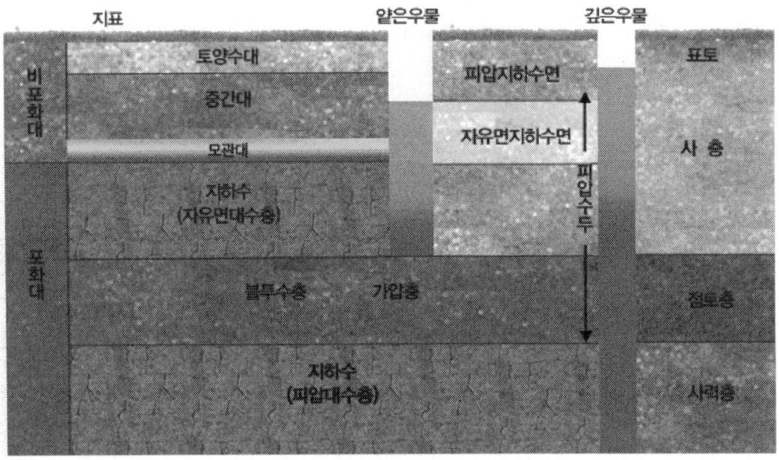

그림 7.1 지하수의 연직분포

7.2 지하수 유동의 기본방정식

7.2.1 Darcy 법칙

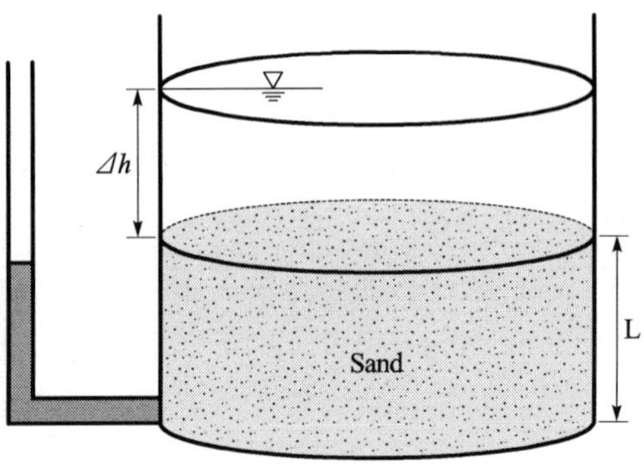

그림 7.2 Darcy 법칙

토양속의 공극은 일정한 형태를 가지고 있지 않으므로 토양속을 흐르는 지하수는 일정한 방향으로 유동하지 않는다. 따라서 토양속의 공극내에 검사면(Control surface)을 가정하면 그 면에서 지하수는 일정한 방향으로 유동하게 된다.

그림 7.2에서 지하수의 흐름방향에 수직한 단면적을 A, 이 단면을 통해서 흐르는 유량을 Q라 하면 지하수의 평균유속 V는 식 (7.1)이 된다.

$$V = \frac{Q}{A} \tag{7.1}$$

토양의 공극내에서 물이 흐르는 단면적 A는 실제 물이 흐르는 단면적보다는 작다. 토사의 공극률을 λ라 하면 실제 물이 흐르는 단면적은 λA가 된다. 따라서 지하수의 유량 Q는 식 (7.2)가 되고 실제 지하수의 유속 V'은 식 (7.3)이 된다.

$$Q = V'\lambda\, A = V\, A \tag{7.2}$$

$$V' = \frac{V}{\lambda} \tag{7.3}$$

Darcy(1856년)는 지하수 유속과 유량에 대하여 식 (7.4)와 같은 실험식을 제안하였다.

$$Q \propto A\frac{\Delta h}{L} \tag{7.4}$$

비례상수(투수계수)를 k로 가정하면 식 (7.4)는 식 (7.5)가 된다.

$$Q = kA\frac{\Delta h}{L} \tag{7.5}$$

식 (7.5)를 식 (7.1)에 대입하고 간단히 하면 식 (7.6)이 된다.

$$V = \frac{Q}{A} = \frac{kA\frac{\Delta h}{L}}{A} = k\frac{\Delta h}{L} \tag{7.6}$$

식 (7.6)에서 $\frac{\Delta h}{L} = I$ 라 하면 식 (7.6)은 식 (7.7)이 된다.

$$V = kI \tag{7.7}$$

식 (7.7)을 Darcy 법칙이라 하고 k는 투수계수(Permeability coefficient)이다. 투수계수 k의 차원은 $[LT^{-1}]$이다.

Darcy 법칙의 가정은 다음과 같다.

① 다공층 물질의 특성이 균일하고 동질이다.

② 대수층 내에 모관수대가 존재하지 않는다.

③ 흐름이 정류이다.

④ $Re < 4$인 층류 흐름에서 적용이 가능하다.

7.2.2 투수계수

(1) 정수두법

그림 7.3은 정수두법에 의한 투수계수 측정원리를 나타낸 것이다.

정수두법은 유입부와 유출부의 수두를 일정하게 유지하면서 투수계수 k를 측정하는 방법으로 사질토와 같이 비교적 큰 투수계수를 측정하는 경우에 사용된다. 정수두법에 의한 투수계수 k는 식 (7.8)이 된다.

$$k = -\frac{Q \cdot L}{H \cdot A} = -\frac{Q}{I \cdot A} \tag{7.8}$$

여기서, Q는 유량으로 유입 유량(Q_{in})과 유출 유량(Q_{out})의 평균값이다.

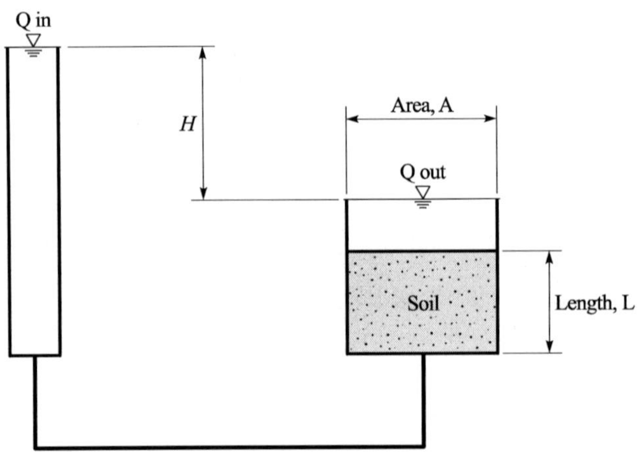

그림 7.3 정수두법

(2) 변수두법

그림 7.4는 변수두법에 의한 투수계수 측정원리를 나타낸 것이다.

변수두법은 유출부의 수위는 일정하게 유지하면서 유입부의 수위변화를 이용하여 투수계수 k를 측정하는 방법이다. 변수두법은 정수두법과 비교하여 투수계수 k가 낮은 경우에 적합한 방법이다. Darcy 법칙을 이용하면 유량 Q는 식 (7.9)가 된다.

$$Q = -kIA = -kA\frac{h}{L} \tag{7.9}$$

그림 7.4에서 토양속으로 물을 공급하는 관수로의 단면적을 a, 유속을 v라 하면 유량 Q는 식 (7.10)이 된다.

$$Q = av = a\frac{dh}{dt} \tag{7.10}$$

식 (7.9)와 식 (7.10)을 이용하면 식 (7.11)이 된다.

$$-kA\frac{h}{L} = a\frac{dh}{dt}$$

$$kdt = -\frac{aL}{A}\frac{dh}{h} \tag{7.11}$$

식 (7.11)을 적분하고 간단히 하면 변수두법에 의한 투수계수 k는 식 (7.12)로 산정된다.

$$\int_{t_0}^{t_f} Kdt = -\frac{a \cdot L}{A}\int_{h_0}^{h_f}\frac{dh}{h}$$

$$k = \frac{aL}{At}ln\left(\frac{h_0}{h_f}\right) = 2.3\frac{a}{A}Lt_1\log\left(\frac{h_0}{h_f}\right) \tag{7.12}$$

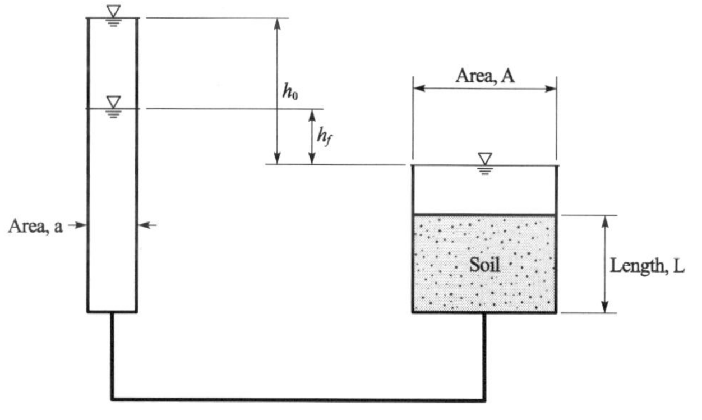

그림 7.4 변수두법

예제 4.9 그림 7.5와 같은 면적 800m^2, 높이 1.8m의 여과지가 있다. 여과지를 통과하는 유량 Q를 산정하시오. 단, 투수계수 $k = 0.053\text{cm/sec}$이다.

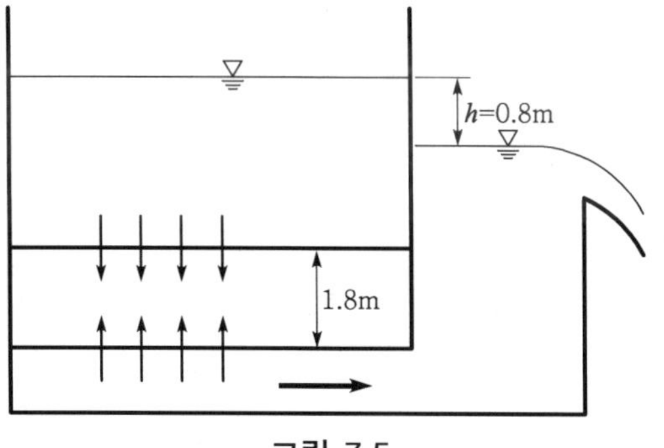

그림 7.5

풀이

$$I = \frac{h}{L} = \frac{0.8}{1.8} = 0.444$$

$$V = kI = 0.053 \times 0.444 = 0.0235\text{cm/sec}$$

$$Q = AV = AkI = 800 \times 100^2 \times 0.0235 = 188{,}000\text{cm}^3/\text{sec}$$

7.3 수리학적 해석

자유수면을 가지는 대수층에서 우물의 바닥이 불투수층에 도달한 우물을 심정(Deep well), 우물의 바닥이 불투수층에 도달하지 않은 우물을 천정(Shallow well) 그리고 불투수층 사이에서 압력을 받고 있는 피압지하수를 양수하는 우물을 굴착정(Artesian well)이라 한다.

7.3.1 심정(깊은 우물)

그림 7.6과 같은 반경 r인 심정에서 지름 $2r_0$, 지하수면에서 불투수층까지의 깊이 H인 우물이 있다. 이 우물에서 양수량을 구하기 위하여 수위는 h_0인 정상상태라고 가정하자.

임의 반경 r인 지점에서 수위를 h, 유속을 V_0, 투수계수를 k라 하면 식 (7.13)이 된다.

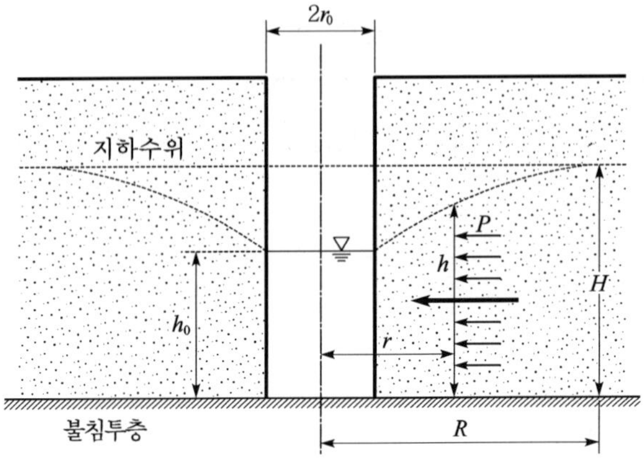

그림 7.6 심정

$$V_0 = -k\frac{dh}{dr}$$

$$Q = -2\pi r h\, V_0 = 2\pi r h k\frac{dh}{dr}$$

$$h\,dh = \frac{Q}{2\pi k}\frac{dr}{r} \tag{7.13}$$

식 (7.13)을 $r = r_0 \sim r$에서 $h = h_0 \sim h$의 범위까지 적분하면 식 (7.14)가 된다.

$$\int_{h_0}^{h} h\,dh = \frac{Q}{2\pi k}\int_{r_0}^{r}\frac{dr}{r}$$

$$h^2 - h_0^2 = \frac{Q}{\pi k} ln\frac{r}{r_0} \tag{7.14}$$

우물의 양수와는 무관하게 원지하수면 H인 지점까지의 반경을 R이라 하면 식 (7.14)는 식 (7.15)가 된다. 그리고 심정에서의 양수량은 식 (7.16)이 된다.

$$H^2 - h_0^2 = \frac{2.3\,Q}{\pi k} log\frac{R}{r_0} \tag{7.15}$$

$$Q = \pi k\frac{\left(H^2 - h_0^2\right)}{2.3\log\dfrac{R}{r_0}} \tag{7.16}$$

경험에 의하면 식 (7.16)의 R은 우물 반경 r_0의 3,000 ~ 5,000배이지만 일반적으로 500 ~ 1,000배를 적용한다. 그리고 우물의 양수량 Q는 영향권의 반경 R에 크게 영향을 받지 않는다.

7.3.2 천정(얕은 우물)

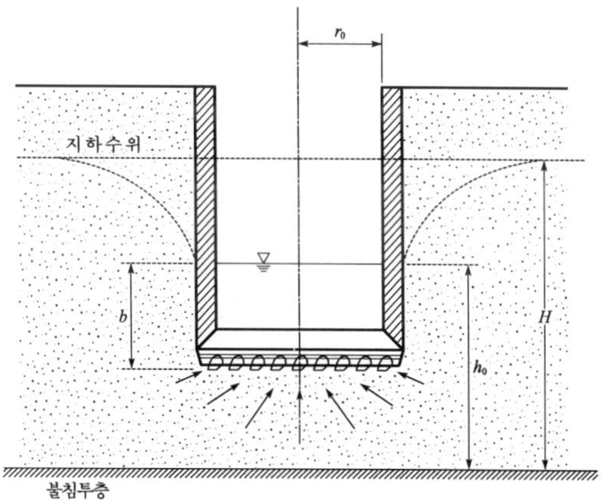

그림 7.7 천정

그림 7.7의 우물에서 정상적으로 양수하는 경우 지하수위가 일정하게 유지될 때의 양수량은 Forchheimer가 제안한 식 (7.17)에 의하여 산정한다.

$$Q = 4kr_0(H - h_0) \tag{7.17}$$

식 (7.17)은 우물의 바닥으로만 지하수가 유입되는 경우 양수량을 산정하는 식이다.

그림 7.7에서 우물의 바닥과 측면을 통해서 동시에 지하수가 유입되는 경우에는 식 (7.18)을 사용하여 양수량을 산정한다.

$$Q = \frac{\pi k \dfrac{H^2 - h_0^2}{2.3\log \dfrac{R}{r_0}}}{\left(\dfrac{h_0}{b + r_0}\right)^{1/2}\left(\dfrac{h_0}{2h_0 - b}\right)^{1/4}} \tag{7.18}$$

7.3.3 굴착정(피압 우물)

그림 7.8의 우물 중심에서 수평방향으로 r축, r점의 압력수두를 h, 우물의 중심으로 향하는 유속을 V_0, 함수층의 두께를 a, 투수계수를 k라 하면 식 (7.19)의 관계가 성립한다.

$$V_0 = -k\frac{dh}{dr}$$

$$Q = -2\pi r a V_0 = 2\pi r a k \frac{dh}{dr}$$

$$dh = \frac{Q}{2\pi a k}\frac{dr}{r} \tag{7.19}$$

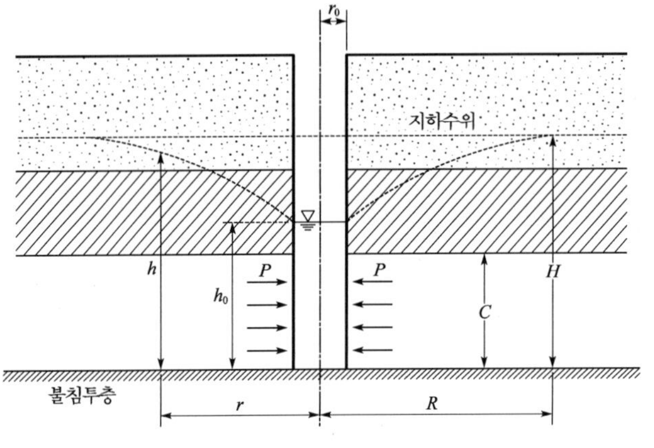

그림 7.8 굴착정

식 (7.19)를 $r = r_0 \sim r$에서 $h = h_0 \sim h$의 범위까지 적분하면 식 (7.20)이 된다.

$$\int_{h_0}^{h} dh = \frac{Q}{2\pi a k}\int_{r_0}^{r}\frac{dr}{r}$$

$$h - h_0 = \frac{Q}{2\pi a k} ln\left(\frac{r}{r_0}\right) \tag{7.20}$$

식 (7.20)은 $r \Rightarrow \infty$에서 $h \Rightarrow \infty$이지만 실제로는 $r \Rightarrow \infty$에서 $h \Rightarrow H$가 되어 지하수면에 접근하게 된다. 따라서 영향원의 반지름을 고려하면 $r \Rightarrow R$에서 $h \Rightarrow H$가 되므로 식 (7.20)은 식 (7.21)이 되고 최종적으로 굴착정의 양수량 Q는 식 (7.22)가 된다.

$$H - h_0 = \frac{Q}{2\pi a k} ln\left(\frac{R}{r_0}\right) = \frac{2.3Q}{2\pi a k} log\left(\frac{R}{r_0}\right) \tag{7.21}$$

$$Q = \frac{2\pi a k(H - h_0)}{2.3\log\left(\frac{R}{r_0}\right)} \tag{7.22}$$

예제 7.2 직경 1.5m, 수심 5.0m 인 심정에서 수심을 2.0m 하강하기 위한 양수량을 산정하시오. 단, $k = 4.0\text{m/hr}$, $R = 600\text{m}$ 이다.

풀이

$$Q = \pi k\frac{(H^2 - h_0^2)}{2.3\log\left(\frac{R}{r_0}\right)} = \frac{3.14\times 4.0\times(5^2 - 3^2)}{2.3\times\log\left(\frac{600}{0.75}\right)} = 30.10\text{m}^3/\text{hr}$$

예제 7.3 지름 1.8m 의 굴착정에서 일정한 유량을 장시간 동안 양수한 결과 우물내 수위가 4.0m 하강하였다. 이때 양수량 Q를 산정하시오. 단, 함수층의 두께는 7.0m, $k = 0.1\text{cm/sec}$, $R = 500\text{m}$ 이다.

풀이

$$Q = \frac{2\pi a k(H - h_0)}{2.3\log\left(\frac{R}{r_0}\right)} = \frac{2\times 3.14\times 700\times 0.1\times 400}{2.3\ \log\left(\frac{50,000}{90}\right)} = 27,854.20\text{cm}^3/\text{sec}$$

7.4 집수암거

7.4.1 제방 집수암거

그림 7.9는 제방 집수암거를 나타낸 것으로 암거의 길이가 l인 경우 양수량 Q는 식 (7.23)이 된다.

$$Q = \frac{kl(H^2 - h_0^2)}{2R} \tag{7.23}$$

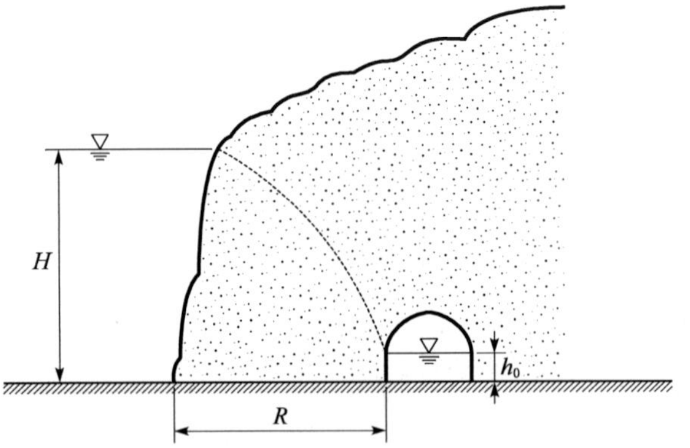

그림 7.9 제방 집수암거

7.4.2 하상 집수암거

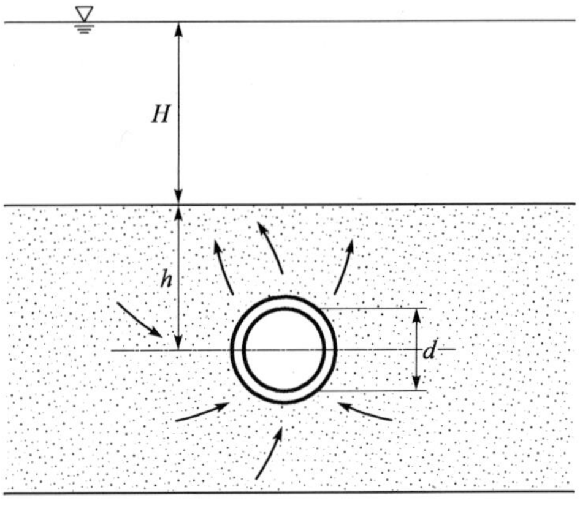

그림 7.10 하상 집수암거

그림 7.10은 하상 집수암거를 나타낸 것으로 암거의 길이가 l인 경우 양수량 Q는 식 (7.24)가 된다.

$$Q = \frac{2\pi kl\left(H + h - \dfrac{p}{\omega_0}\right)}{2.3\log\left(\dfrac{4h}{D}\right)} \tag{7.24}$$

여기서, p는 관내의 압력이다.

7.4.3 불투수층 집수암거

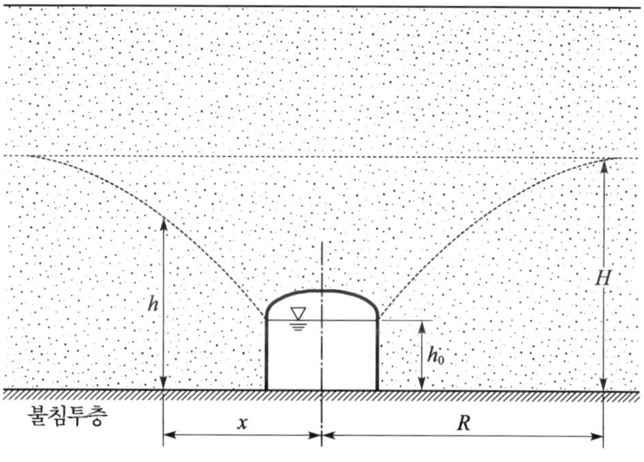

그림 7.11 불투수층 집수암거

그림 7.11은 불투수층 집수암거를 나타낸 것으로 암거의 길이가 l인 경우 양수량 Q는 식 (7.25)가 된다.

$$Q = AV = hlk\frac{dh}{dx}$$

$$Qdx = klhdh \tag{7.25}$$

식 (7.25)를 적분하면 식 (7.26)이 된다.

$$Q\int_0^x dx = kl\int_{h_0}^h hdh$$

$$Qx = kl\frac{1}{2}(h^2 - h_0^2) \tag{7.26}$$

$x=R$일 때 $h=H$이므로 식 (7.26)은 식 (7.27)이 된다.

$$Q=\frac{1}{2}\frac{kl}{R}(H^2-h_0^2) \tag{7.27}$$

불투수층 집수암거의 양측에서 지하수가 유입된다면 식 (7.27)은 식 (7.28)이 된다.

$$Q=\frac{kl}{R}(H^2-h_0^2) \tag{7.28}$$

예제 7.4 그림 7.12와 같은 하안에 집수암거 60m를 설치한 경우 취수량 Q를 산정하시오. 단, $k=0.2\text{cm/sec}$이다.

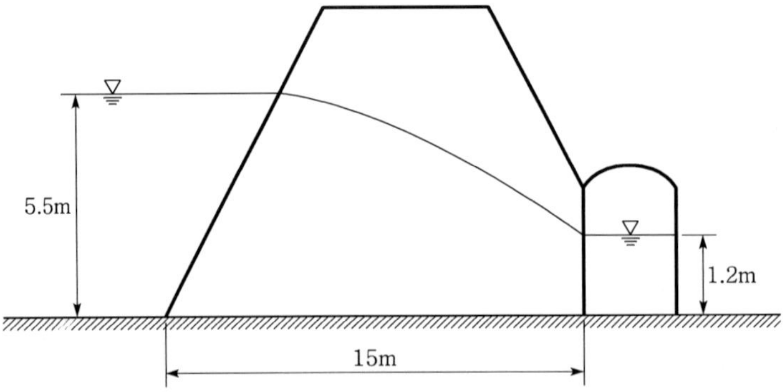

그림 7.12

풀이

$$Q=\frac{kl(H^2-h_0^2)}{2R}=\frac{0.002\times 60\times(5.5^2-1.2^2)}{2\times 15}=0.115\text{m}^3/\text{sec}$$

예제 7.5 하천 수위가 6.0m이고 하상으로부터 2.0m의 지점에 직경 500mm의 유공관을 20.0m 매설하였다. 관내의 압력수두가 1.8m인 경우 취수량 Q를 산정하시오. 단, $k=0.25\text{cm/sec}$이다.

풀이

$$Q=\frac{2\pi kl\left(H+h-\dfrac{p}{\omega_0}\right)}{2.3\log\left(\dfrac{4h}{D}\right)}$$

$$=\frac{2\times 3.14\times 0.0025\times 20\times(6+2-1.8)}{2.3\times\log\left(\dfrac{4\times 2}{0.5}\right)}$$

$$=0.7029\text{m}^3/\text{sec}$$

연습문제

1. 그림 7.13과 같은 여과지에서 투수계수가 $k = 0.104\text{cm/sec}$인 경우 1일 여과량을 산정하시오. 단 여과지 면적은 300m^2이다.

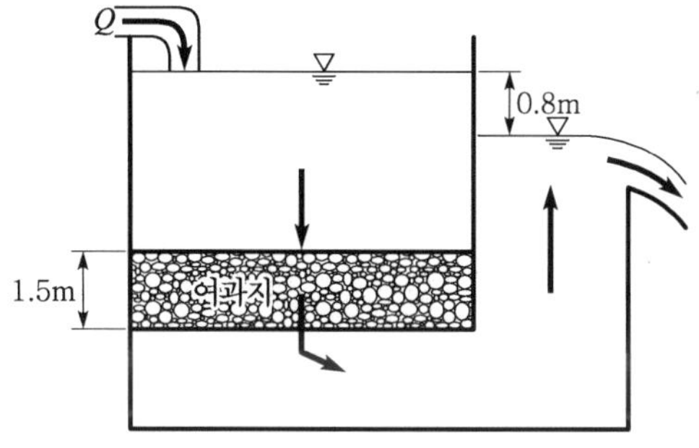

그림 7.13

2. 직경 60m인 굴착정에서 일정량을 양수하였더니 우물의 수위가 3.5m 하강하여 정상상태가 되었다. 이때 양수량 Q를 산정하시오. 단, 대수층의 두께는 12.0m, $k = 3.6\text{cm/min}$, $R = 900\text{m}$이다.

3. 직경 1.5m, 수심 5.0m의 심정이 있다. 수심을 1.0m 하강하기 위한 양수량을 산정하시오. 단, $k = 3.6\text{cm/sec}$, $R = 900\text{m}$이다.

4. 직경 1.2m, 수심 2.0m의 천정에서 일정량을 양수한 후 수심이 1.3m가 되었다. 이때 양수량을 산정하시오. 단, 측면 유입은 없고 $k = 6\text{m/hr}$이다.

5. 수심 3.0m 의 하천으로부터 4.0m 떨어진 곳에 집수암거를 설치하였더니 암거 내 수심이 0.6m 가 되었다. 암거로 유입되는 단위 길이당 유입량을 산정하시오.
단, $k = 20.0\text{m}/\text{hr}$ 이다.

08

차원해석과 상사법칙

8.1 차원해석
8.2 Π 정리
8.3 무차원 방정식
8.4 무차원 변수
8.5 상사법칙

차원해석과 상사법칙

8.1 차원해석

물리적 현상과 관련된 물리량들을 차원의 동차성 원리(Principle of dimensional homogeneity)를 이용하여 물리량들 사이의 함수관계를 구하는 절차를 차원해석(Dimensional analysis)이라 한다.

압력, 가속도, 속도 등과 같이 기본적인 유체현상을 설명하는 변수들은 기본차원인 질량(Mass, M), 길이(Length, L) 그리고 시간(Time, T)차원을 조합하여 나타낸다. 기본차원들은 여러 가지 단위계로 측정된다. 질량은 길이나 시간 등의 단위로 표시할 수 없기 때문에 독립단위로 나타낸다. 그러나 속도는 길이를 시간으로 나눈 값, 점성계수는 질량을 길이와 시간으로 나눈 값 그리고 밀도는 질량을 체적으로 나눈 값이다.

역학적인 모든 시스템은 3개의 기본차원으로 정의할 수 있다. 기본차원으로 질량(Mass), 길이(Length) 그리고 시간(Time)을 사용하는 LMT계와 힘(Force), 길이(Length) 그리고 시간(Time)을 사용하는 LFT계가 있다. LFT계에서 힘이 유도량이고 LFT계에서는 질량이 유도량이다. 두 차원 LMT와 LFT계 사이의 관계는 식 (8.1)과 같다.

$$F = Ma = \frac{ML}{T^2}$$

$$M = \frac{FT^2}{L} \tag{8.1}$$

일반적으로 유체의 유동을 나타내는 변수의 차원은 3개의 기본차원으로 표현이 가능하다.

8.2 Π 정리

물리적인 현상을 해석하고자 하는 경우 가장 중요한 것은 독립적인 무차원 변수를 결정하는 것이다. Buckingham의 Π 정리는 무차원 변수들을 결정하는 방법을 제시한 이론이다.

예를 들면 원형관 내부의 비압축성 흐름을 해석하는 경우 단위 길이당의 압력 강하량(압력경사 $\Delta p/L$)은 관경 D, 관의 조도 k, 평균유속 V, 유체밀도 ρ 그리고 점성계수 μ의 영향을 받게 된다. 따라서 압력 강하량은 식 (8.2)가 된다.

$$\frac{\Delta p}{L}=f(D, k, V, \rho, \mu) \tag{8.2}$$

식 (8.2)를 LFT 계로 나타내면 식 (8.3)이 된다.

$$\frac{F}{L^3}=f\left[(L),(L),\left(\frac{L}{T}\right),\left(\frac{FT^2}{L^4}\right),\left(\frac{FT}{L^2}\right)\right] \tag{8.3}$$

여기서, n은 변수, m은 기본적인 차원 수이다.

식 (8.3)에서 변수 $n=6$, 기본적인 차원 수 $m=3$인 경우 발생 가능한 무차원 변수의 수는 식 (8.4)에 의하면 15가지의 경우가 발생한다.

$$\frac{n!}{(m+1)!(n-m-1)!} \tag{8.4}$$

식 (8.4)의 Π 정리를 사용하여 차원을 해석하면 $(n-m)$개의 무차원 변수가 생성된다. 독립된 무차원 변수를 Π_1, Π_2, …… Π_{n-m}로 정의하면 각 무차원 변수들은 일반적으로 m개의 반복변수가 발생하게 된다.

반복변수를 선정하는 일반적인 기준은 다음과 같다.

① 반복변수에는 m개의 기본차원을 포함하여야 한다. 즉 질량 또는 밀도, 특정속도 그리고 특정길이 등이 선정되어야 한다.

② 반복변수는 각각의 기하학적 특성, 유체성질, 유동특성을 대표하는 변수를 선정하여 가장 의미있는 무차원 변수가 결정되도록 하여야 한다.

③ 종속변수가 반복변수로 선정되지 않도록 주의한다.

반복변수를 선정한 후 나머지 변수들은 각각의 반복변수와 조합하여 하나의 Π변수가 구성되도록 한다. D를 기하학적 특성, ρ를 유체성질 그리고 V를 유동특성을 나타내는 반복변수로 정의하면 Π_1은 D, ρ, V, $\Delta p/L$를 포함, Π_2는 D, ρ, V, k를 포함 그리고 Π_3는 D, ρ, V, μ을 포함하게 된다.

각각의 독립적인 무차원 변수 Π는 네 개의 변수로 구성된다. 따라서 상기의 변수 조합이 무차원 변수가 되도록 조정한 후 미지차수를 결정하면 식 (8.5)가 된다.

$$\Pi_1 = D^x \rho^y V^z \frac{\Delta p}{L} = (L)^x \left(\frac{FT^2}{L^4}\right)^y \left(\frac{L}{T}\right)^z \frac{F}{L^3} = L^0 F^0 T^0 \tag{8.5}$$

식 (8.5)에서 기본차원의 차수를 정리하여 각 변수의 지수 x, y, z를 구하면 식 (8.6)이 된다.

$$\begin{aligned} F &: \ y + 1 = 0 \\ L &: \ x - 4y + z - 3 = 0 \\ T &: \ 2y - z = 0 \end{aligned} \tag{8.6}$$

식 (8.6)을 정리하면 $x = 1$, $y = -1$, $z = -2$가 된다. 따라서 Π_1은 식 (8.7)이 된다.

$$\Pi_1 = \frac{\Delta p}{L} \frac{D}{\rho V^2} \tag{8.7}$$

동일한 방법으로 Π_2와 Π_3는 식 (8.8)과 식 (8.9)가 된다.

$$\Pi_2 = \frac{k}{D} \tag{8.8}$$

$$\Pi_3 = \frac{\mu}{\rho VD} \tag{8.9}$$

무차원 변수의 역수, 제곱 그리고 제곱근도 무차원 수가 되므로 Π_1, Π_2, Π_3의 함수관계는 식 (8.10)이 된다.

$$\Pi_1 = f\ (\Pi_2, \Pi_3) \tag{8.10}$$

8.3 무차원 방정식

무차원 변수를 유도하기 위하여 운동 및 에너지 미분 방정식을 무차원 형태로 재정리하는 방법이 있다. 여기서 무차원 변수는 유체의 상태와 성질을 나타내는 변수를 조합하여 해석이 가능하다

운동 방정식에서 Reynold 수와 Froude 수, 에너지 방정식에서 Raynold 수, Mach 수 그리고 Prandtl 값이 얻어진다.

Navier-Stokes 방정식의 y방향 성분에서 체적력 Y는 $-g$와 같다. 특성길이를 L, 특성속도를 U라 하면 무차원 변수는 식 (8.11)이 된다.

$$x' = \frac{x}{L},\quad y' = \frac{y}{L},\quad z' = \frac{z}{L}$$
$$u' = \frac{u}{U},\quad v' = \frac{v}{U},\quad w' = \frac{w}{U}$$
$$p' = \frac{p}{\rho U^2},\quad t' = \frac{t}{\left(\frac{L}{U}\right)} \tag{8.11}$$

무차원 변수를 y방향 성분에 대한 Navier-Stokes 방정식에 대입하고 $\frac{\rho U^2}{L}$으로 양변을 나눈 후 간단히 하면 식 (8.12)가 된다.

$$\frac{\partial v'}{\partial t'} + u'\frac{\partial v'}{\partial x'} + v'\frac{\partial v'}{\partial y'} + w'\frac{\partial v'}{\partial z'}$$
$$= -\frac{gL}{U^2} - \frac{\partial p'}{\partial y'} + \frac{\mu}{\rho UL}\left(\frac{\partial^2 v'}{\partial x'^2} + \frac{\partial^2 v'}{\partial y'^2} + \frac{\partial^2 v'}{\partial z'^2}\right)$$
$$= -\frac{1}{Fr^2} - \frac{\partial p'}{\partial y'} + \frac{1}{Re}\left(\frac{\partial^2 v'}{\partial x'^2} + \frac{\partial^2 v'}{\partial y'^2} + \frac{\partial^2 v'}{\partial z'^2}\right) \tag{8.12}$$

여기서, $F_r = \frac{U}{\sqrt{gL}}$, $R_e = \frac{\rho UL}{\mu}$이다.

8.4 무차원 변수

무차원 변수를 결정하기 위하여 유체의 유동에 미치는 체적력의 비를 사용할 수 있다. 유동중인 유체에는 점성, 중력, 압력, 표면장력 그리고 압축성에 기인된 힘이 작용한다.

(1) 점성력 ; $F_V = \tau A = \mu\left(\frac{du}{dy}\right)L^2 = \mu\left(\frac{V}{L}\right)L^2 = \mu VL$

(2) 중력 ; $F_G = Mg = \rho L^3 g$

(3) 압력 ; $F_P = (\Delta p)A = \Delta p L^2$

(4) 표면장력 ; $F_T = \sigma L$

(5) 탄성력 ; $F_E = KL^2$

(6) 관성력 ; $F_I = Ma = \rho L^3 \frac{V^2}{L} = \rho V^2 L^2$

유체에 작용하는 힘에 대한 관성력의 비는 유체유동의 특성을 나타내는데 중요한 의미를 가진다. 따라서 관성력의 비를 사용하면 Reynold 수는 식 (8.13), Froude 수는 식 (8.14), Euler 수는 식 (8.15), Weber 수는 식 (8.16) 그리고 Mach 수는 식 (8.17)이 된다.

$$\frac{F_I}{F_V} = \frac{\rho L^2 V^2}{\mu VL} = \frac{\rho LV}{\mu}$$

$$R_e = \frac{\rho LV}{\mu} \tag{8.13}$$

$$\frac{F_I}{F_G} = \frac{\rho L^2 V^2}{\rho L^3 g} = \frac{V^2}{Lg}$$

$$F_r = \frac{V}{\sqrt{Lg}} \tag{8.14}$$

$$\frac{F_P}{F_I} = \frac{\Delta p L^2}{\rho L^2 V^2} = \frac{\Delta p}{\rho V^2}$$

$$C_p = \frac{\Delta p}{\frac{\rho V^2}{2}} \tag{8.15}$$

$$\frac{F_I}{F_T} = \frac{\rho L^2 V^2}{\sigma L} = \frac{V^2}{\frac{\sigma}{\rho L}} \quad W_e = \frac{V}{\sqrt{\frac{\sigma}{\rho L}}} \tag{8.16}$$

$$\frac{F_I}{F_E} = \frac{\rho L^2 V^2}{KL^2} = \frac{V^2}{\frac{K}{\rho}}$$

$$M = \frac{V}{\sqrt{\frac{K}{\rho}}} \tag{8.17}$$

8.5 상사법칙

유체요소에 작용하는 힘의 비로부터 결정되는 무차원 수의 영향을 명확하게 나타내기 위하여 실험실에서 적정한 크기(Scale)의 모형(Model)을 제작하여 실제의 유체유동을 표현하는 실험을 모형실험(Model experiment)이라 한다. 모형실험을 위하여 실물(Prototype)과 모형간의 닮은 꼴 조건을 결정하는 과정을 상사법칙(Law of similarity)이라 한다.

상사법칙이 성립하기 위해서는 다음의 조건을 만족하여야 한다.

(1) 기하학적 상사(Geometric similarity)

(2) 운동학적 상사(Kinematic similarity)

(3) 역학적 상사(Dynamic similarity)

8.5.1 기하학적 상사

모형과 실물은 동일한 형상이고 서로 대응하는 길이 L_m과 L_p의 비가 일정한 경우를 기하학적 상사라고 한다.

모형비 L_r, 면적비 A_r 그리고 체적비 V_r의 기하학적 상사는 식 (8.18)과 같이 된다.

$$\begin{aligned} L_r &= \frac{L_m}{L_p} \\ A_r &= L_r^2 = \left(\frac{L_m}{L_p}\right)^2 \\ V_r &= L_r^3 = \left(\frac{L_m}{L_p}\right)^3 \end{aligned} \tag{8.18}$$

8.5.2 운동학적 상사

모형과 실물에서 대응하는 유선이 기하학적으로 상사이고 대응하는 점에서 속도의 방향은 같고 속도비가 일정한 경우를 운동학적 상사라 한다.

시간비 T_r, 속도비 v_r, 가속도비 a_r 그리고 유량비 Q_r은 식 (8.19)와 같이 된다.

$$v_r = \frac{v_m}{v_p} = \frac{\frac{L_m}{T_m}}{\frac{L_p}{T_p}} = \frac{L_r}{T_r}$$

$$a_r = \frac{a_m}{a_p} = \frac{\frac{L_m}{T_m^2}}{\frac{L_p}{T_p^2}} = \frac{L_r}{T_r^2}$$

$$Q_r = \frac{Q_m}{Q_p} = \frac{\frac{L_m^3}{T_m}}{\frac{L_p^3}{T_p}} = \frac{L_r^3}{T_r} \tag{8.19}$$

8.5.3 역학적 상사

모형과 실물사이의 대응하는 점에서 힘의 방향은 같고 크기 비가 일정한 경우를 역학적 상사라 한다. 역학적 상사가 성립되기 위한 전제 조건은 기하학적 및 운동학적 상사가 유지되어야 한다는 것이다.

역학적 상사조건은 Newton 제2법칙인 $F_I = ma$를 만족하여야 하므로 식 (8.20)이 성립하여야 한다.

$$F_I = F_V + F_G + F_P + F_T + F_E = ma$$

$$\frac{(F_I)_m}{(F_I)_p} = \frac{(ma)_m}{(ma)_p} = \frac{\rho_m L_m^3}{\rho_p L_p^3} \times \frac{L_r}{T_r^2} = \rho_r L_r^2 \left(\frac{L_r}{T_r}\right)^2 \tag{8.20}$$

그리고 역학적 상사가 성립하면 모형과 실물사이에 대응하는 힘의 비가 동일하므로 식 (8.21)이 성립한다.

$$\frac{(F_V)_m}{(F_V)_p} = \frac{(F_G)_m}{(F_G)_p} = \frac{(F_P)_m}{(F_P)_p} = \frac{(F_T)_m}{(F_T)_p} = \frac{(F_E)_m}{(F_E)_p} = \frac{(F_I)_m}{(F_I)_p} \tag{8.21}$$

식 (8.20)과 식 (8.21)을 관성력에 대한 비로 나타내면 식 (8.22)가 된다.

$$\left(\frac{F_I}{F_V}\right)_m = \left(\frac{F_I}{F_V}\right)_p$$
$$\left(\frac{F_I}{F_G}\right)_m = \left(\frac{F_I}{F_G}\right)_p \tag{8.22}$$

09

HEC-RAS

9.1 기본이론

9.2 Example 1(단일 하천)

9.3 Example 2(단면별 홍수량 변화)

9.4 Example 3(지류가 합류하는 경우)

9.5 Example 4(교량 해석)

HEC-RAS

HEC-RAS(Hydrologic Engineering Center-River Analysis System)는 미육군 공병단(US Army Corps of Engineers)에서 개발된 수문해석 프로그램으로서 HEC-2의 후속 모델이다.

HEC-RAS는 사용자의 편리기능과 자료 입·출력 도구, 모의결과의 도시 등을 통한 작업시간의 최소화를 목적으로 설계된 그래픽 사용자 공유 프로그램(Graphical User Interface, GUI)이다.

9.1 기본이론

HEC-RAS는 현재 자연 또는 인공 수로에서 점변류에 대한 1차원 수면 종단면도와 흐름(상류, 사류, 혼합류)에 따른 수면 종단면도의 해석이 가능한 모형이다.

HEC-RAS 모델은 HEC-2 모델의 Windows Version으로 해석과정에 대한 기본 가정은 다음과 같다.

① 흐름은 정류이다(단, HEC-RAS 3.1부터는 부정류도 가능).

② 흐름은 부등류이다.

③ 흐름은 1차원이다(즉, 흐름방향 이외의 속도성분은 고려하지 않는다).

9.1.1 지배방정식

임의 두 단면사이에서 수면 종단면도는 표준 축차법(Standard step method)이라는 반복적 절차를 통해 에너지 방정식을 해석하여 산정한다. 표준 축차법의 에너지 방정식은 식 (9.1)과 같다. 그림 9.1은 지배방정식의 개념도를 나타낸 것이다.

$$Y_2 + Z_2 + \frac{\alpha_2 V_2^2}{2g} = Y_1 + Z_1 + \frac{\alpha_1 V_1^2}{2g} + h_e \tag{9.1}$$

여기서, Y_1, Y_2는 단면 1과 단면 2의 수심, Z_1, Z_2는 단면 1과 단면 2의 위치수두, V_1, V_2는 단면 1과 단면 2의 유속, α_1, α_2는 단면 1과 단면 2의 속도 가중계수, g는 중

력 가속도 그리고 h_e는 마찰 손실수두이다.

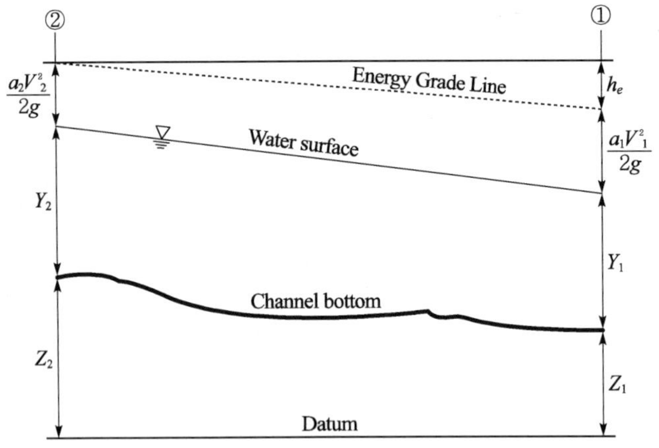

그림 9.1 지배방정식 개념

마찰 손실수두 방정식은 식 (9.2)와 같다.

$$h_e = L\overline{S_f} + C\left\{\frac{\alpha_2 V_2^2}{2g} - \frac{\alpha_1 V_1^2}{2g}\right\} \tag{9.2}$$

여기서, L은 단면 1과 단면 2의 구간거리, $\overline{S_f}$는 단면 1과 단면 2의 대표 마찰경사, C는 확장 또는 수축 손실계수이다.

구간 길이 L은 식 (9.3)으로 정의된다.

$$L = \frac{L_{lob}\overline{Q_{lob}} + L_{ch}\overline{Q_{ch}} + L_{rob}\overline{Q_{rob}}}{\overline{Q_{lob}} + \overline{Q_{ch}} + \overline{Q_{rob}}} \tag{9.3}$$

여기서, L_{lob}, L_{ch}, L_{rob}과 $\overline{Q_{lob}}$, $\overline{Q_{ch}}$, $\overline{Q_{rob}}$는 좌측·주수로·우측 수로 구간에서 단면 길이와 유량이다.

9.1.2 통수능 산정

임의 횡단면에서 통수능과 유속을 산정하는 경우 두 값이 균일하게 분포되는 구간으로 분할하는 것이 해석의 오류를 감소시킬 수 있다.

HEC-RAS에서 임의 횡단면의 유량 Q는 식 (9.4), 분할 구간에서의 통수능은 식 (9.5) 그리고 전단면에 대한 통수능은 식 (9.6)으로 산정한다.

$$Q = K\ S_f^{1/2} \tag{9.4}$$

$$K_i = \frac{1.486}{n_i} A_i R_i^{2/3} \tag{9.5}$$

$$K = \sum_{i=1}^{N} K_i \tag{9.6}$$

여기서, K_i는 분할 구간 i의 통수능, K는 전체 통수능, n_i는 분할구간 i의 Manning 조도계수, A_i는 분할구간 i의 단면적 그리고 R_i는 분할구간 i의 경심이다. 그림 9.2는 전체 통수능 산정을 위한 개념도를 나타낸 것이다.

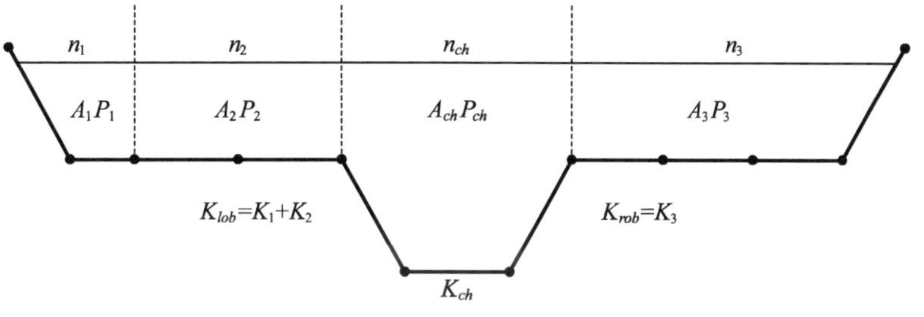

그림 9.2 전체 통수능 산정

9.1.3 Manning 합성 조도계수

HEC-RAS에서 Manning의 합성 조도계수 n_c는 식 (9.7)로 산정한다.

$$n_c = \left[\frac{\sum_{i=1}^{N} (P_i N_i^{1.5})}{P} \right]^{2/3} \tag{9.7}$$

여기서, P는 전체 윤변, P_i는 분할구간 i의 윤변 그리고 n_i는 분할구간 i의 Manning 조도계수이다.

9.1.4 손실수두

(1) 마찰 손실수두

HEC-RAS에서 마찰 손실수두는 $\overline{S_f}$와 L의 곱으로 산정한다. 각 단면에서 마찰경사는 Manning의 평균 유속공식을 적용하면 식 (9.8)이 된다.

$$S_f = \left(\frac{Q}{K}\right)^2 \tag{9.8}$$

식 (9.8)에 기초하여 평균 통수능은 식 (9.9), 평균 마찰경사는 식 (9.10), 기하 평균 마찰경사는 식 (9.11) 그리고 조화 평균 마찰경사는 식 (9.12)로 산정된다.

$$\overline{S_f} = \left(\frac{Q_1 + Q_2}{K_1 + K_2} \right)^2 \tag{9.9}$$

$$\overline{S_f} = \frac{S_f + S_{f_2}}{2} \tag{9.10}$$

$$\overline{S_f} = \sqrt{S_{f_1} \cdot S_{f_2}} \tag{9.11}$$

$$\overline{S_f} = \frac{2S_{f_1} \cdot S_{f_2}}{S_{f_1} + S_{f_2}} \tag{9.12}$$

(2) 수축·확대 손실수두

HEC-RAS에서 수축·확대 손실수두는 식 (9.13)으로 결정한다.

$$h_o = C \left\{ \alpha_1 \frac{V_1^2}{2g} - \alpha_2 \frac{V_2^2}{2g} \right\} \tag{9.13}$$

여기서, C는 수축 또는 확대 손실계수이다.

HEC-RAS에서는 하류(Downstream)의 속도수두가 상류(Upstream)의 속도수두보다 클 때 압축손실이 발생한다고 가정한다. 따라서 확대손실은 상류의 속도수두가 하류측보다 클 때 발생하게 된다.

9.1.5 운동량 방정식

운동량 방정식은 Newton의 제2법칙으로부터 식 (9.14)가 된다.

$$\sum F_X = m\alpha \tag{9.14}$$

그림 9.3에서 두 단면사이에서 발생하는 운동량의 변화는 식 (9.15)가 된다.

$$P_2 - P_1 + W_X - F_f = Q\rho \Delta V_X \tag{9.15}$$

여기서, P_1, P_2는 단면 1과 단면 2에서의 전수압, W_X는 단면 1과 단면 2의 유체 자중, F_f는 단면 1과 단면 2에서의 외부마찰력 그리고 ΔV_X는 단면 1과 단면 2에서 X방향으로의 속도변화이다.

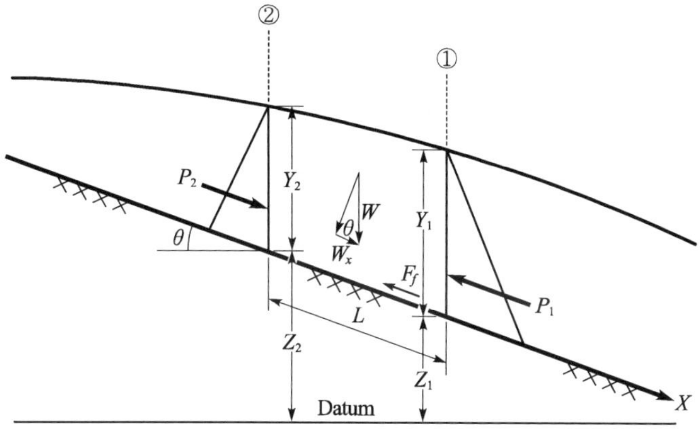

그림 9.3 운동량 방정식

9.1.6 HEC-RAS 설치 및 실행

(1) HEC-RAS 설치

HEC-RAS는 무료로 설치 가능한 프로그램이다. 미육군 공병단의 홈페이지(http://www.hec.usace.army.mil/software/hec-ras/index.html)에 접속하여 최신 버전을 Download한 후 설치를 진행하면 된다.

그리고 HEC-RAS 홈페이지에는 프로그램의 특징, 오류 해결정보 그리고 매뉴얼이 수록되어 있다.

(2) HEC-RAS 실행

그림 9.4는 HEC-RAS 4.1.0의 주 화면을 나타낸 것이다.

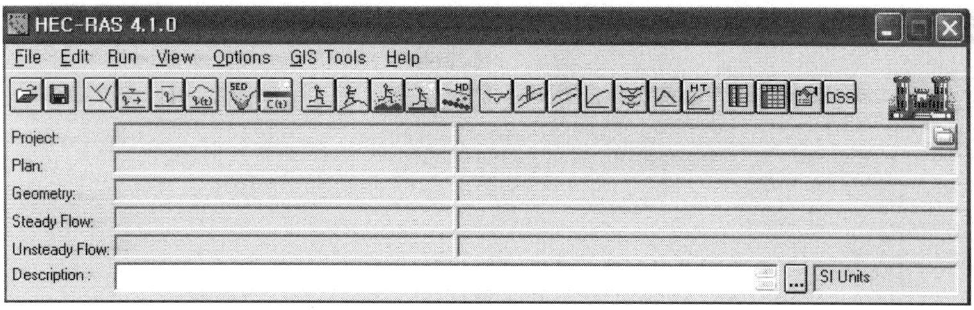

그림 9.4 HEC-RAS 주 화면

그림 9.5는 파일, 그림 9.6은 편집(Edit), 그림 9.7은 실행(Run), 그림 9.8은 결과 보기(View), 그림 9.9는 선택(Option), 그림 9.10은 GIS 도구(Tool) 그리고 그림 9.11은 도움(Help) 메뉴를 나타낸 것이다.

그림 9.5의 파일메뉴에서는 새 프로젝트(New Project), 프로젝트 열기(Open Project), 프로젝트 저장하기(Save Project), 다른 이름으로 저장(Save Project As), 파일이름 바꾸기(Rename Project Title), 프로젝트 지우기(Delete Project), HEC-2 데이터 불러오기(Import HEC-2 Data), HEC-RAS 데이터 가져오기(Import HEC-RAS Data), GIS 데이터 가져가기(Export GIS Data), 보고서 생성하기(Generate Report), 나가기(Exit) 메뉴가 포함되어 있다.

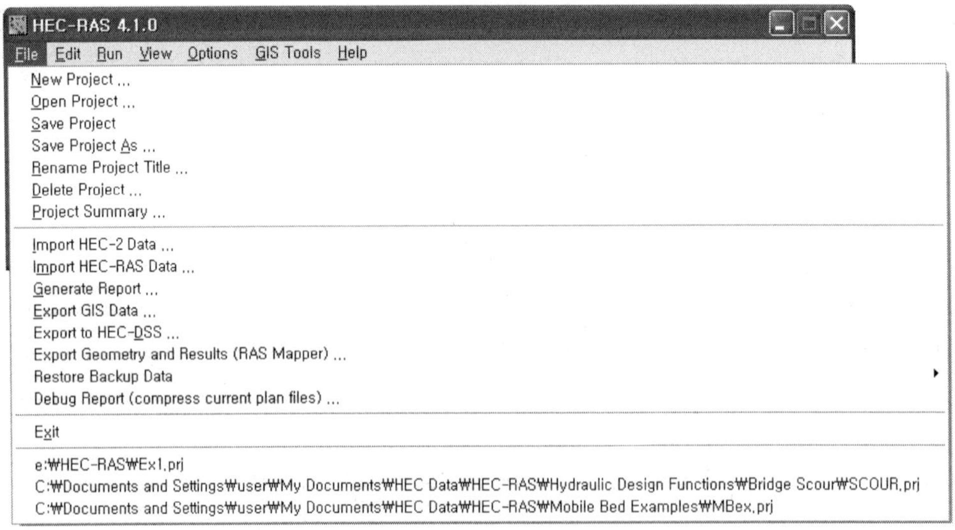

그림 9.5 파일(File) 메뉴

그림 9.6의 편집메뉴에서는 지형자료(Geometric Data), 정류 흐름자료(Steady Flow Data), 준부정류 흐름자료(Quasi Unsteady flow), 부정류 흐름자료(Unsteady Flow Data), 유사자료(Sediment Data) 그리고 수질자료(Water Quality Data)의 입력 및 편집이 가능하다.

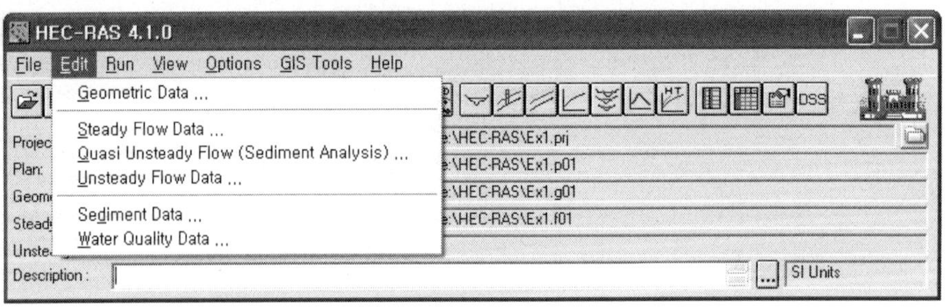

그림 9.6 편집(Edit) 메뉴

그림 9.7의 실행메뉴에서는 정류 흐름해석(Steady Flow Analysis), 부정류 흐름해석(Unsteady Flow Analysis), 유사해석(Sediment Analysis), 수질해석(Water Quality Analysis), 수리학적 설계에 대한 해석(Hydraulic Design Functions), 다중 계획 해석(Run Multiple Plans), RAS-ADH 합성 모델 해석 그리고 RAS-MODFLOW 합성 모델 해석이 가능하다.

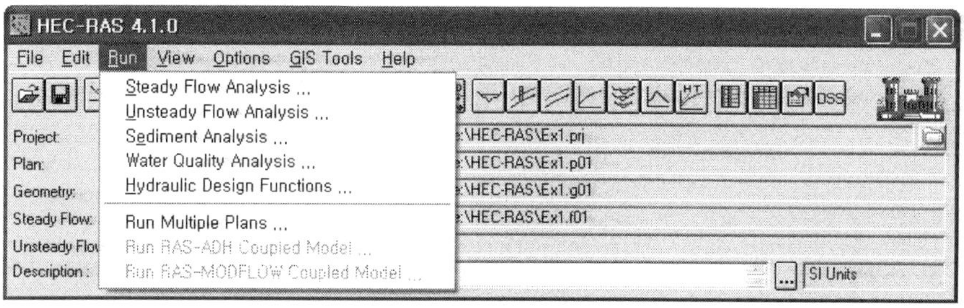

그림 9.7 실행(Run) 메뉴

그림 9.8의 결과 보기메뉴에서는 해석결과를 그래픽과 표의 형태로 확인이 가능하다.

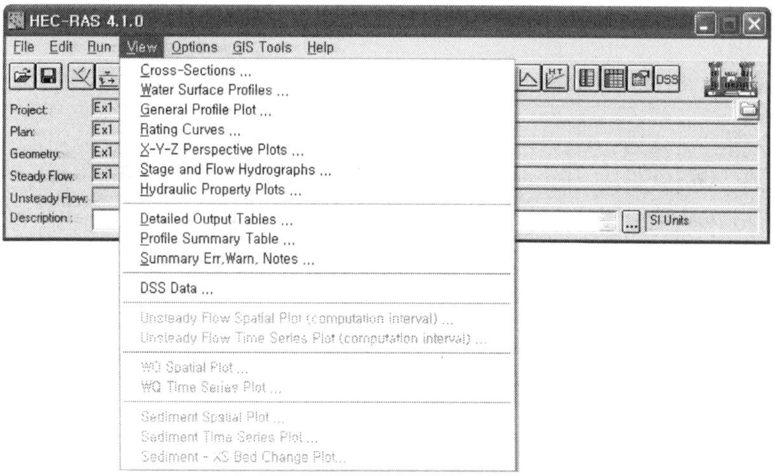

그림 9.8 결과 보기(View) 메뉴

그림 9.9의 선택메뉴에서는 프로그램의 설치, 수축·확대계수의 지정, 단위설정 등이 가능하다.

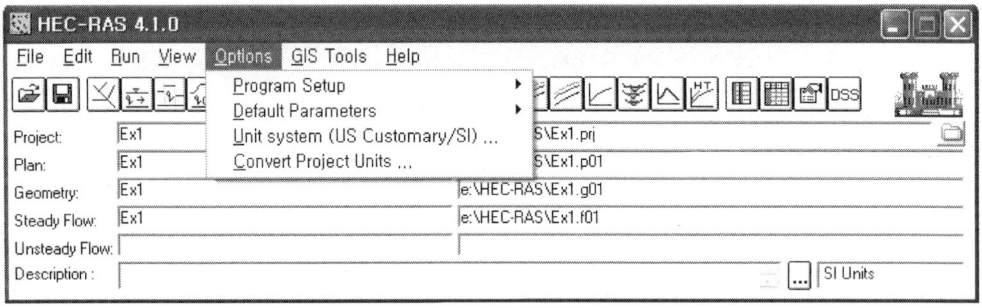

그림 9.9 선택(Options) 메뉴

그림 9.10의 GIS 도구메뉴에서는 기존의 GIS 프로그램과 상호 정보교환이 가능하다.

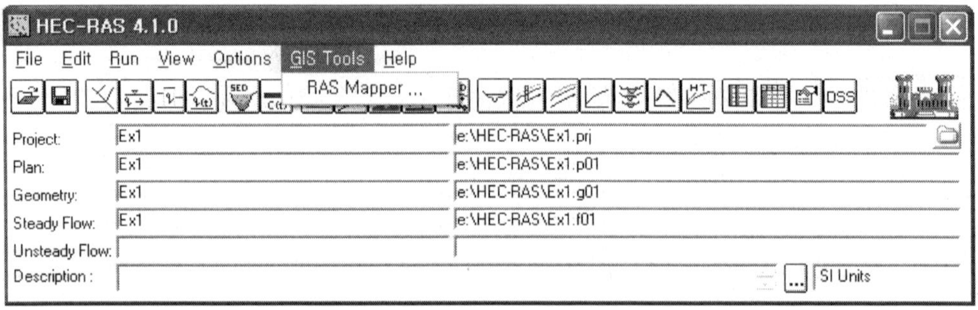

그림 9.10 GIS 도구(Tools) 메뉴

그림 9.11의 도움메뉴는 사용자가 프로그램을 수행하면서 참고할 수 있는 다양한 사용법이 포함되어 있다.

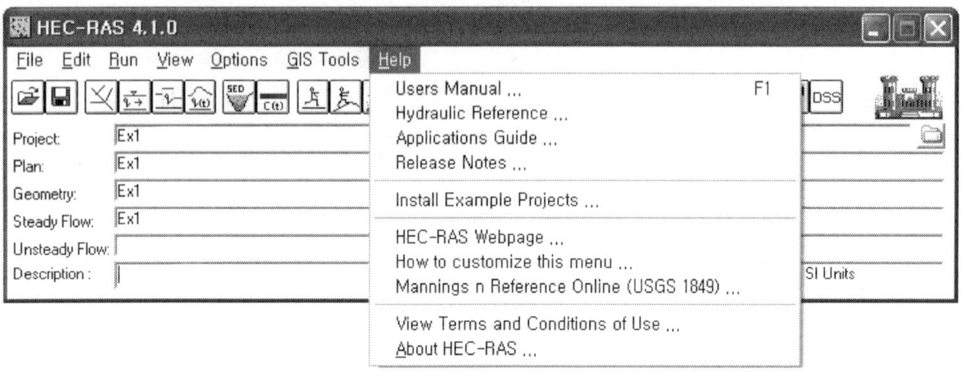

그림 9.11 도움(Help) 메뉴

9.1.7 HEC-RAS 수행방법

HEC-RAS의 수행을 위해 요구되는 입력자료는 기하학적 자료, 흐름 자료 그리고 전산해석자료가 있다.

(1) 기하학적 자료

① 하천망 ; 하천(River), 구간(Reach), 단면(Cross section)과 합류점(Junction)으로 구성하여 하천과 구간 이름, 단면 숫자(River station)

② 하천단면 자료 ; 하천 단면의 위치, 횡단좌표, 하상표고, 다음 단면까지의 거리, 주수로 좌표

③ 하천단면의 보간 ; 조도계수, 주수로 좌표, 수축·확대계수, 사수역, 제방 등

④ 수공구조물 ; 교량, 암거, 웨어, 여수로, 수문 등

(2) 흐름 자료

① 계산 수면형의 수(Number of profiles)

② 유량(Flow) ; 유량은 구간 내에서 변경가능

③ 조도계수(n)

④ 수축/확대 손실계수(Contraction/Expansion coefficient)

(3) 전산해석자료

① 흐름 영역 ; 상류(Subcritical flow), 사류(Supercritical flow), 혼합류(Mixed flow) 흐름

② 경계조건(Reach boundary condition)

- 상류(Subcritical flow)인 경우 하류(Downstream)에 지정
- 사류(Supercritical flow)인 경우 상류(Upstream)에 지정
- 혼합류인 경우 상·하류(Up·Downstream)에 모두 지정

③ 경계조건의 종류 ; 수위(관측수위, 등류수심, 한계수심), 수위-유량 곡선, 에너지 경사

그림 9.12는 HEC-RAS의 파일 구조도를 나타낸 것이다.

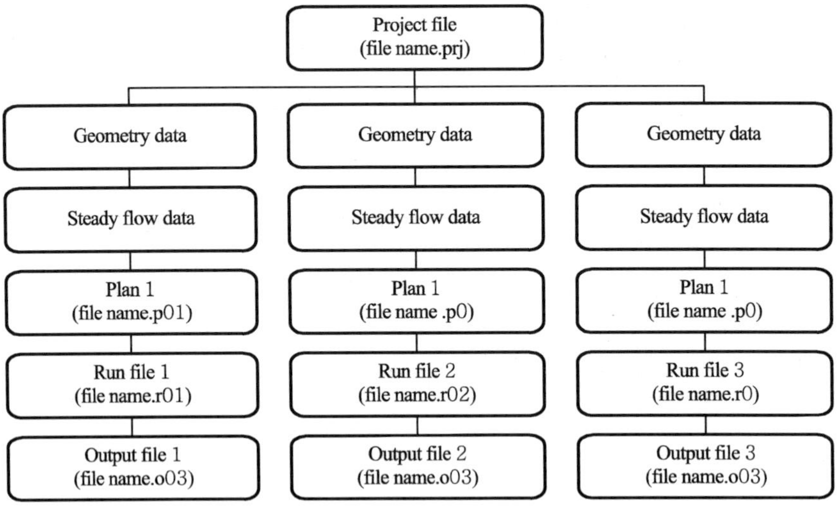

그림 9.12 HEC-RAS의 파일 구조도

9.2 Example I (단일 하천)

9.2.1 Project input

1. 그림 9.13은 HEC-RAS의 주 화면을 나타낸 것이다. 그림 9.13의 **File** 메뉴에서 **New Project**를 선택하면 그림 9.14가 나타난다.

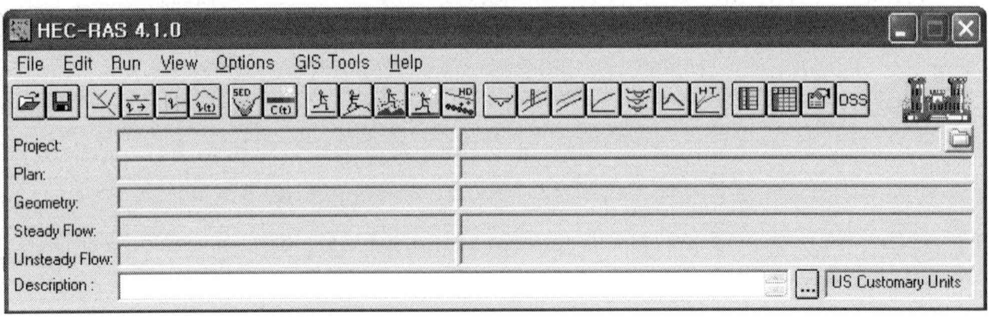

그림 9.13

2. 그림 9.14에서 저장할 드라이브와 디렉토리를 선택하는 방법은 두 가지가 있다. 첫 번째는 기존에 정의된 드라이브와 디렉토리를 선택한 후 저장하는 방법, 두 번째는 **Create folder**를 선택하여 그림 9.14의 화면에서 드라이브와 디렉토리를 직접 지정하여 저장하는 방법이다.

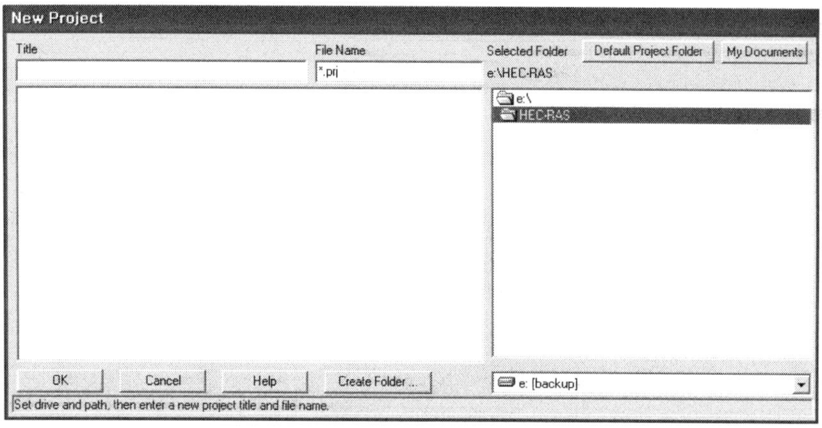

그림 9.14

3. File의 저장을 위한 드라이브와 디렉토리의 선택이 완료되면 텍스트 입력창에 **Title** 과 **File name**을 입력하면 그림 9.15가 된다.

   – Title ; Ex 1　　　　　– File name ; Ex 1

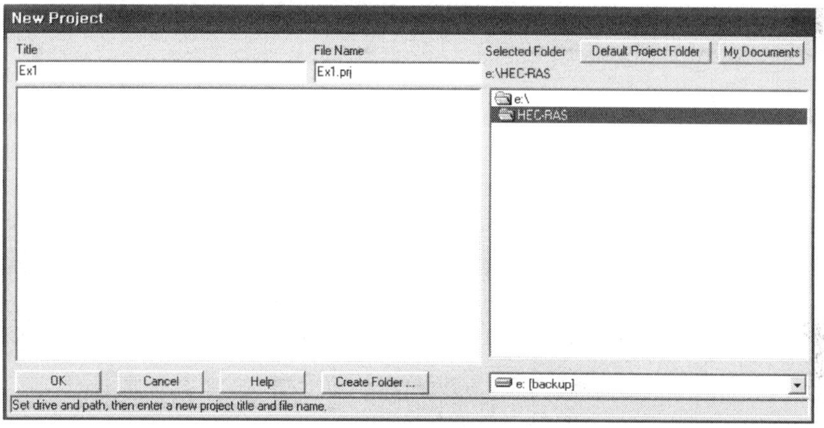

그림 9.15

4. 그림 9.15에서 **OK**를 클릭하면 그림 9.16이 나타난다. 그림 9.16에서 Title, File name, 저장 드라이브, 디렉토리, 단위를 확인 후 확인을 클릭한다.
   단위계가 SI 단위계가 아닌 경우 6)의 과정을 참고하면 된다.

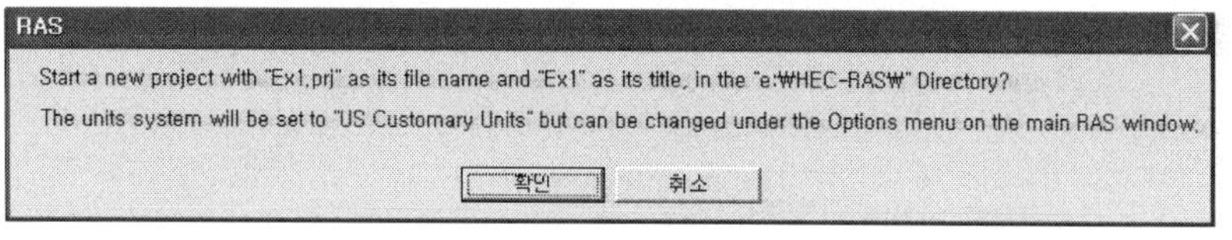

그림 9.16

5. 상기과정을 완료하면 주 화면은 그림 9.17과 같이 된다.

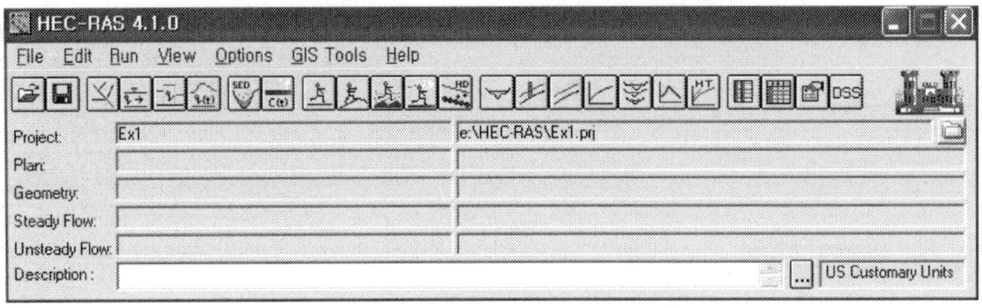

그림 9.17

6. 단위변경을 위해서 **Option** 메뉴의 **Unit system(US Customary/SI)…**을 클릭하면 그림 9.18이 나타난다.

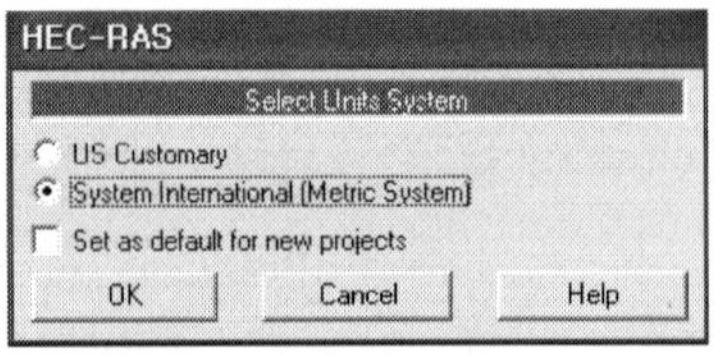

그림 9.18

7. 그림 9.18에서 **System International(Metric system)**선택한 후 **OK**를 클릭하고 그림 9.19의 예를 클릭하면 SI 단위계로 단위변경이 완료된다. 최종적으로 **File** 메뉴의 **Save Project**를 클릭하여 저장한다.

그림 9.19

8. 그림 9.20은 Project input과 단위변경이 완료된 HEC-RAS 주 화면을 나타낸 것이다.

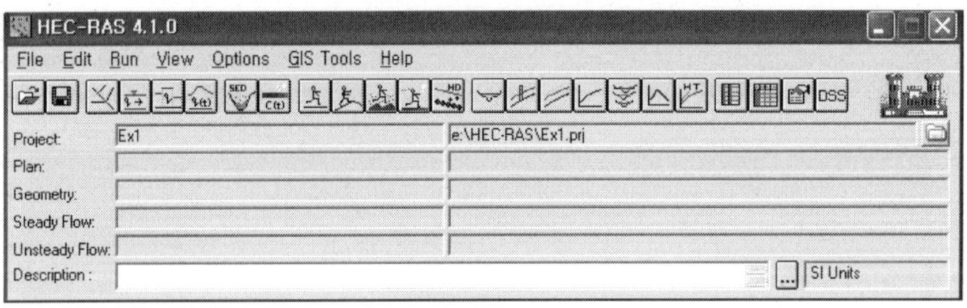

그림 9.20

9.2.2 Geometry data input

표 9.1 Example 1의 입력자료

No. 4		No. 3		No. 2		No. 1	
Sta.(m)	Ele.(m)	Sta.(m)	Ele.(m)	Sta.(m)	Ele.(m)	Sta.(m)	Ele.(m)
0	10	0	9.7	0	9.3	0	8.5
3	10	3	9.7	3	9.3	3	8.5
8	6	8	5.7	8	5.3	8	4.5
18	6	18	5.7	18	5.3	18	4.5
23	2	23	1.7	23	1.3	23	0.5
43	2	43	1.7	43	1.3	43	0.5
48	6	48	5.7	48	5.3	48	4.5
58	6	58	5.7	58	5.3	58	4.5
63	10	63	9.7	63	9.3	63	8.5
68	10	68	9.7	68	9.3	68	8.5

구분	Downstream Reach Length(하류방향 수로길이)		
	LOB(좌안)	Channel(주수로)	ROB(우안)
4 ~ 3	40	35	30
3 ~ 2	50	55	50
2 ~ 1	40	40	40
1	0	0	0

구분	Manning's n Values(조도계수 n)		
	LOB(좌안)	Channel(주수로)	ROB(우안)
4	0.025	0.025	0.025
3	0.025	0.025	0.025
2	0.025	0.025	0.025
1	0.025	0.025	0.025

구분	Main Channel Bank Stations(주수로 지점 위치)	
	Left Banks(좌안)	Right Banks(우안)
4	18	48
3	18	48
2	18	48
1	18	48

구분	Cont./Exp. Coefficients(수축/확대 계수)	
	Contraction(수축계수)	Expansion(확대계수)
4	0.1	0.3
3	0.1	0.3
2	0.1	0.3
1	0.1	0.3
특이사항	- 유량 $Q=200m^3/\mathrm{sec}$ - Normal depth ; 0.00025	

1. 지형자료의 입력을 위하여 **Edit** 메뉴의 **Geometric data** 또는 **Edit/Enter geometric data** 아이콘을 클릭하면 그림 9.21이 나타난다.

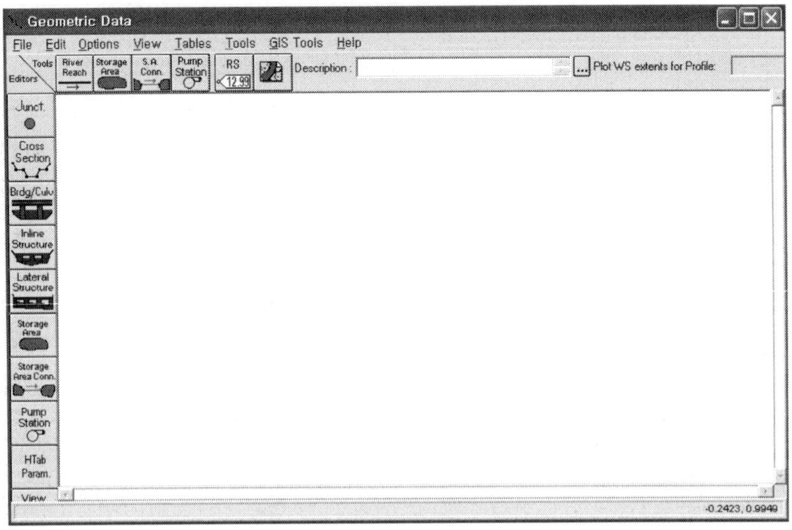

그림 9.21

2. 그림 9.21의 **File** 메뉴에서 **New Geometry Data**를 클릭하면 그림 9.22가 나타난다. 그림 9.22의 **Title**과 **File name**에 텍스트를 입력하고 드라이브와 디렉토리를 확인한다(단, File name은 지정되어 있음). 마지막으로 그림 9.22에서 **OK**를 클릭하면 그림 9.23이 된다.

   - Title ; Ex 1, - File name ; Ex 1

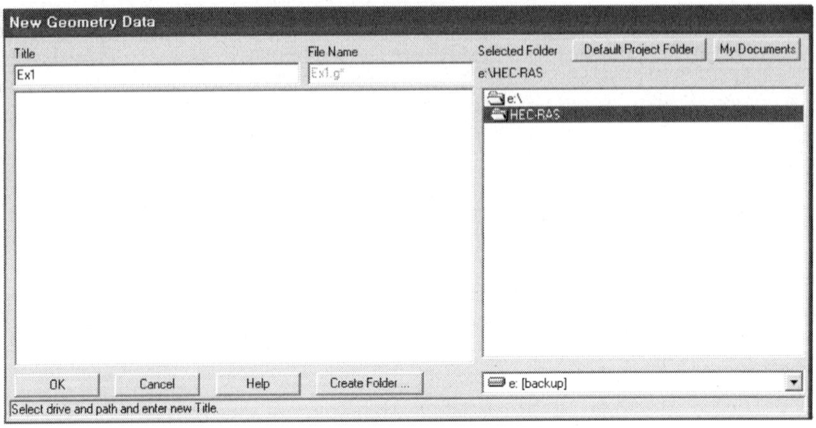

그림 9.22

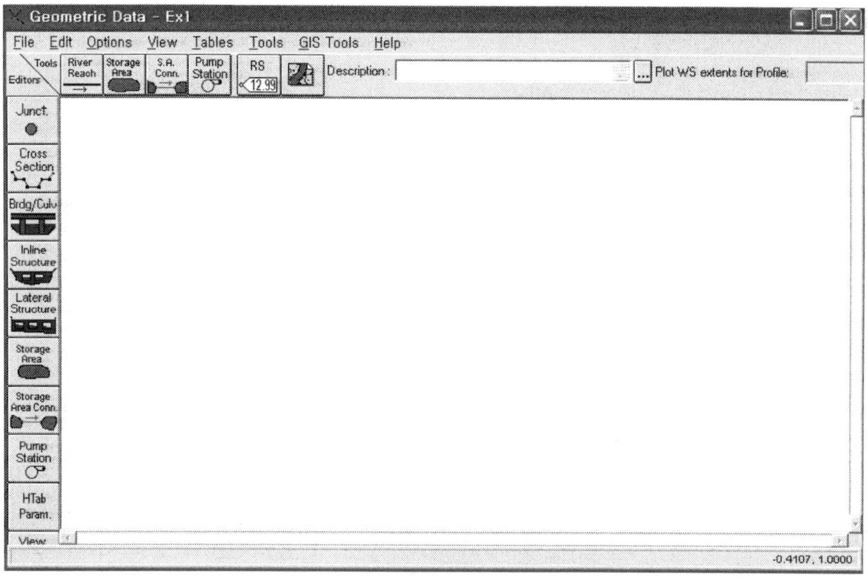

그림 9.23

3. 그림 9.23의 **River Reach** 아이콘을 클릭하고 마우스를 그림 9.23으로 이동시키면 연필모양이 나타난다. 연필모양이 나타나면 그림 9.23의 상단 임의 한 점에서 왼쪽 마우스를 클릭한 상태에서 해석하고자 하는 하천의 임의 형상을 작도한 후 더블 클릭하면 그림 9.24가 나타난다.

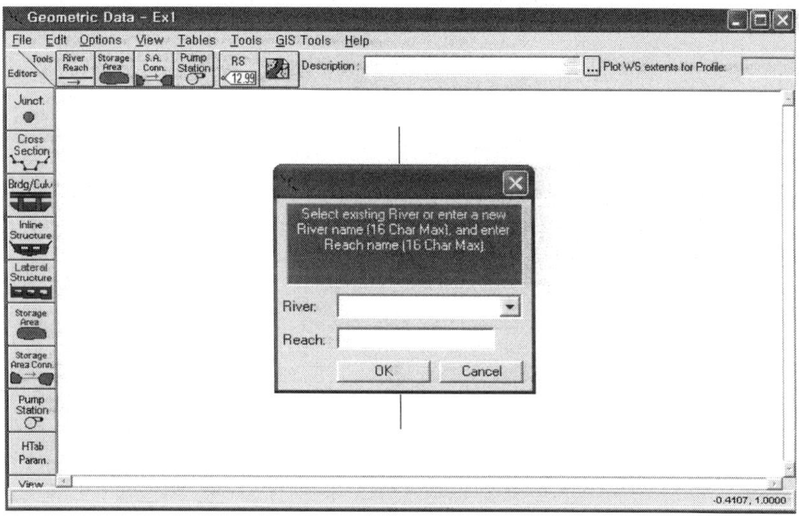

그림 9.24

4. 그림 9.24의 **River**와 **Reach**에 텍스트를 입력(그림 9.25)하고 OK를 클릭하면 그림 9.26이 된다.

  - River ; Civil
  - Reach ; hydro

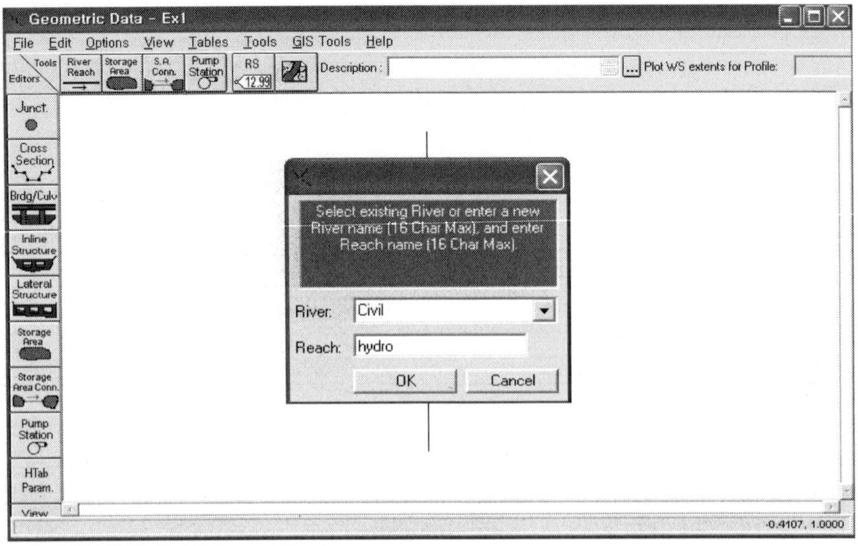

그림 9.25

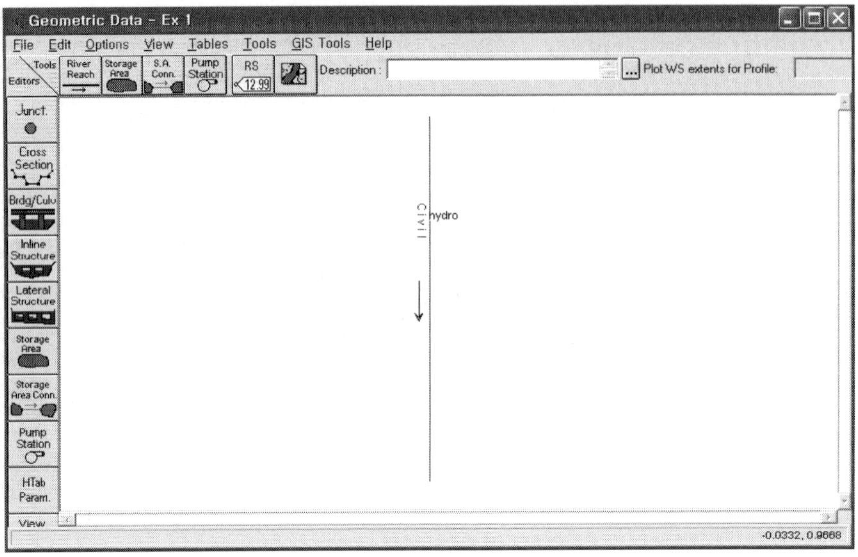

그림 9.26

5. 지형자료의 입력을 위하여 그림 9.26에서 **Cross Section** 아이콘을 클릭하면 그림 9.27이 나타난다.

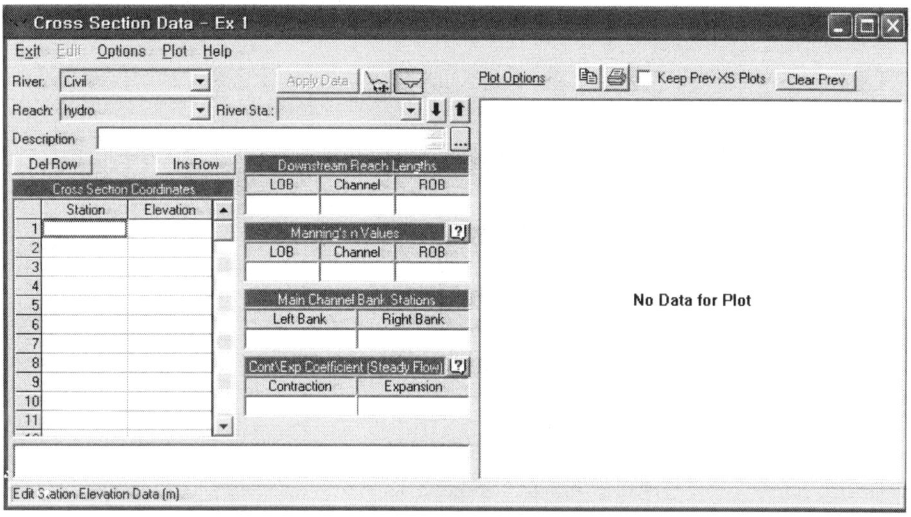

그림 9.27

6. 그림 9.28의 **Options** 메뉴에서 **Add a new cross section**을 선택하면 그림 9.29, 텍스트(횡단 측점 No.)를 입력하면 그림 9.30이 된다.

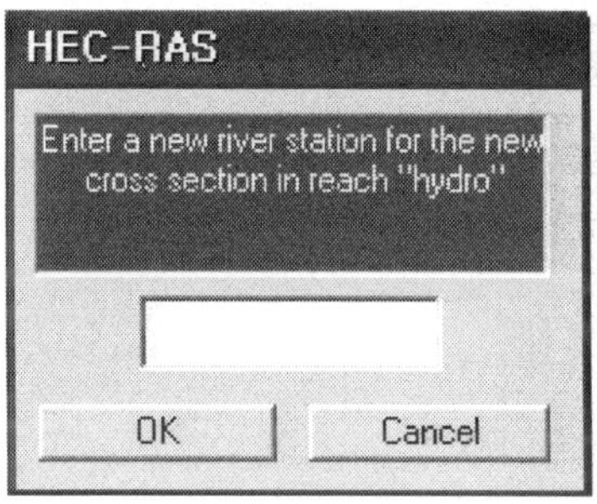

그림 9.28

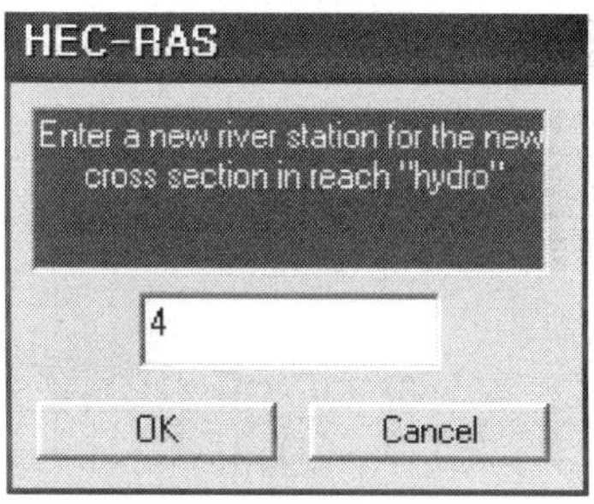

그림 9.29

- HEC-RAS에서 횡단면 자료를 입력하는 경우 최 상류지점부터 입력
- 그림 9.29의 텍스트 입력란에는 숫자만 입력 가능

7. 그림 9.29의 텍스트 입력창에 4를 입력하고 OK를 클릭하면 그림 9.30이 된다.

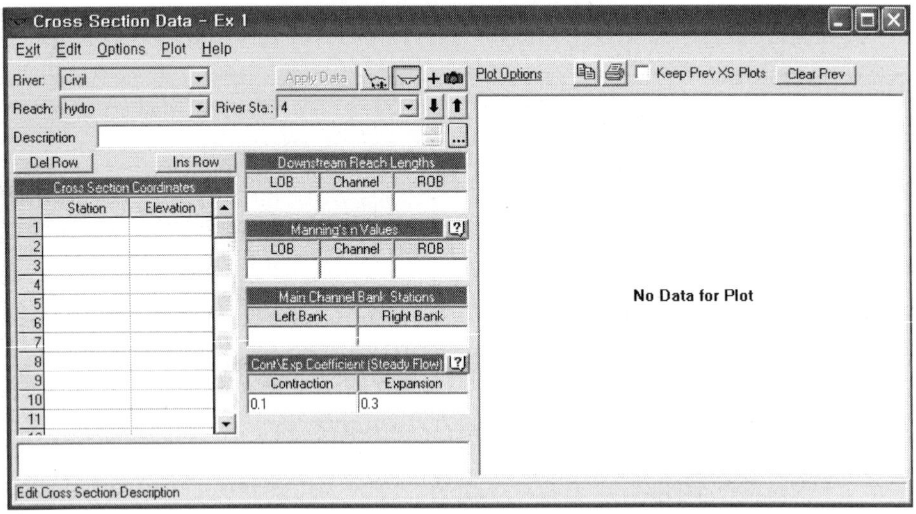

그림 9.30

8. 그림 9.30의 입력창에 표 9.1을 참고하여 자료를 입력하면 그림 9.31이 되고 그림 9.31의 Apply Data를 클릭하면 그림 9.32가 된다.

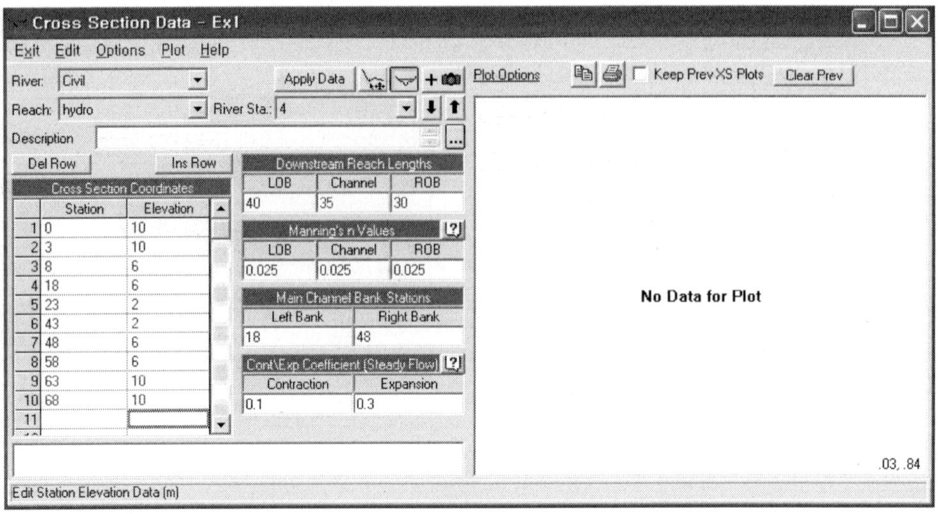

그림 9.31

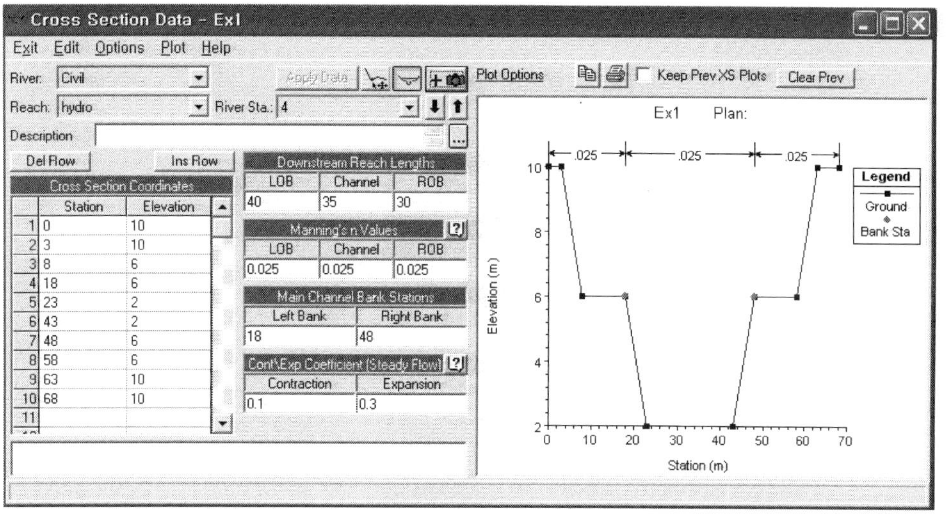

그림 9.32

9. 횡단면 No. 4의 지형자료 입력이 완료된 후 6에서 8의 과정을 반복하면서 No. 3(그림 9.33), No. 2(그림 9.34) 그리고 No. 1(그림 9.35)의 횡단면 자료를 입력하고 **Exit** 메뉴의 **Exit Cross Section Editor**를 선택하면 그림 9.36이 된다.

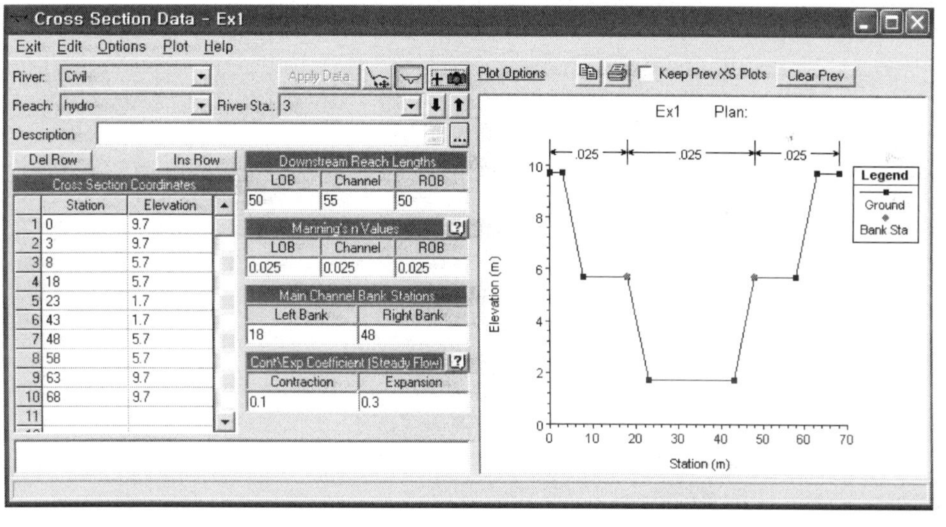

그림 9.33

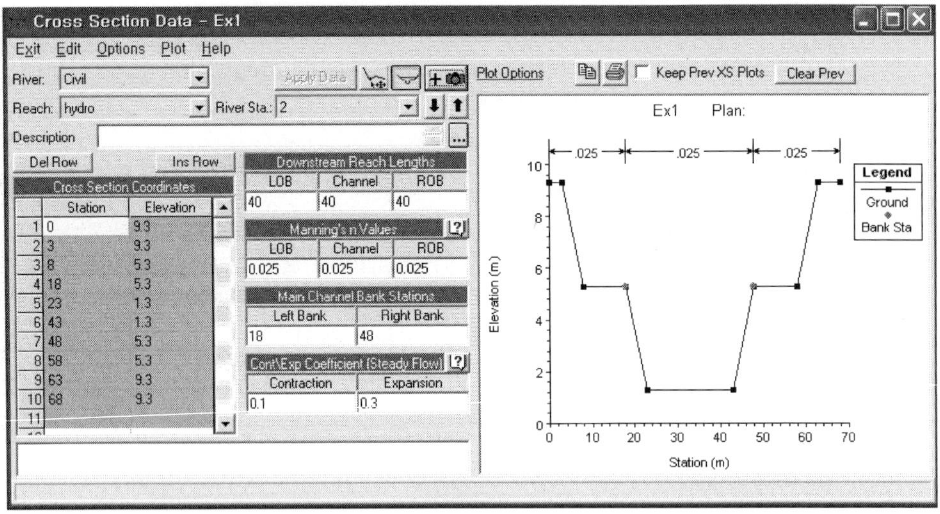

그림 9.34

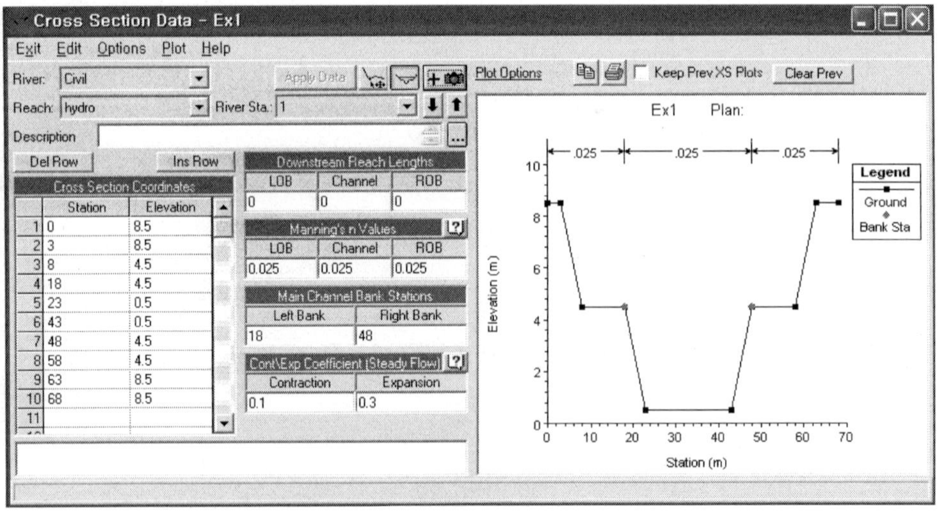

그림 9.35

※ 참고로 River Sta. 옆의 ↑, ↓를 클릭하면 입력한 횡단면 자료의 확인이 가능하다. 입력자료의 수정이 필요한 경우 각각 입력된 자료의 텍스트를 직접 클릭하면 수정이 가능하다.

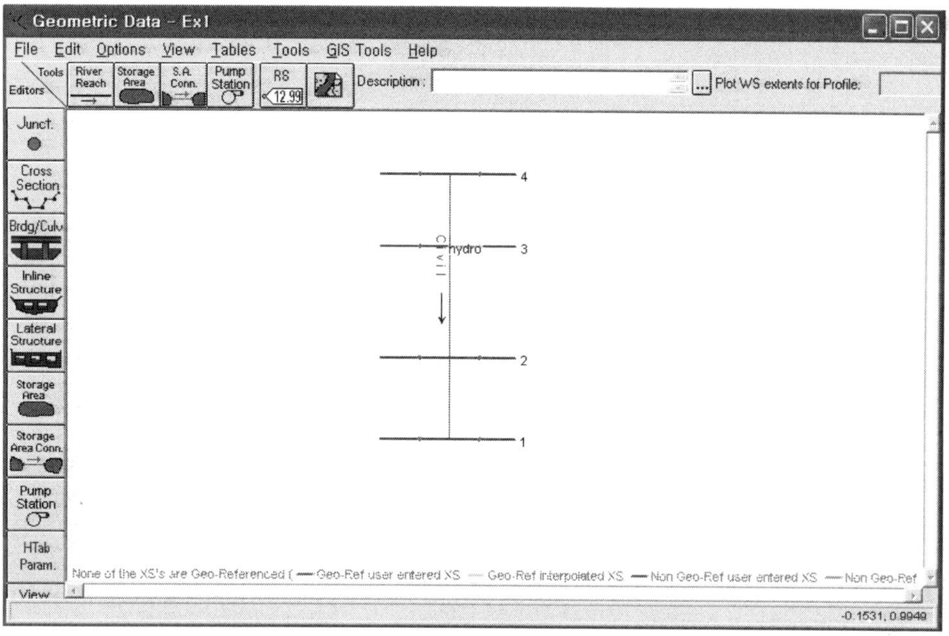

그림 9.36

10. 그림 9.36의 File 메뉴에서 Save Geometry Data를 클릭하고 Geometric data 창을 닫으면 지형자료의 입력이 완료된다(그림 9.37). 지형자료의 수정이 필요한 경우 Geometric data를 클릭하고 해당하는 지형자료를 선택한 후 그 과정을 반복하면 된다.

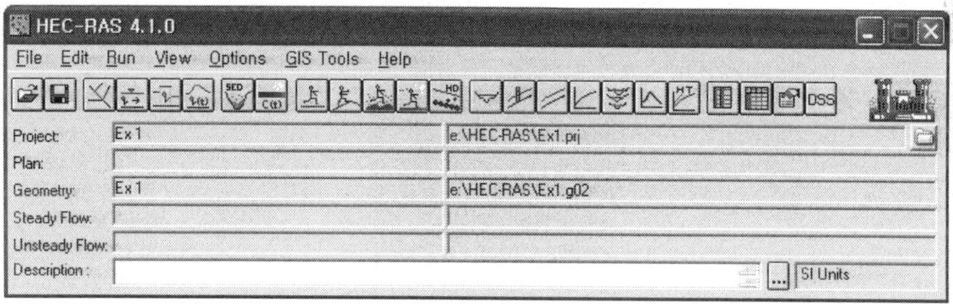

그림 9.37

9.2.3 Steady flow data input

1. 흐름자료(Steady flow)의 입력을 위하여 Edit 메뉴의 **Steady Flow Data** 또는 **Edit/Enter steady flow data** 아이콘을 클릭하면 그림 9.38이 나타난다. 그림 9.38에서 River, Reach 그리고 River Sta.에 입력된 텍스트를 확인한 후 다음 과정을 진행하도록 한다.

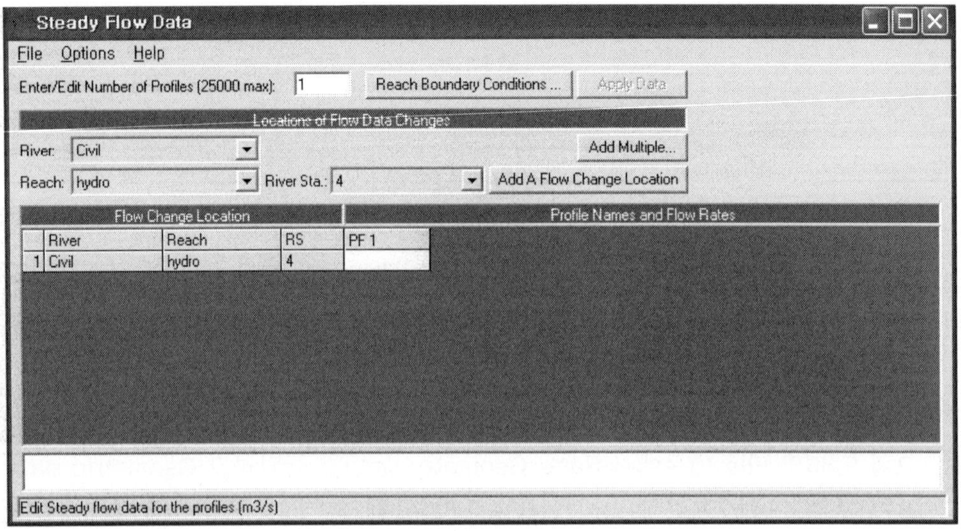

그림 9.38

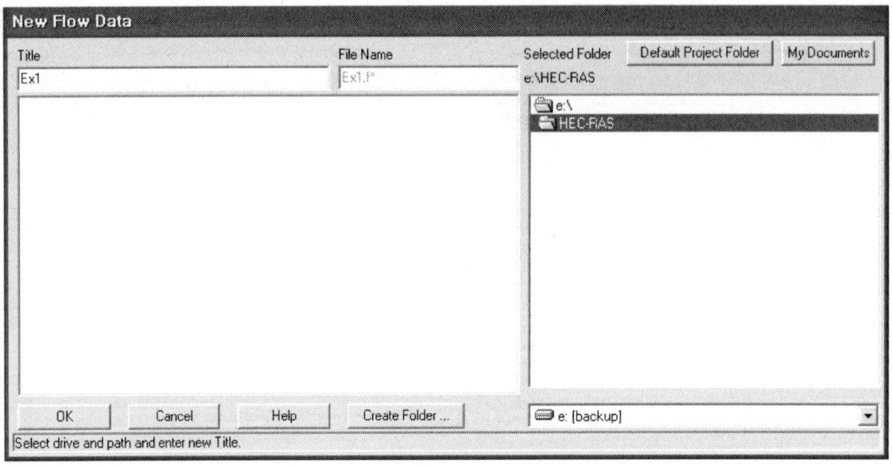

그림 9.39

2. 그림 9.38의 **File** 메뉴에서 **New Flow Data**를 클릭하면 그림 9.39가 나타난다. 그림 9.39의 **Title**과 **File name**에 텍스트를 입력하고 드라이브와 디렉토리를 확인한다(단, File name은 지정되어 있음). 마지막으로 그림 9.39에서 **OK**를 클릭하면 그림 9.40이 된다.

- Title ; Ex 1
- File name ; Ex 1

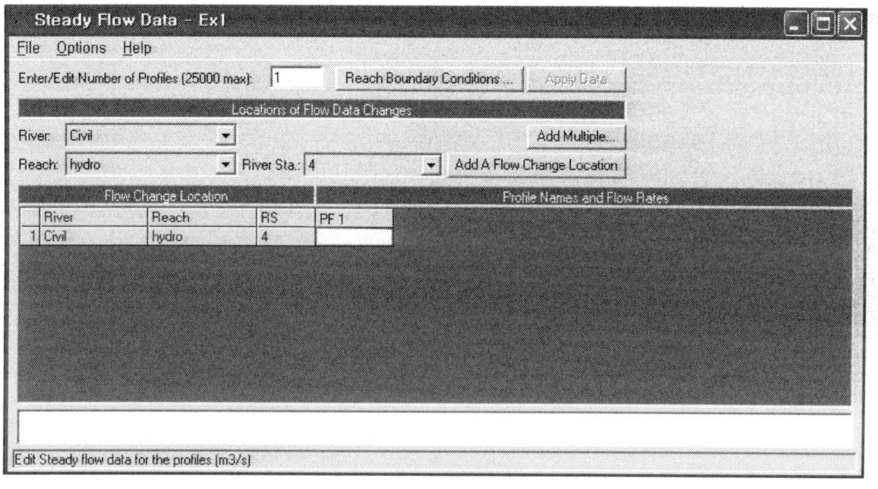

그림 9.40

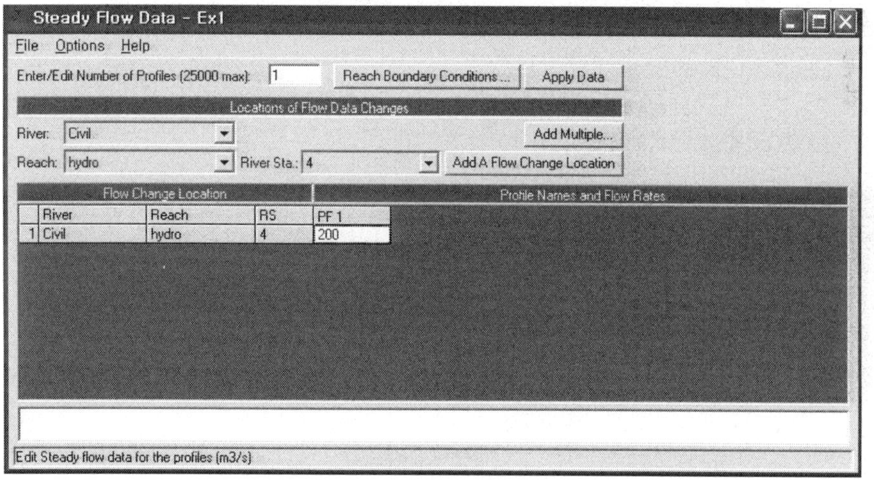

그림 9.41

3. 그림 9.40에서 **Flow Change Location**의 River, Reach 그리고 RS를 확인한 후 오류가 없다면 **Profile names and Flow Rates**의 PF 1의 하단 텍스트 입력창에 유량 200($Q=200\text{m}^3/\text{sec}$)을 입력한다(그림 9.41).
   - 단, **River Sta.**은 4가 맞는 지 확인

4. 그림 9.41의 **Reach Boundary Conditions**를 클릭하면 그림 9.42가 나타난다. 그림 9.42에서 **Downstream**을 선택한다.

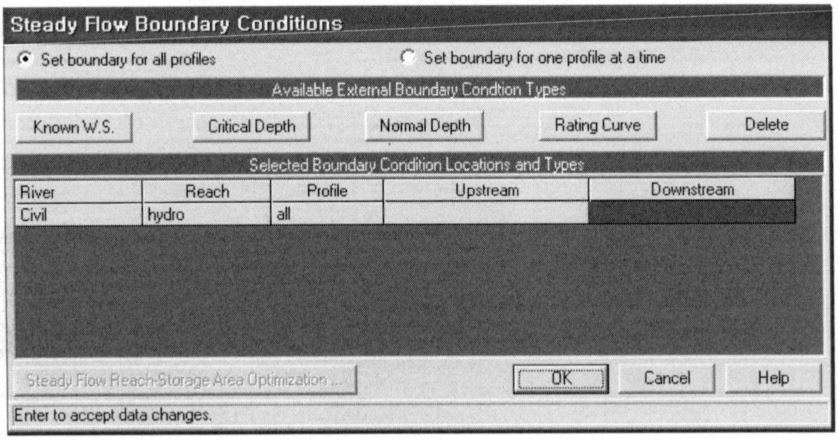

그림 9.42

※ Reach Boundary Conditions(경계조건)의 의미

① Known W.S. ; 수위(Water depth)를 알고 있는 경우

② Critical Depth ; 한계수심을 알고 있는 경우

③ Normal Depth ; 등류 수심의 수면 경사를 알고 있는 경우

④ Rating Curve ; 수위-유량 곡선식이 있는 경우

※ Reach Boundary conditions 입력시 주의사항

1) 상류(Subcritical)해석
   - Downstream(하류)에 지정
   - $h > h_c$인 경우의 흐름, 주어진 유량으로 흐를 때 그 수심이 한계수심보다 큰 흐름, 상류 수심이 형성

2) 사류(Supercritical)해석 ; Upstream(상류)에 지정

– $h < h_c$인 경우의 흐름, 주어진 유량으로 흐를 때 그 수심이 한계수심보다 작은 흐름, 사류 수심이 형성

3) 혼합류(Mixed flow)해석

– Downstream(하류), Upstream(상류)에 모두 지정

5. **Normal Depth**를 선택하면 그림 9.43이 나타나고 텍스트 창에 0.00025를 입력한 후 **OK**를 클릭하면 그림 9.44가 된다.

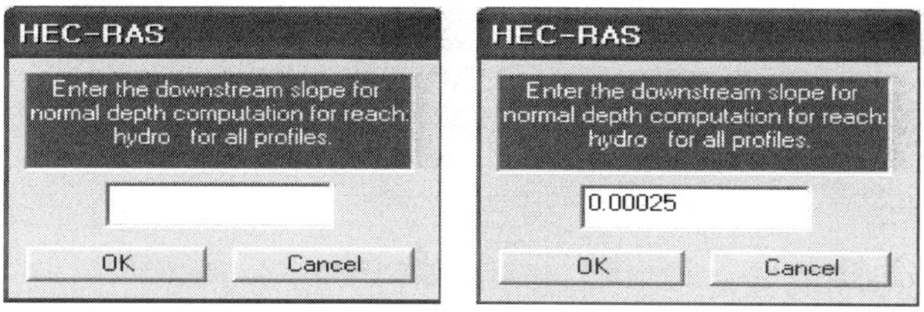

그림 9.43

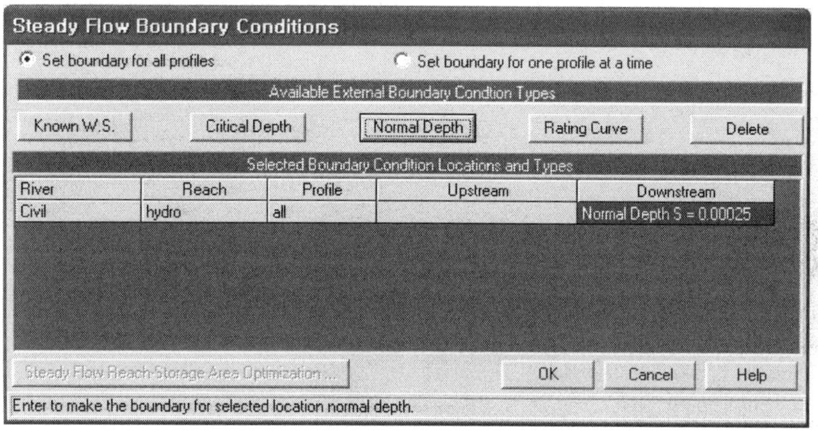

그림 9.44

6. 그림 9.44에서 입력자료를 확인한 후 **OK**를 클릭하면 그림 9.45가 된다.

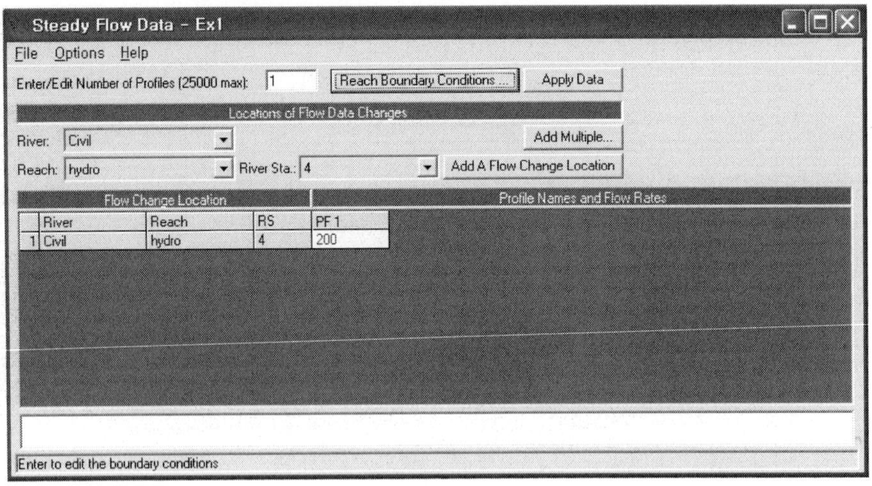

그림 9.45

7. 그림 9.45에서 **Apply Data** 아이콘을 클릭하고 **File** 메뉴의 **Save Flow Data**를 선택하면 흐름자료의 입력이 완료되고 HEC-RAS 주 화면은 그림 9.46이 된다.

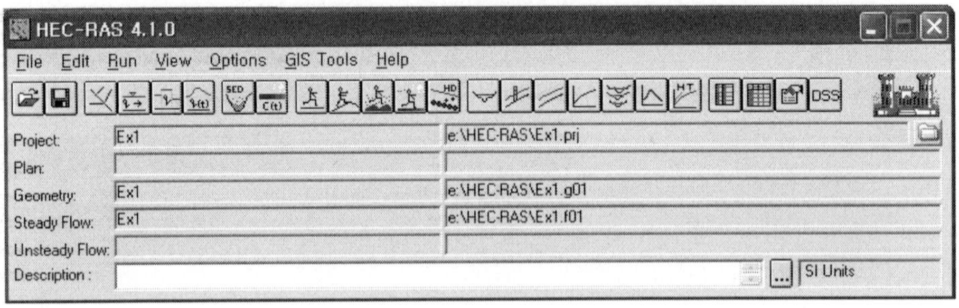

그림 9.46

9.2.4 Run

1. Project input, Geometry data input 그리고 Steady flow data input 과정을 통하여 자료입력을 완료한 후 HEC-RAS는 Run을 실행한다. Run의 실행을 위하여 **RUN** 메뉴의 **Steady Flow Analysis** 또는 **Perform a steady flow simulation** 아이콘을 더블 클릭하면 그림 9.47이 나타난다. 그림 9.47에서 **Geometry File**과 **Steady Flow File**의 텍스트를 확인한 후 다음 과정을 수행하여야 한다.

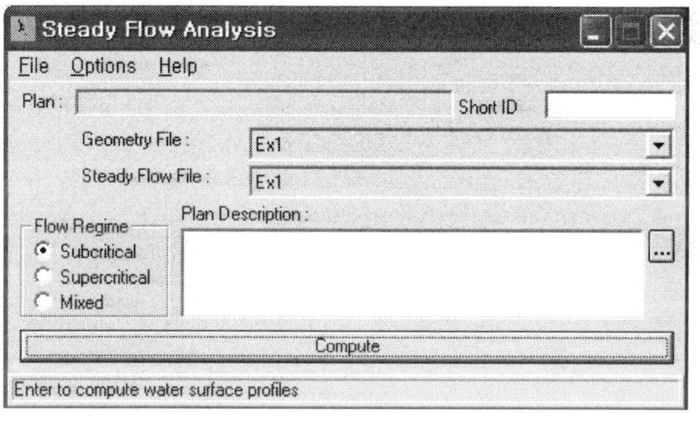

그림 9.47

2. 그림 9.47의 **File** 메뉴에서 **New Plan**을 클릭하면 그림 9.48이 나타난다. 그림 9.48의 **Title**과 **File name**에 텍스트를 입력하고 드라이브와 디렉토리를 확인한다(단, File name은 지정되어 있음). 마지막으로 그림 9.48에서 OK를 클릭하면 그림 9.49가 나타난다.
   - Title ; Ex 1
   - File name ; Ex 1

3. 그림 9.49의 텍스트 입력창에 임의 텍스트를 입력하고 OK를 클릭하면 그림 9.50이 된다.
   - Enter the short plan Identifier(16 char. max) ; HEC-RAS

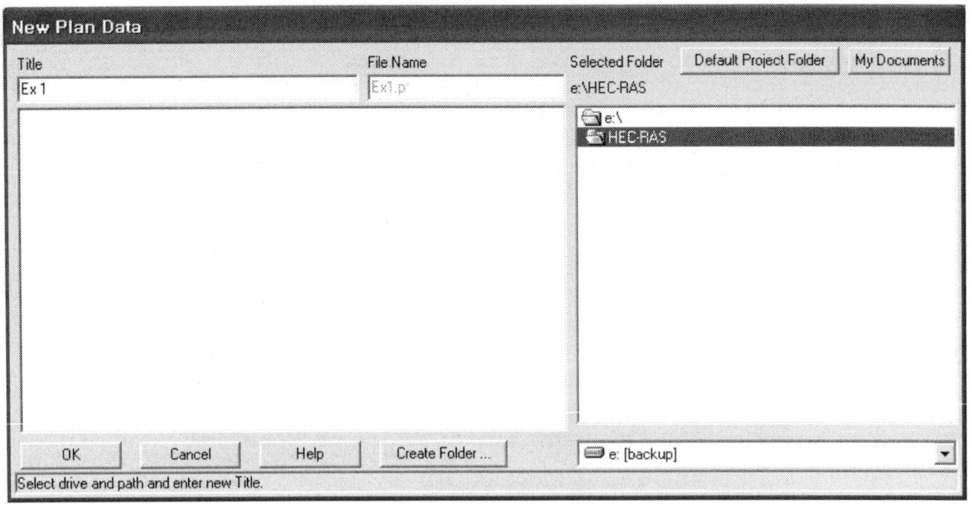

그림 9.48

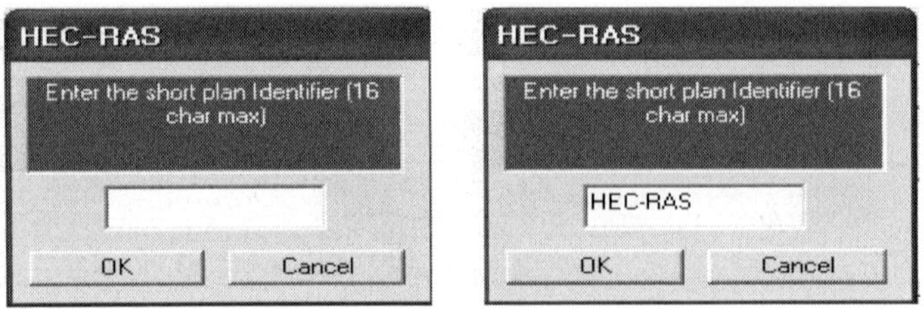

그림 9.49

4. 그림 9.50의 **Flow Regime**에서 상류(Subcritical), 사류(Supercritical) 그리고 혼합류(Mixed)의 기능이 있다. 본 예제에서는 상류를 선택하여 모의를 수행하도록 한다. 단, 사류 또는 혼합류 해석을 위해서는 각 기능을 선택한 후 다음 과정을 수행하면 된다.

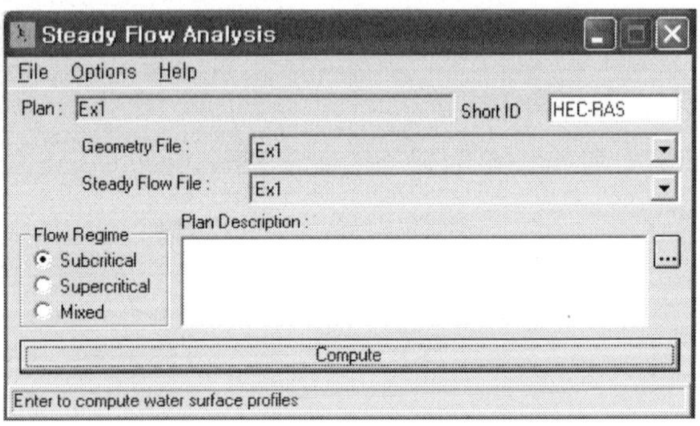

그림 9.50

5. 그림 9.50의 **Compute** 아이콘을 클릭하면 계산이 진행된다. 계산이 완료되면 그림 9.51이 나타난다.

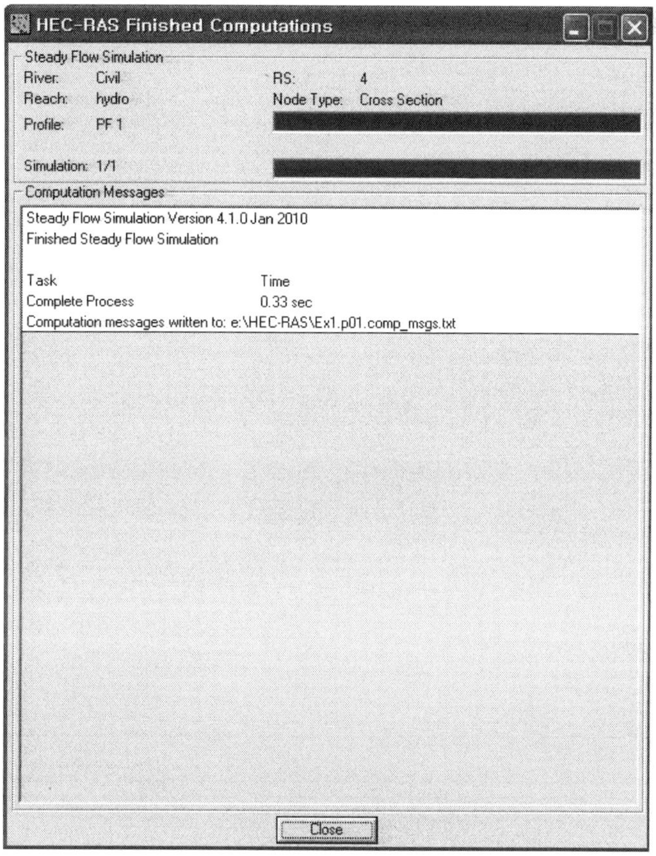

그림 9.51

6. 그림 9.51의 **Close**를 클릭하면 그림 9.50이 다시 나타난다. 그림 9.50의 **File** 메뉴에서 **Save Plan**을 선택하면 그림 9.52와 같은 HEC-RAS 주 화면이 나타나고 HEC-RAS 해석은 완료된다.

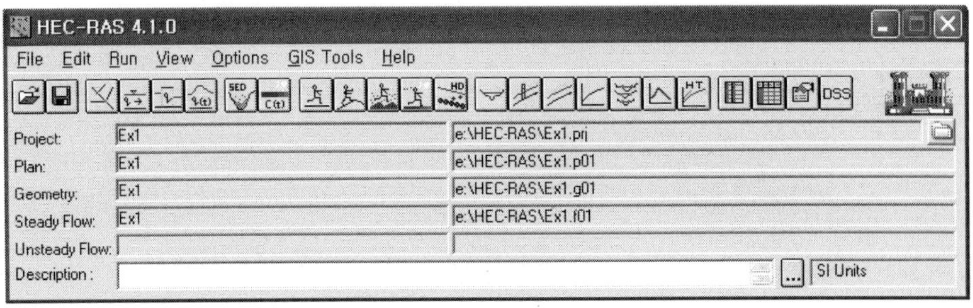

그림 9.52

9.2.5 Output

(1) View cross sections

HEC-RAS 주 화면의 **View cross sections** 아이콘을 클릭하면 그림 9.53이 나타난다.

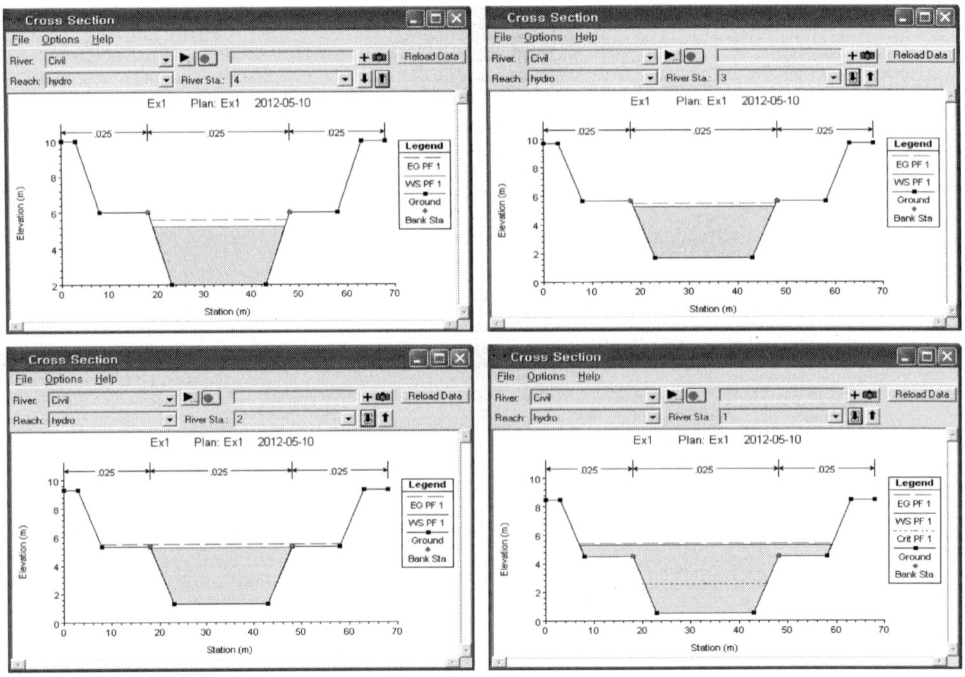

그림 9.53

(2) View profiles

HEC-RAS 주 화면의 **View profiles** 아이콘을 클릭하면 그림 9.54가 나타난다.

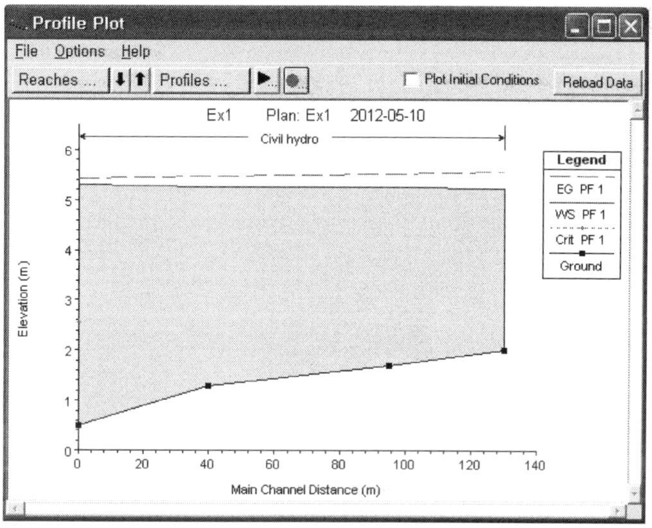

그림 9.54

(3) View General Profile Plot

HEC-RAS 주 화면의 **View General Profile Plot** 아이콘을 클릭하면 그림 9.55가 나타난다.

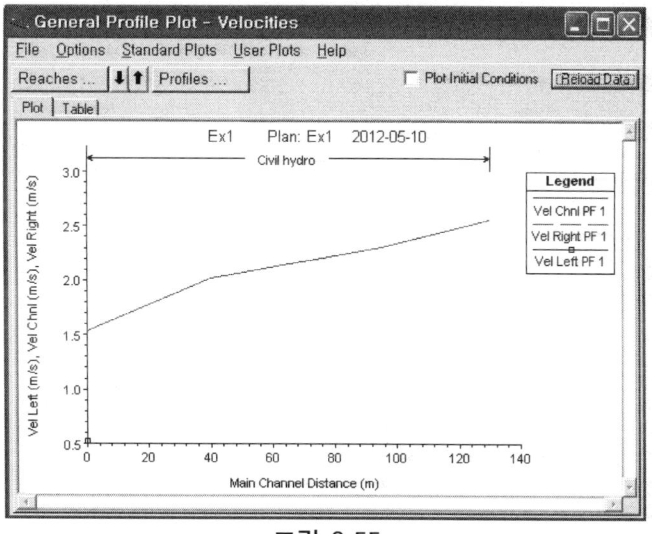

그림 9.55

(4) View computed rating curves

HEC-RAS 주 화면의 **View computed rating curves** 아이콘을 클릭하면 그림 9.56이 나타난다.

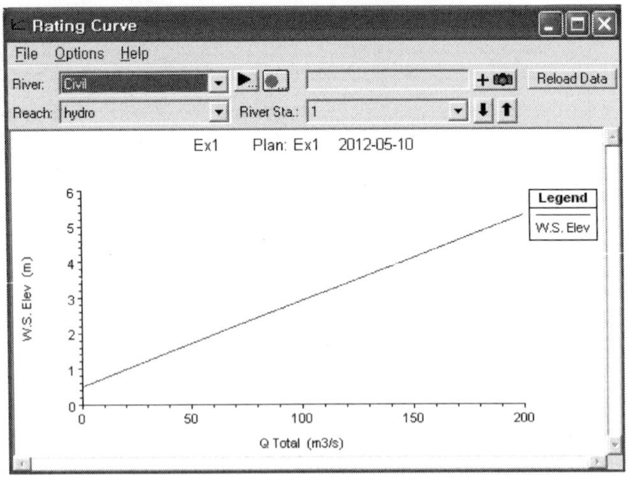

그림 9.56

(5) View 3D multiple cross section plot

HEC-RAS 주 화면의 **View 3D multiple cross section plot** 아이콘을 클릭하면 그림 9.57이 나타난다.

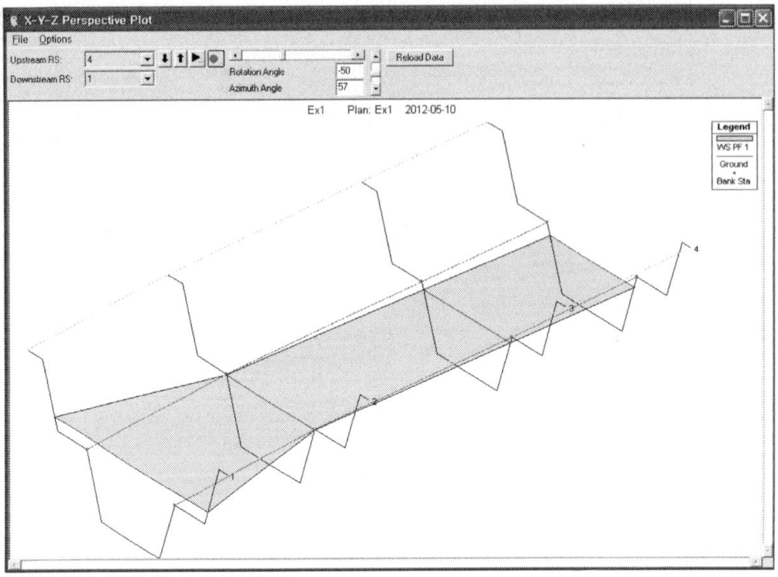

그림 9.57

(6) View detailed output at XS, Culverts, Bridges, Weirs, etc

HEC-RAS 주 화면의 **View detailed output at XS, Culverts, Bridges, Weirs, etc** 아이콘을 클릭하면 그림 9.58이 나타난다.

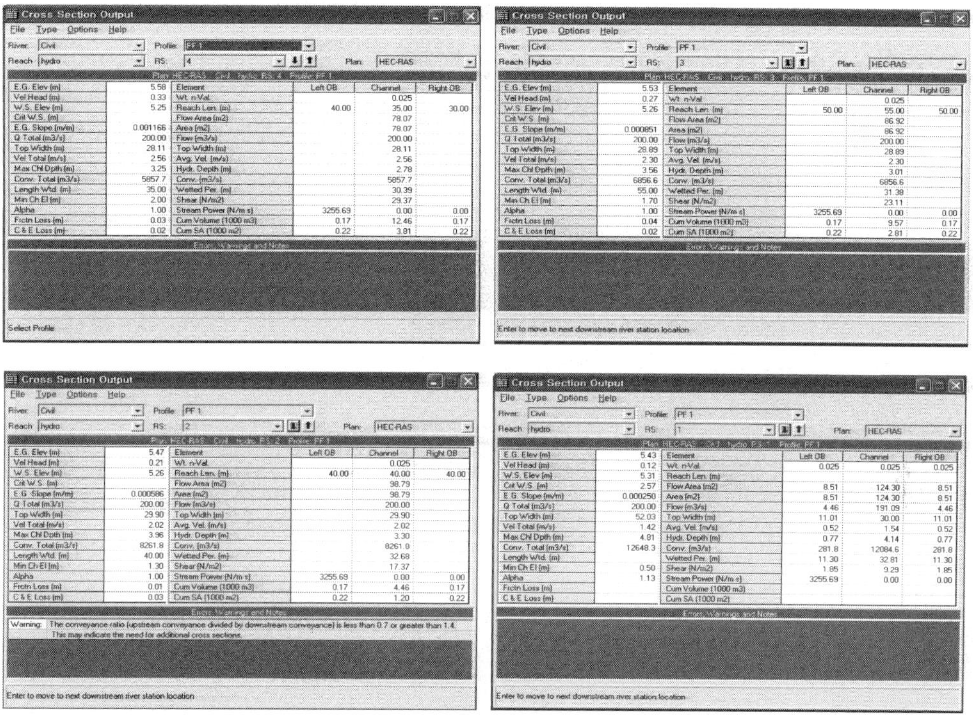

그림 9.58

(7) View summary output tables by output

HEC-RAS 주 화면의 **View summary output tables by output** 아이콘을 클릭하면 그림 9.59가 나타난다.

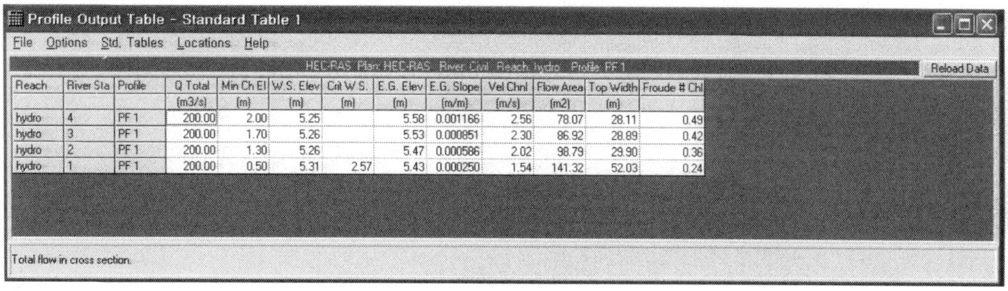

Profile Output Table - Standard Table 1

HEC-RAS Plan: HEC-RAS River: Civil Reach: hydro Profile: PF 1

Reach	River Sta	Profile	Q Total (m3/s)	Min Ch El (m)	W.S. Elev (m)	Crit W.S. (m)	E.G. Elev (m)	E.G. Slope (m/m)	Vel Chnl (m/s)	Flow Area (m2)	Top Width (m)	Froude # Chl
hydro	4	PF 1	200.00	2.00	5.25		5.58	0.001166	2.56	78.07	28.11	0.49
hydro	3	PF 1	200.00	1.70	5.26		5.53	0.000851	2.30	86.92	28.89	0.42
hydro	2	PF 1	200.00	1.30	5.26		5.47	0.000586	2.02	98.79	29.90	0.36
hydro	1	PF 1	200.00	0.50	5.31	2.57	5.43	0.000250	1.54	141.32	52.03	0.24

Total flow in cross section.

그림 9.59

9.3 Example 2(단면별 홍수량 변화)

9.3.1 Project input

1. 2장의 Example 1을 참고하여 Project 정의 및 저장, 단위변환 등을 완료하면 그림 9.60이 된다.
   - Title ; Ex 2
   - File name ; Ex 2

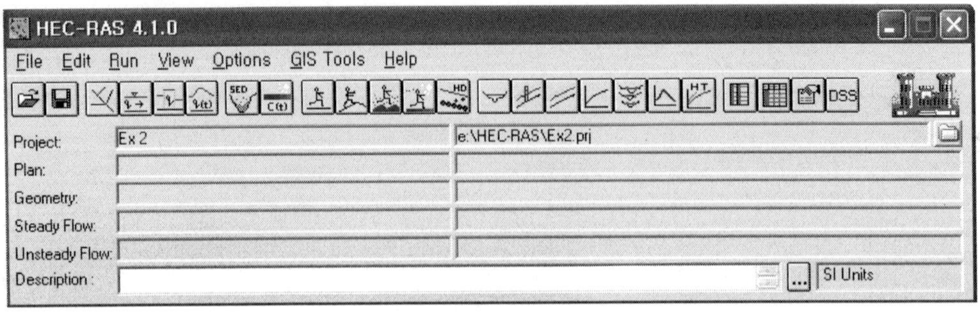

그림 9.60

2. Example 2는 횡단면에 대한 유량을 변경하여 정류해석을 수행하는 예제로서 입력자료는 표 9.2에 제시하였다.

9.3.2 Geometry data input

표 9.2 Example 2의 입력자료

No. 10		No. 9.9		No. 9.8	
Stat.(m)	Ele.(m)	Stat.(m)	Ele.(m)	Stat.(m)	Ele.(m)
110.00	90.00	110.00	89.50	110.00	89.10
120.00	80.00	119.00	79.50	117.20	79.10
200.00	78.00	191.00	77.50	174.80	77.10
210.00	70.00	201.00	69.50	184.80	69.10
230.00	71.00	221.00	70.50	204.80	70.10
240.00	79.00	231.00	78.50	214.80	78.10
350.00	81.00	330.00	80.50	294.00	80.10
360.00	91.00	339.00	90.50	301.20	90.10
No. 9.7		N0. 9.6		No. 9.5	
Stat.(m)	Ele.(m)	Stat.(m)	Ele.(m)	Stat.(m)	Ele.(m)
110.00	88.50	110.00	88.20	110.00	88.00
120.37	78.50	120.37	78.20	120.37	78.00
203.31	76.50	203.31	76.20	203.31	76.00
217.71	68.50	217.71	68.20	217.71	68.00
246.51	69.50	246.51	69.20	246.51	69.00
260.91	77.50	260.91	77.20	260.91	77.00
374.96	79.50	374.96	79.20	374.96	79.00
385.33	89.50	385.33	89.20	385.33	89.00

구분	Downstream Reach Length		
	LOB	Channel	ROB
10 ~ 9.9	450	500	500
9.9 ~ 9.8	450	500	500
9.8 ~ 9.7	400	400	400
9.7 ~ 9.6	500	500	500
9.6 ~ 9.5	500	500	500
9.5	0	0	0

구분	Manning's n Values		
	LOB	Channel	ROB
10	0.060	0.035	0.050
9.9	0.060	0.035	0.050
9.8	0.060	0.035	0.050
9.7	0.070	0.040	0.070
9.6	0.070	0.040	0.070
9.5	0.060	0.035	0.050

표 9.2 Example 2의 입력자료(계속)

구분	Main Channel Bank Stations	
	Left Banks	Right Banks
10	200	240
9.8	191	231
9.8	174.8	214.8
9.7	203.31	260.91
9.6	203.31	260.91
9.5	203.31	260.91

구분	Cont./Exp. Coefficients	
	Contraction	Expansion
10	0.1	0.3
9.9	0.1	0.3
9.8	0.1	0.3
9.7	0.1	0.3
9.6	0.1	0.3
9.5	0.1	0.3

구분	$Q(m^3/sec)$		
	No. 10	No. 9.8	No. 9.6
재현기간 100년	6,200	6,500	7,000
특이사항	– Normal depth ; 0.0004		

1. 지형자료의 입력을 위하여 **Edit** 메뉴의 **Geometric data** 또는 **Edit/Enter geometric data** 아이콘을 클릭한다.
2. **File** 메뉴에서 **New Geometry Data**를 클릭하고 Title과 File name에 텍스트를 입력한 후 드라이브와 디렉토리를 확인하고 **OK**를 클릭하면 그림 9.61이 된다.
   - Title ; Ex 2
   - File name ; Ex 2
3. 그림 9.61의 **River Reach** 아이콘을 클릭하고 연필모양이 나타나면 그림 9.61의 상단 임의 한 점에서 왼쪽 마우스를 클릭한 상태에서 해석하고자 하는 하천의 임의 형상을 작도한 후 더블 클릭하면 그림 9.62가 나타난다.

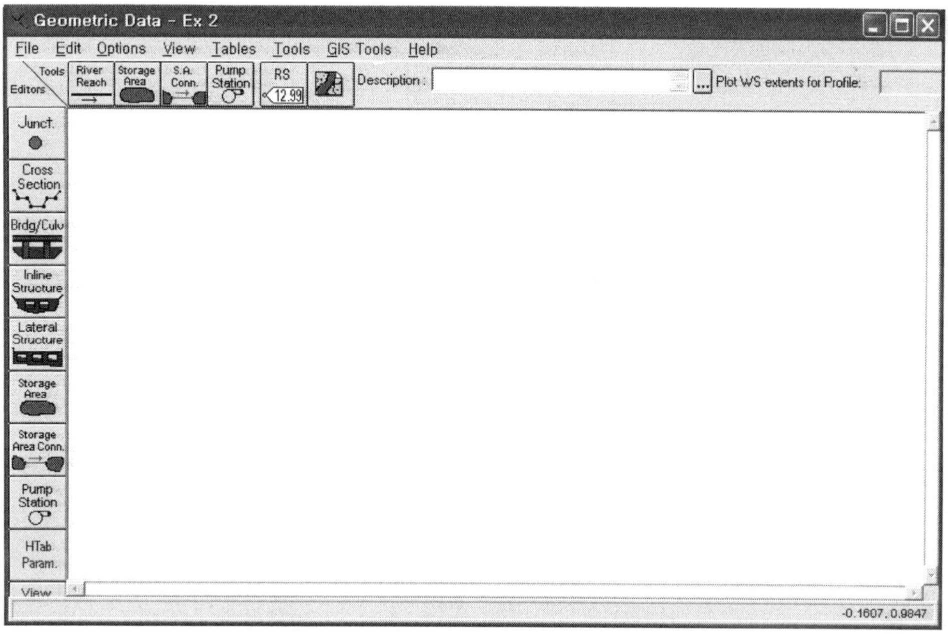

그림 9.61

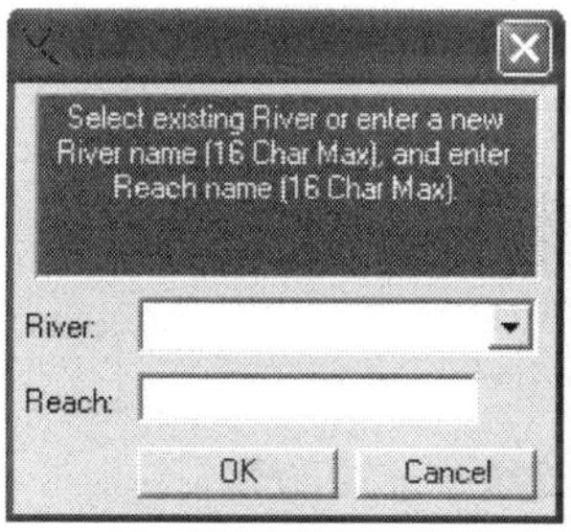

그림 9.62

그림 9.63

4. 그림 9.62의 **River**와 **Reach**에 텍스트를 입력하면 그림 9.63이 된다.
   - River ; Fall River
   - Reach ; Upper Reach
5. 그림 9.63의 OK를 클릭하면 그림 9.64가 나타난다.
   - River ; Civil
   - Reach ; hydro

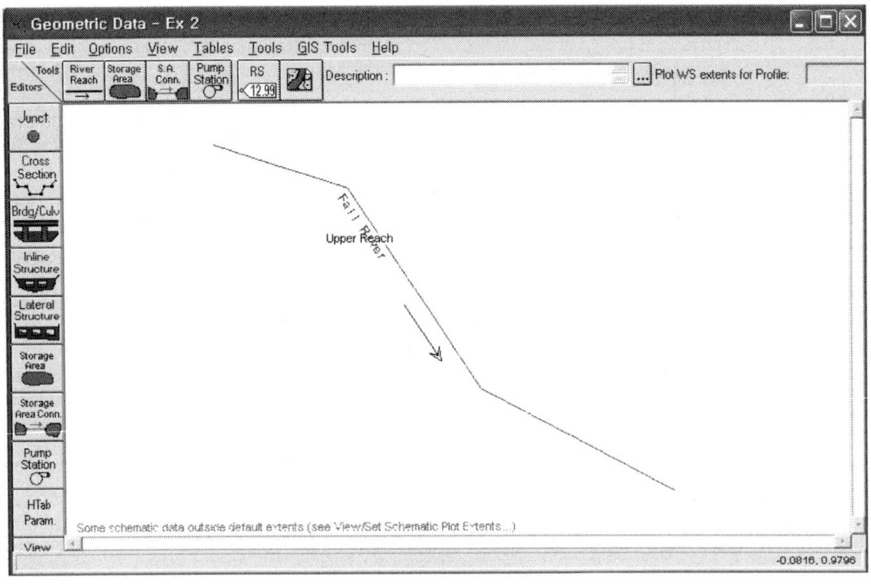

그림 9.64

6. 지형자료의 입력을 위하여 **Cross Section** 아이콘을 클릭하면 그림 9.65가 나타난다.

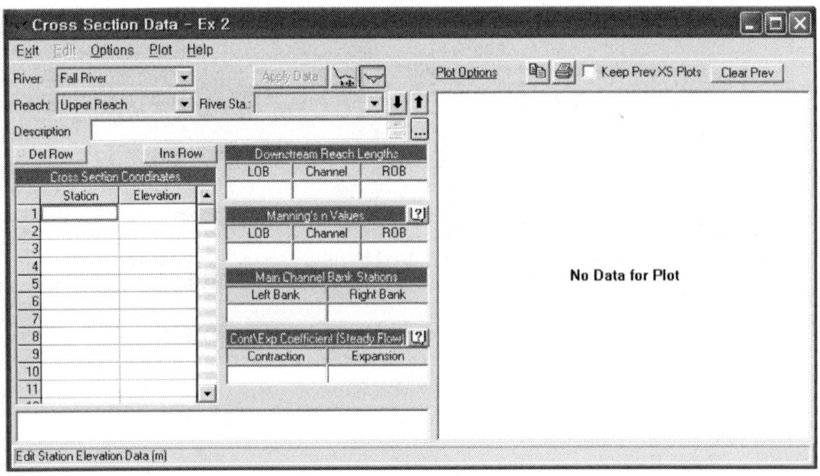

그림 9.65

7. 그림 9.65의 **Options** 메뉴에서 **Add a new cross section**을 선택하면 지형자료의 입력창이 나타난다. 해석하고자 하는 최상류 단면인 No. 10부터 No. 9.5까지 표 9.2를 참고하여 자료를 입력하면 그림 9.66에서 그림 9.71이 된다.(Example 1의 2장 참고)

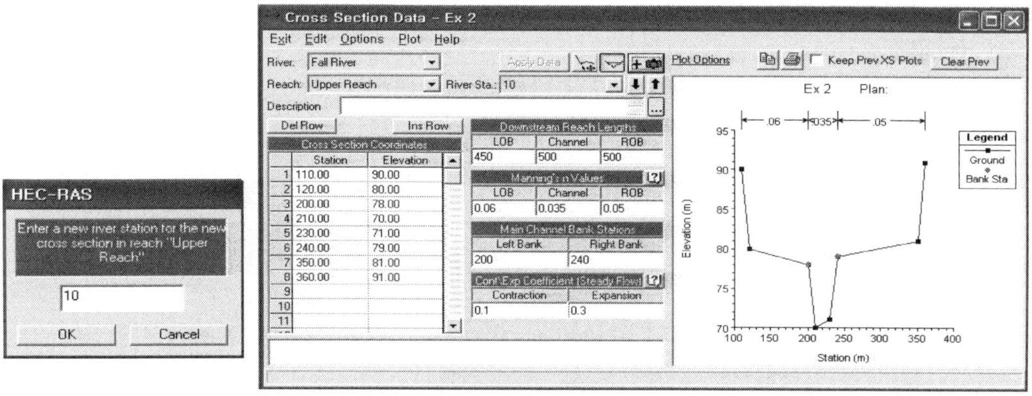

그림 9.66

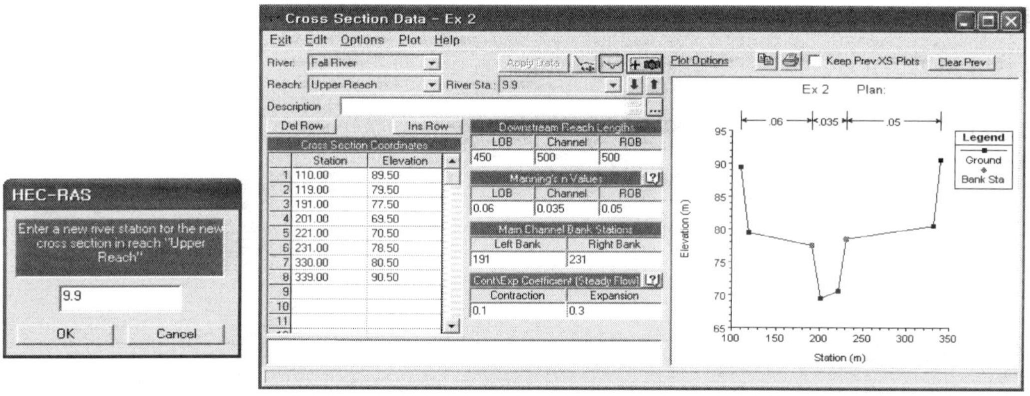

그림 9.67

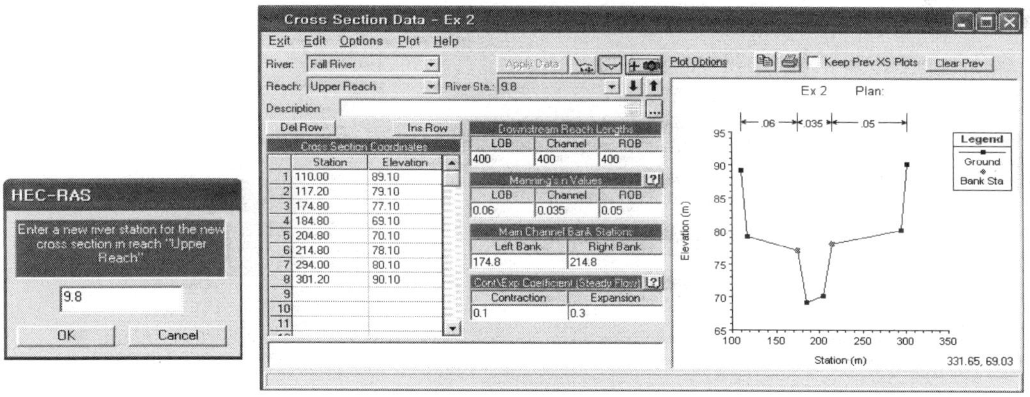

그림 9.68

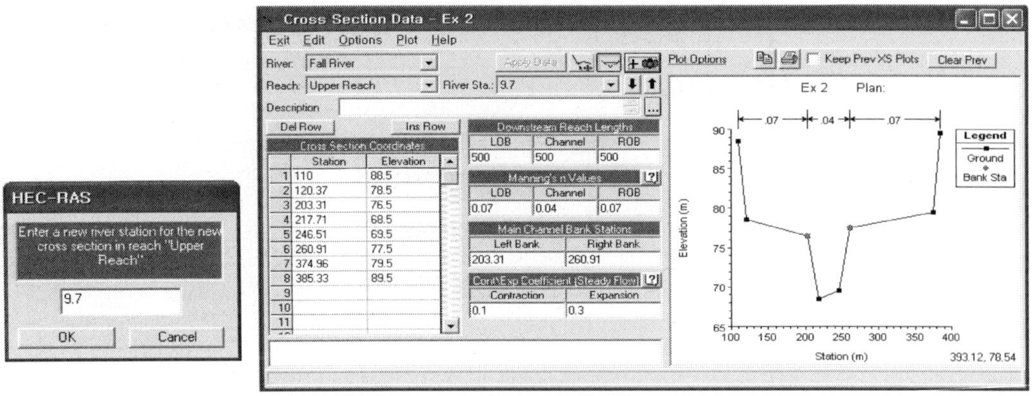

그림 9.69

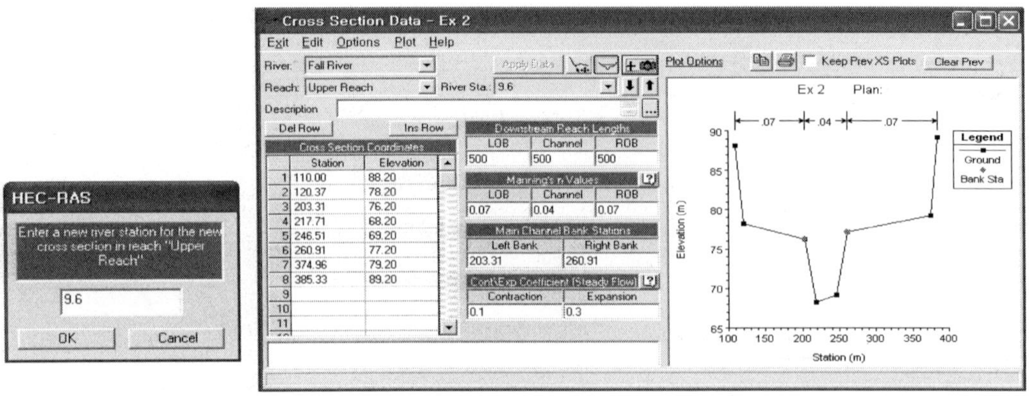

그림 9.70

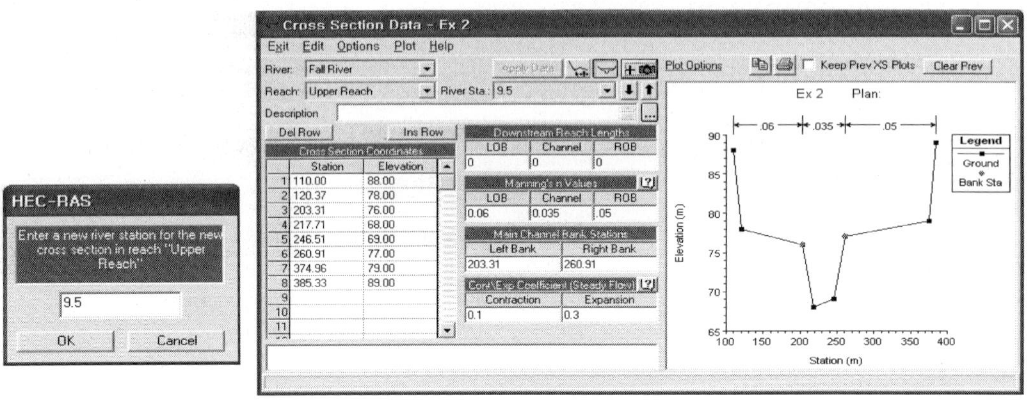

그림 9.71

8. 지형자료의 입력이 완료되면 그림 9.71의 우측 그림에서 Exit 메뉴의 Exit Cross Section Editor를 선택하면 그림 9.72가 된다.
9. 그림 9.72의 File 메뉴에서 Save Geometry Data를 클릭하고 Geometric data 창을 닫으면 지형자료의 입력이 완료된다(그림 9.73). 지형자료의 수정이 필요한 경우 Geometric data 창을 열고 해당하는 값을 수정한 후 해당과정을 반복하면 된다.

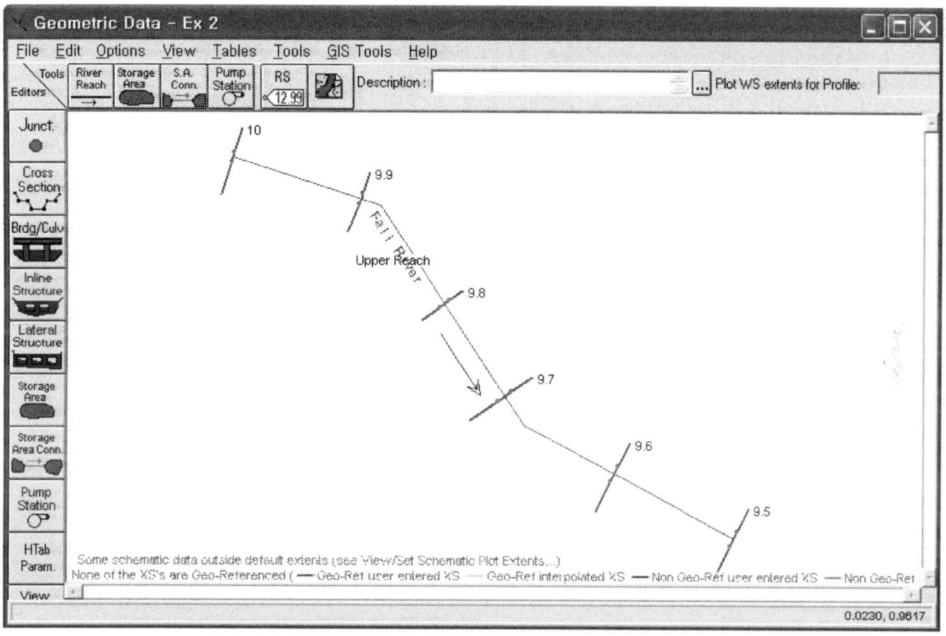

그림 9.72

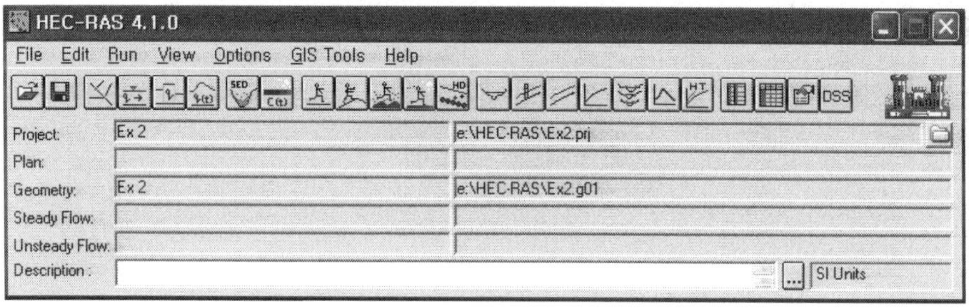

그림 9.73

9.3.3 Steady flow data input

1. 흐름자료의 입력을 위하여 Edit 메뉴의 Steady Flow Data 또는 Edit/ Enter steady flow data 아이콘을 클릭한다.
2. File 메뉴에서 New Flow Data를 클릭하면 그림 9.74가 나타난다. 그림 9.74의 Title과 File name에 텍스트를 입력하고 OK를 클릭하면 그림 9.75가 된다.
   - Title ; Ex 2
   - File name ; Ex 2

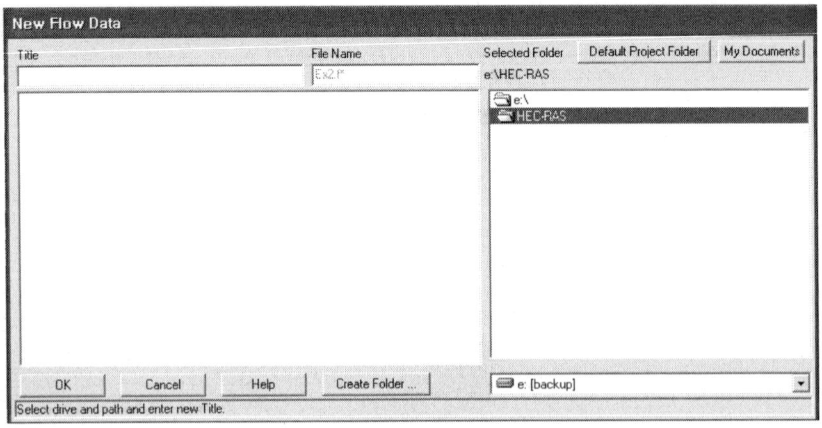

그림 9.74

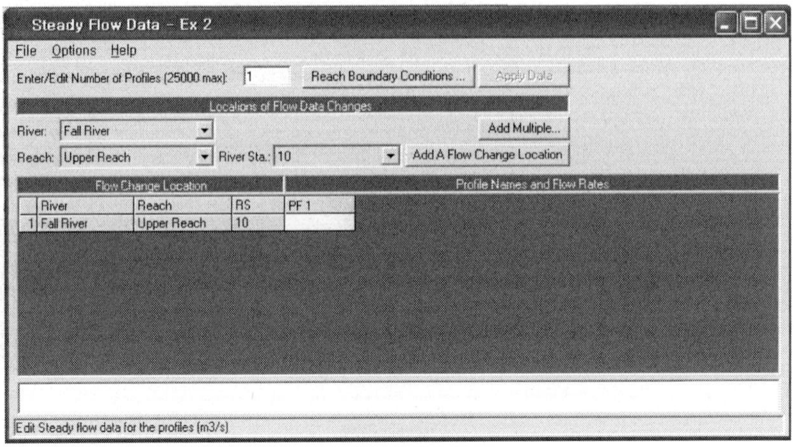

그림 9.75

3. 그림 9.75의 PF 1을 100 YEAR로 변경하기 위하여 **Options** 메뉴의 **Edit Profiles Names**를 클릭하면 그림 9.76이 나타난다.

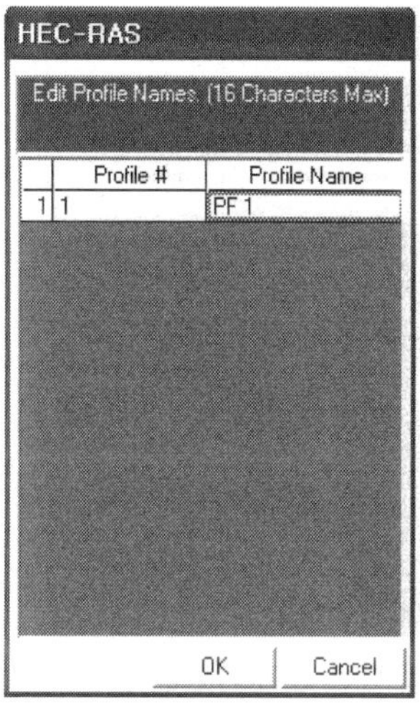

그림 9.76

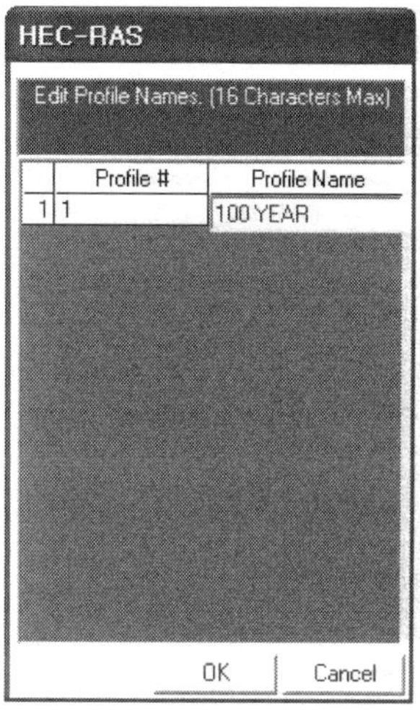

그림 9.77

4. 그림 9.76에서 텍스트 입력창의 **PF 1**을 클릭하고 기존 텍스트를 삭제 후 100 YEAR을 입력(그림 9.77)하고 **OK**를 클릭하면 그림 9.78이 된다.

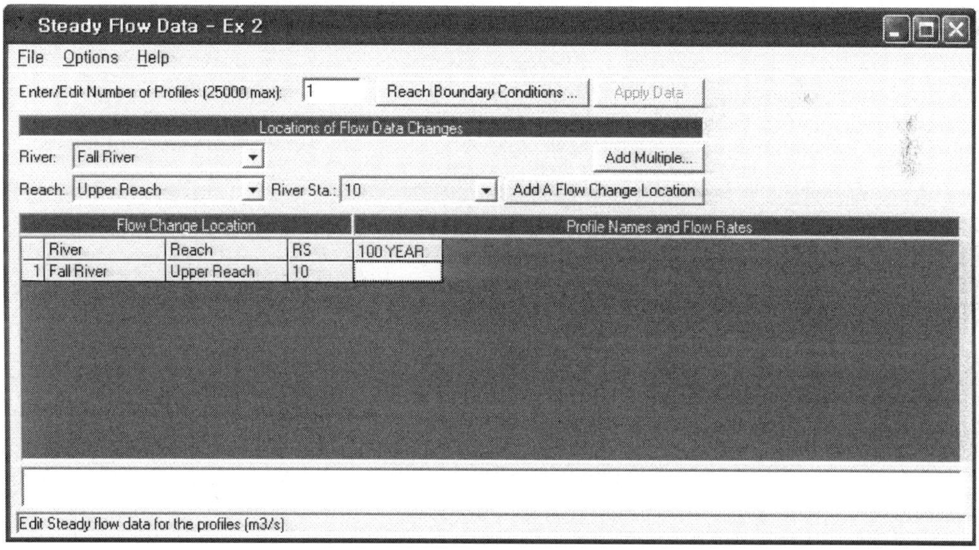

그림 9.78

5. 해석하고자 하는 수로의 임의 단면에서 유량을 지정하기 위하여 그림 9.78의 **Add Multiple** 아이콘을 클릭하면 그림 9.79가 나타난다.

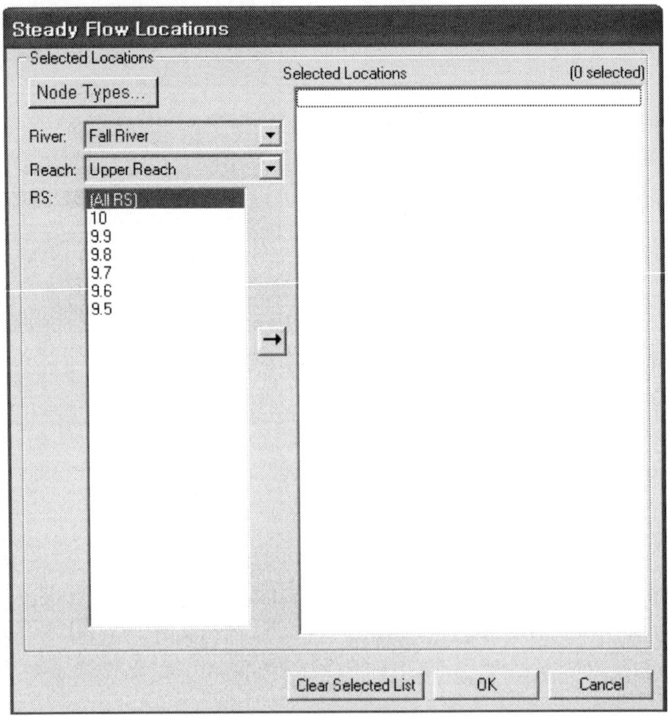

그림 9.79

6. 그림 9.79에서 River와 Reach에 입력된 텍스트를 확인한다. 본 예제는 단일 하천이지만 하천망이 복잡한 경우 자료입력의 오류를 피하기 위하여 필수적으로 확인하여야 한다.
   - River ; Fall River
   - Reach ; Upper Reach
7. 그림 9.79의 RS에서 10을 선택하고 →를 클릭하면 그림 9.80(a)와 같이 **Selected Locations** 창에 Fall River Upper Reach 10이 추가된다. 동일한 방법으로 No. 9.8과 No. 9.6을 추가하면 그림 9.80(b)가 된다.

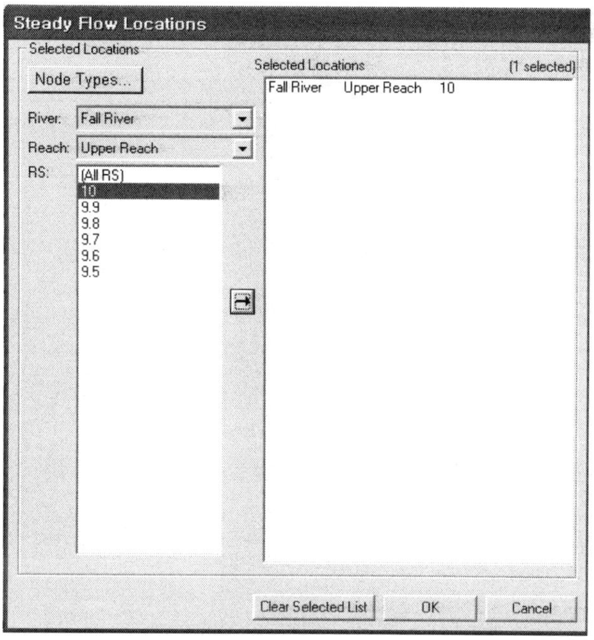
Steady Flow Locations
Selected Locations
Node Types...
River: Fall River
Reach: Upper Reach
RS:
(All RS)
10
9.9
9.8
9.7
9.6
9.5
Selected Locations
(1 selected)
Fall River Upper Reach 10
Clear Selected List
OK
Cancel

(a)

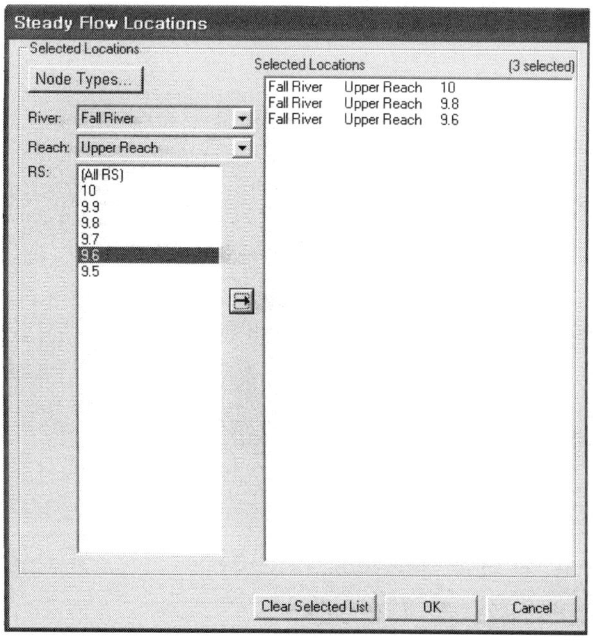
Steady Flow Locations
Selected Locations
Node Types...
River: Fall River
Reach: Upper Reach
RS:
(All RS)
10
9.9
9.8
9.7
9.6
9.5
Selected Locations
(3 selected)
Fall River Upper Reach 10
Fall River Upper Reach 9.8
Fall River Upper Reach 9.6
Clear Selected List
OK
Cancel

(b)

그림 9.80

8. 그림 9.80(b)의 **OK**를 클릭하면 그림 9.81이 나타난다. 그리고 RS의 변경된 자료를 확인한다.

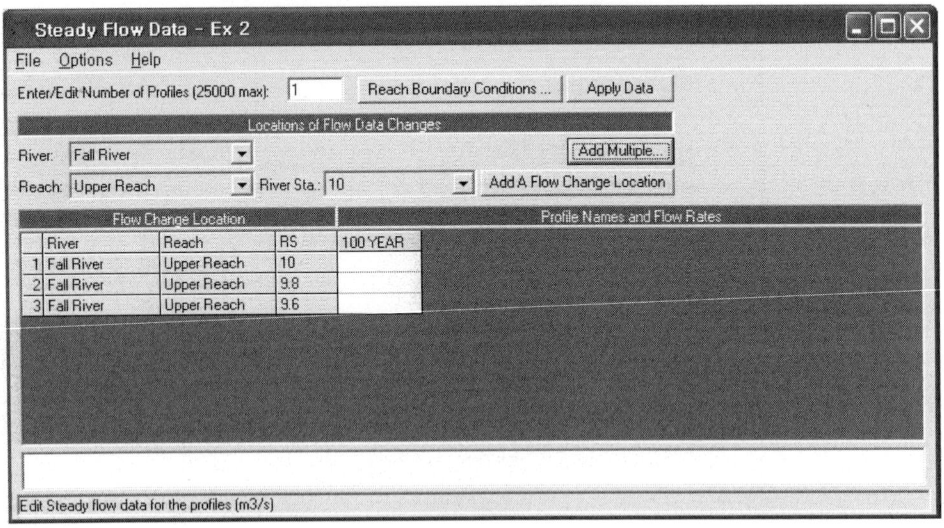

그림 9.81

9. 그림 9.81의 100 YEAR에 해당하는 유량을 입력하면 그림 9.82가 된다.

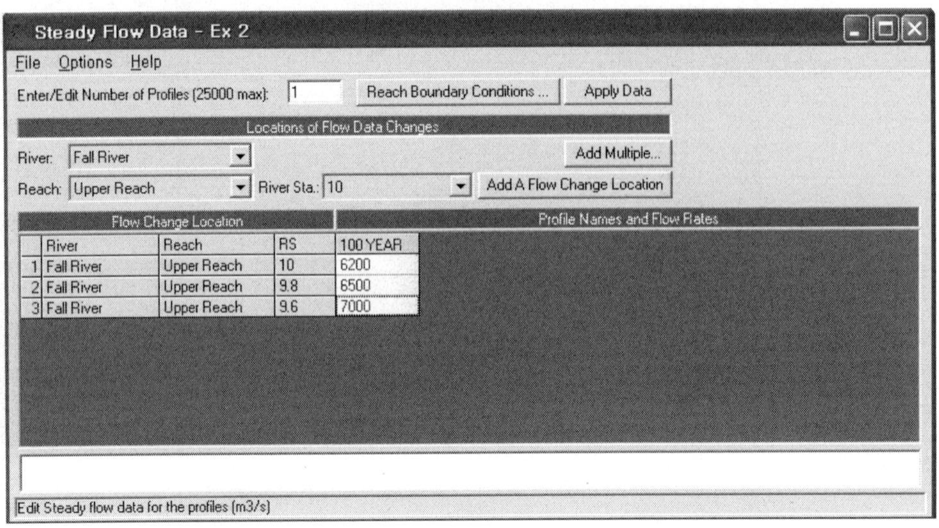

그림 9.82

10. 그림 9.82의 Reach Boundary Conditions를 클릭하고 Normal Depth를 선택한다. 그리고 Downstream을 선택한 후 그림 9.83에 0.0004를 입력하고 OK를 클릭하면 그림 9.84가 된다.

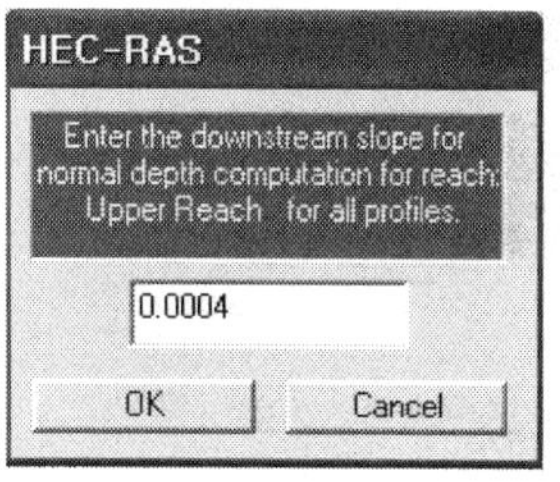

그림 9.83

11. 그림 9.84에서 OK를 클릭하면 그림 9.85가 된다.

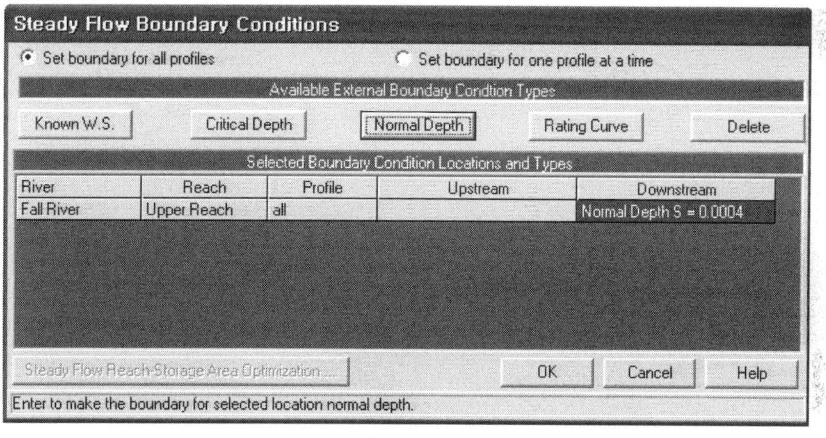

그림 9.84

12. 그림 9.85에서 **Apply Data** 아이콘을 클릭하고 **File** 메뉴의 **Save Flow Data**를 선택하면 흐름자료의 입력이 완료되고 HEC-RAS 주 화면은 그림 9.86이 된다.

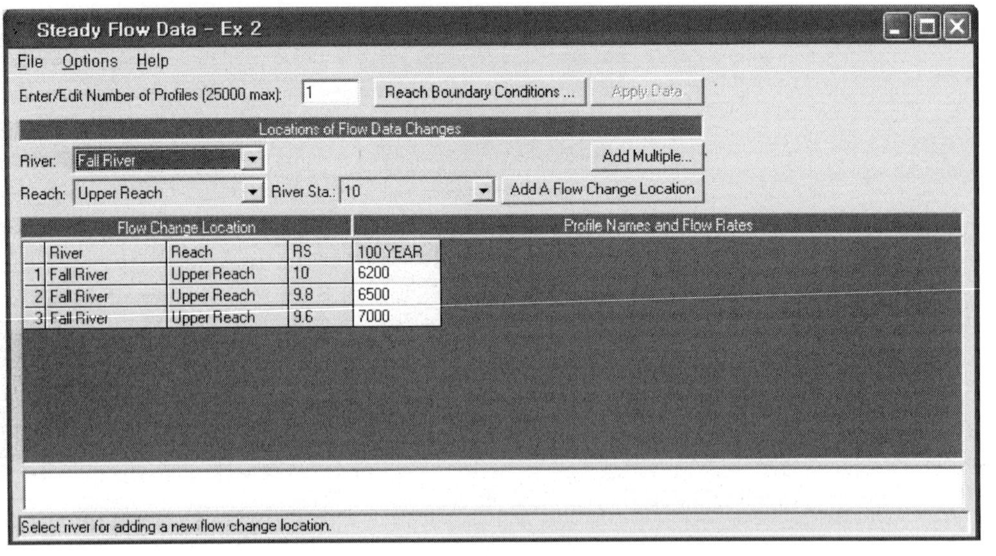

그림 9.85

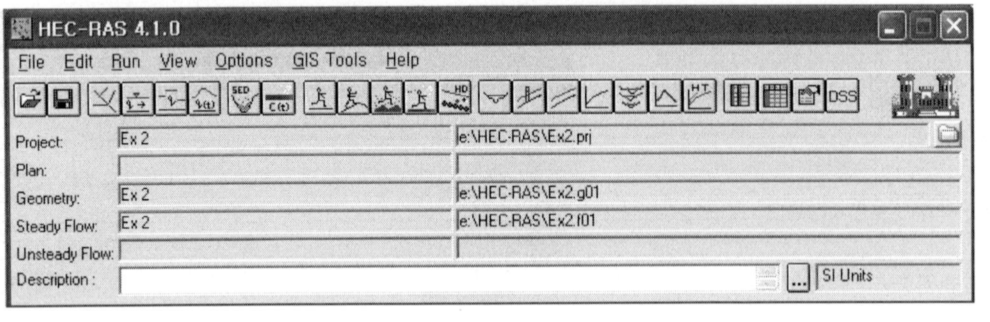

그림 9.86

9.3.4 Run

1. Project input, Geometry data input 그리고 Steady flow data input 과정을 통하여 자료입력을 완료한 후 HEC-RAS는 Run을 실행한다. Run의 실행을 위하여 **RUN** 메뉴의 **Steady Flow Analysis** 또는 **Perform a steady flow simulation** 아이콘을 더블 클릭하면 그림 9.87이 나타난다. 그림 9.87에서 Geometry File과 Steady Flow File의 텍스트를 확인한 후 다음 과정을 수행하여야 한다.

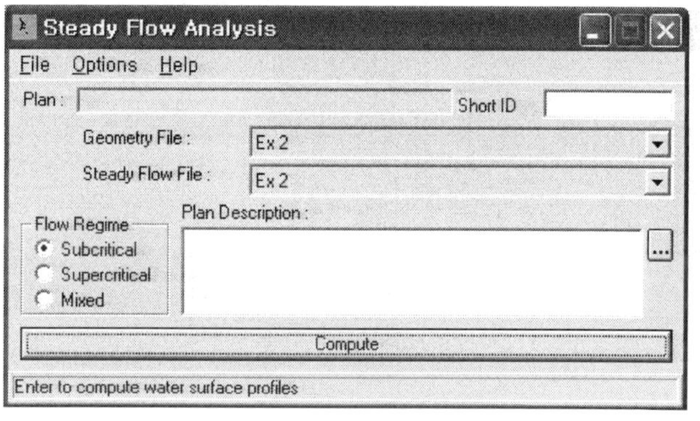

그림 9.87

2. 그림 9.87의 **File** 메뉴에서 **New Plan**을 클릭하면 그림 9.88이 나타난다. 그림 9.88의 **Title**과 **File name**에 텍스트를 입력하고 드라이브와 디렉토리를 확인한다(단, File name은 지정어 있음). 마지막으로 그림 9.88에서 **OK**를 클릭하면 그림 9.89가 나타난다.
   - Title ; Ex 2
   - File name ; Ex 2

3. 그림 9.89의 텍스트 입력창에 임의 텍스트를 입력하고 **OK**를 클릭하면 그림 9.90이 된다.
   - Enter the short plan Identifier(16 char. max) ; HEC-RAS

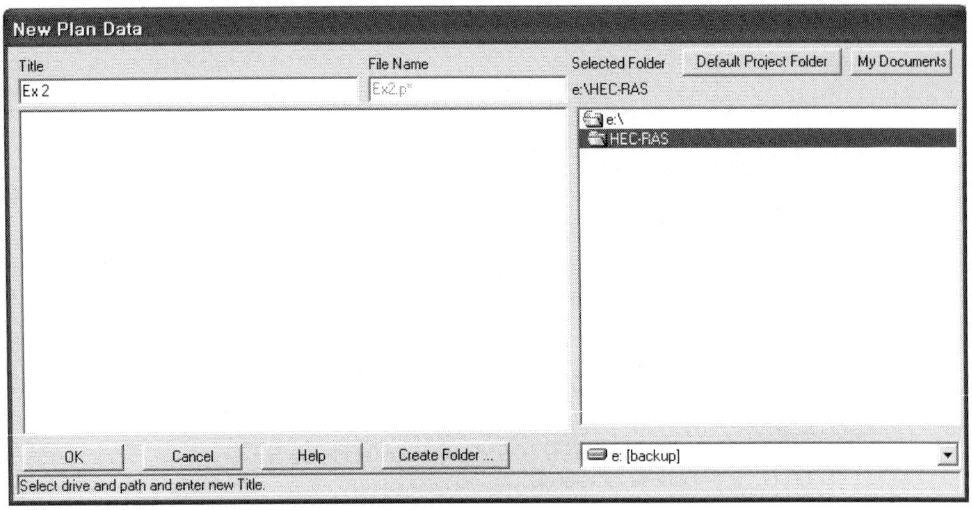

그림 9.88

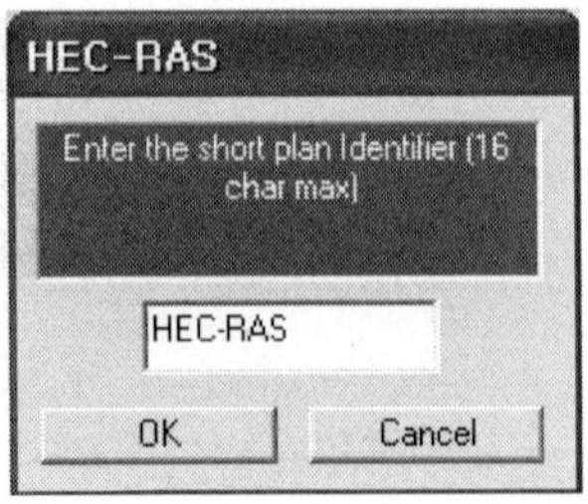

그림 9.89

4. 그림 9.90의 **Flow Regime**에서 상류(Subcritical), 사류(Supercritical) 그리고 혼합류(Mixed)의 기능이 있다. 본 예제에서는 상류를 선택하여 모의를 수행하도록 한다. 단, 사류 또는 혼합류 해석의 수행을 위해서는 각 기능을 선택한 후 다음 과정을 수행하면 된다.

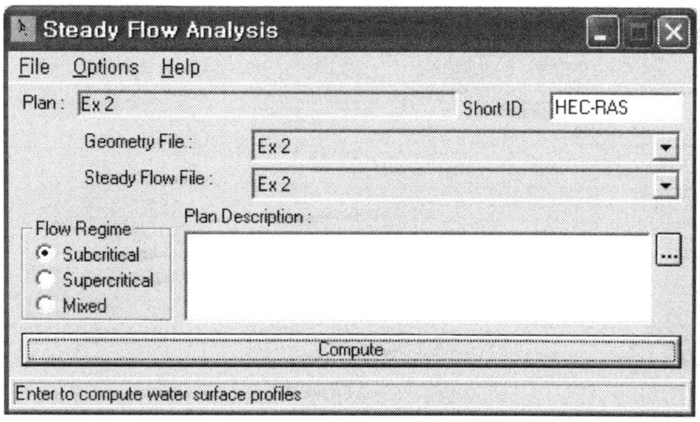

그림 9.90

5. 그림 9.90의 **Compute** 아이콘을 클릭하면 계산이 진행된다. 계산이 완료되면 그림 9.91이 나타난다.

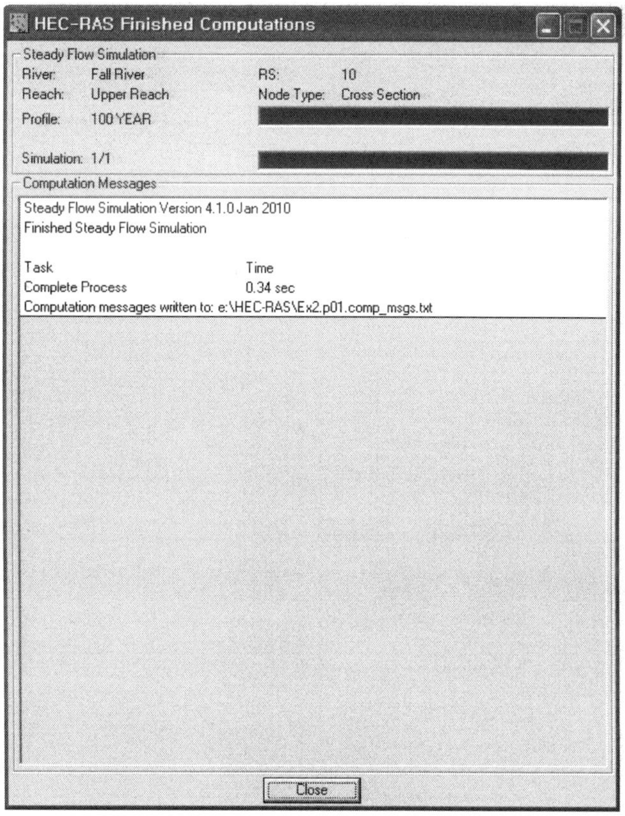

그림 9.91

6. 그림 9.91의 Close를 클릭하면 그림 9.90이 다시 나타난다. 그림 9.90의 File 메뉴에서 Save Plan을 선택하면 그림 9.92와 같은 HEC-RAS 주 화면이 나타나고 HEC-RAS 해석은 완료된다.

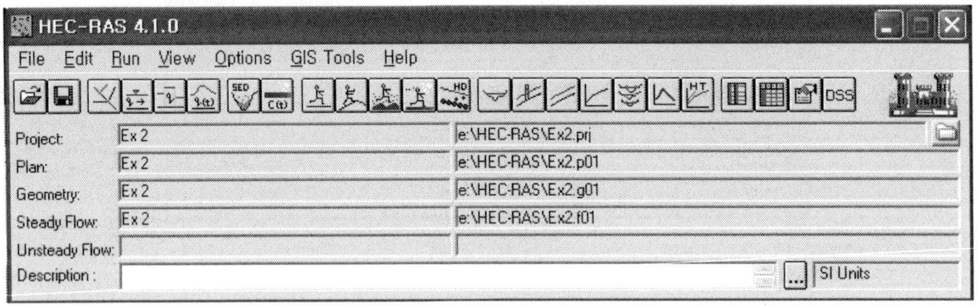

그림 9.92

9.3.5 Output

9.2.5장을 참고하여 HEC-RAS 결과를 확인하면 된다. 참고로 View cross sections(그림 9.93)과 View detailed output at XS, Culverts, Bridges, Weirs, etc(그림 9.94~그림 9.99)를 수록하였다.

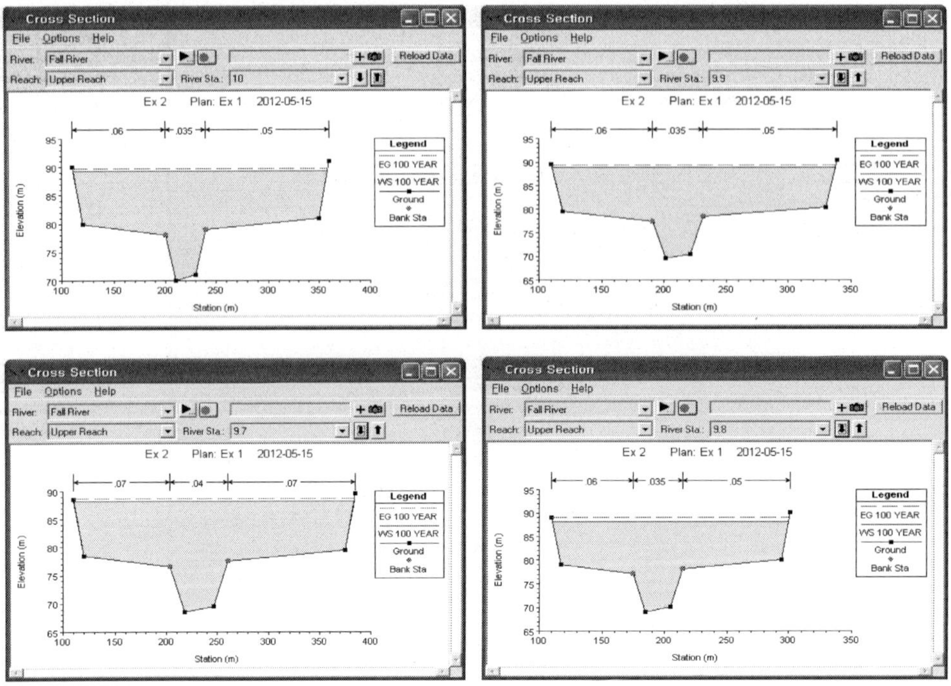

그림 9.93

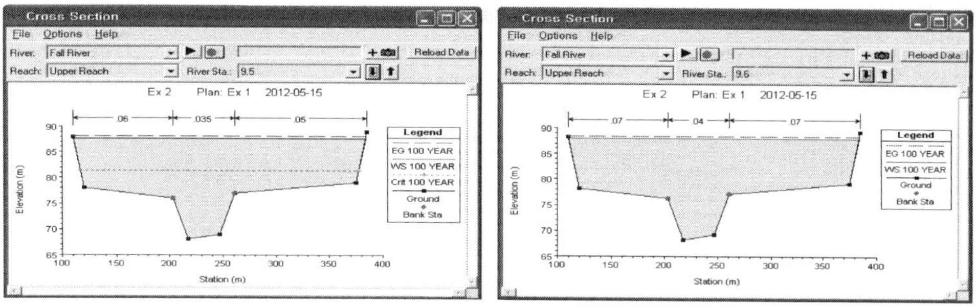

그림 9.93(계속)

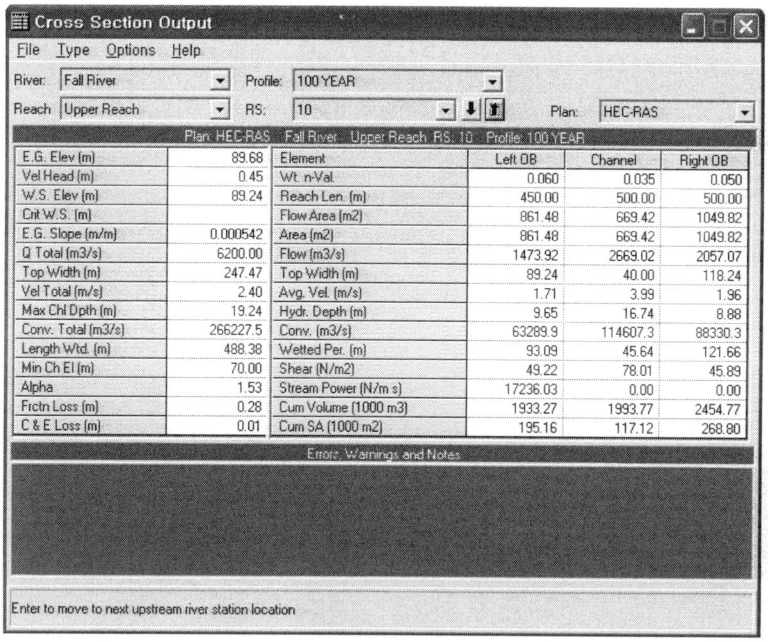

E.G. Elev (m)	89.68	Element	Left OB	Channel	Right OB
Vel Head (m)	0.45	Wt. n-Val.	0.060	0.035	0.050
W.S. Elev (m)	89.24	Reach Len. (m)	450.00	500.00	500.00
Crit W.S. (m)		Flow Area (m2)	861.48	669.42	1049.82
E.G. Slope (m/m)	0.000542	Area (m2)	861.48	669.42	1049.82
Q Total (m3/s)	6200.00	Flow (m3/s)	1473.92	2669.02	2057.07
Top Width (m)	247.47	Top Width (m)	89.24	40.00	118.24
Vel Total (m/s)	2.40	Avg. Vel. (m/s)	1.71	3.99	1.96
Max Chl Dpth (m)	19.24	Hydr. Depth (m)	9.65	16.74	8.88
Conv. Total (m3/s)	266227.5	Conv. (m3/s)	63289.9	114607.3	88330.3
Length Wtd. (m)	488.38	Wetted Per. (m)	93.09	45.64	121.66
Min Ch El (m)	70.00	Shear (N/m2)	49.22	78.01	45.89
Alpha	1.53	Stream Power (N/m s)	17236.03	0.00	0.00
Frctn Loss (m)	0.28	Cum Volume (1000 m3)	1933.27	1993.77	2454.77
C & E Loss (m)	0.01	Cum SA (1000 m2)	195.16	117.12	268.80

그림 9.94

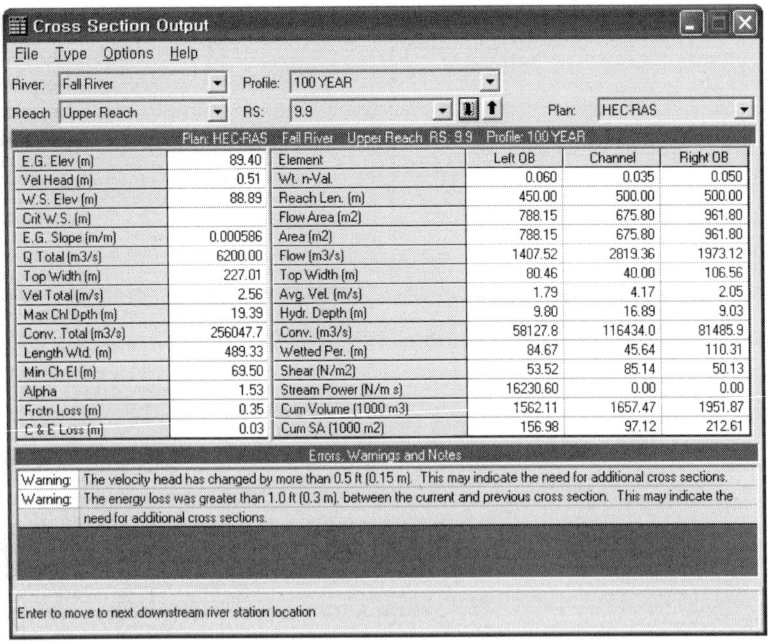
Cross Section Output

File Type Options Help

River: Fall River | Profile: 100 YEAR

Reach: Upper Reach | RS: 9.9 | Plan: HEC-RAS

Plan: HEC-RAS Fall River Upper Reach RS: 9.9 Profile: 100 YEAR

		Element	Left OB	Channel	Right OB
E.G. Elev (m)	89.40	Wt. n-Val.	0.060	0.035	0.050
Vel Head (m)	0.51	Reach Len. (m)	450.00	500.00	500.00
W.S. Elev (m)	88.89	Flow Area (m2)	788.15	675.80	961.80
Crit W.S. (m)		Area (m2)	788.15	675.80	961.80
E.G. Slope (m/m)	0.000586	Flow (m3/s)	1407.52	2819.36	1973.12
Q Total (m3/s)	6200.00	Top Width (m)	80.46	40.00	106.56
Top Width (m)	227.01	Avg. Vel. (m/s)	1.79	4.17	2.05
Vel Total (m/s)	2.56	Hydr. Depth (m)	9.80	16.89	9.03
Max Chl Dpth (m)	19.39	Conv. (m3/s)	58127.8	116434.0	81485.9
Conv. Total (m3/s)	256047.7	Wetted Per. (m)	84.67	45.64	110.31
Length Wtd. (m)	489.33	Shear (N/m2)	53.52	85.14	50.13
Min Ch El (m)	69.50	Stream Power (N/m s)	16230.60	0.00	0.00
Alpha	1.53	Cum Volume (1000 m3)	1562.11	1657.47	1951.87
Frctn Loss (m)	0.35	Cum SA (1000 m2)	156.98	97.12	212.61
C & E Loss (m)	0.03				

Errors, Warnings and Notes

Warning: The velocity head has changed by more than 0.5 ft (0.15 m). This may indicate the need for additional cross sections.

Warning: The energy loss was greater than 1.0 ft (0.3 m). between the current and previous cross section. This may indicate the need for additional cross sections.

Enter to move to next downstream river station location

그림 9.95

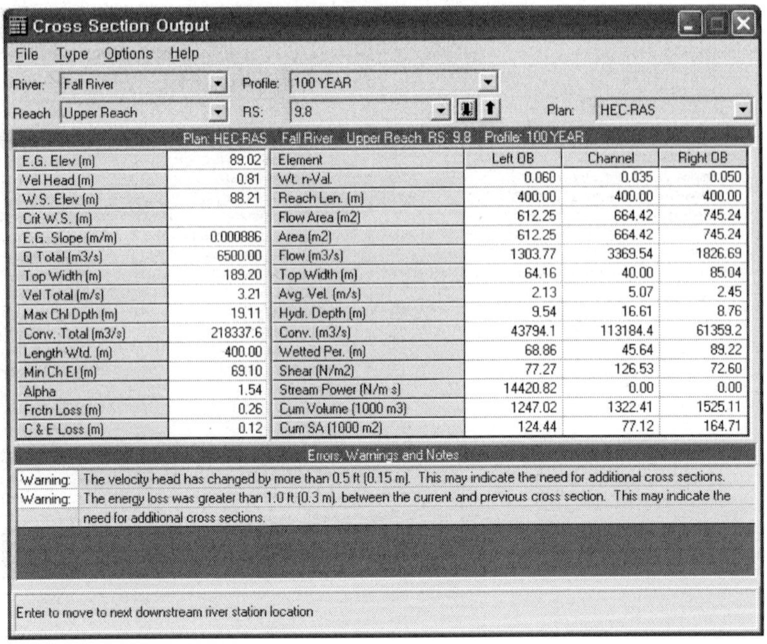
Cross Section Output

File Type Options Help

River: Fall River | Profile: 100 YEAR

Reach: Upper Reach | RS: 9.8 | Plan: HEC-RAS

Plan: HEC-RAS Fall River Upper Reach RS: 9.8 Profile: 100 YEAR

		Element	Left OB	Channel	Right OB
E.G. Elev (m)	89.02	Wt. n-Val.	0.060	0.035	0.050
Vel Head (m)	0.81	Reach Len. (m)	400.00	400.00	400.00
W.S. Elev (m)	88.21	Flow Area (m2)	612.25	664.42	745.24
Crit W.S. (m)		Area (m2)	612.25	664.42	745.24
E.G. Slope (m/m)	0.000886	Flow (m3/s)	1303.77	3369.54	1826.69
Q Total (m3/s)	6500.00	Top Width (m)	64.16	40.00	85.04
Top Width (m)	189.20	Avg. Vel. (m/s)	2.13	5.07	2.45
Vel Total (m/s)	3.21	Hydr. Depth (m)	9.54	16.61	8.76
Max Chl Dpth (m)	19.11	Conv. (m3/s)	43794.1	113184.4	61359.2
Conv. Total (m3/s)	218337.6	Wetted Per. (m)	68.86	45.64	89.22
Length Wtd. (m)	400.00	Shear (N/m2)	77.27	126.53	72.60
Min Ch El (m)	69.10	Stream Power (N/m s)	14420.82	0.00	0.00
Alpha	1.54	Cum Volume (1000 m3)	1247.02	1322.41	1525.11
Frctn Loss (m)	0.26	Cum SA (1000 m2)	124.44	77.12	164.71
C & E Loss (m)	0.12				

Errors, Warnings and Notes

Warning: The velocity head has changed by more than 0.5 ft (0.15 m). This may indicate the need for additional cross sections.

Warning: The energy loss was greater than 1.0 ft (0.3 m). between the current and previous cross section. This may indicate the need for additional cross sections.

Enter to move to next downstream river station location

그림 9.96

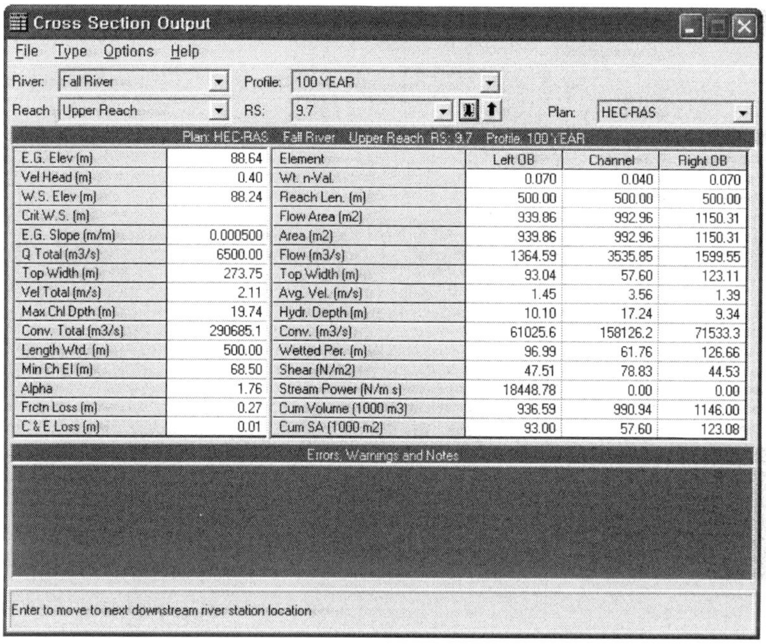

Cross Section Output

File Type Options Help

River: Fall River | Profile: 100 YEAR

Reach: Upper Reach | RS: 9.7 | Plan: HEC-RAS

Plan: HEC-RAS Fall River Upper Reach RS: 9.7 Profile: 100 YEAR

E.G. Elev (m)	88.64
Vel Head (m)	0.40
W.S. Elev (m)	88.24
Crit W.S. (m)	
E.G. Slope (m/m)	0.000500
Q Total (m3/s)	6500.00
Top Width (m)	273.75
Vel Total (m/s)	2.11
Max Chl Dpth (m)	19.74
Conv. Total (m3/s)	290685.1
Length Wtd. (m)	500.00
Min Ch El (m)	68.50
Alpha	1.76
Frctn Loss (m)	0.27
C & E Loss (m)	0.01

Element	Left OB	Channel	Right OB
Wt. n-Val.	0.070	0.040	0.070
Reach Len. (m)	500.00	500.00	500.00
Flow Area (m2)	939.86	992.96	1150.31
Area (m2)	939.86	992.96	1150.31
Flow (m3/s)	1364.59	3535.85	1599.55
Top Width (m)	93.04	57.60	123.11
Avg. Vel. (m/s)	1.45	3.56	1.39
Hydr. Depth (m)	10.10	17.24	9.34
Conv. (m3/s)	61025.6	158126.2	71533.3
Wetted Per. (m)	96.99	61.76	126.66
Shear (N/m2)	47.51	78.83	44.53
Stream Power (N/m s)	18448.78	0.00	0.00
Cum Volume (1000 m3)	936.59	990.94	1146.00
Cum SA (1000 m2)	93.00	57.60	123.08

Errors, Warnings and Notes

Enter to move to next downstream river station location

그림 9.97

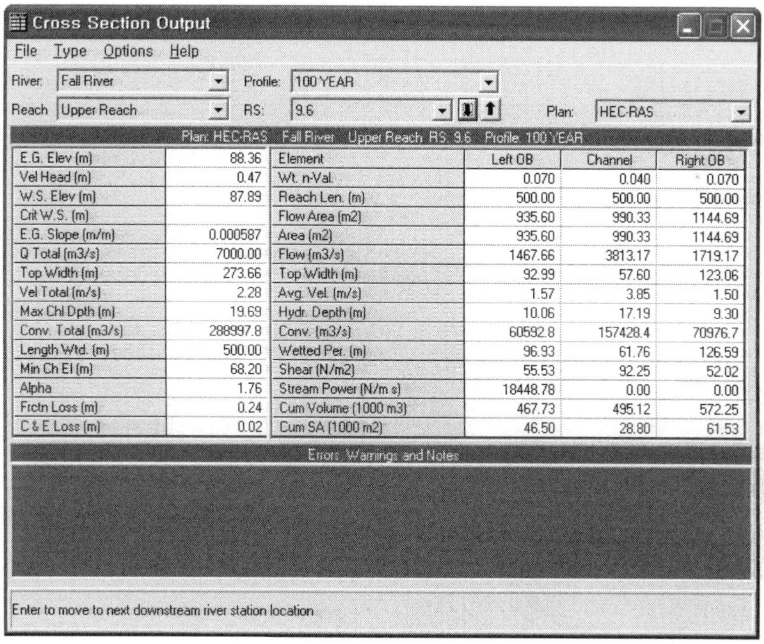

Cross Section Output

File Type Options Help

River: Fall River | Profile: 100 YEAR

Reach: Upper Reach | RS: 9.6 | Plan: HEC-RAS

Plan: HEC-RAS Fall River Upper Reach RS: 9.6 Profile: 100 YEAR

E.G. Elev (m)	88.36
Vel Head (m)	0.47
W.S. Elev (m)	87.89
Crit W.S. (m)	
E.G. Slope (m/m)	0.000587
Q Total (m3/s)	7000.00
Top Width (m)	273.66
Vel Total (m/s)	2.28
Max Chl Dpth (m)	19.69
Conv. Total (m3/s)	288997.8
Length Wtd. (m)	500.00
Min Ch El (m)	68.20
Alpha	1.76
Frctn Loss (m)	0.24
C & E Loss (m)	0.02

Element	Left OB	Channel	Right OB
Wt. n-Val.	0.070	0.040	0.070
Reach Len. (m)	500.00	500.00	500.00
Flow Area (m2)	935.60	990.33	1144.69
Area (m2)	935.60	990.33	1144.69
Flow (m3/s)	1467.66	3813.17	1719.17
Top Width (m)	92.99	57.60	123.06
Avg. Vel. (m/s)	1.57	3.85	1.50
Hydr. Depth (m)	10.06	17.19	9.30
Conv. (m3/s)	60592.8	157428.4	70976.7
Wetted Per. (m)	96.93	61.76	126.59
Shear (N/m2)	55.53	92.25	52.02
Stream Power (N/m s)	18448.78	0.00	0.00
Cum Volume (1000 m3)	467.73	495.12	572.25
Cum SA (1000 m2)	46.50	28.80	61.53

Errors, Warnings and Notes

Enter to move to next downstream river station location

그림 9.98

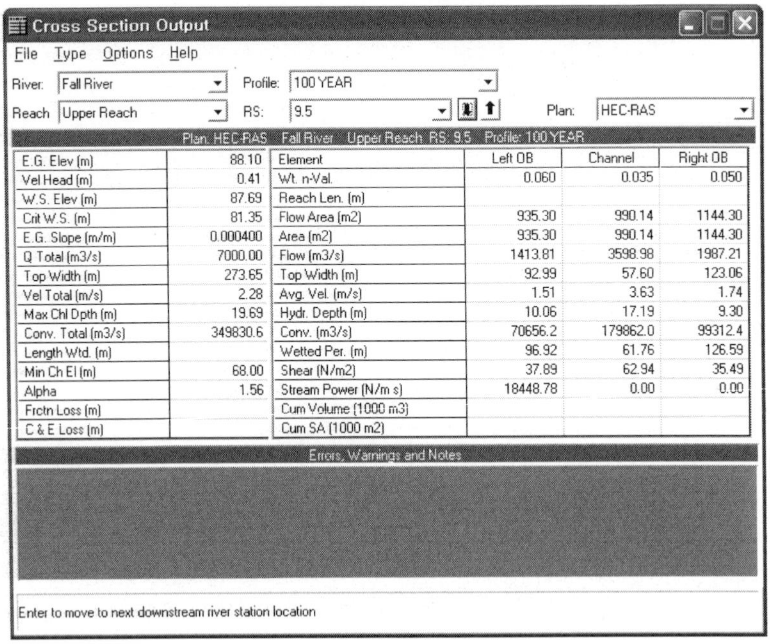

		Element	Left OB	Channel	Right OB
E.G. Elev (m)	88.10	Wt. n-Val.	0.060	0.035	0.050
Vel Head (m)	0.41	Reach Len. (m)			
W.S. Elev (m)	87.69	Flow Area (m2)	935.30	990.14	1144.30
Crit W.S. (m)	81.35	Area (m2)	935.30	990.14	1144.30
E.G. Slope (m/m)	0.000400	Flow (m3/s)	1413.81	3598.98	1987.21
Q Total (m3/s)	7000.00	Top Width (m)	92.99	57.60	123.06
Top Width (m)	273.65	Avg. Vel. (m/s)	1.51	3.63	1.74
Vel Total (m/s)	2.28	Hydr. Depth (m)	10.06	17.19	9.30
Max Chl Dpth (m)	19.69	Conv. (m3/s)	70656.2	179862.0	99312.4
Conv. Total (m3/s)	349830.6	Wetted Per. (m)	96.92	61.76	126.59
Length Wtd. (m)		Shear (N/m2)	37.89	62.94	35.49
Min Ch El (m)	68.00	Stream Power (N/m s)	18448.78	0.00	0.00
Alpha	1.56	Cum Volume (1000 m3)			
Frctn Loss (m)		Cum SA (1000 m2)			
C & E Loss (m)					

그림 9.99

9.4 Example 3(지류가 합류하는 경우)

9.4.1 Project input

1. 2장의 Example 1을 참고하여 Project 정의 및 저장, 단위변환 등을 완료하면 그림 9.100이 된다.

- Title ; Ex 3　　　　　　　　　- File name ; Ex 3

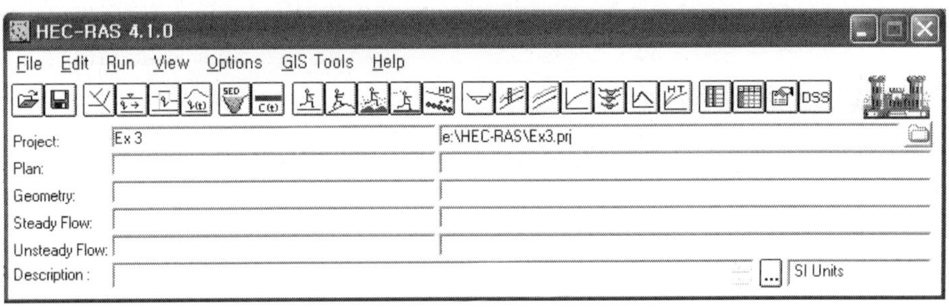

그림 9.100

2. Example 3은 지류가 합류하는 경우의 예제로서 입력자료는 표 9.3에 제시하였다.

9.4.2 Geometry data input

표 9.3 Example 3의 입력자료

Fall River - Tributary					
No. 00		No. 01		No. 02	
Stat.(m)	Ele.(m)	Stat.(m)	Ele.(m)	Stat.(m)	Ele.(m)
210.00	89.10	210.00	89.40	210.00	90.00
220.00	81.10	220.00	81.40	220.00	82.00
260.00	79.10	260.00	79.40	260.00	80.00
265.00	69.10	265.00	69.40	265.00	70.00
270.00	70.10	270.00	70.40	270.00	71.00
275.00	80.10	275.00	80.40	275.00	81.00
300.00	82.10	300.00	82.40	300.00	83.00
310.00	90.10	310.00	90.40	310.00	91.00

Fall River - Upper Reach					
No. 9.8		No. 9.9		No. 10	
Stat.(m)	Ele.(m)	Stat.(m)	Ele.(m)	Stat.(m)	Ele.(m)
110.00	89.10	110.00	89.50	110.00	90.00
117.20	79.10	119.00	79.50	120.00	80.00
174.80	77.10	191.00	77.50	200.00	78.00
184.80	69.10	201.00	69.50	210.00	70.00
204.80	70.10	221.00	70.50	230.00	71.00
214.80	78.10	231.00	78.50	240.00	79.00
294.00	80.10	330.00	80.50	350.00	81.00
301.20	90.10	339.00	90.50	360.00	91.00

Fall River - Lower Reach							
NO. 9.5		No. 9.6		NO. 9.7		No. 9.79	
Stat.(m)	Ele.(m)	Stat.(m)	Ele.(m)	Stat.(m)	Ele.(m)	Stat.(m)	Ele.(m)
110.00	88.00	110.00	88.20	110.00	88.50	110.00	89.00
120.37	78.00	120.37	78.20	120.37	78.50	118.64	79.00
203.31	76.00	203.31	76.20	203.31	76.50	187.76	77.00
217.71	68.00	217.71	68.20	217.71	68.50	199.76	69.00
246.51	69.00	246.51	69.20	246.51	69.50	223.76	70.00
260.91	77.00	260.91	77.20	260.91	77.50	235.76	78.00
374.96	79.00	374.96	79.20	374.96	79.50	330.80	80.00
385.33	89.00	385.33	89.20	385.33	89.50	339.44	90.00

표 9.3 Example 3의 입력자료(계속)

구분		Downstream Reach Length		
		LOB	Channel	ROB
Fall River Tributary	02 ~ 01	500	500	500
	01 ~ 00	500	500	500
	00	0	0	0
Fall River Upper Reach	10 ~ 9.9	450	500	500
	9.9 ~ 9.8	450	500	500
	9.8	0	0	0
Fall River Lower Reach	9.79 ~ 9.7	500	500	500
	9.7 ~ 9.6	500	500	500
	9.6 ~ 9.5	500	500	500
	9.5	0	0	0

구분		Manning's n Values		
		LOB	Channel	ROB
Fall River Tributary	02	0.070	0.040	0.070
	01	0.070	0.040	0.070
	00	0.070	0.040	0.070
Fall River Upper Reach	10	0.060	0.035	0.050
	9.9	0.060	0.035	0.050
	9.8	0.060	0.035	0.050
Fall River Lower Reach	9.79	0.060	0.035	0.050
	9.7	0.070	0.040	0.070
	9.6	0.070	0.040	0.070
	9.5	0.060	0.035	0.050

구분		Main Channel Bank Stations	
		Left Banks	Right Banks
Fall River Tributary	02	260	275
	01	260	275
	00	260	275
Fall River Upper Reach	10	200	240
	9.9	191	231
	9.8	174.8	214.8
Fall River Lower Reach	9.79	187.76	235.76
	9.7	203.31	260.91
	9.6	203.31	260.91
	9.5	203.31	260.91

표 9.3 Example 3의 입력자료(계속)

구분		Cont./Exp. Coefficients	
		Contraction	Expansion
Fall River Tributary	02	0.1	0.3
	01	0.1	0.3
	00	0.1	0.3
Fall River Upper Reach	10	0.1	0.3
	9.9	0.1	0.3
	9.8	0.1	0.3
Fall River Lower Reach	9.79	0.1	0.3
	9.7	0.1	0.3
	9.6	0.1	0.3
	9.5	0.1	0.3

재현기간	Q(m^3/sec)			
	No. 02	No. 10	No. 9.79	No. 9.6
10년	100	500	600	650
50년	500	2,000	2,500	2,700
100년	1,500	5,000	6,500	7,000

Junction (Length a cross Junction)	
From ; Fall River − Lower Reach To ; Fall River − Upper Reach	50
From ; Fall River − Lower Reach To ; Fall River − Tributary	60
특이사항	− Normal depth ; 0.0004

1. 지형자료의 입력을 위하여 **Edit** 메뉴의 **Geometric data** 또는 **Edit/Enter geometric data** 아이콘을 클릭한다.
2. File 메뉴에서 **New Geometry Data**를 클릭하고 **Title**과 **File name**에 텍스트를 입력한 후 드라이브와 디렉토리를 확인하고 **OK**를 클릭하면 그림 9.101이 된다.
   - Title ; Ex 3
   - File name ; Ex 3

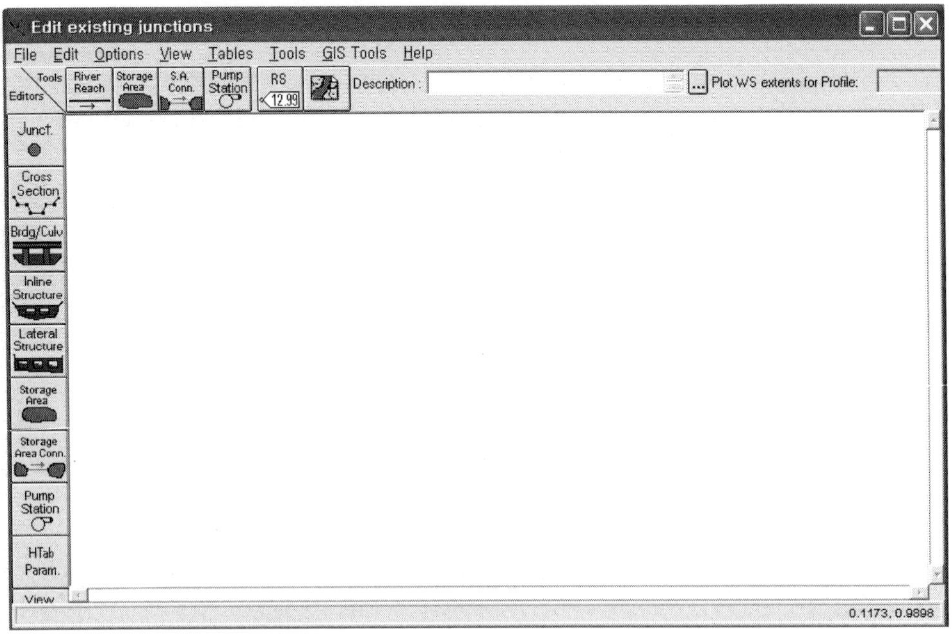

그림 9.101

3. 그림 9.101의 **River Reach** 아이콘을 클릭하고 연필모양이 나타나면 그림 9.101의 상단 임의 한 점에서 왼쪽 마우스를 클릭한 상태에서 해석하고자 하는 하천 임의 형상을 작도한 후 더블 클릭하면 그림 9.102가 나타난다.

그림 9.102

그림 9.103

4. 그림 9.102의 River와 Reach에 텍스트를 입력하면 그림 9.103이 된다.
   - River ; Fall River
   - Reach ; Upper Reach

5. 그림 9.103의 **OK**를 클릭하면 그림 9.104가 나타난다.

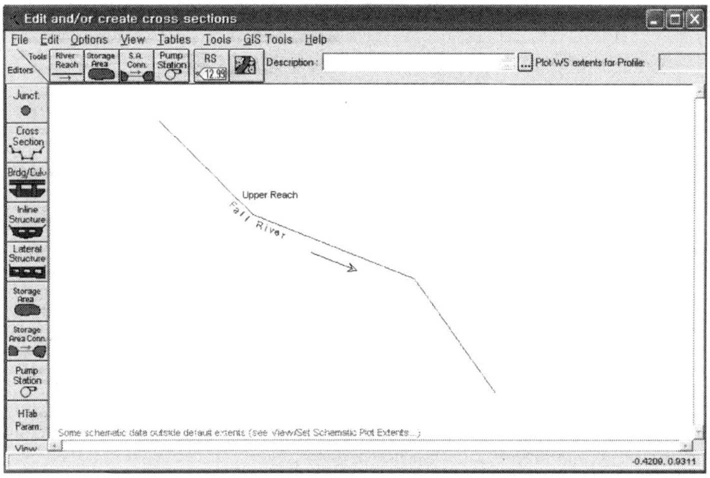

그림 9.104

6. 그림 9.104에서 지류(Tributary)형상을 작도하면 그림 9.105가 되고 그림 9.106이 나타난다.

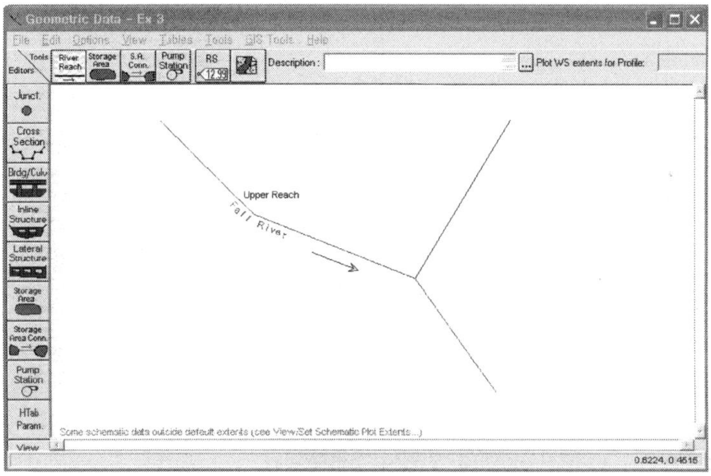

그림 9.105

7. 그림 9.106의 **Reach**에 입력된 **Upper Reach**를 삭제하고 Tributary를 입력한 후 **OK**를 클릭한다. 이후의 과정은 그림 9.107의 (a)에서 (f)의 순서이다.

그림 9.106

(a)

(b)

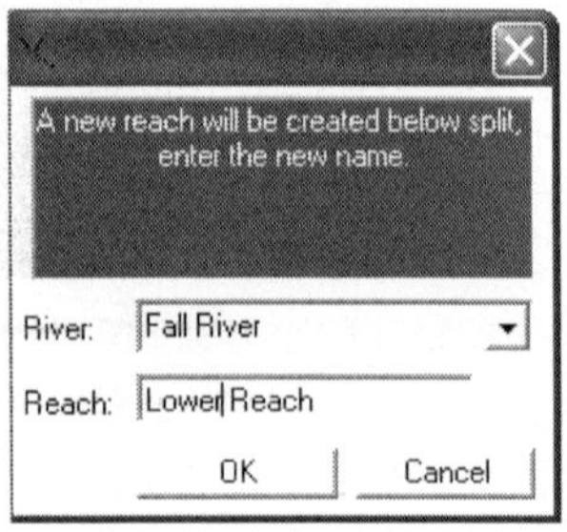

(c)

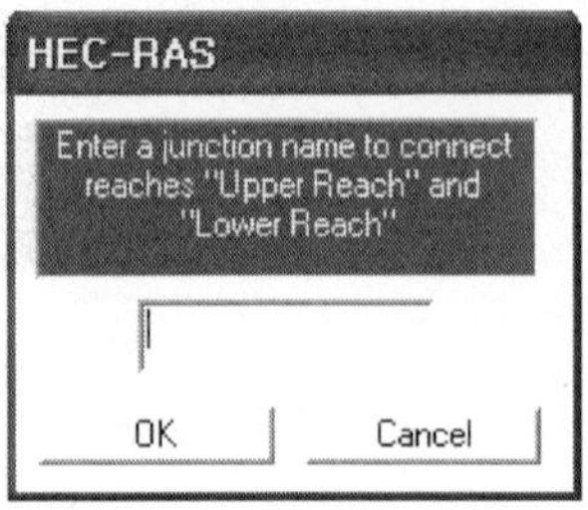

(d)

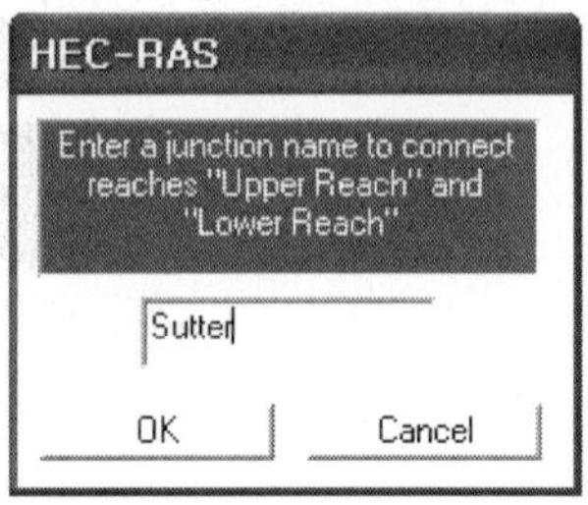

(e)

(f)

그림 9.107

8. 최종적으로 그림 9.107의 (f)에서 예를 클릭하면 그림 9.108이 된다.

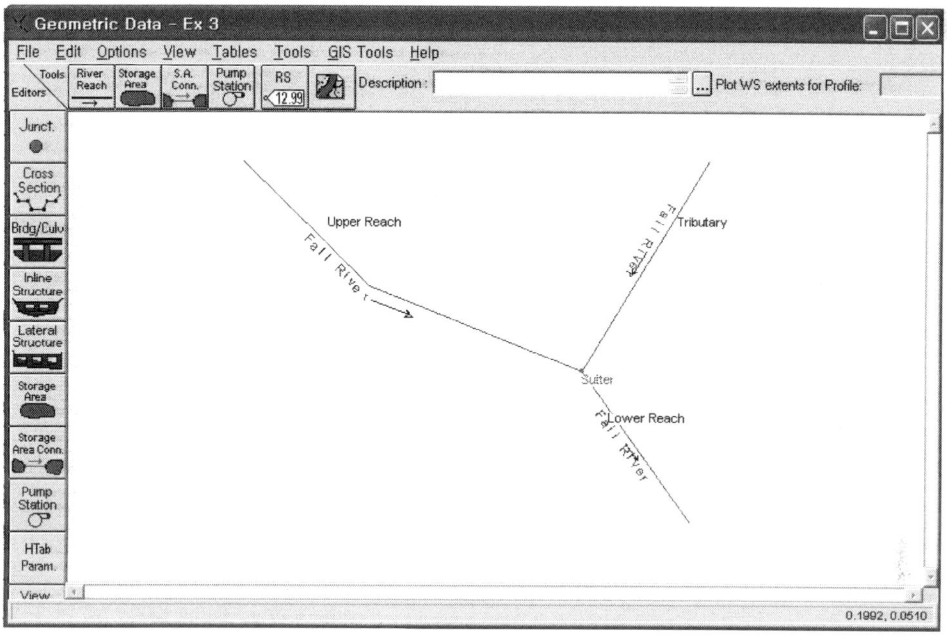

그림 9.108

9. 지형자료의 입력을 위하여 **Cross Section** 아이콘을 클릭하면 그림 9.109가 나타난다. Example 3은 Reach가 3개이므로 지형자료 입력시 주의가 필요하다.

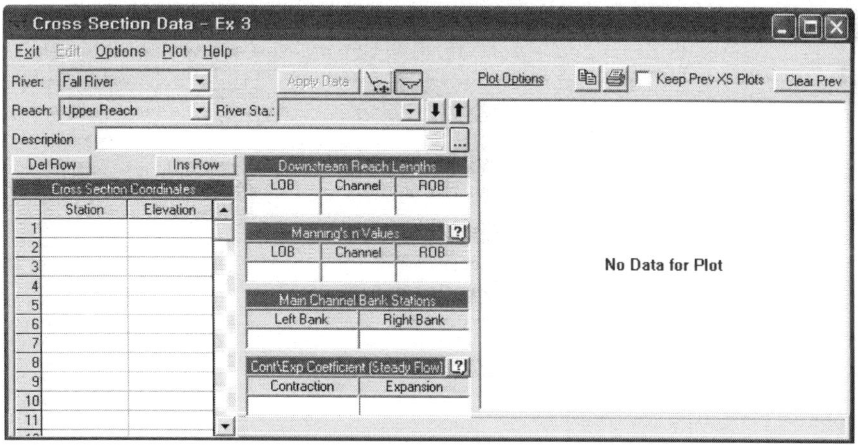

그림 9.109

10. Upper Reach 지형자료 입력(Reach 명칭 확인)

- 그림 9.109의 **Options** 메뉴에서 **Add a new cross section**을 선택하면 지형자료의 입력창이 나타난다.
- 해석하고자 하는 최상류 단면인 No. 10부터 No. 9.8까지 표 9.3을 참고하여 자료를 입력하면 그림 9.110에서 그림 9.112가 된다.(Example 1의 2장 참고)

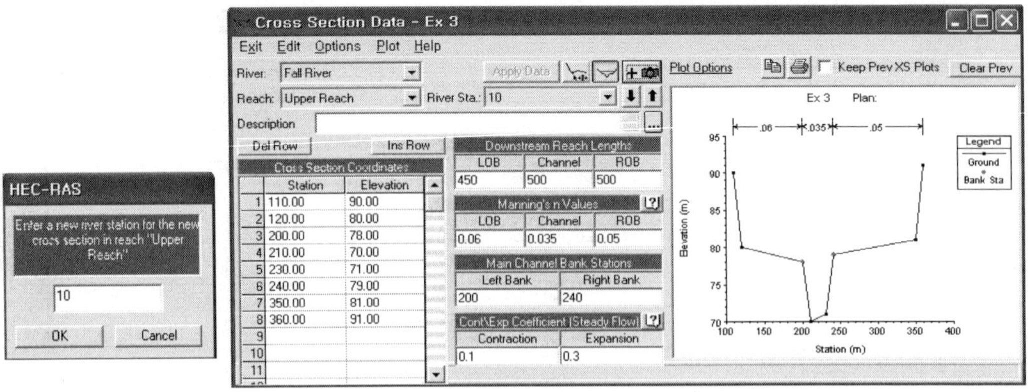

그림 9.110

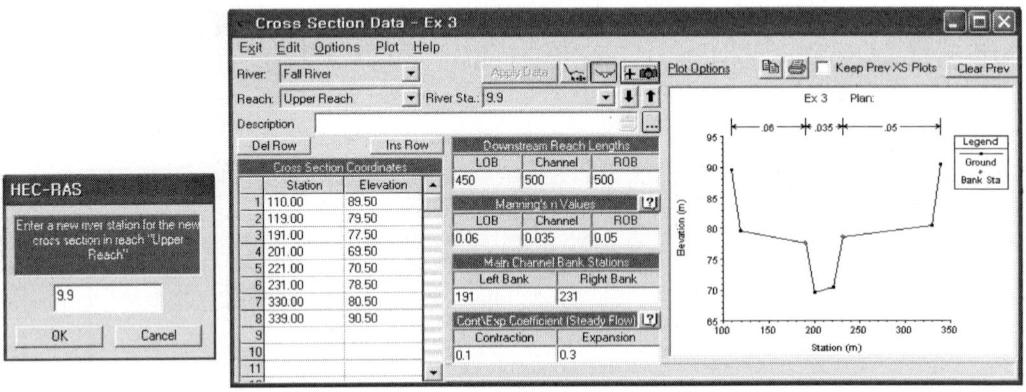

그림 9.111

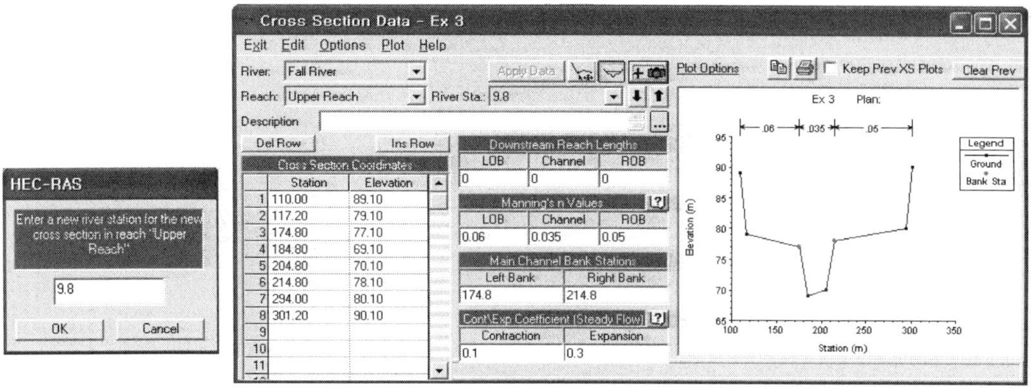

그림 9.112

11. Lower Reach 지형자료 입력(Reach 명칭 확인)
   - 그림 9.109의 **Options** 메뉴에서 **Add a new cross section**을 선택하면 지형자료의 입력창이 나타난다.
   - 해석하고자 하는 최상류 단면인 No. 9.79부터 No. 9.5까지 표 9.3을 참고하여 자료를 입력하면 그림 9.113에서 그림 9.116이 된다.(Example 1의 2장 참고)

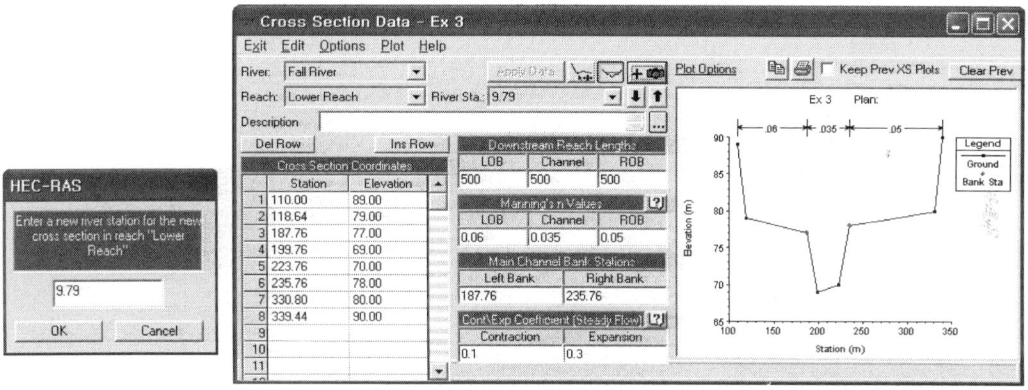

그림 9.113

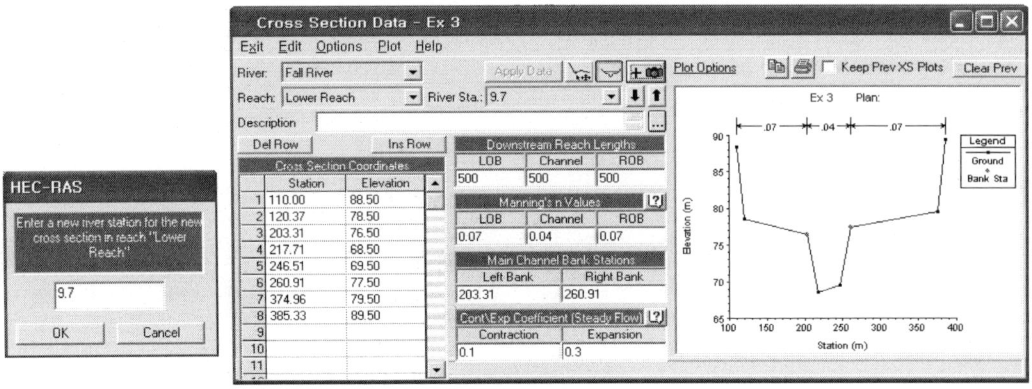

그림 9.114

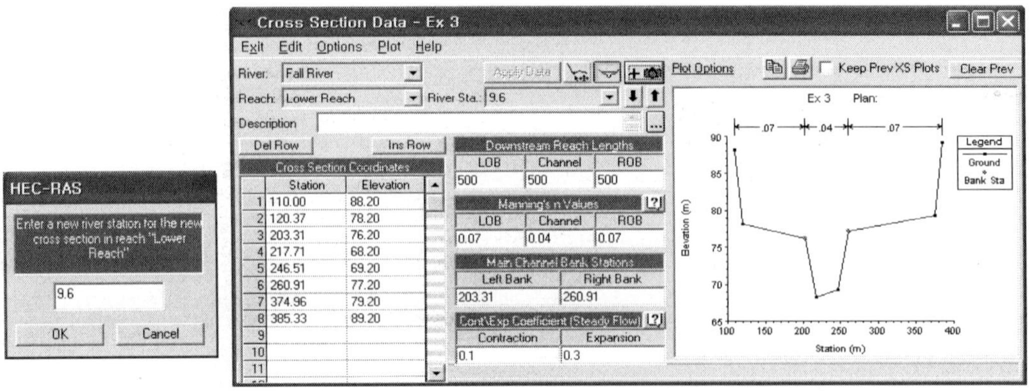

그림 9.115

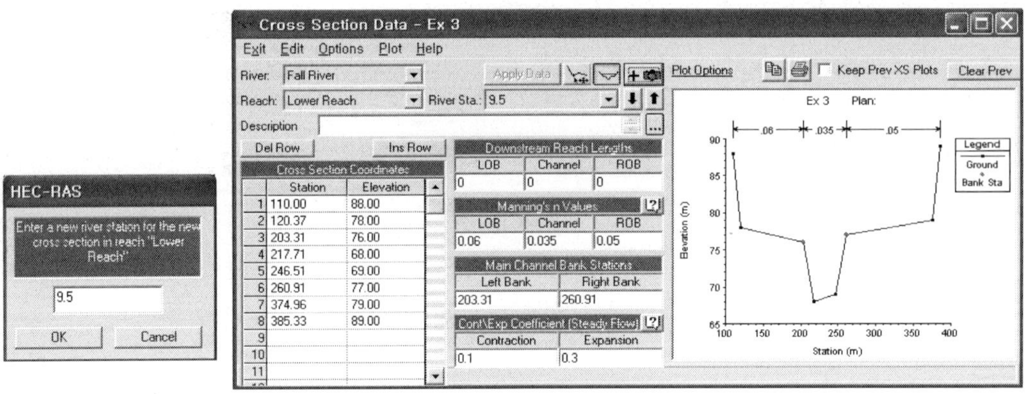

그림 9.116

12. Tributary 지형자료 입력(Reach 명칭 확인)

- 그림 9.109의 **Options** 메뉴에서 **Add a new cross section**을 선택하면 지형자료 의의 입력창이 나타난다.
- 해석하고자 하는 최상류 단면인 No. 02부터 No. 00까지 표 9.3을 참고하여 자료를 입력하면 그림 9.117에서 그림 9.119가 된다.(Example 1의 2장 참고)

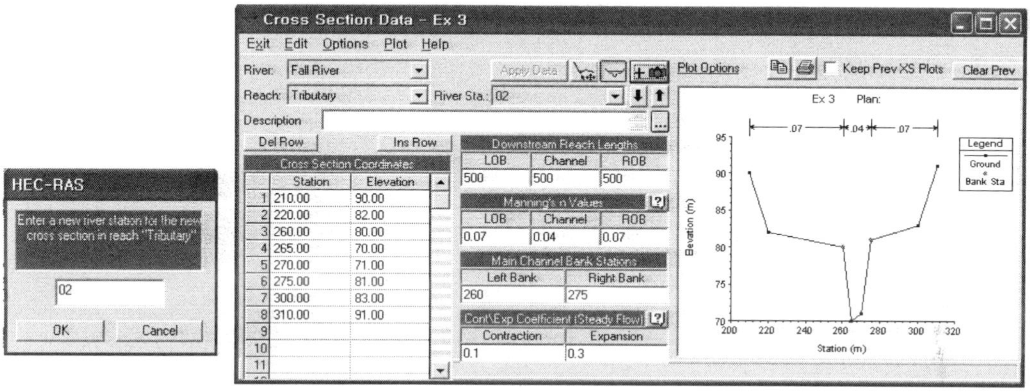

그림 9.117

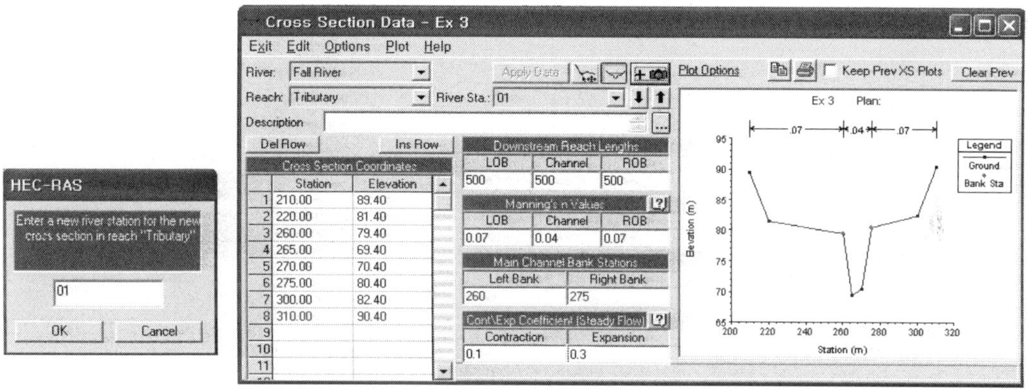

그림 9.118

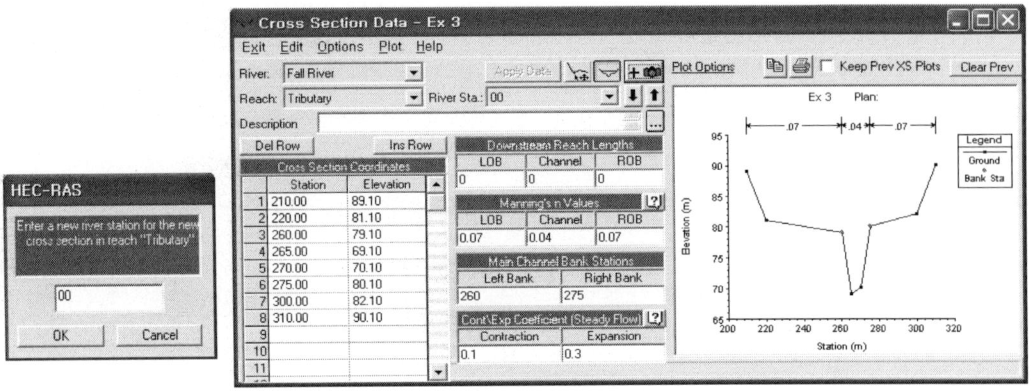

그림 9.119

13. 지형자료의 입력이 완료되면 그림 9.119의 우측 그림에서 **Exit** 메뉴의 **Exit Cross Section Editor**를 선택하면 그림 9.120이 된다.

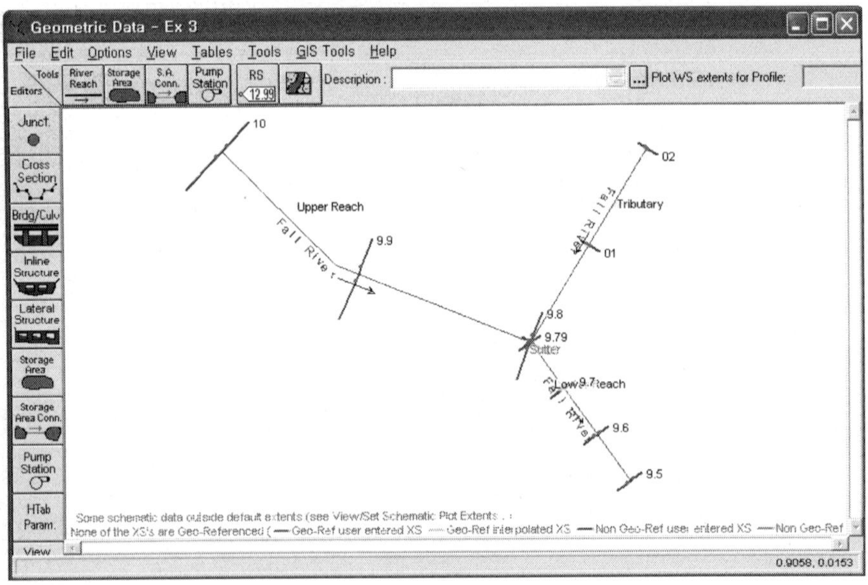

그림 9.120

14. 하천이 합류하는 교차점의 자료 입력을 위하여 **Junct.** 아이콘을 클릭하면 그림 9.121이 나타난다. Junction Name을 확인하고 표 9.3을 참고하여 자료를 입력하면 그림 9.122가 되고 **Apply Dada**를 클릭한 후 **OK**를 클릭하면 그림 9.120은 그림 9.123과 같이 된다. 그림 9.123의 Sutter 부근에 변화가 발생한 것을 확인할 수 있다.

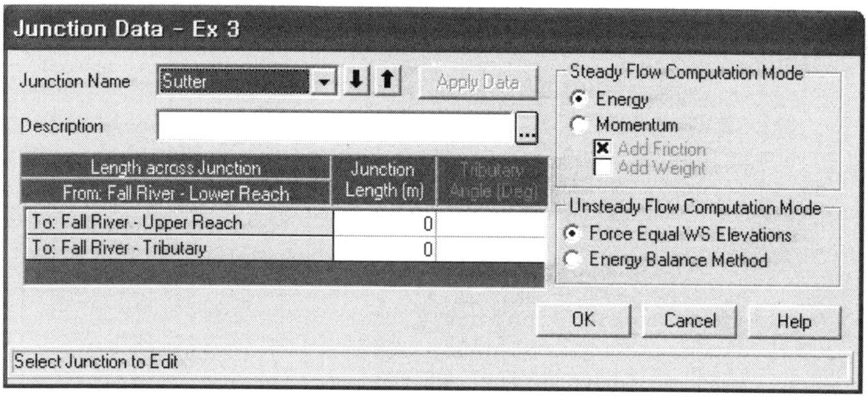

그림 9.121

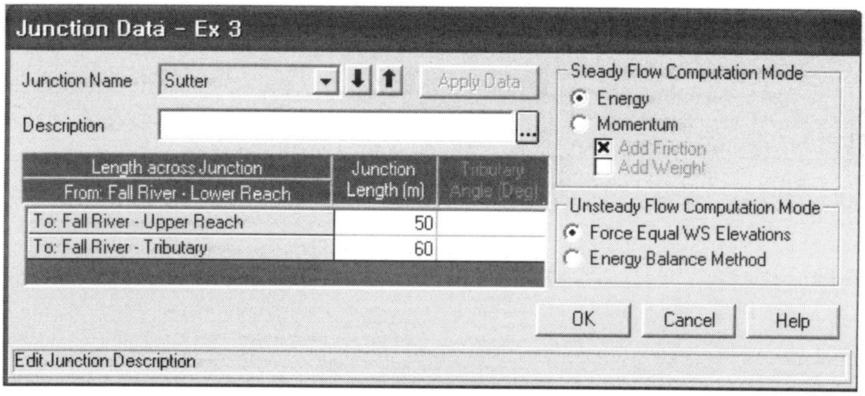

그림 9.122

15. 그림 9.123의 **File** 메뉴에서 **Save Geometry Data**를 클릭하고 **Geometric data** 창을 닫으면 지형자료의 입력이 완료된다(그림 9.124). 지형자료의 수정이 필요한 경우 **Geometric data** 창을 열고 해당하는 값을 수정한 후 해당과정을 반복하면 된다.

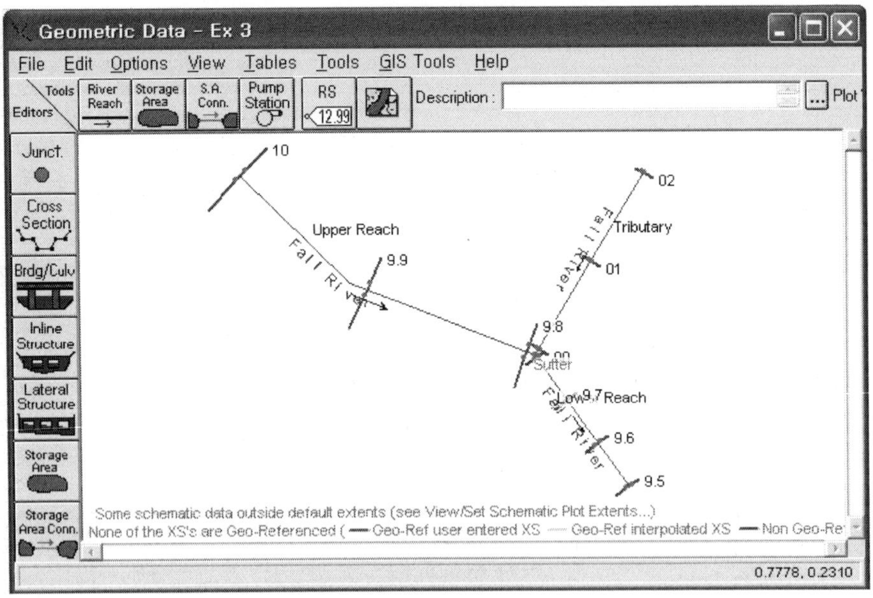

그림 9.123

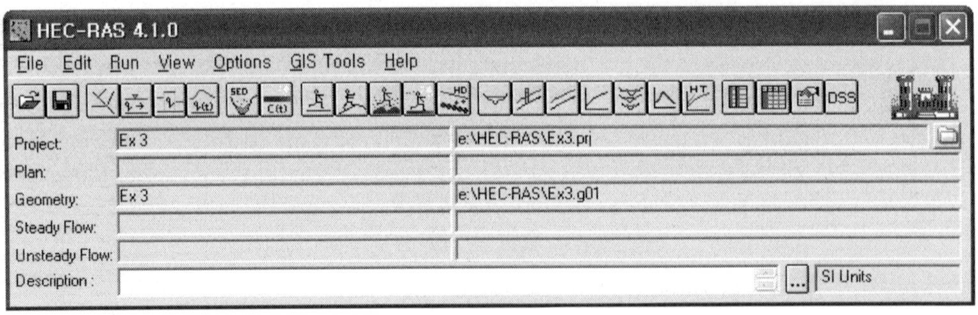

그림 9.124

9.4.3 Steady flow data input

1. 흐름자료의 입력을 위하여 Edit 메뉴의 Steady Flow Data 또는 Edit/ Enter steady flow data 아이콘을 클릭한다.
2. File 메뉴에서 New Flow Data를 클릭하면 그림 9.125가 나타난다. 그림 9.125의 Title과 File name에 텍스트를 입력하고 OK를 클릭하면 그림 9.126이 된다.
   - Title ; Ex 3
   - File name ; Ex 3

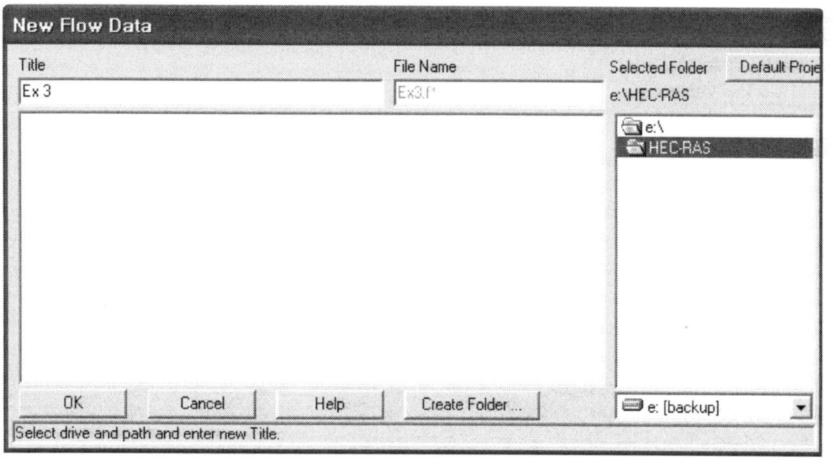

그림 9.125

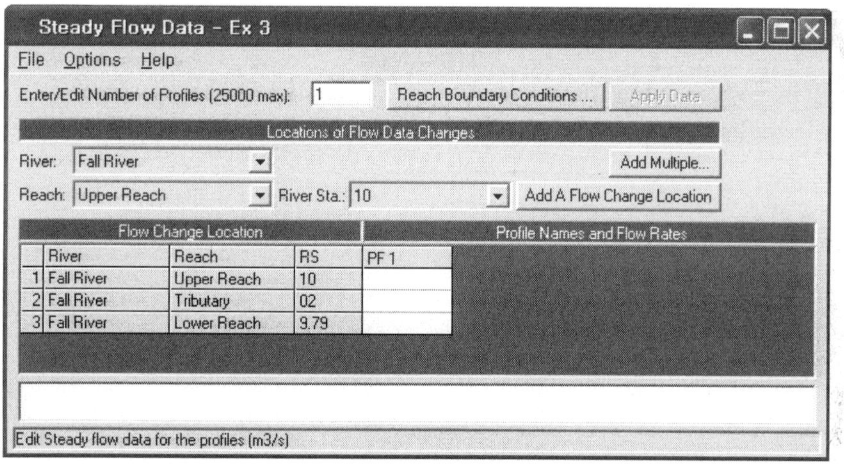

그림 9.126

4. 그림 9.126에서 **Flow Change Location**에는 **Upper Reach, Tributary** 그리고 Lower Reach와 각 하천 최상류 지점의 횡단면 No.가 나타난다.
5. 표 9.3에 제시된 재현기간(10년, 50년, 100년)과 No. 9.6에서 유량을 추가하기 위하여 다음의 과정을 진행하여야 한다.
   ① 재현기간 추가를 위하여 그림 9.126의 **Enter/Edit Number of Profiles(25000 max)**에 입력된 숫자 1을 3으로 변경하면 그림 9.127이 된다.
   ② 그림 9.126에서 **Options** 메뉴의 **Edit Profile Names**를 클릭하면 그림 9.128이 나타난다.

③ 그림 9.128의 **Profile Name**에 입력된 PF 1, PF 2 그리고 PF 3를 10 YEAR, 50 YEAR 그리고 100 YEAR로 수정하면 그림 9.129가 된다.

④ 그림 9.129의 **OK**를 클릭하면 그림 9.130이 된다.

6. No. 9.6을 추가하기 위하여 그림 9.130의 **Add Multiple**을 클릭하면 그림 9.131이 나타난다. **River**에서 **Fall River**를 선택하고 **Reach**에서 **Lower Reach**를 선택하면 그림 9.132가 된다.
7. 그림 9.132의 RS에서 9.6을 선택하고 →를 클릭하면 그림 9.133이 되고 **OK**를 클릭하면 그림 9.134가 된다.
8. 그림 9.134에 표 9.3을 참고하여 유량을 입력하면 그림 9.135가 된다.
9. 그림 9.135의 **Reach Boundary Conditions**를 클릭하면 그림 9.136이 나타난다.
10. 그림 9.136의 **Fall River**의 **Lower Reach**에서 **Downstream**을 선택한 후 그림 9.137의 **Normal Depth** 아이콘을 클릭하고 0.0004를 입력한 후 **OK**를 클릭하면 그림 9.138이 된다.

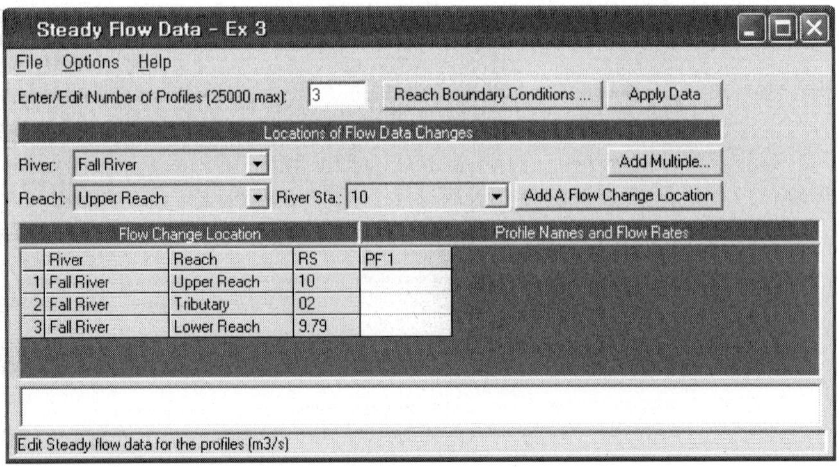

그림 9.127

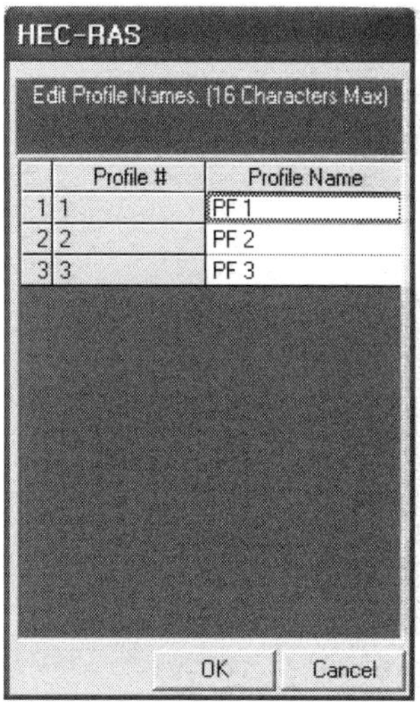

그림 9.128

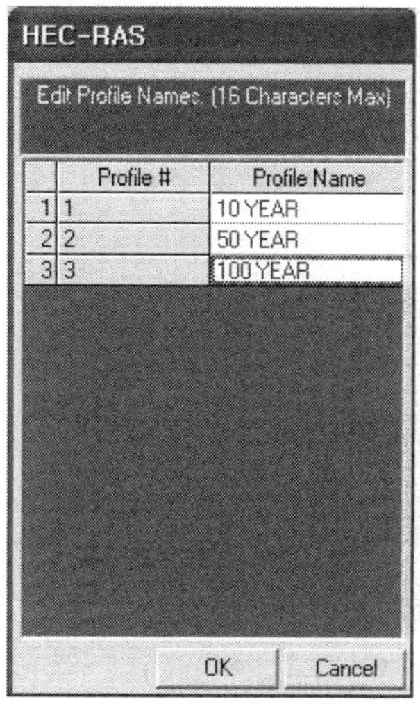

그림 9.129

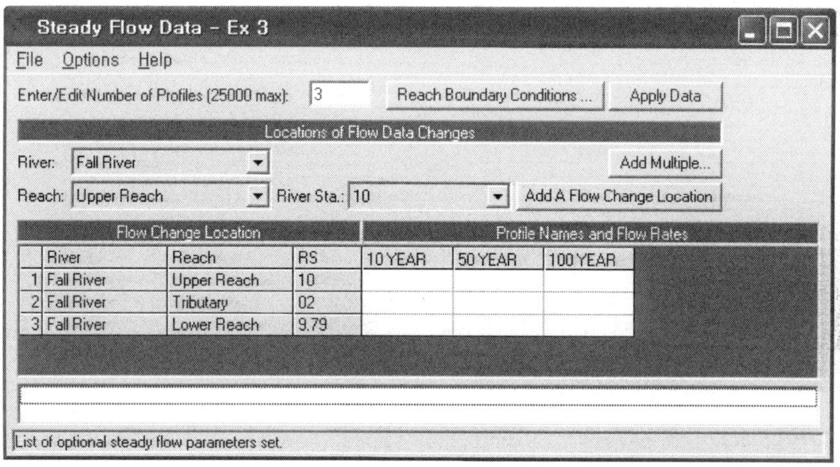

그림 9.130

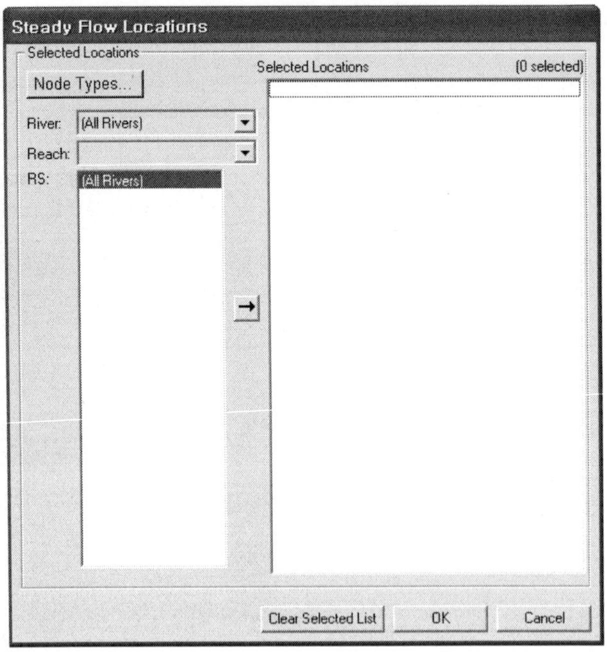

그림 9.131

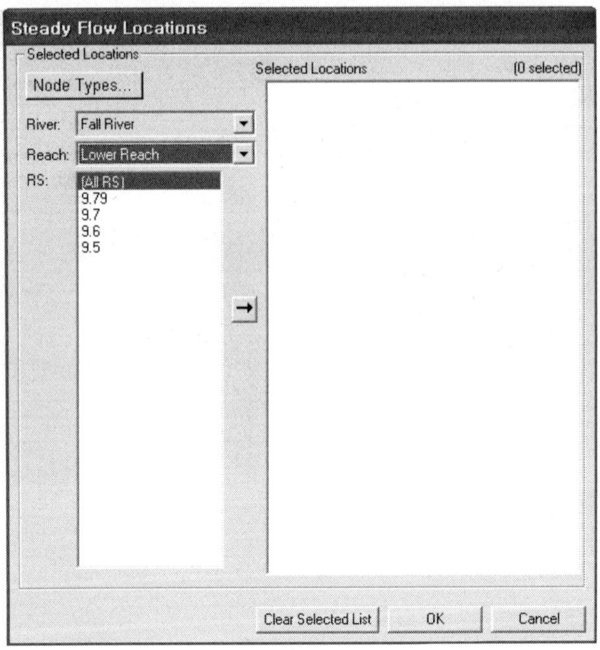

그림 9.132

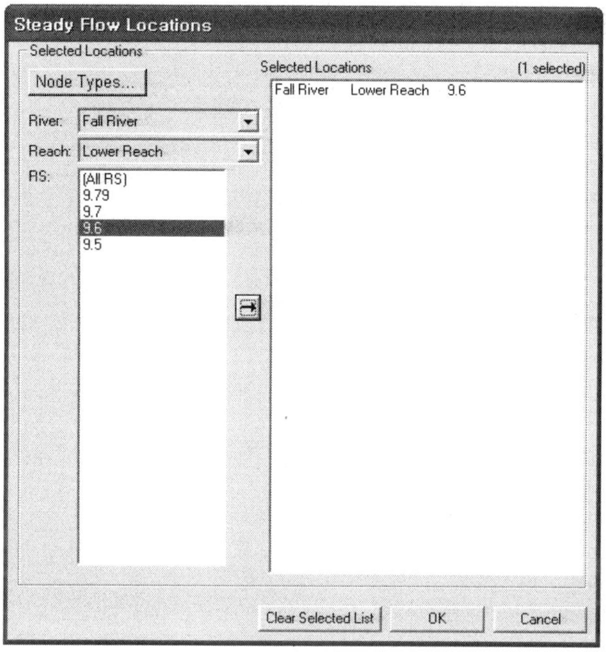

그림 9.133

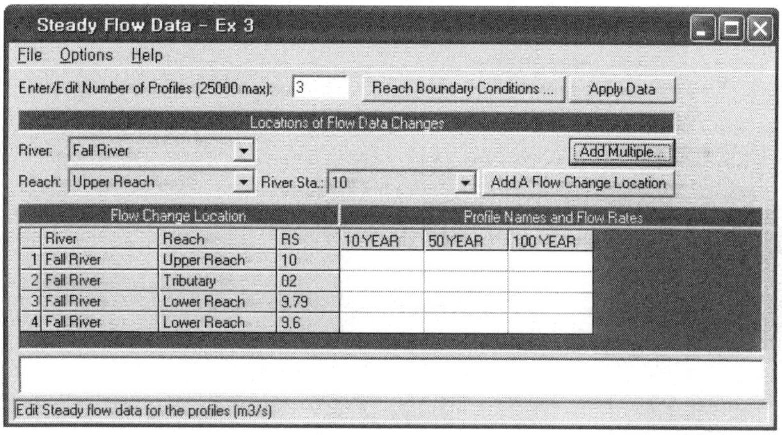

그림 9.134

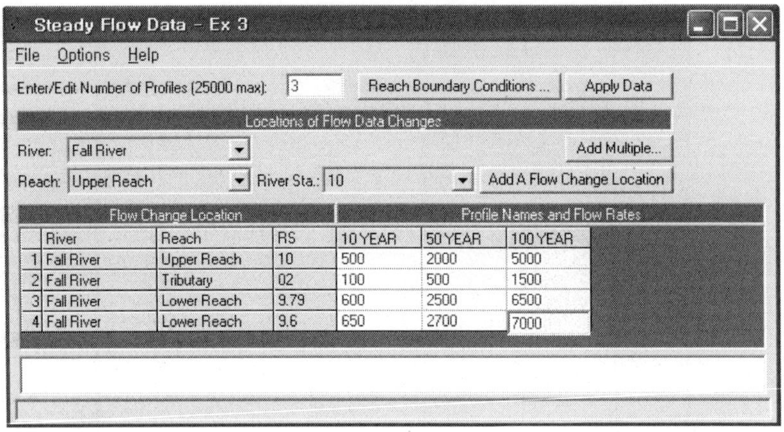

그림 9.135

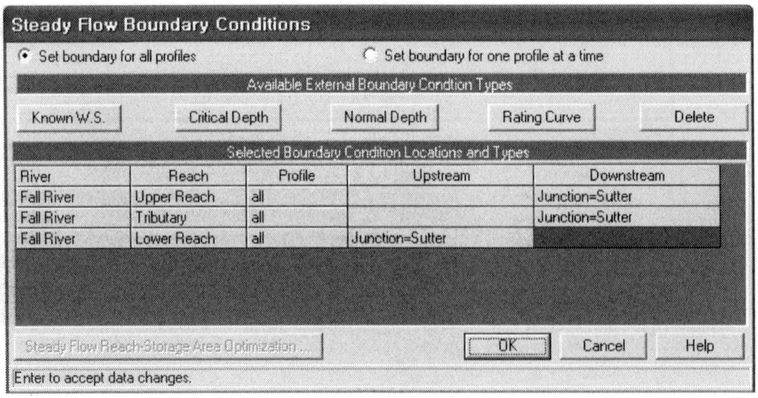

그림 9.136

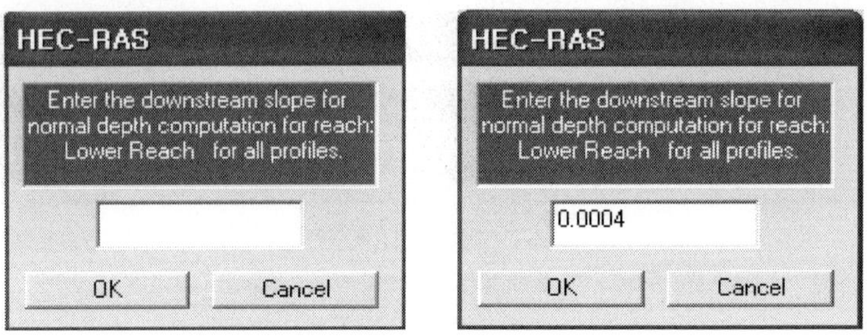

그림 9.137

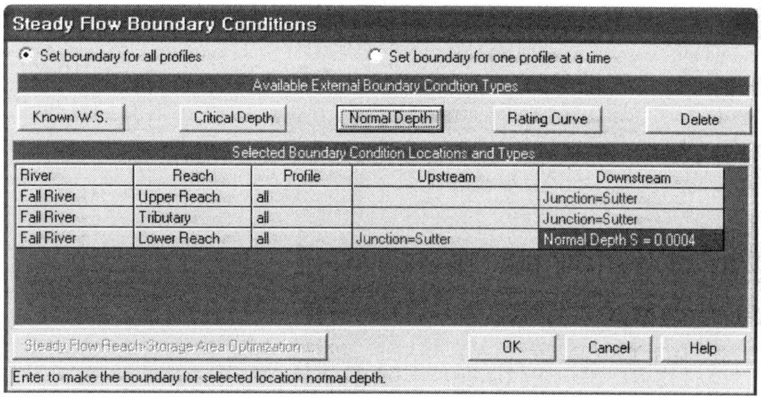

그림 9.138

11. 그림 9.138에서 **OK**를 클릭하면 그림 9.139가 된다.

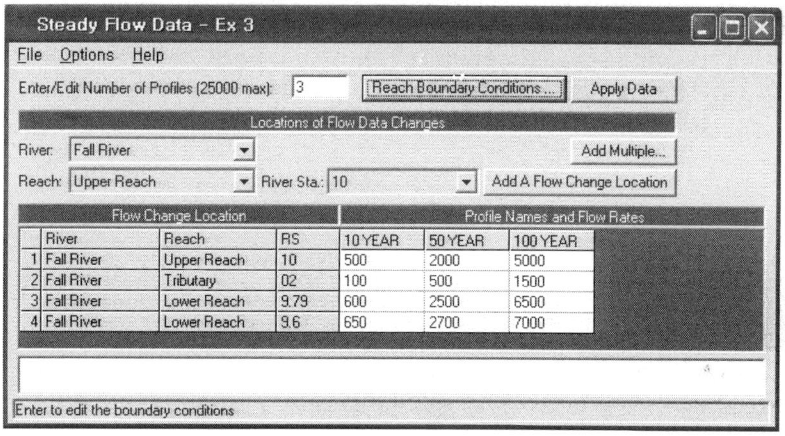

그림 9.139

12. 그림 9.139에서 **Apply Data** 아이콘을 클릭하면 그림 9.140이 된다.
13. 그림 9.140의 **File** 메뉴에서 **Save Flow Data**를 선택하면 흐름자료의 입력이 완료되고 HEC-RAS 주 화면은 그림 9.141이 된다.

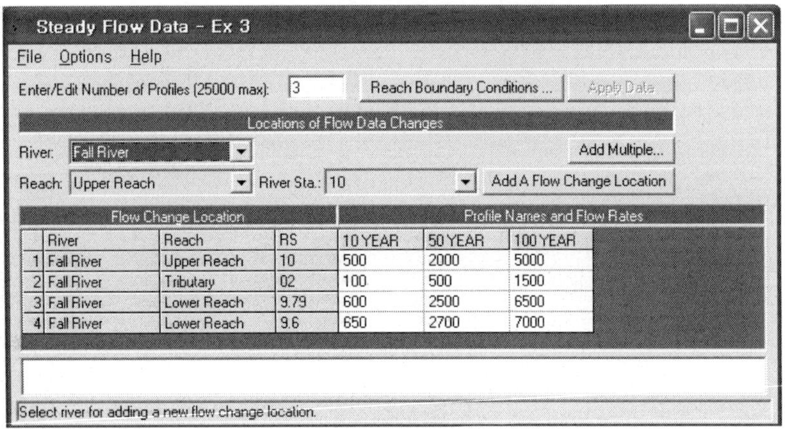

그림 9.140

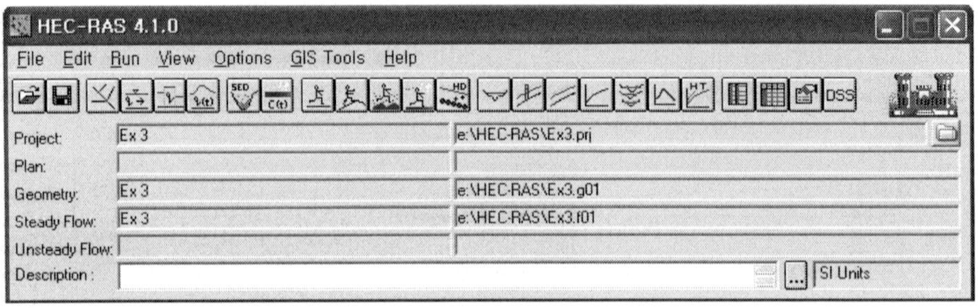

그림 9.141

9.4.4 Run

1. Project input, Geometry data input 그리고 Steady flow data input 과정을 통하여 자료입력을 완료한 후 HEC-RAS는 Run을 실행한다. Run의 실행을 위하여 **RUN** 메뉴의 **Steady Flow Analysis** 또는 **Perform a steady flow simulation** 아이콘을 더블 클릭하면 그림 9.142가 나타난다. 그림 9.142에서 **Geometry File**과 **Steady Flow File**의 텍스트를 확인한 후 다음 과정을 수행하여야 한다.
2. 그림 9.142의 **File** 메뉴에서 **New Plan**을 클릭하면 그림 9.143이 나타난다. 그림 9.143의 **Title**과 **File name**에 텍스트를 입력하고 드라이브와 디렉토리를 확인한다(단, File name은 지정되어 있음). 마지막으로 그림 9.143에서 **OK**를 클릭하면 그림 9.144가 나타난다.
   - Title ; Ex 3,
   - File name ; Ex 3

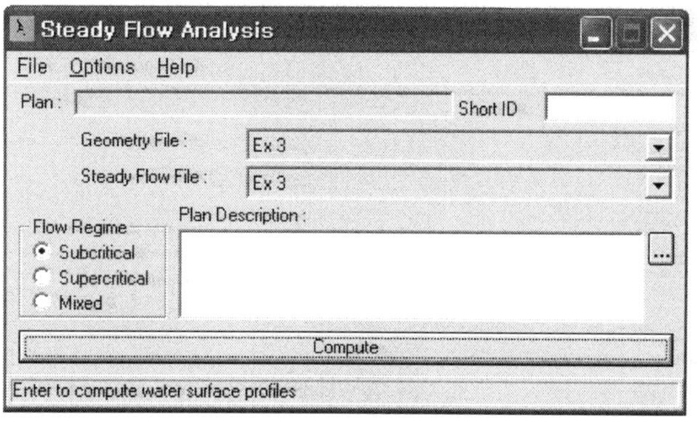

그림 9.142

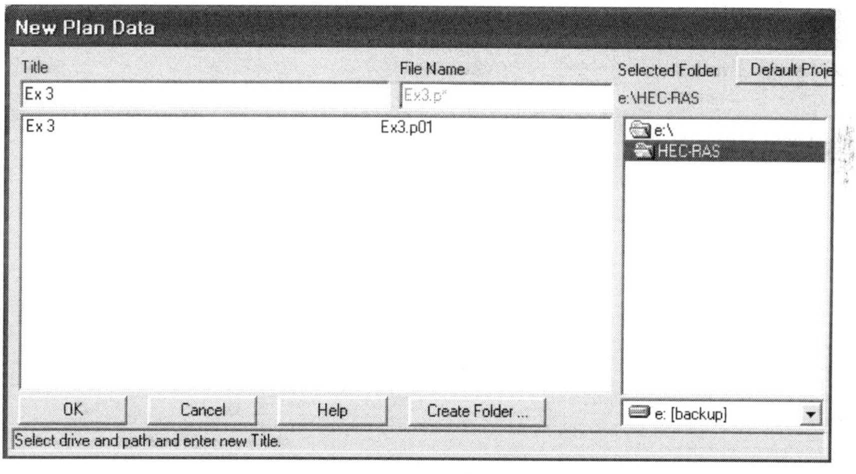

그림 9.143

3. 그림 9.144의 텍스트 입력창에 임의 텍스트를 입력하고 OK를 클릭하면 그림 9.145가 된다.

   - Enter the short plan Identifier(16 char. max) ; HEC-RAS

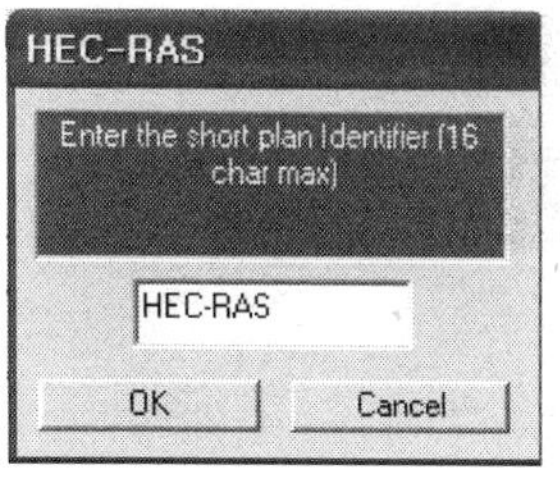

그림 9.144

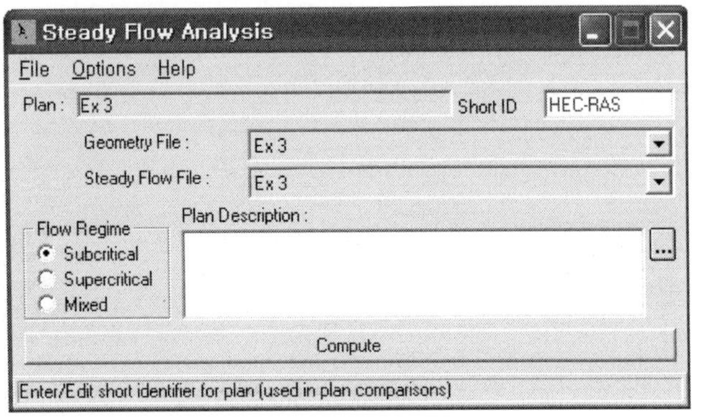

그림 9.145

4. 그림 9.145의 **Flow Regime**에는 상류(Subcritical), 사류(Supercritical) 그리고 혼합류(Mixed)의 기능이 있다. 본 예제에서는 상류를 선택하여 모의를 수행하도록 한다. 단, 사류 또는 혼합류 해석의 수행을 위해서는 각 기능을 선택한 후 다음 과정을 수행하면 된다.
5. 그림 9.145의 **Compute** 아이콘을 클릭하면 계산이 진행된다. 계산이 완료되면 그림 9.146이 나타난다.
6. 그림 9.146의 **Close**를 클릭하면 그림 9.145가 다시 나타난다. 그림 9.145의 **File** 메뉴에서 **Save Plan**을 선택하면 그림 9.147과 같은 HEC-RAS 주 화면이 나타나고 HEC-RAS 해석은 완료된다.

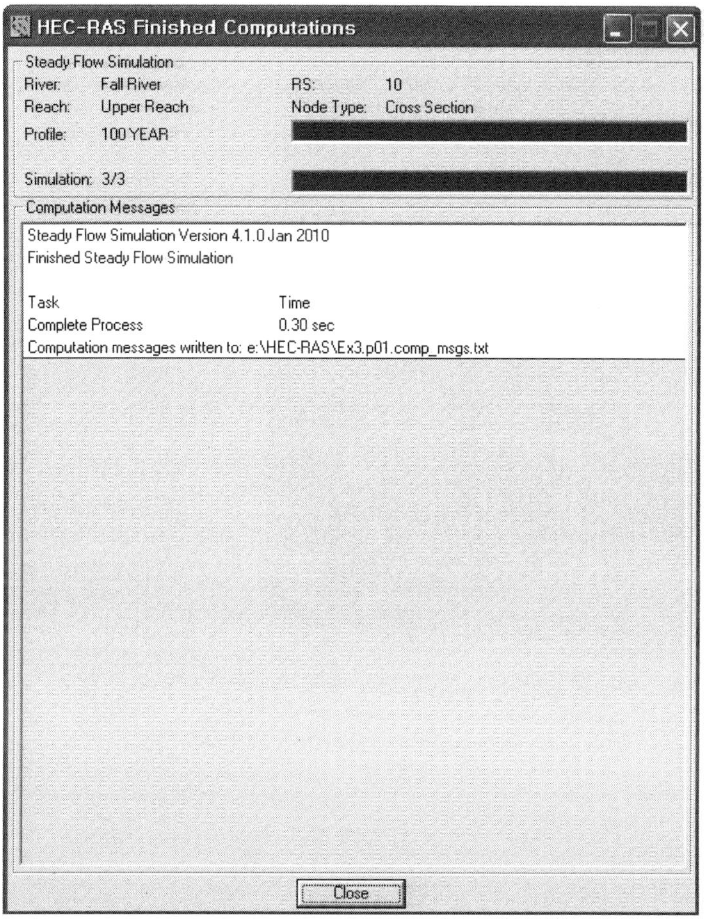

그림 9.146

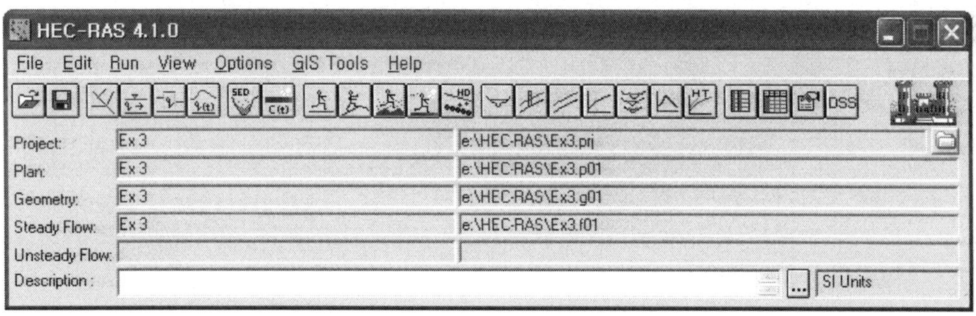

그림 9.147

9.4.5 Output

9.2.5장을 참고하여 HEC-RAS 결과를 확인하면 된다.

1. **View cross sections**를 클릭하면 재현기간 10 YEAR의 결과만이 나타난다. 입력한 재현기간의 자료를 모두 나타내기 위해서 그림 9.148의 **Options** 메뉴에서 **Profiles**를 클릭하면 그림 9.149가 나타난다.

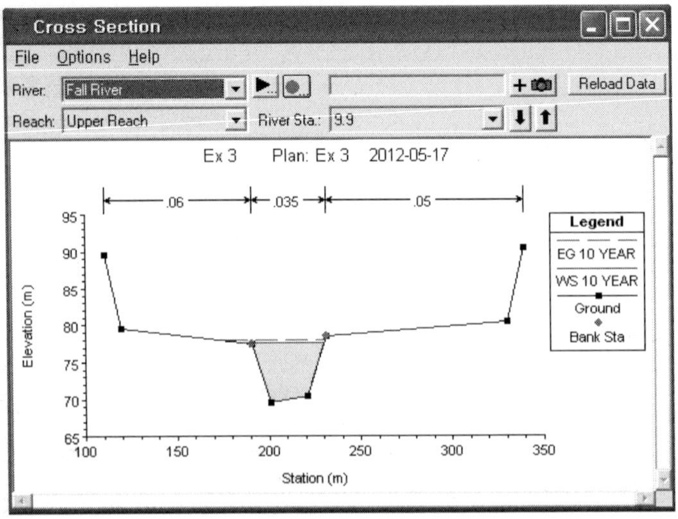

그림 9.148

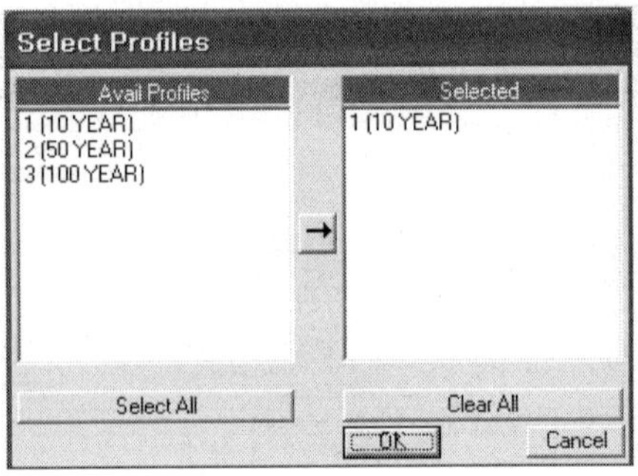

그림 9.149

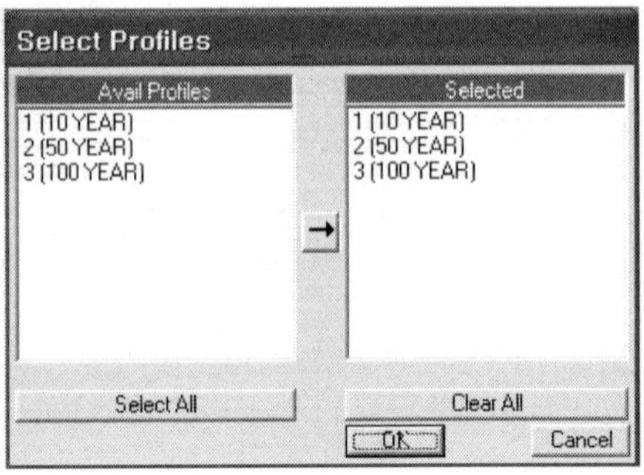

그림 9.150

2. 그림 9.149에서 표현하고자 하는 재현기간을 선택한 후 →를 클릭하면 그림 9.150이 된다.
3. 그림 9.150에서 **OK**를 클릭하면 그림 9.151이 나타난다.

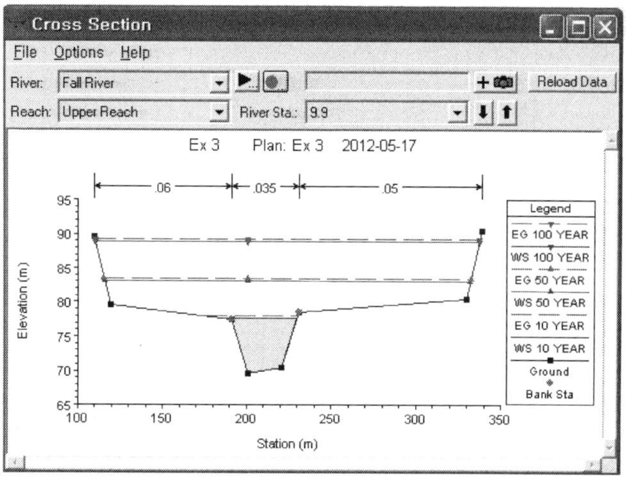

그림 9.151

4. Lower Reach 또는 Tributary의 결과를 보기 위해서는 그림 9.150의 Reach 좌측에 있는 ▼를 클릭하여 해당 하천으로 이동하면 된다.
5. **View detailed output at XS, Culverts, Bridges, Weirs, etc**의 결과를 제시한 그림 9.152에서 재현기간, 하천에 따른 결과를 보기 위해서는 그림 9.152의 Reach, Profile을 변경하면 된다.

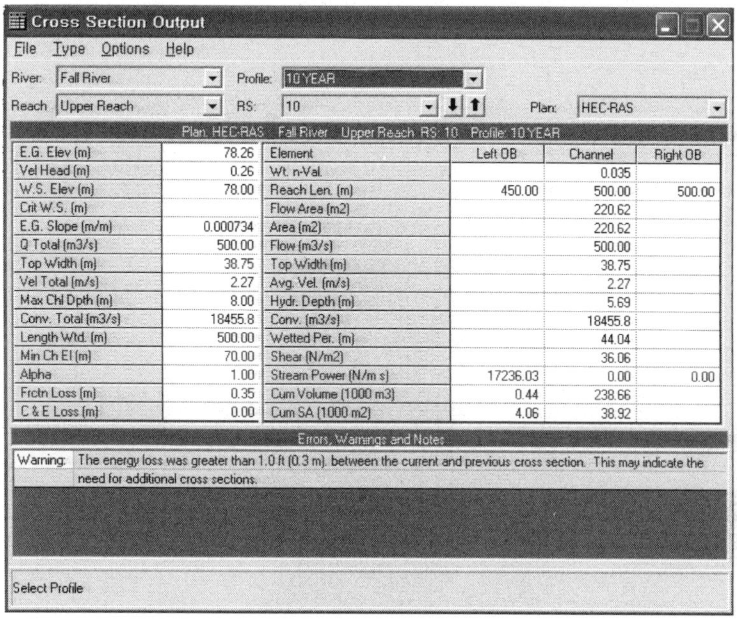

그림 9.152

9.5 Example 4(교량 해석)

• 교량으로 인한 에너지 손실

(1) 교량 직하류 구간(확장 흐름)

(2) 교량 구간

(3) 교량 직상류 구간

표 9.4 수축 및 확대계수

	Contraction	Expansion
No transition loss computed	0.0	0.0
Gradual transitions	0.1	0.3
Typical bridge section	0.3	0.5
Abrupt transitions	0.6	0.8

• 해석시 필요한 횡단면(4개 단면)

(1) 횡단면 ①
- 흐름이 구조물에 의한 영향을 받지 않는 충분히 떨어진 거리에 위치
- 흐름이 완전 팽창된 지점

(2) 횡단면 ②
- 교량 하류부에 인접한 거리에 위치
- 일반적으로 제방 선단(Toe)에 위치

(3) 횡단면 ③
- 교량 상류부에서 인접한 거리에 위치
- 일반적으로 제방의 상류부 선단에 위치

(4) 횡단면 ④
- 유선이 거의 평행하거나 횡단면이 완전하게 유효한 위치
- 교량으로 인한 수축이 발생하기 직전 교량 상류부에 위치

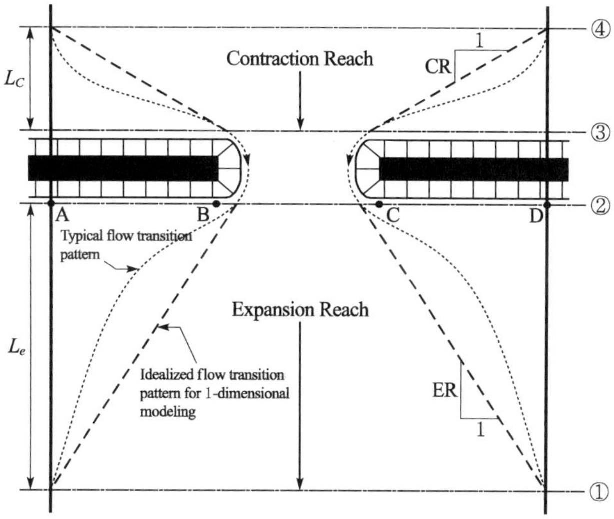

그림 9.153 교량으로 인한 에너지 손실

9.5.1 Project input

1. 2장의 Example 1을 참고하여 Project 정의 및 저장, 단위변환 등을 완료하면 그림 9.154가 된다.
   - Title ; Ex 4
   - File name ; Ex 4

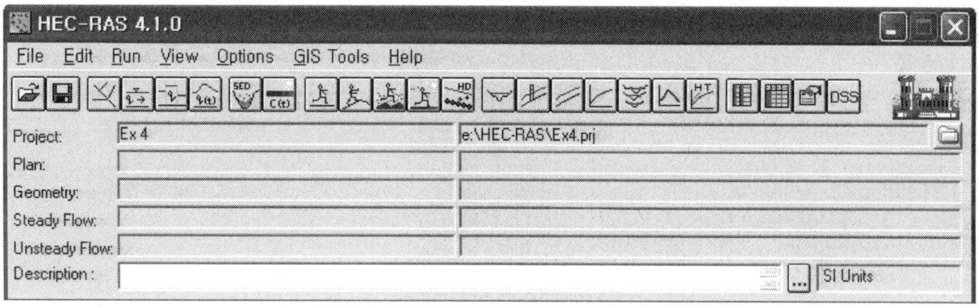

그림 9.154

2. Example 4는 교량이 포함된 경우의 예제로서 입력자료는 표 9.5에 제시하였다.

9.5.2 Geometry data input

표 9.5 Example 4의 입력자료

NO. 4		No. 3		NO. 2		No. 1	
Stat.(m)	Ele.(m)	Stat.(m)	Ele.(m)	Stat.(m)	Ele.(m)	Stat.(m)	Ele.(m)
0	50	0	48	0	46	0	44
15	40	15	38	15	36	15	34
75	40	75	38	75	36	75	34
90	50	90	48	90	46	90	44

구분	Downstream Reach Length		
	LOB	Channel	ROB
4 ~ 3	50	50	50
3 ~ 2	40	40	40
2 ~ 1	30	30	30
1	0	0	0

구분	Manning's n Values		
	LOB	Channel	ROB
4	0.035	0.035	0.035
3	0.035	0.035	0.035
2	0.035	0.035	0.035
1	0.035	0.035	0.035

구분	Main Channel Bank Stations	
	Left Banks	Right Banks
4	0	90
3	0	90
2	0	90
1	0	90

구분	Cont./Exp. Coefficients	
	Contraction	Expansion
4	0.1	0.3
3	0.1	0.3
2	0.1	0.3
1	0.1	0.3

구분	$Q(\mathrm{m^3/sec})$		
	10 YEAR	50 YEAR	100 YEAR
No. 4	200	400	600
특이사항	– Normal depth ; 0.003		

표 9.5 Example 4의 입력자료(계속)

<table>
<tr><td colspan="7">Deck/Roadway Data Editor</td></tr>
<tr><td>Station No.</td><td colspan="2">Distance</td><td colspan="2">Width</td><td colspan="2">Weir Coef.</td></tr>
<tr><td>1.5</td><td colspan="2">15</td><td colspan="2">5</td><td colspan="2">104</td></tr>
<tr><td rowspan="2">구분</td><td colspan="3">Upstream</td><td colspan="3">Downstream</td></tr>
<tr><td>Station</td><td>high chord</td><td>low chore</td><td>Station</td><td>high chord</td><td>low chore</td></tr>
<tr><td>1</td><td>0</td><td>47</td><td>46</td><td>0</td><td>45</td><td>44</td></tr>
<tr><td>2</td><td>90</td><td>47</td><td>46</td><td>90</td><td>45</td><td>44</td></tr>
<tr><td colspan="4">Max Submergence</td><td colspan="3">0.95</td></tr>
<tr><td colspan="4">Weir Crest Shape</td><td colspan="3">Board Crest</td></tr>
<tr><td rowspan="6">Pier 1</td><td colspan="5">Centerline Station Upstream</td><td>20</td></tr>
<tr><td colspan="5">Centerline Station Downstream</td><td>20</td></tr>
<tr><td colspan="3">Upstream</td><td colspan="3">Downstream</td></tr>
<tr><td colspan="2">Pier Width</td><td>Ele.</td><td colspan="2">Pier Width</td><td>Ele.</td></tr>
<tr><td colspan="2">2</td><td>0</td><td colspan="2">2</td><td>0</td></tr>
<tr><td colspan="2">2</td><td>47</td><td colspan="2">2</td><td>47</td></tr>
<tr><td rowspan="6">Pier 1</td><td colspan="3">Centerline Station Upstream</td><td colspan="3">20</td></tr>
<tr><td colspan="3">Centerline Station Downstream</td><td colspan="3">20</td></tr>
<tr><td colspan="3">Upstream</td><td colspan="3">Downstream</td></tr>
<tr><td colspan="2">Pier Width</td><td>Ele.</td><td colspan="2">Pier Width</td><td>Ele.</td></tr>
<tr><td colspan="2">2</td><td>0</td><td colspan="2">2</td><td>0</td></tr>
<tr><td colspan="2">2</td><td>47</td><td colspan="2">2</td><td>47</td></tr>
<tr><td rowspan="6">Pier 1</td><td colspan="3">Centerline Station Upstream</td><td colspan="3">20</td></tr>
<tr><td colspan="3">Centerline Station Downstream</td><td colspan="3">20</td></tr>
<tr><td colspan="3">Upstream</td><td colspan="3">Downstream</td></tr>
<tr><td colspan="2">Pier Width</td><td>Ele.</td><td colspan="2">Pier Width</td><td>Ele.</td></tr>
<tr><td colspan="2">2</td><td>0</td><td colspan="2">2</td><td>0</td></tr>
<tr><td colspan="2">2</td><td>47</td><td colspan="2">2</td><td>47</td></tr>
</table>

1. 지형자료의 입력을 위하여 **Edit** 메뉴의 **Geometric data** 또는 **Edit/Enter geometric data** 아이콘을 클릭한다.
2. **File** 메뉴에서 **New Geometry Data**를 클릭하고 **Title**과 **File name**에 텍스트를 입력한 후 드라이브와 디렉토리를 확인하고 **OK**를 클릭하면 그림 9.155가 된다.
   - Title ; Ex 4
   - File name ; Ex 4

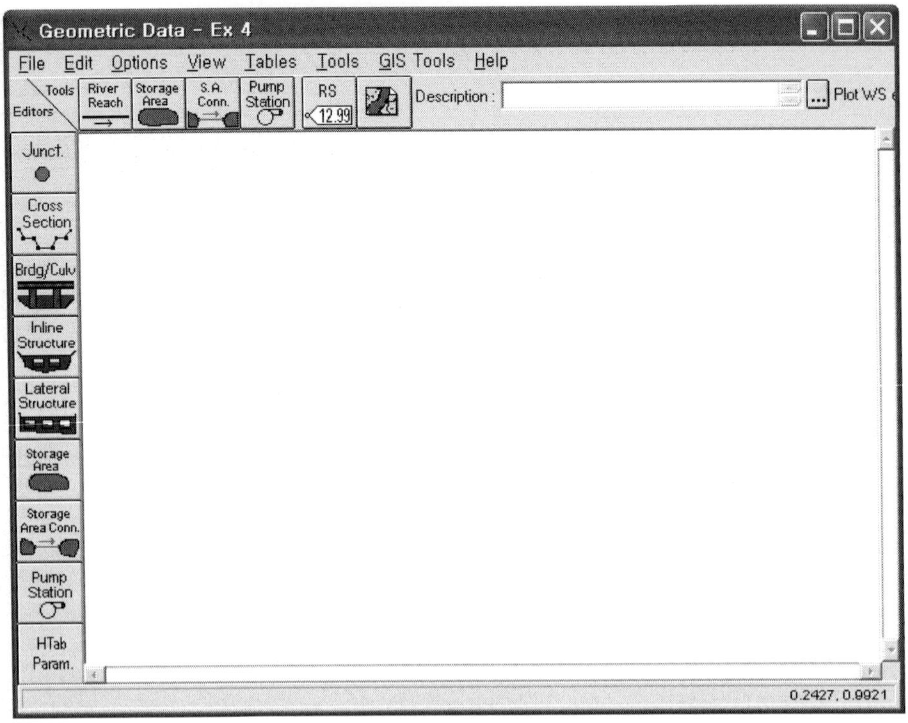

그림 9.155

3. 그림 9.155의 **River Reach** 아이콘을 클릭하고 연필모양이 나타나면 그림 9.155의 상단 임의 한 점에서 왼쪽 마우스를 클릭한 상태에서 해석하고자 하는 하천 임의 형상을 작도한 후 더블 클릭하면 그림 9.156이 나타난다.

그림 9.156

4. 그림 9.156의 River와 Reach에 텍스트를 입력하면 그림 9.157이 된다.
   - River ; Civil
   - Reach ; Hydro

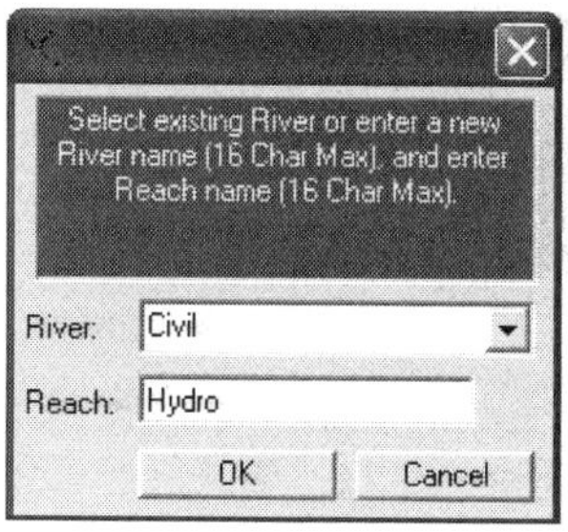

그림 9.157

5. 그림 9.157의 **OK**를 클릭하면 그림 9.158이 나타난다.

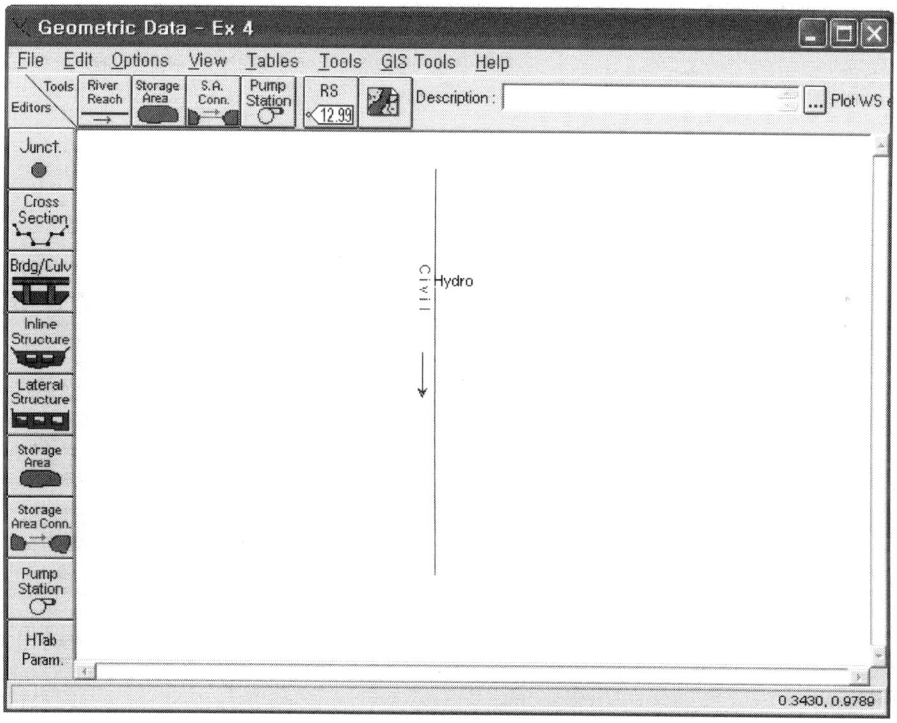

그림 9.158

6. 지형자료의 입력을 위하여 **Cross Section** 아이콘을 클릭하면 그림 9.159가 나타난다.

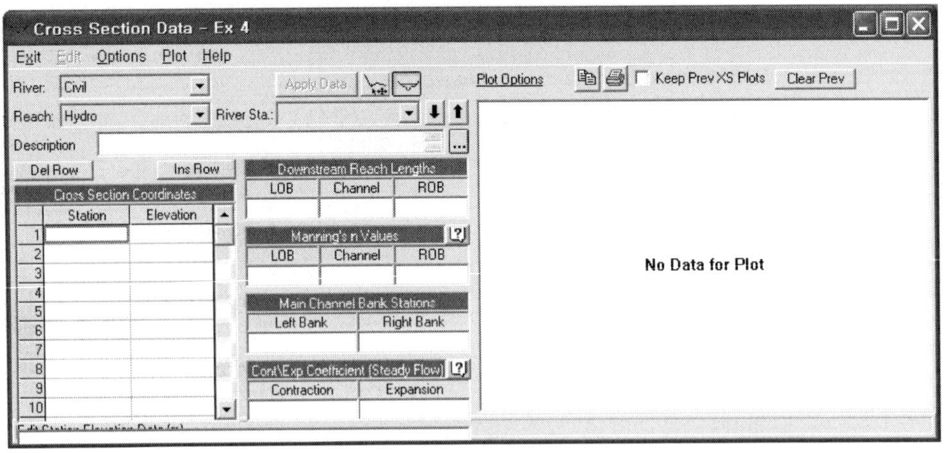

그림 9.159

7. 그림 9.159의 **Options** 메뉴에서 **Add a new cross section**을 선택하면 지형자료의 입력창이 나타난다. 해석하고자 하는 최상류 단면인 No. 4부터 No. 1까지 표 9.5를 참고하여 자료를 입력하면 그림 9.160에서 그림 9.163이 된다.(Example 1의 2장 참고)

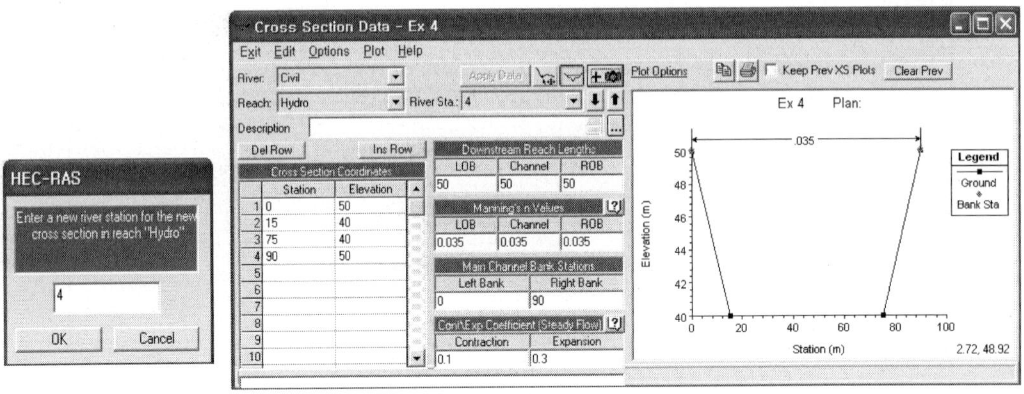

그림 9.160

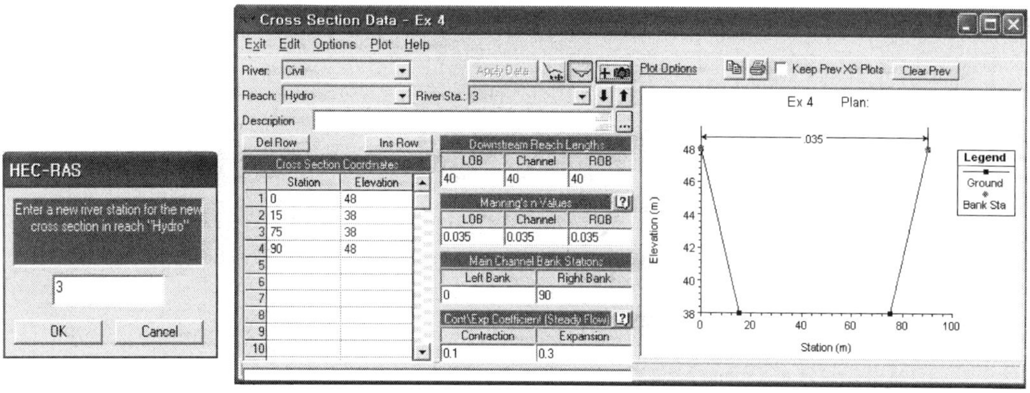

그림 9.161

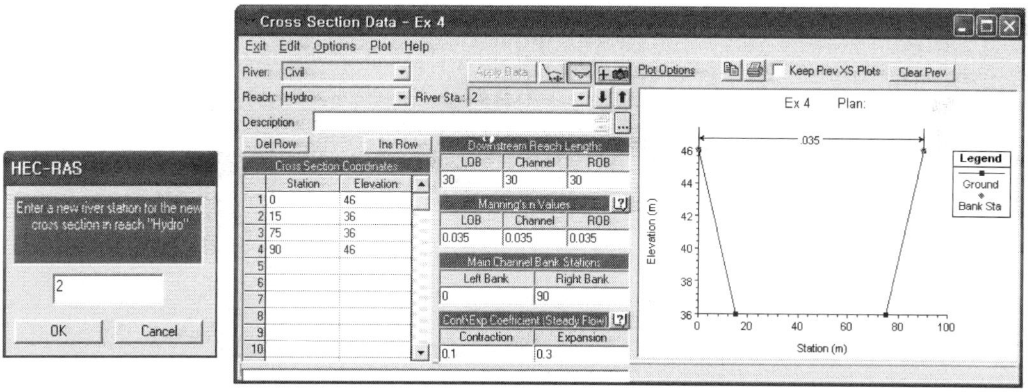

그림 9.162

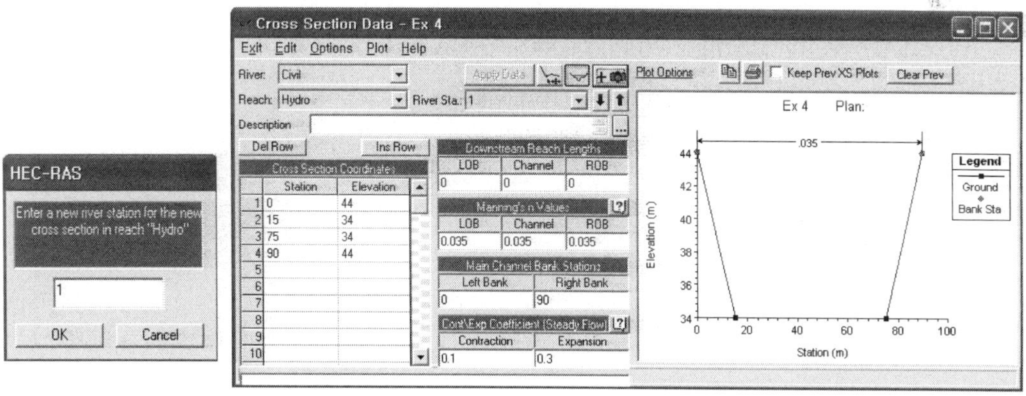

그림 9.163

8. 지형자료의 입력이 완료되면 그림 9.163의 우측 그림에서 **Exit** 메뉴의 **Exit Cross Section Editor**를 선택하면 그림 9.164가 된다.

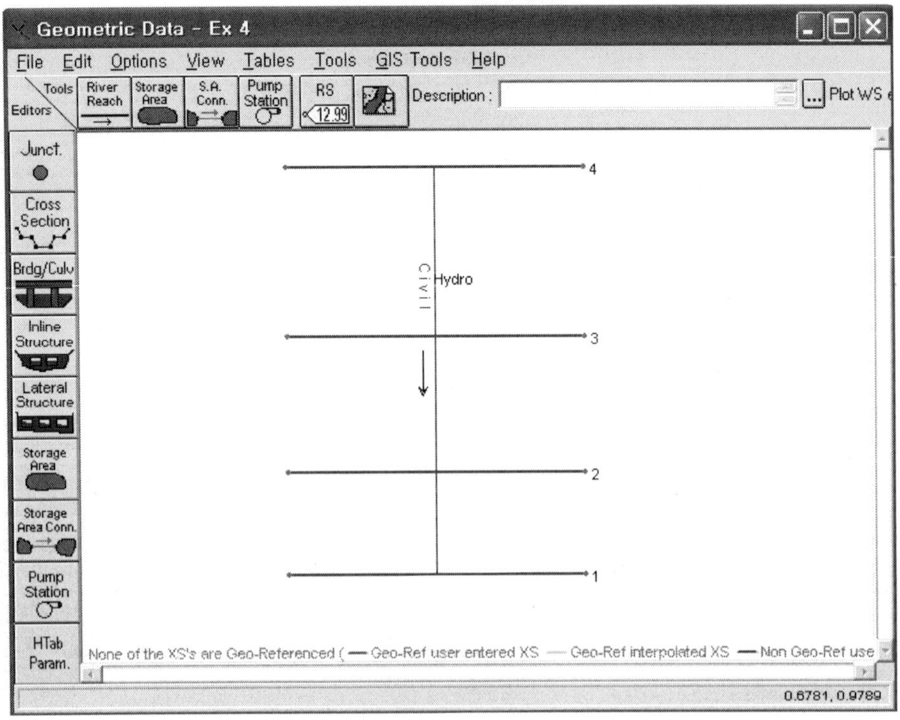

그림 9.164

9. 교량에 관한 자료를 입력하기 위하여 그림 9.164에서 **Brdg/Culv** 아이콘을 클릭하면 그림 9.165가 나타난다.
10. 그림 9.165에서 교량이 위치하는 단면의 No.를 입력하기 위하여 **Options** 메뉴의 **Add a Bridge and/or Culvert**를 클릭하면 그림 9.166이 나타나고 표 9.5를 참고하여 1.5를 입력하면 그림 9.167이 된다.
11. 그림 9.167에서 **OK**를 클릭하면 그림 9.168이 된다.

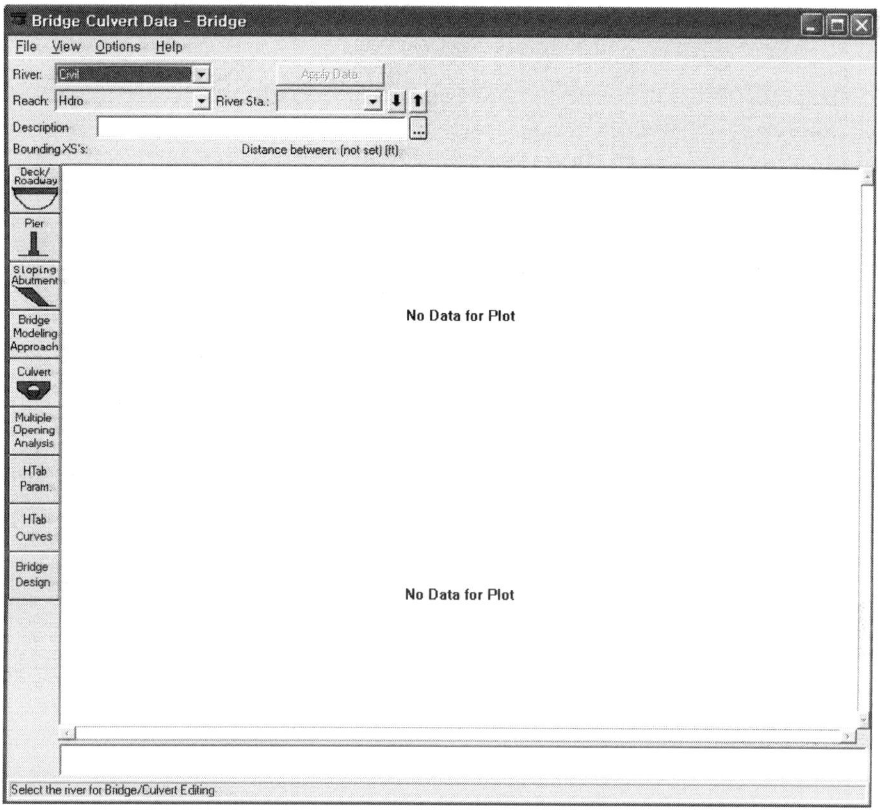

그림 9.165

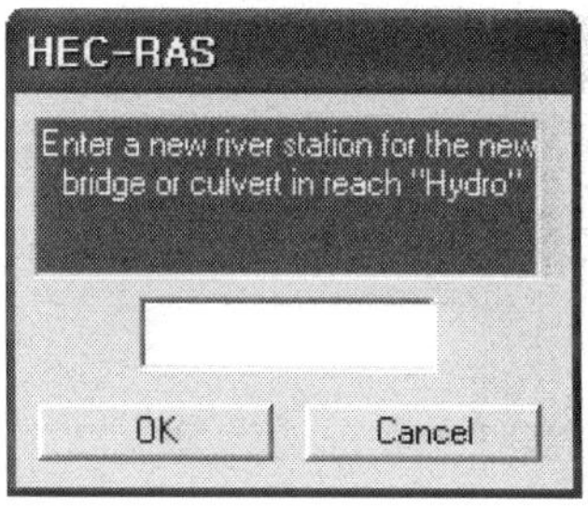

그림 9.166

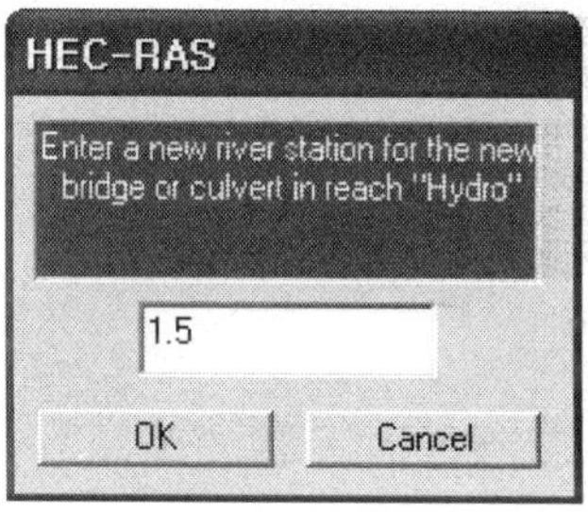

그림 9.167

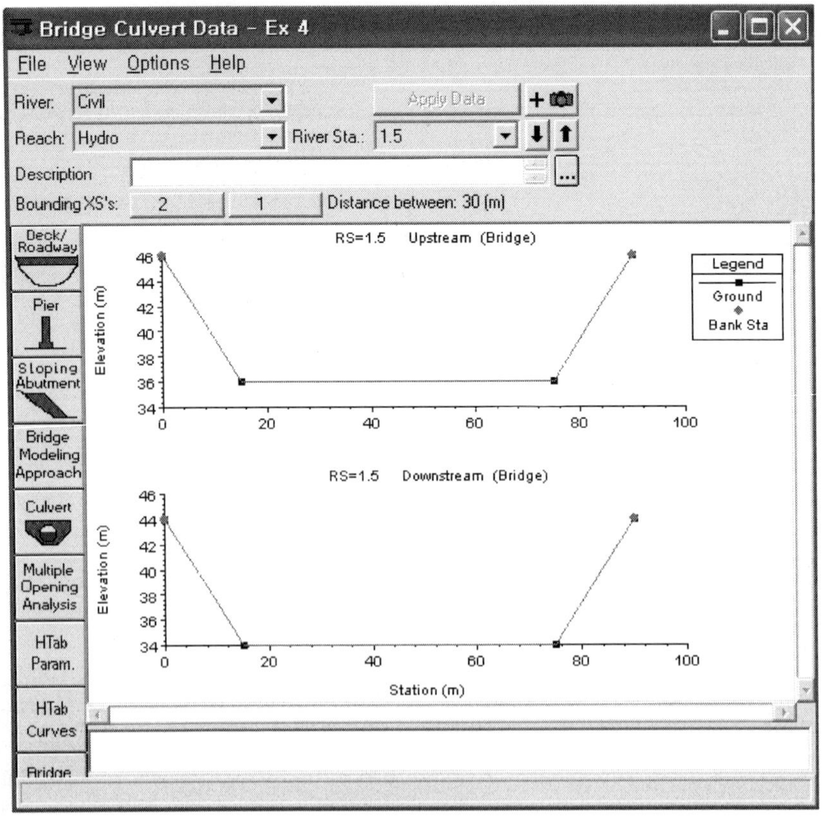

그림 9.168

12. 교량 Deck/Roadway 자료를 입력하기 위하여 그림 9.168의 **Deck/Roadway** 아이콘을 클릭하면 그림 9.169가 나타난다. 그림 9.169의 주요 자료 입력방법은 다음과 같다.

① Distance ; 단면 No. 2로부터 교량의 상류 단면까지의 거리

② Width ; 교량 폭

③ Upstream/Downstream

- Station ; 하상의 기준점에서 교량 상판의 하현까지 표고가 변하는 측점
- high chord ; 하상의 기준점에서 교량 상판의 하현까지 표고
- low chord ; 하상의 기준점에서 교량 상판의 상현까지 표고
- 본 예제에서는 교량의 시점(0m)부터 종점(90m)까지 하상 기준점에서 교량 상판의 하현에서 상현까지 표고는 일정하다고 가정.

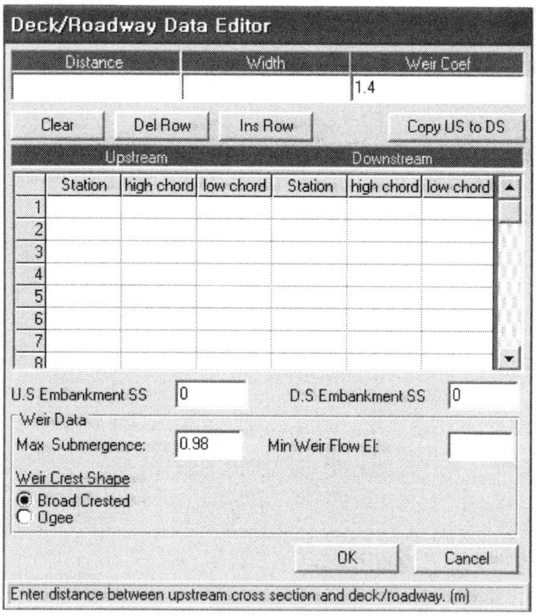

그림 9.169

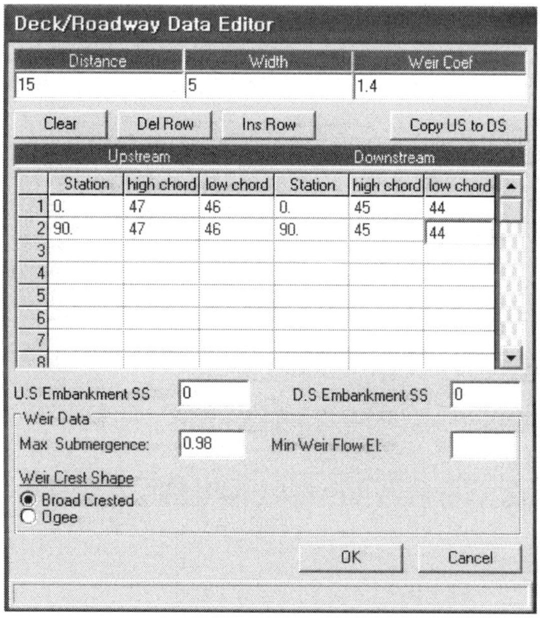

그림 9.170

13. 그림 9.170은 표 9.5를 참고하여 자료를 입력한 결과이고 **OK**를 클릭하면 그림 9.168은 그림 9.171이 된다.

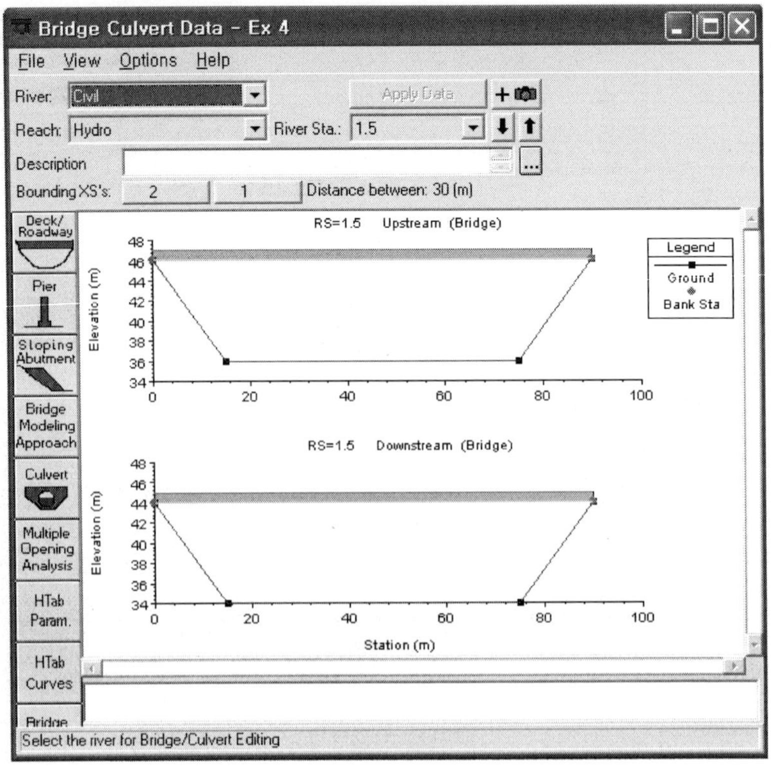

그림 9.171

14. Pier(교각)의 자료를 입력하기 위하여 그림 9.171에서 **Pier** 아이콘을 클릭하면 그림 9.172가 나타난다. 그림 9.172의 주요 자료 입력방법은 다음과 같다.

① Pier # ; Pier 번호(좌안 기준으로 순차적으로 적용)

② Centerline Station Upstream ; 좌안 기준으로 상류에 위치하는 Pier 중심까지의 거리

③ Centerline Station Downstream ; 좌안 기준으로 하류에 위치하는 Pier 중심까지의 거리

④ Upstream/Downstream

- Station ; 하상 기준으로 Pier 폭이 변하는 측점
- Elevation ; 하상 기준으로 Pier 폭이 변하는 측점까지 표고
- 본 예제에서 Pier는 원형이고 직경은 2m로 일정한 것으로 가정

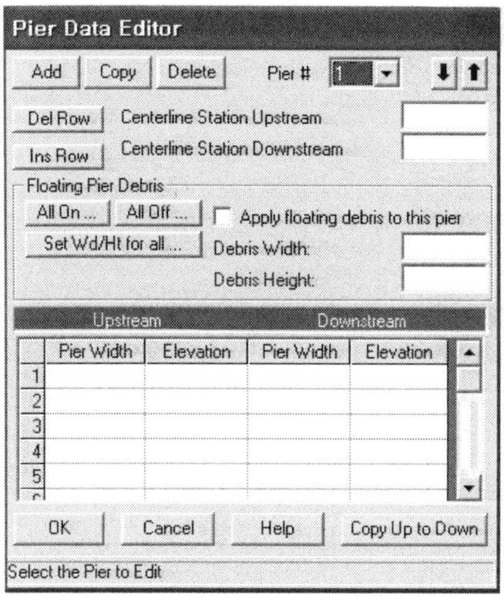

그림 9.172

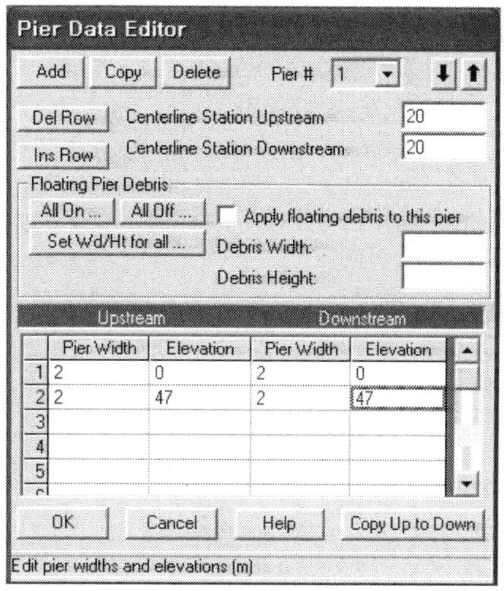

그림 9.173

15. 표 9.5를 참고하여 Pier 1번의 자료를 입력하면 그림 9.173이 된다. 그리고 Pier 2번의 자료 입력을 위해서는 그림 9.173의 Add를 클릭하면 그림 9.174가 나타난다.
16. 표 9.5를 참고하여 Pier 2번의 자료를 입력하면 그림 9.175가 된다. 그리고 Pier 3번의 자료 입력을 위해서는 그림 9.175의 **Add**를 클릭하면 그림 9.176이 나타나고 Pier 3의 자료를 입력하면 그림 9.177이 된다.
17. 최종적으로 해석하고자 하는 교량에 대한 Pier 자료의 입력이 완료된 후 그림 9.177의 **OK**를 클릭하면 그림 9.171은 그림 9.178이 된다.

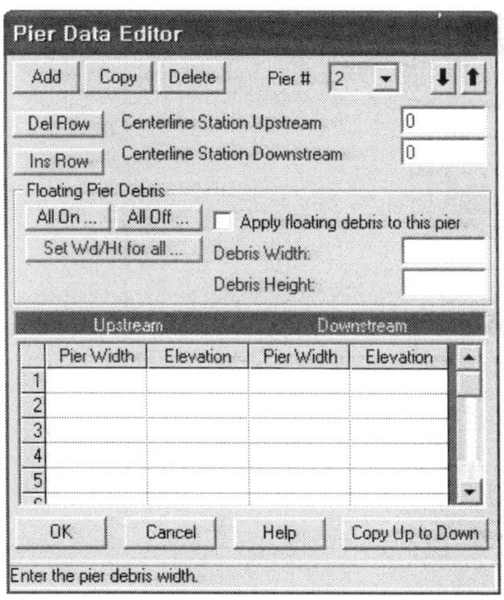

그림 9.174

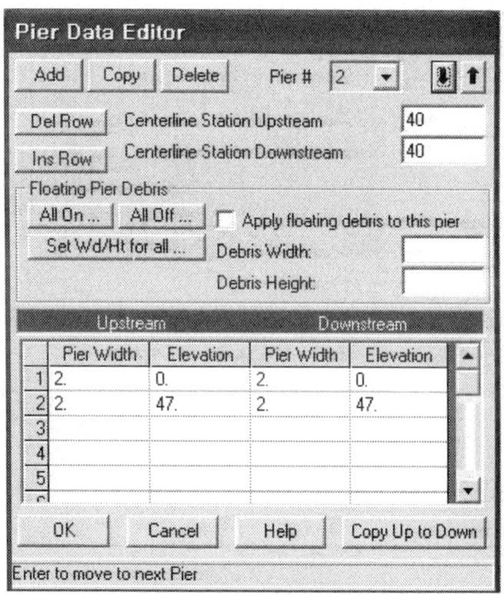

그림 9.175

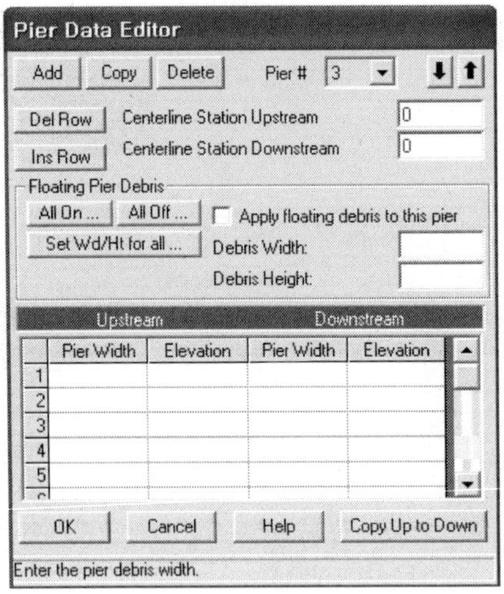

그림 9.176

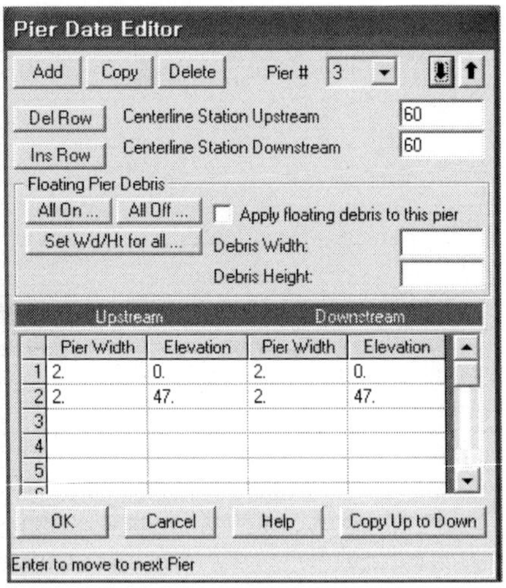

그림 9.177

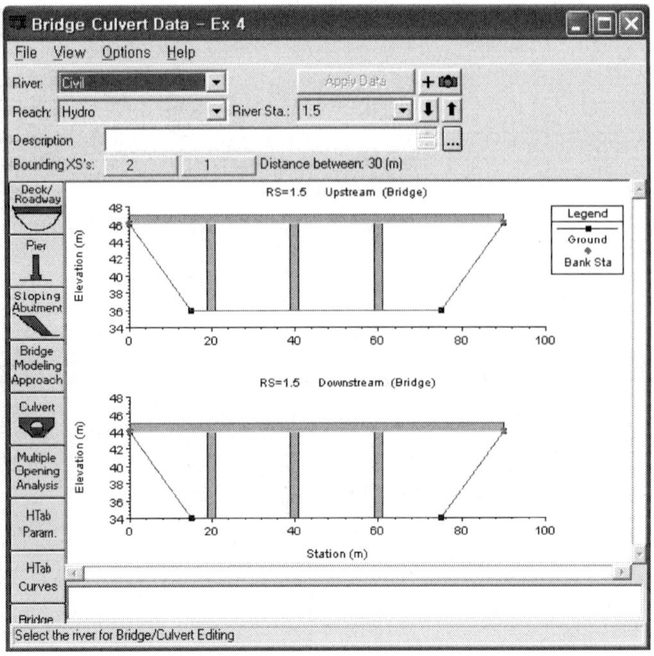

그림 9.178

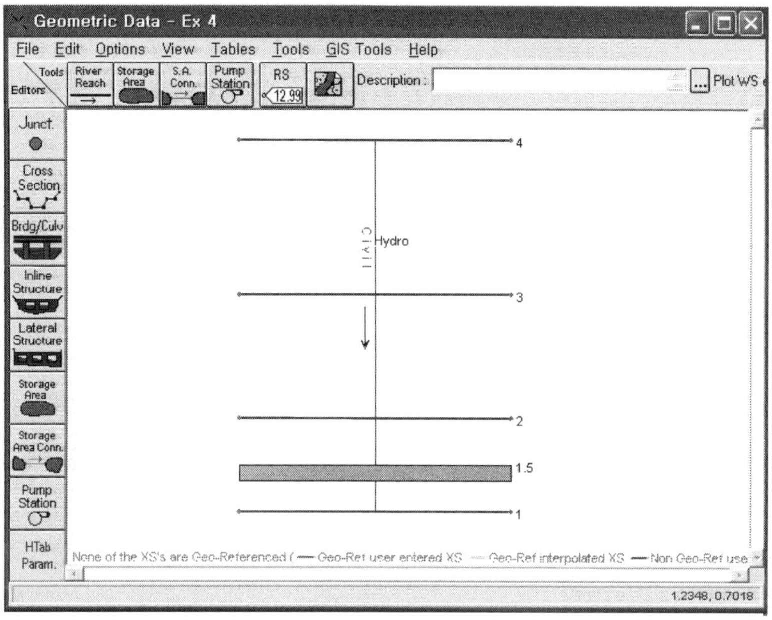

그림 9.179

18. 그림 9.178에서 File 메뉴의 Exit를 클릭하면 그림 9.179가 나타난다. 그림 9.179에서 교량이 위치하는 지점은 사각형 박스로 표현된다.
19. 그림 9.179의 File 메뉴에서 Save Geometry Data를 클릭하고 Geometric data 창을 닫으면 지형자료의 입력이 완료된다(그림 9.180). 지형자료의 수정이 필요한 경우 Geometric data 창을 열고 해당하는 값을 수정한 후 해당과정을 반복하면 된다.

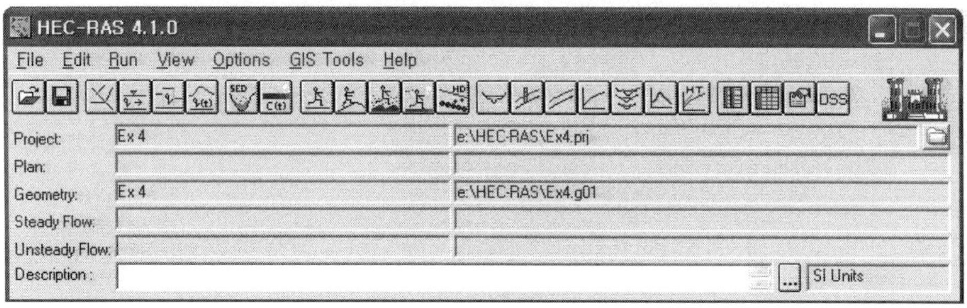

그림 9.180

9.5.3 Steady flow data input

1. 흐름자료의 입력을 위하여 **Edit** 메뉴의 **Steady Flow Data** 또는 **Edit/ Enter steady flow data** 아이콘을 클릭한다.
2. **File** 메뉴에서 **New Flow Data**를 클릭하면 그림 9.181이 나타난다. 그림 9.181의 **Title**과 **File name**에 텍스트를 입력하고 **OK**를 클릭하면 그림 9.182가 된다.
   - Title ; Ex 4
   - File name ; Ex 4

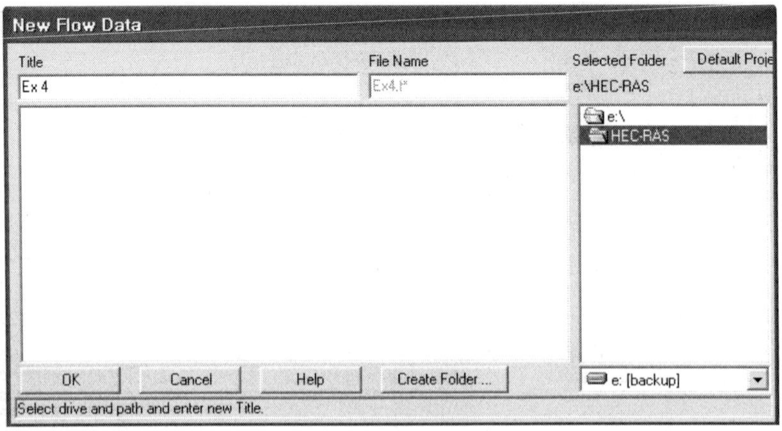

그림 9.181

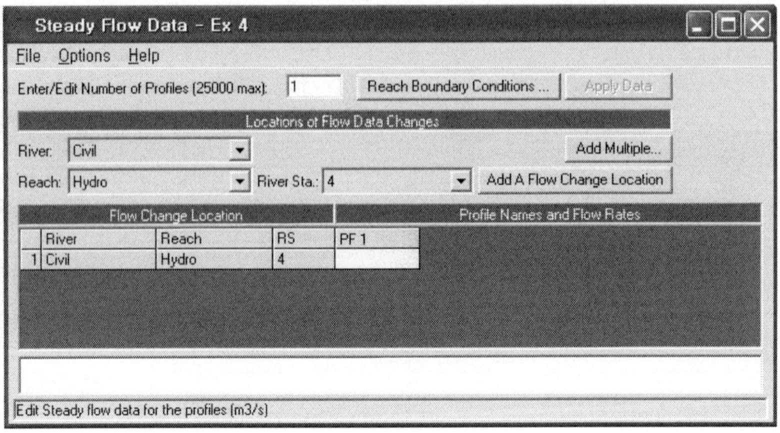

그림 9.182

3. 표 9.5에 제시된 재현기간(10년, 50년, 100년)에 대한 No. 4에서 유량을 추가하기 위하여 다음의 과정을 진행하여야 한다.

① 재현기간의 추가를 위하여 그림 9.182의 **Enter/Edit Number of Profiles(25000 max)**에 입력된 숫자 1을 3으로 변경하면 그림 9.183이 된다.

② 그림 9.183에서 **Options** 메뉴의 **Edit Profile Names**을 클릭하면 그림 9.184가 나타난다.

③ 그림 9.184의 **Profile Name**에 입력된 PF 1, PF 2 그리고 PF 3를 10 YEAR, 50 YEAR 그리고 100 YEAR로 수정하면 그림 9.185가 된다.

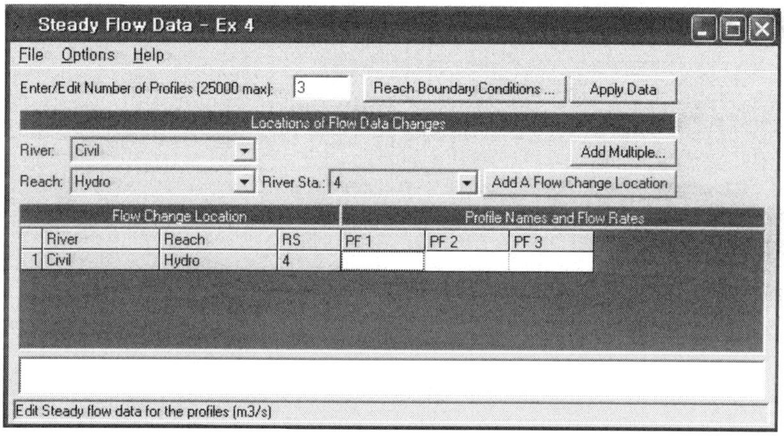

그림 9.183

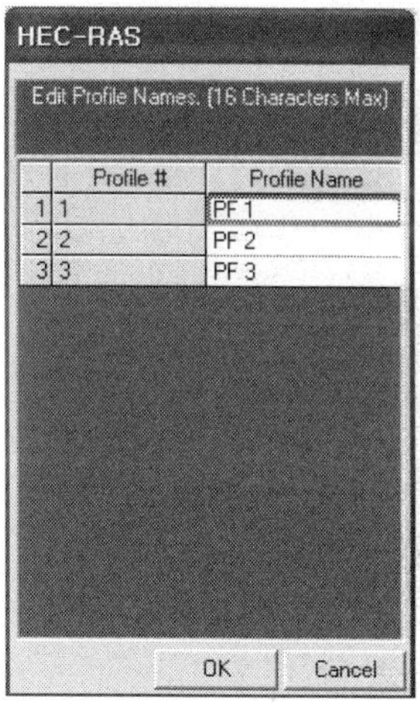

그림 9.184

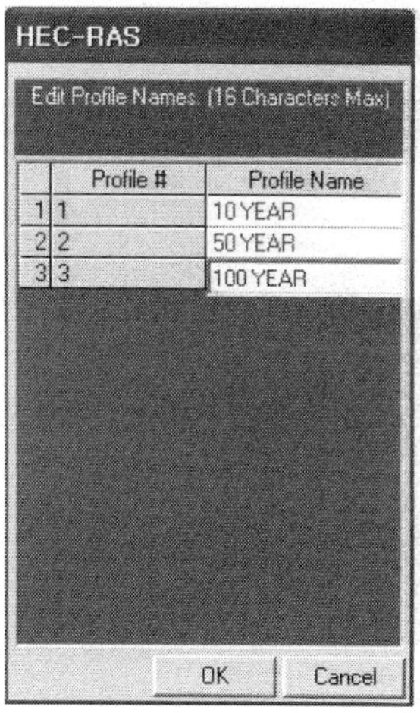

그림 9.185

④ 그림 9.185의 OK를 클릭하면 그림 9.186이 된다.

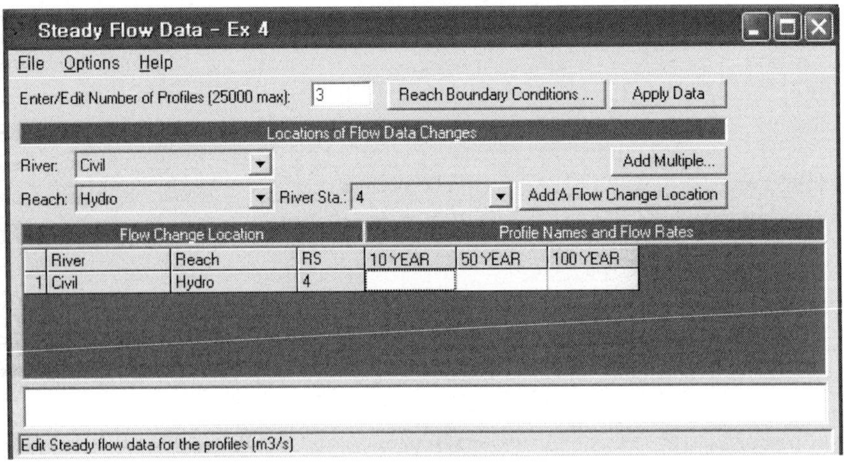

그림 9.186

4. 그림 9.1865에 표 9.5를 참고하여 유량을 입력하면 그림 9.187이 된다.

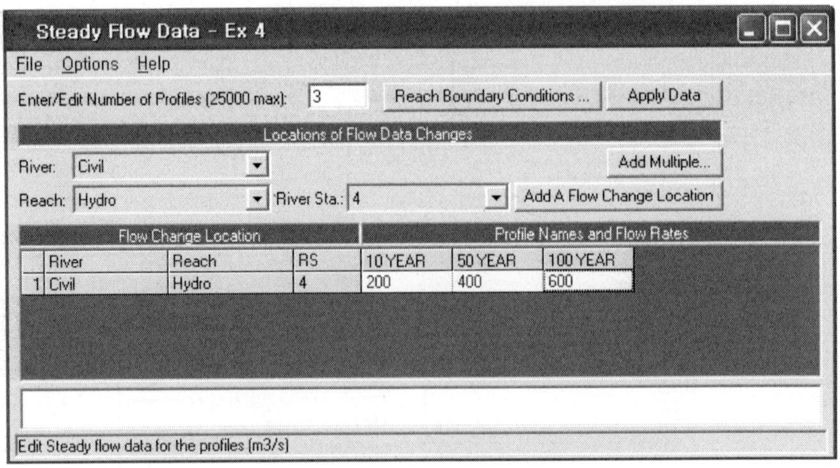

그림 9.187

5. 그림 9.187의 Reach Boundary Conditions를 클릭하면 그림 9.188이 나타난다.

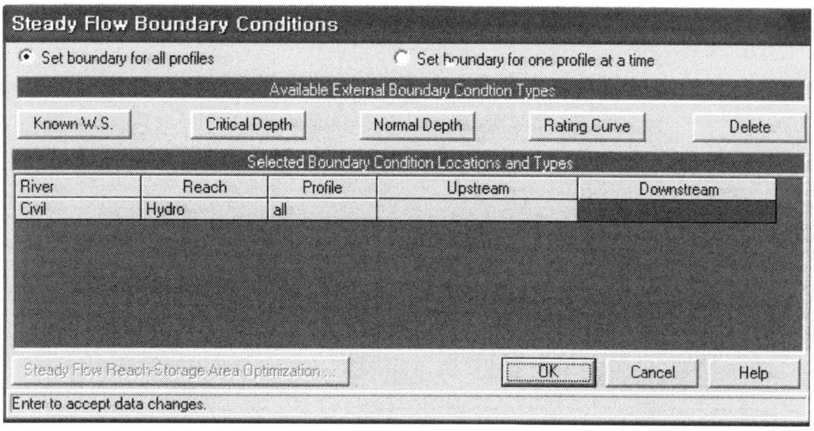

그림 9.188

6. 그림 9.188의 **Downstream**을 선택한 후 **Normal Depth** 아이콘을 클릭하면 그림 9.189가 나타나고 0.003을 입력하면 그림 9.190이 된다. 그림 9.190에서 **OK**를 클릭하면 그림 9.191이 된다.

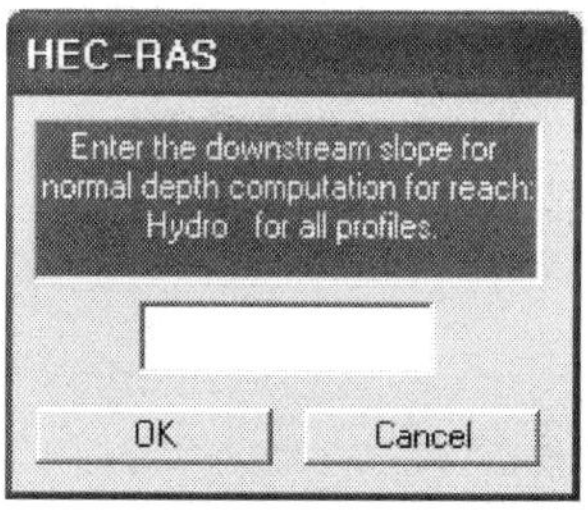

그림 9.189

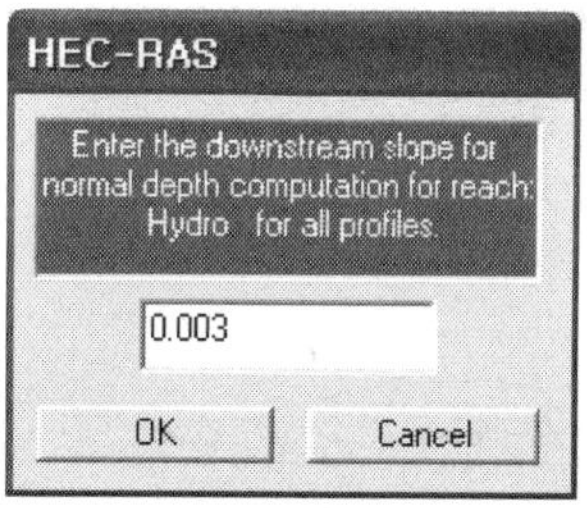

그림 9.190

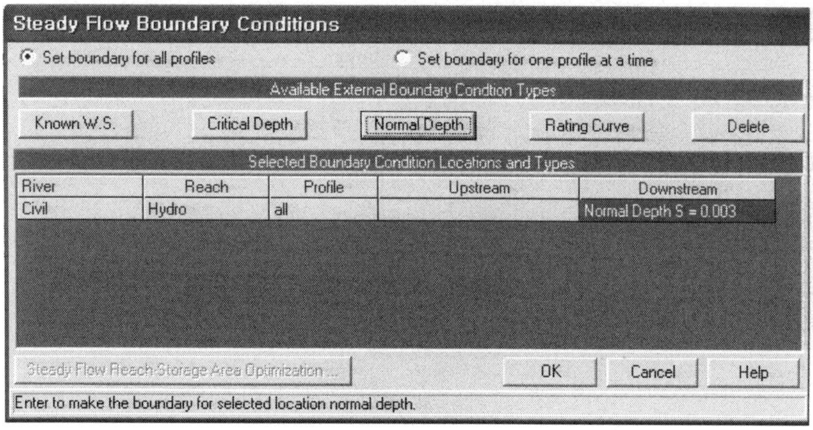

그림 9.191

7. 그림 9.191에서 **Apply Data** 아이콘을 클릭하면 그림 9.192가 된다.

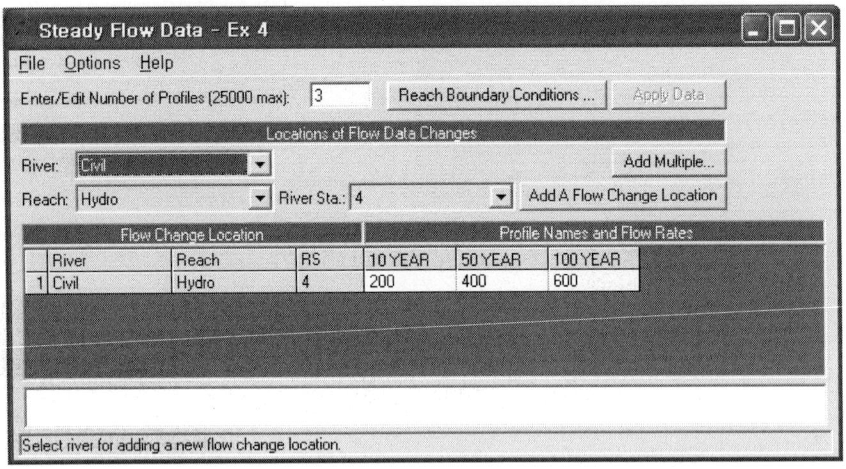

그림 9.192

13. 그림 9.192의 **File** 메뉴에서 **Save Flow Data**를 선택하면 흐름자료의 입력이 완료되고 HEC-RAS 주 화면은 그림 9.193이 된다.

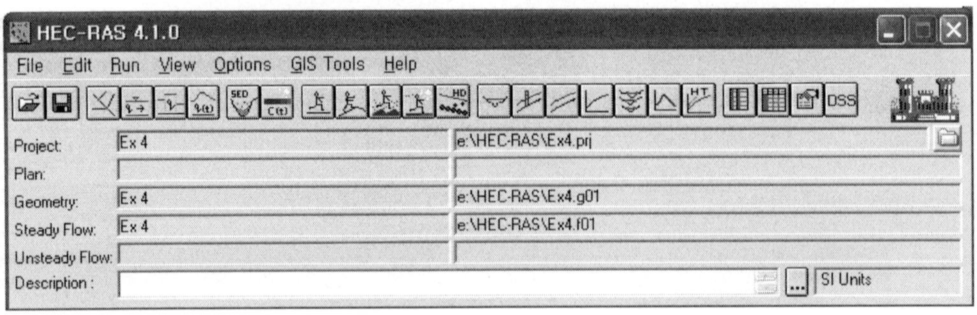

그림 9.193

9.5.4 Run

1. Project input, Geometry data input 그리고 Steady flow data input 과정을 통하여 자료입력을 완료한 후 HEC-RAS는 Run을 실행한다. Run의 실행을 위하여 **RUN** 메뉴의 **Steady Flow Analysis** 또는 **Perform a steady flow simulation** 아이콘을 더블 클릭하면 그림 9.194가 나타난다. 그림 9.194에서 **Geometry File**과 **Steady Flow File**의 텍스트를 확인한 후 다음 과정을 수행하여야 한다.

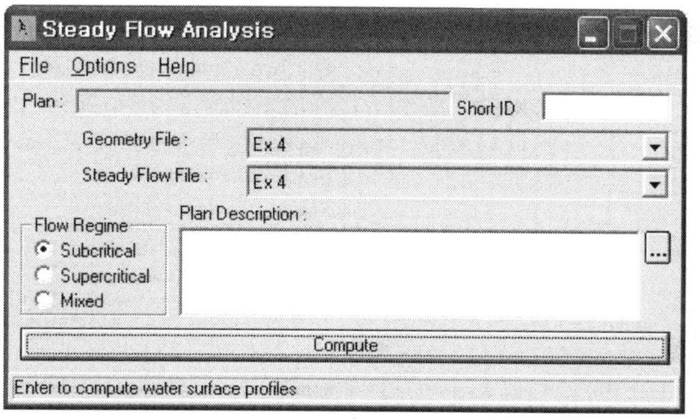

그림 9.194

2. 그림 9.194의 **File** 메뉴에서 **New Plan**을 클릭하면 그림 9.195가 나타난다. 그림 9.195의 **Title**과 **File name**에 텍스트를 입력하고 드라이브와 디렉토리를 확인한다(단, File name은 지정되어 있음). 마지막으로 그림 9.195에서 **OK**를 클릭하면 그림 9.196이 나타난다.
   - Title ; Ex 4
   - File name ; Ex 4
3. 그림 9.196의 텍스트 입력창에 임의 텍스트를 입력하고 OK를 클릭하면 그림 9.197이 된다.
   - Enter the short plan Identifier(16 char. max) ; HEC-RAS

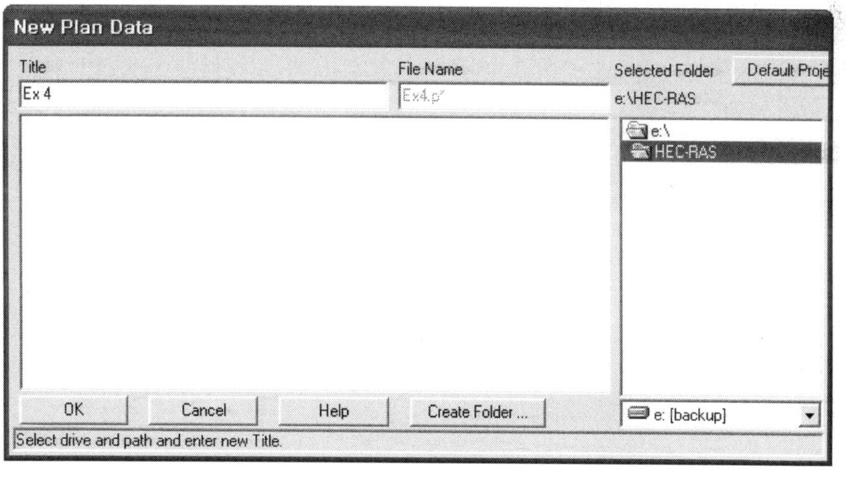

그림 9.195

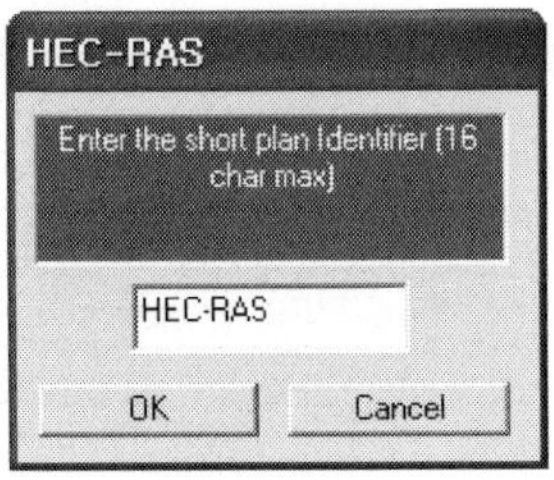

그림 9.196

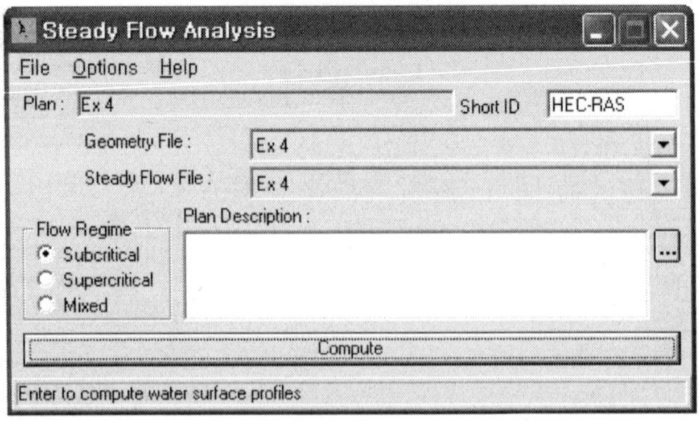

그림 9.197

4. 그림 9.197의 **Flow Regime**에는 상류(Subcritical), 사류(Supercritical) 그리고 혼합류(Mixed)의 기능이 있다. 본 예제에서는 상류를 선택하여 모의를 수행하도록 한다. 단, 사류 또는 혼합류 해석의 수행을 위해서는 각 기능을 선택한 후 다음 과정을 반복하면 된다.
5. 그림 9.197의 **Compute** 아이콘을 클릭하면 계산이 진행된다. 계산이 완료되면 그림 9.198이 나타난다.
6. 그림 9.198의 **Close**를 클릭하면 그림 9.197이 다시 나타난다. 그림 9.197의 **File** 메뉴에서 **Save Plan**을 선택하면 그림 9.199와 같은 HEC-RAS 주 화면이 나타나고 HEC-RAS 해석은 완료된다.

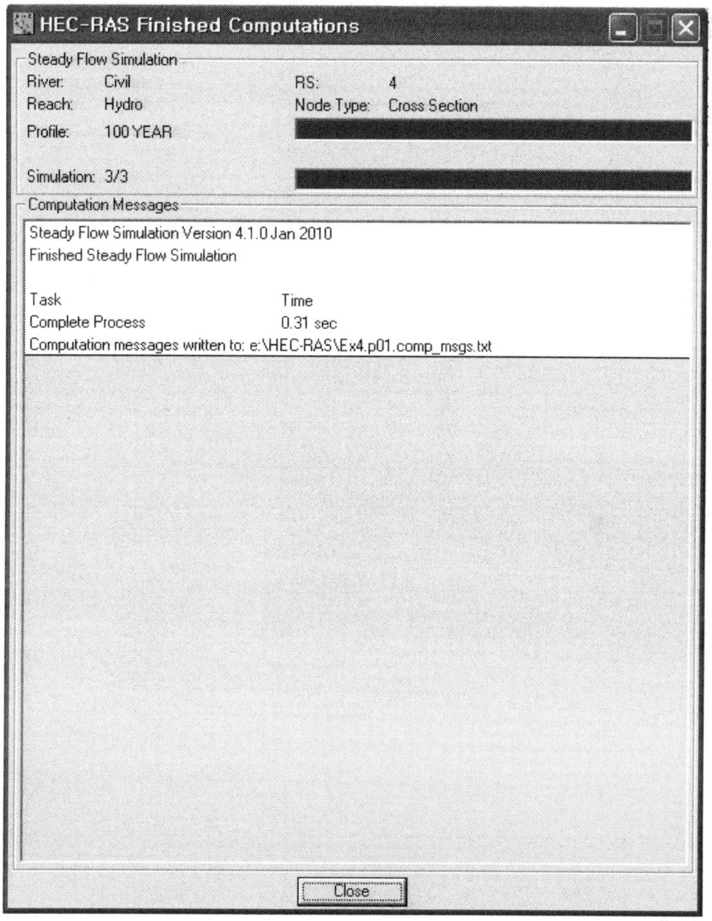

그림 9.198

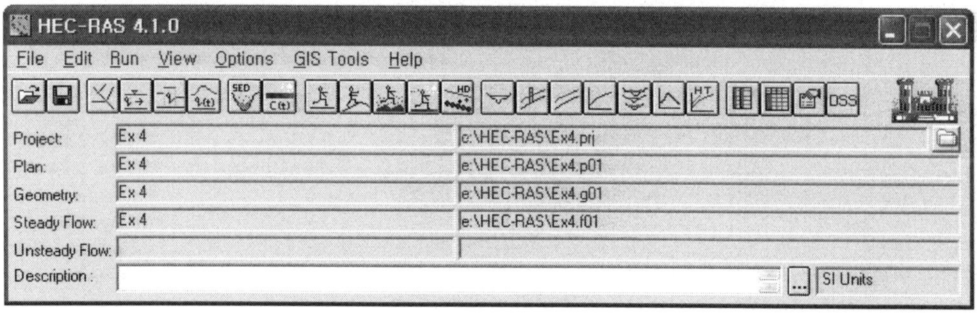

그림 9.199

9.5.5 Output

9.2.5장과 9.4.5장을 참고하여 HEC-RAS 해석결과를 확인하면 된다.

교량이 없는 경우 5.2장 지형자료 입력의 9번 항목에서 18번 항목을 제외하고 자료를 입력한 후 해석을 수행하면 된다.

그림 9.200은 교량이 없는 경우 No. 2의 해석 결과, 그림 9.201은 교량이 있는 경우 No. 2의 해석 결과를 나타낸 것이다.

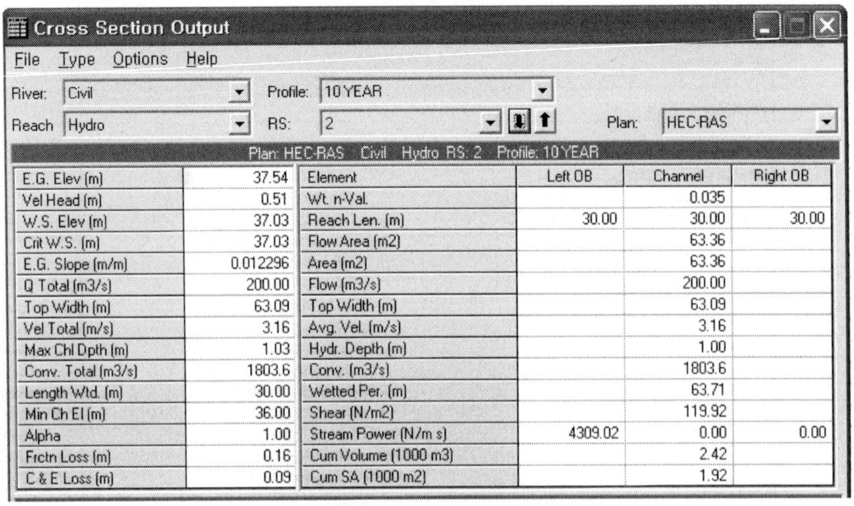

		Element	Left OB	Channel	Right OB
E.G. Elev (m)	37.54	Wt. n-Val.		0.035	
Vel Head (m)	0.51	Reach Len. (m)	30.00	30.00	30.00
W.S. Elev (m)	37.03	Flow Area (m2)		63.36	
Crit W.S. (m)	37.03	Area (m2)		63.36	
E.G. Slope (m/m)	0.012296	Flow (m3/s)		200.00	
Q Total (m3/s)	200.00	Top Width (m)		63.09	
Top Width (m)	63.09	Avg. Vel. (m/s)		3.16	
Vel Total (m/s)	3.16	Hydr. Depth (m)		1.00	
Max Chl Dpth (m)	1.03	Conv. (m3/s)		1803.6	
Conv. Total (m3/s)	1803.6	Wetted Per. (m)		63.71	
Length Wtd. (m)	30.00	Shear (N/m2)		119.92	
Min Ch El (m)	36.00	Stream Power (N/m s)	4309.02	0.00	0.00
Alpha	1.00	Cum Volume (1000 m3)		2.42	
Frctn Loss (m)	0.16	Cum SA (1000 m2)		1.92	
C & E Loss (m)	0.09				

그림 9.200 Non Bridge(No. 2)

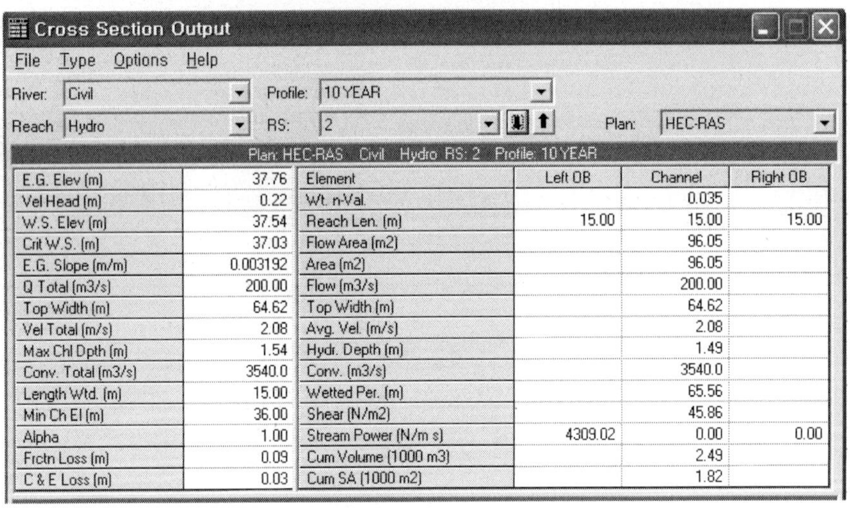

		Element	Left OB	Channel	Right OB
E.G. Elev (m)	37.76	Wt. n-Val.		0.035	
Vel Head (m)	0.22	Reach Len. (m)	15.00	15.00	15.00
W.S. Elev (m)	37.54	Flow Area (m2)		96.05	
Crit W.S. (m)	37.03	Area (m2)		96.05	
E.G. Slope (m/m)	0.003192	Flow (m3/s)		200.00	
Q Total (m3/s)	200.00	Top Width (m)		64.62	
Top Width (m)	64.62	Avg. Vel. (m/s)		2.08	
Vel Total (m/s)	2.08	Hydr. Depth (m)		1.49	
Max Chl Dpth (m)	1.54	Conv. (m3/s)		3540.0	
Conv. Total (m3/s)	3540.0	Wetted Per. (m)		65.56	
Length Wtd. (m)	15.00	Shear (N/m2)		45.86	
Min Ch El (m)	36.00	Stream Power (N/m s)	4309.02	0.00	0.00
Alpha	1.00	Cum Volume (1000 m3)		2.49	
Frctn Loss (m)	0.09	Cum SA (1000 m2)		1.82	
C & E Loss (m)	0.03				

그림 9.201 Bridge(No. 2)

참고문헌

1. 장대정, 안경모, 2012, 수리실험, 구미서관.
2. 이재수, 2012, 수리학, 구미서관.
3. 송재우, 2012, 수리학, 구미서관.
4. 윤용남, 1998, 수리학 ; 기초와 응용, 청문각.
5. 안수한, 2005, 수리학, 동명사.
6. 이문옥, 허재영, 최한기, 김기홍, 윤종성, 2010, 수리학, 형설출판사.
7. 유동훈, 2003, 최신 수리학, 새론.
8. 양윤모, 송일준, 함계운, 1996, 수리학, 형설출판사.
9. J.F. Cruise, V.P. Singh, M.M. Sherif, 2006, Elementary hydraulics, Thomson Nelson.
10. A.H. Gibson, 2010, Hydraulics and its applications, Nabu Press.
11. J.S. Bendat, A.G. Piersol, 2000, Random data ; Analysis and measurement procedures, Wiley interscience.
12. W.R. Blain, E. Cabrera, 1992, Fluid flow modeling, Computational mechanics public-ations elsevier applied science.
13. P.Y. Julien, 2002, River mechanics, Cambridge.
14. USACE, HEC-RAS 4.1 User's manual, 2010.
15. USACE, HEC-RAS 4.1 Application Guide, 2010.
16. USACE, HEC-RAS 4.1 Hydraulic reference manual, 2010.
17. E.F. Brater, W.K. Horace, E.L. James, C.Y. Wei, 1996, Handbook of hydraulics, McGraw-Hill.
18. 大津岩夫, 安田陽一, 高橋正行, 高橋迪夫, 長林久夫, 2007, 水理學, 理工圖書.
19. 小川元, 山本忠幸, 2011, 水理學, 共立出版.

부 록

1. 길이 단위환산표

단위	cm	m	in	ft	yd	mile
1cm	1	0.01	0.3937	0.0328	0.0109	–
1m	100	1	39.37	3.2808	1.0936	0.0006
1in	2.54	0.0254	1	0.0833	0.0278	–
1ft	30.48	0.3048	12	1	0.3333	0.00019
1yd	91.438	0.9144	36	3	1	0.0006
1mile	160930	1609.3	63360	5280	1760	1

2. 무게 단위환산표

단위	g	kg	ton	그레인	온스	lb
1g	1	0.001	0.000001	15.432	0.03527	0.0022
1kg	1000	1	0.001	15432	33.273	2.20459
1ton	1000000	1000	1	–	35273	2204.59
1 그레인	0.06479	0.00006	–	1	0.00228	0.00014
1 온스	28.3495	0.02835	0.000028	437.4	1	0.06525
1lb	453.592	0.45359	0.00045	7000	16	1

3. 부피 단위환산표

단위	cm^3	m^3	l	in^3	fa^3	yd^3	gal
$1cm^3$	1	0.000001	0.001	0.06102	0.00003	0.00001	0.00026
$1m^3$	1000000	1	1000	61027	35.3165	1.30820	264.186
1 l	1000	0.001	1	61.027	0.03531	0.00130	0.26418
1 in^3	16.387	0.000016	0.01638	1	0.00057	0.00002	0.00432
$1fa^3$	28316.8	0.028310	28.3169	1728	1	0.03703	7.48051
$1yd^3$	764511	0.764510	764.511	46656	27	1	201.974
1gal	3785.43	0.003780	3.78543	231	0.16368	0.00495	1

4. 넓이 단위환산표

단위	평방자	평	m^2	a	ft^2	yd^2	acre
1평방자	1	0.02778	0.09182	0.00091	0.98841	0.10982	–
1평	36	1	3.3058	0.03305	35.583	3.9537	0.000810
1m^2	10.89	0.3025	1	0.01	10.764	1.1958	0.000240
1a	1089	30.25	100	1	1076.4	119.58	0.024710
1ft^2	1.0117	0.0281	0.092903	0.000929	1	0.1111	0.000022
1yd^2	9.1055	0.25293	0.83613	0.00836	9	1	0.000207
1acre	44071.2	1224.2	4046.8	40.468	43560	4840	1

※ 1 hectare = 100are = 10,000m^2

5. 온도의 환산

섭씨(°C) → 화씨 (°F)	$°F=\left(\frac{9}{5}\times °C\right)+32$
화씨(°F) → 섭씨(°C)	$°C=\frac{5}{9}\times(°F-32)$

6. 힘과 중량의 단위환산표

단위	N	kgf	dyne
N	1	0.101972	0.00001
kgf	9.80665	1	0.0000980665
dyne	0.00001	0.000010197	1

7. 단위체적당 중량의 단위환산표

단위	kN/m^3	gf/cm^3
kN/m^3	1	0.101972
gf/cm^3	9.80665	1

8. 단위면적당 힘의 단위환산표

단위	kN/m²	kgf/cm²	bar	수은주(mm)(0˚C)	물기둥(mm)(15˚C)
kN/m²	1	0.0101972	0.01	7.50	0.1021
kgf/cm²	98.0655	1	0.980665	735.5	10.01
bar	100	1.0197	1	750	10.21
수은주(mm)(0˚C)	0.1333	0.0013596	0.001333	1	0.01361
물기둥(mm)(15˚C)	9.798	0.0991	0.09798	73.59	1

9. 물의 비중

온도	0	1	2	3	4	5	6	7	8	9
	0	0	0	0		0	0	0	0	0
1	99987	99993	99997	99999	1	99999	99997	99983	99988	99981
10	99973	99963	99952	99940	0.9993	99913	99897	99880	96862	99843
20	99823	99802	99780	99757	99733	99707	99681	99654	99626	99597
30	99568	99537	99505	99473	99440	99406	99371	99336	99299	99262
40	9922	9919	9915	9911	9907	9902	9898	9894	9890	9885
50	9881	9876	9872	9867	9862	9857	9853	9843	9843	9838
60	9832	9827	9822	9817	9811	9806	9801	9795	9789	9794
70	9778	9772	9767	9761	9755	9749	9743	9737	9731	9725
80	9718	9712	9706	9699	9693	9687	9680	9673	9667	9760
90	9653	9647	9640	9633	9626	9619	9612	9605	9598	9591
100	9548	9577	9569							

10. 수은 기압계의 모세관 보정(mm, Hg)

온도	수은면 용기의 높이(mm)							
	0.40	0.60	0.80	1.00	1.20	1.40	1.60	1.80
8		0.2	0.29	0.38	0.38	0.56	0.65	0.77
9		0.15	0.21	0.28	0.28	0.40	0.46	0.52
10			0.15	0.20	0.20	0.29	0.33	0.37
11			0.10	0.14	0.14	0.21	0.24	0.27
12			0.07	0.17	0.10	0.15	0.18	0.19

11. 물의 점성계수 μ와 동점성계수 ν

온도 (°C)	100μ (g/cm·sec)	100ν (cm^2/sec)	온도 (°C)	100μ (g/cm·sec)	100ν (cm^2/sec)
0	1.792	1.792	26	0.874	0.877
1	1.731	1.731	27	0.855	0.858
2	1.673	1.673	28	0.836	0.839
3	1.619	1.619	29	0.818	0.821
4	1.567	1.567	30	0.081	0.804
5	1.519	1.519	31	0.784	0.788
6	1.473	1.473	32	0.786	0.772
7	1.428	1.428	33	0.752	0.756
8	1.386	1.386	34	6.737	0.741
9	1.346	1.346	35	0.723	0.727
10	1.346	1.308	36	0.709	0.713
11	1.308	1.271	37	0.695	0.700
12	1.271	1.237	38	0.681	0.686
13	1.236	1.204	39	0.668	0.673
14	1.203	1.172	40	0.656	0.661
15	1.171	1.140	41	0.644	0.649
16	1.140	1.112	42	0.632	0.637
17	1.083	1.084	43	0.621	0.627
18	1.056	1.057	44	0.610	0.616
19	0.030	1.032	45	0.599	0.605
20	0.005	1.007	46	0.588	0.594
21	0.981	0.938	47	0.578	0.584
22	0.958	0.960	48	0.568	0.574
23	0.936	0.938	49	0.559	0.565
24	0.914	0.917	50	0.549	0.556
25	0.894	0.897	100	0.284	0.296

12. 관망 해석 프로그램

```
C********************************************************************C
C********************************************************************C
C********************************************************************C

      PROGRAM PIPENET
C     - HARDY CROSS METHOD -
C     Head loss ; Using the HAZEN-WILLIAMS Equation
C     주어진 연결점에서 고도와 압력을 토대로 하여 각 연결점의 압력을 구함
C
      CHARACTER*60 TITLE
      DIMENSION LOOP(20,10),NR(20),P(100),Q(100),JI(100),JF(100)
      DIMENSION IR(100),FRIC(100),TE(100),HLOSS(100)
      REAL LGTH
      DO 5 I=1,100
    5 P(I)=999.
C
C     아래에 열거한 관망 자료 입력
C
C     NRS : 관로 수
C     NOD : 연결점 수
C     LPS : 폐회로수
C     ITER : 반복횟수
C     TOLQ : 유량 허용오차 한계
C     TOLH : 수두 허용오차 한계
C     PKW : 관로에 유량이 유입하는 압력
C     NKW : 관로에 유량이 유입하는 유입구의 연결점 번호
C     JZ : 폐회로에 관련된 관로 수
C     LOOP : 폐회로에 관련된 관로 번호(부호-는 유량의 흐름 방향이 반시계 방향임을
C             나타냄)
C
      OPEN(1,FILE='INPUT.DAT',STATUS='UNKNOWN')
```

```
      OPEN(2,FILE='OUTPUT.DAT')
      READ(1,8) TITLE
      WRITE(2,9)
      READ(1,*) NRS,NOD,LPS,ITER,TOLQ,TOLH,PKW,NKW
    8 FORMAT(A60)
    9 FORMAT(/, 13X, ' 계산 결과 ')
C
      DO 10 N=1,LPS
      READ(1,*)JZ,(LOOP(N,I),I=1,JZ)
      WRITE(2,15)N,JZ,(LOOP(N,I),I=1,JZ)
   15 FORMAT(///,5X,I2,'번 폐회로 안의 관로수 = ',I2,'-----',20I5)
      NR(N)=JZ
   10 CONTINUE
      P(NKW)=PKW
C
C     각 관로의 자료 입력
C
C     L : 관로 번호
C     JI() : 관로 시점 번호
C     JF() : 관로 종점 번호
C     LGTH : 관로 길이
C     D() : 관로 내경
C     Q() : 관로 가정 유량
C     C : HAZEN WILLIAMS 계수
      WRITE(2,18)
   18 FORMAT(/5X,'관로 정보 '/6X,'관로번호 시점     종점','       길이
     +       내경       가정 유량        H-W 계수')
      DO 20 I=1,NRS
      READ(1,*) L,JI(L),JF(L),LGTH,D,Q(L),C
      WRITE(2,19)L,JI(L),JF(L),LGTH,D,Q(L),C
   19 FORMAT(3X,3I8,F10.2,F9.2,F11.3,2X,F8.0)
      IR(I)=L
   20 FRIC(L)=10.66*LGTH/((C**1.85)*(D**4.867))
```

```
C
C     각 폐회로에 대하여 계산
C
      DO 32 IT=1,ITER
      LOK=0
      DO 31 K=1,LPS
      SUMH=0.0
      SUMZ=0.0
      IW=NR(K)
      DO 25 IL=1,IW
      S1=1
      S2=1
      L=LOOP(K,IL)
      IF(L)21,25,22
   21 S1=-1
      L=-L
   22 FW=Q(L)
      IF(FW)23,24,24
   23 S2=-1
      FW=-FW
   24 H=S1*S2*FRIC(L)*FW**1.85
      Z=1.85*FRIC(L)*FW**0.85
      SUMH=SUMH+H
      SUMZ=SUMZ+Z
   25 CONTINUE
      FCORR=SUMH/SUMZ
C
C     폐회로의 유량 보정
C
      DO 28 IRL=1,IW
      L=LOOP(K,IRL)
      IF(L)26,28,27
   26 L=-L
```

```
      Q(L)=Q(L)+FCORR
      GO TO 28
   27 Q(L)=Q(L)-FCORR
   28 CONTINUE
C
C     허용값에 대한 수정계수 검증
C
      TEST=ABS(FCORR)-TOLQ
      IF(TEST)30,30,29
   29 TEST=ABS(SUMH)-TOLH
      IF(TEST)30,30,31
   30 LOK=LOK+1
   31 CONTINUE
      IF(LPS.LE.LOK) GO TO 33
   32 CONTINUE
C
C     각 연결점의 고도 입력 및 압력 계산
C
C     N : 연결점 번호
C     TE(N) : 연결점 N에 해당하는 높이
   33 WRITE(2,34)
   34 FORMAT(/5X,'연결점 정보'/6X,'연결점        높이(M)')
      DO 36 I=1,NOD
      READ(1,*)N,TE(N)
   36 WRITE(2,37)N,TE(N)
   37 FORMAT(7X,I3,4X,F8.4)
      DO 38 I=1,NRS
      L=IR(I)
      S=1
      IF(Q(L).LT.0.0) S=-1
   38 HLOSS(L)=S*FRIC(L)*(ABS(Q(L)))**1.85
   39 IFLAG=0
      DO 50 K=1,NRS
```

```
      I=IR(K)
      JUPS=JI(I)
      JDOW=JF(I)
      IF(P(JUPS)-999.)40,42,42
40    IF(P(JDOW)-999.)50,41,41
41    P(JDOW)=P(JUPS)-HLOSS(I)+TE(JUPS)-TE(JDOW)
      GO TO 50
42    IF(P(JDOW)-999.)44,43,43
43    IFLAG=1
      GO TO 50
44    P(JUPS)=P(JDOW)+HLOSS(I)-TE(JUPS)+TE(JDOW)
50    CONTINUE
      IF(IFLAG.EQ.1) GO TO 39
      WRITE(2,51)IT
51    FORMAT(//,8X,I3,'번 반복후 ',/,5X,'관로번호    유량(CMS)')
      DO 52 I=1, NRS
52    WRITE(2,53)I,Q(I)
53    FORMAT(//,8X,I3,4X,F6.3)
      WRITE(2,54)
54    FORMAT(/5X,'각 연결점에서 수주로 나타낸 압력',/4X,
     +'연결점 번호        압력(M)')
       DO 55 I=1,NOD
55    WRITE(2,56)I,P(I)
56    FORMAT(10X,I3,8X,F7.3)
      CLOSE(1)
      CLOSE(2)
99    CONTINUE
      END PROGRAM PIPENET
```

13. HEC-RAS 용어

E.G.Elev(m) ; 에너지 수두

Vel Head(m) ; 유속 수두

W.S. Elev(m) ; 수면 높이

Crit W.S.(m) ; 한계수면

E.G. Slope(m/m) ; 에너지 경사

Q Total(m^3/s) ; 전체 유량

Top Width(m) ; 수면 폭

Vel Total(m/s) ; 속도

Max Chl Dpth(m) ; 최대수로 수심

Conv. Total(m^3/s) ; 통수능

Length Wtd(m) ; 윤변

Min Ch El(m) ; 최소 수로 수심

Alpha ; 운동량 보정계수

Frcth Loss(m) ; 마찰 손실수두

C & E Loss(m) ; 수축 및 확대 손실수두

Wt. n-Val ; 조도계수

Reach Len(m) ; 수로길이

Flow area(m^2) ; 흐름면적

Area(m^2) ; 횡단면적

Flow(m^3/s) ; 유량

Avg Vel(m/s) ; 평균유속

Hydro Depth(m) ; 수리수심

Conv(m^3/s) ; 통수능

Wetted Per(m) ; 윤변

Shear(N/m^2) ; 전단력

Stream Power(N/ms) ; 소류동력

Cum Volume(m^3) ; 가중체적

Cum SA(1000m^2) ; 가중면적

Froude # Chl ; 수로 Froude Number

찾 아 보 기

ㄱ

개수로 87
개수로 흐름 127
검사면 198
검사체적 68
경사 수압계 25
경심 42, 87, 128
경심고 42
계기압력 22
고정상 수로 127
고체 3
공학단위계 6
과도상태 65
관망 116
관성력 217
관수로 87
광정 웨어 189
구심 가속도 50
굴착정 202
급경사 160
급변류 130
기본차원 4
기체 3
기하 평균 마찰경사 226
기하학적 상사 218

ㄴ

난류 64
내부마찰력 9
노즐 106, 177

ㄷ

단관 97, 177
단면 1차 모멘트 30
단면 2차 모멘트 30
단면 급축소 99
단면 급확대 98
단면계수 128, 138
단위 6
단위중량 7
대기압 22
대응수심 144
도수 153
도심 28
동생수 197
동수경사 94
동수경사선 73
동수압력 152, 153
동점성계수 10
동차성 원리 213
등류 62, 130
등류 통수능 158
등류수심 159
등압면 26, 46
등압면 방정식 46

ㅁ

마력 118
마찰 손실계수 90
마찰 손실수두 88, 90
마찰속도 133
마찰응력 89
만곡에 의한 손실수두 101
만재 유량 143

면수축 182
모세관 상승고 12
모세관 현상 12
모세관수 197
모형실험 218
밀도 7

ㅂ

반복변수 214
방사능 추적법 166
방향 여현 63
배수시간 175
배수용적 40
밸브에 의한 손실수두 101
베르누이 방정식 71
벤츄리 미터 180
벽면 전단응력 132
변수두법 200
병렬 관수로 114
보정유량 118
복단면 수로 138
복원 모멘트 43
부등류 62, 130
부등류 수면곡선 159
부등류 통수능 158
부력 41
부심 41
부압 107
부양면 41
부정류 61, 130
부정류 흐름해석 229
부착력 11
부착수맥 183
분기형 관수로 111
분산 64
불완전 수중 오리피스 172
불완전도수 153
불완전수맥 183
불투수층 집수암거 207
비력 152
비압축성유체 3
비점성유체 3
비정상류 61
비중 8

ㅅ

사다리꼴 웨어 188
사류 144, 149
사류수심 144
사류해석 246
사이펀 107
삼각형 웨어 186
상대조도 94
상류 144, 149
상류수심 144
상류해석 246
상사법칙 218
속도벡터 63
속도수두 72
손실수두 73
수로경사 132
수리수심 128, 149
수리 특성곡선 143
수리학 4
수리학적 유리한 단면 139
수맥 182
수면경사 132
수문 190
수압계 25
수원 197
수중 오리피스 172
수중유출 190
수질해석 229
수차 118
수축계수 169
수축단면 169

수평 도달거리 179
수평경사 160
수평분력 35
실제유속 80
심정 202

ㅇ

압력 19, 217
압력 에너지 72
압력 중심 30
압력강도 19
압력수두 22, 72
압축계수 14
압축성 14
압축성유체 3
액주계 25
액체 3
양단수축 184
에너지 경사 132
에너지 보정계수 80
에너지 보존법칙 71
에너지선 73
역 사이펀 109
역경사 160
역적 76
역학적 상사 218
연속 방정식 68, 70
연직 도달높이 179
연직 수압계 25
연직분력 35
연직수축 182
염분 속도법 166
염분 희석법 166
오리피스 102, 167
오리피스에 의한 손실수두 102
완경사 160
완전 수중 오리피스 172
완전도수 153
완전수맥 183
운동 에너지 71
운동량 76
운동량 방정식 76
운동량 보정계수 82
운동학적 상사 218
월류수심 182
웨어 182
위치 에너지 71
위치수두 72
유관 63
유도차원 4
유량 61
유량계수 169
유사해석 229
유선 62
유선방정식 63
유속 61
유속계수 94, 168
유입 손실계수 100
유입 손실수두 100
유적 61
유적선 62
유체 3
유체역학 3
유출 손실계수 99
유출 손실수두 99
유효 폭 182
유효낙차 118
유효수두 167
윤변 87, 128
응집력 3, 11
이동상 수로 127
이론유속 168
인장응력 39

ㅈ

자유수면 87

자유유출 190
자유평면 3
작용점의 위치 30
작은 오리피스 167
장관 97
전단응력 3, 9, 19
전복 모멘트 43
전수두 72
전수압 28
전폭 웨어 184
절대단위계 6
절대압력 22, 108
점변류 130
점변류의 수심 159
점성 3, 9
점성계수 9
점성력 217
점성유체 3, 14
접근 유속 167
접근 유속수두 167
접선속도 50
접촉각 12
정류 61, 130
정류 흐름해석 229
정변수축 182
정상류 61
정수두법 200
정수압 19
정수역학 19
정압력 165
정체압력 165
정체점 165
제방 집수암거 206
조도 94
조도계수 95
조화 평균 마찰경사 226
주장력 공식 40
중력 217
중력단위계 6, 7
중립상태 43
지배단면 149
지하수 197
지하수면 197
직사각형 웨어 184
질량 보존법칙 68
질량력 19
질량유량 68

ㅊ

차동 액주계 27
차원 4
차원방정식 4
차원해석 213
천수 197
천이상태 65
천정 202
체적 변화율 14
체적 탄성계수 14
초생수 197
최대 마찰응력 89
최대유속 80, 92
충력치 152
측면수축 182
층류 64

ㅋ

큰 오리피스 167

ㅌ

탄성 14
탄성력 217
통기대 197
통수 단면적 61
통수능 138
투수계수 199

ㅍ

펌프 120
평균 마찰경사 226
평균 통수능 226
평균유속 80, 92, 135
포화대 197
표면력 19
표면장력 11, 217
표준 대기압 22
표준 축차법 223
프라이스 유속계 166
프로펠러 유속계 166
피토관 165

ㅎ

하상 집수암거 207
하천망 231
한계경사 149, 160
한계류 149
한계수심 144, 159
한계유속 144, 149
한단수축 184
합류점 231
합류형 관수로 113
합성 조도계수 139
형상 손실계수 97
형상 손실수두 97
형상손실 97
혼합류해석 247
확산 64
효율 119
흐름 61
흡수 41
1점법 135
2점법 135
3점법 135
4점법 135
Π 정리 214

Archimedes 원리 40
Bazin 평균 유속공식 136
CGS 단위계 7
Chezy의 평균 유속공식 94, 136
Darcy 법칙 199
Euler 방법 66
Euler 운동 방정식 66, 68
Francis 공식 184
Froude number 146
Ganguillet-Kutter의 평균 유속공식 96, 136
Hardy Cross 방법 116
Hazen-poiseuille 법칙 92
Hazen-Williams의 평균 유속공식 95
HEC-RAS 223
Lagrange 방법 66
[*LFT*]계 4
[*LMT*]계 4
Manning의 평균 유속공식 94, 137
MKS 단위계 7
Pascal 원리 24
Reynolds number 64
SI 단위계 6
Torricelli 정리 75

저자 소개

장대정 경남도립거창대학 토목과 겸임교수
안경모 경남도립거창대학 토목과 교수
윤경덕 대구공업대학교 토목조경과 교수
조현경 영남이공대학교 토목과 교수

수리학 정가 20,000원

저자 : 장대정 · 안경모 · 윤경덕 · 조현경

발행인 : 임해진
발행처 : 도서출판 구미서관

발행 : 2013년 8월 23일 초판 1쇄
2014년 12월 20일 초판 2쇄

등록 : 1979년 6월 29일 No.9-6호

주소 : 서울시 마포구 신촌로 2길 5-15 구미빌딩
전화 : 02-333-1101
팩스 : 02-335-2201
http://www.goomibook.com

ISBN : 978-89-8225-938-8 (93530)